Schriftenreihe Natur und Recht
Band 9

Herausgegeben von
Prof. Dr. Hans Walter Louis LL.M. (UC Los Angeles), Braunschweig
und Ass. jur. Jochen Schumacher, Tübingen

Carolin Kieß

Die Sanierung von Biodiversitätsschäden nach der europäischen Umwelthaftungsrichtlinie

 Springer

Carolin Kieß, Bonn

Inauguraldissertation zur Erlangung des akademischen Grades
eines Doktors der Rechte der Universität Mannheim
Gefördert durch das Stipendienprogramm der Deutschen Bundesstiftung Umwelt

ISBN 978-3-540-75919-5   e-ISBN 978-3-540-75920-1

DOI 10.1007/978-3-540-75920-1

Schriftenreihe Natur und Recht ISSN 0942-0932

Bibliografische Information der Deutschen Nationalbibliothek
Die Deutsche Nationalbibliothek verzeichnet diese Publikation in der Deutschen Nationalbibliografie; detaillierte bibliografische Daten sind im Internet über http://dnb.d-nb.de abrufbar.

© 2008 Springer-Verlag Berlin Heidelberg

Herstellung: le-tex publishing services oHG, Leipzig
Einbandgestaltung: WMX Design GmbH, Heidelberg

Gedruckt auf säurefreiem Papier

9 8 7 6 5 4 3 2 1

springer.de

Vorwort

Die vorliegende Arbeit wurde im Frühjahrssemester 2007 von der Fakultät für Rechtswissenschaft und Volkswirtschaftslehre der Universität Mannheim, Abteilung Rechtswissenschaft, als Dissertation angenommen. Für die Drucklegung konnte die bis Ende September 2007 veröffentlichte Gesetzgebung, Literatur und Rechtsprechung berücksichtigt werden.

Allen, die mich bei der Erstellung dieser Arbeit begleitet und unterstützt haben, möchte ich meinen herzlichsten Dank aussprechen. Dieser gilt insbesondere meinem Doktorvater, Herrn Prof. Dr. Hans-Joachim Cremer, für die Betreuung der Arbeit und viele wertvolle Anregungen. Herrn Prof. Dr. Kristian Fischer danke ich für die rasche Erstellung des Zweitgutachtens. Zu danken habe ich auch der Deutschen Bundesstiftung Umwelt, die mich durch ein großzügiges Promotionsstipendium förderte und mir den interdisziplinären Austausch mit anderen Doktoranden aus dem Umweltbereich ermöglichte. Dr. Oliver Hendrischke und Dr. Burkhard Schweppe-Kraft danke ich für konstruktive Diskussionen. Jörg Müller, Sabine Hambach und Steffen Altmann, deren kritische und konstruktive Anmerkungen und Anregungen wesentlich zum Gelingen dieser Arbeit beigetragen haben, bin ich auch für die sorgfältige Durchsicht des Manuskripts zu besonderem Dank verpflichtet. Nicht zuletzt danke ich Herrn Prof. Dr. Hans W. Louis und Herrn Jochen Schumacher für die Aufnahme der Arbeit in die Schriftenreihe „Natur und Recht".

Gewidmet ist dieses Buch meinen Eltern, die das Entstehen der Arbeit mit Verständnis begleitet und mich stets in meinem Vorhaben unterstützt haben.

Bonn, im Dezember 2007   Carolin Kieß

Inhaltsverzeichnis

Vorwort..V

Abkürzungsverzeichnis XIII

Einführung 1

Kapitel 1 Entwicklung und Systematik einer europäischen Umwelthaftung.. 9
  A. Umwelt und Umweltschaden 9
    I. Umweltbegriffe.. 10
    II. Beeinträchtigung der Umwelt – ökologischer Schaden und
        Umweltschaden... 10
    III. Zivilrechtliche Erfassung von Umweltschäden 12
    IV. Öffentlich-rechtliche Wiederherstellungspflichten – Einordnung
        der Umwelthaftungsrichtlinie 13
  B. Entwicklung des europäischen Umwelthaftungsrechts............................ 15
    I. Vorschlag einer Abfallhaftungsrichtlinie 1989/1991 15
    II. Konvention über die zivilrechtliche Haftung für Schäden aus
        umweltgefährdender Tätigkeit (Lugano-Konvention) 17
    III. Grünbuch zur Umwelthaftung 18
    IV. Weißbuch zur Umwelthaftung... 19
    V. Arbeitspapier der Generaldirektion Umwelt, Richtlinienvorschlag.... 20
  C. Grundkonzeption der Umwelthaftungsrichtlinie 22
    I. Ziele und Intentionen der Richtlinie 22
    II. Wesentliche Regelungen der Richtlinie im Überblick..................... 23
        1. Begründung der Umweltverantwortlichkeit............................... 23
          a) Schutzgüter 23
          b) Umweltschaden.. 25
          c) Haftungsbegründende Handlung 27
          d) Begriff des Betreibers... 28
          e) Zeitliche Geltung 29
          f) Ausnahmen vom Anwendungsbereich 29
        2. Kausalität(snachweis)... 30

     3. Rechtsfolgen.. 30
       a) Vermeidung 31
       b) Schadensbegrenzung und Sanierung.................................... 31
     4. Kostentragung 33
       a) Entlastungsgründe.. 34
       b) Haftung mehrerer Verursacher 35
     5. Verwaltungsorganisation und Verfahren.................................. 35
     6. Beteiligungsrechte Dritter und Rechtsschutz 36
     7. Deckungsvorsorge.. 36
  D. Fazit.. 37

Kapitel 2 Umweltschaden und Sanierung nach der
Umwelthaftungsrichtlinie... 39
  A. Schutz von Biodiversität nach FFH- und Vogelschutzrichtlinie 39
  B. Der Umweltschaden am Schutzgut Biodiversität 41
    I.   Bestimmung des Schutzguts 42
     1. Geschützte Arten und natürliche Lebensräume nach
       Art. 2 Nr. 3 a) und b) UH-RL.. 43
       a) Ansätze der Literatur 43
       b) Europäische Kommission 44
       c) Eigene Bewertung... 46
     2. Faktische Vogelschutzgebiete und „potentielle" FFH-Gebiete..... 51
       a) Gemeinschaftsrechtlicher Schutzstatus............................ 51
       b) Anwendbarkeit der Umwelthaftungsrichtlinie.................. 55
    II. Erhaltungszustand von Arten und Lebensräumen.................... 56
    III. Erheblichkeitsschwelle als haftungsbegrenzendes Merkmal 58
     1. Erheblichkeit von Beeinträchtigungen des Natura 2000-Netzes... 58
       a) Erheblichkeit im Sinne von FFH- und Vogelschutzrichtlinie... 58
       b) Folgerungen für die Umwelthaftung.................................. 61
     2. Erheblichkeit der Beeinträchtigung artenschutzrechtlich
       geschützter Arten 63
     3. Erheblichkeit nach Anhang I UH-RL.................................... 64
     4. Erheblichkeit der Beeinträchtigung sonstiger Arten und
       Lebensräume 66
    IV. Ausnahme: Genehmigte Beeinträchtigungen des Schutzgutes 67
     1. Nachteilige Auswirkungen genehmigter Tätigkeiten.................. 67
     2. Reichweite der Genehmigung nach Art. 6 Abs. 3 und 4 FFH-RL 68
     3. Artenschutzrechtliche Ausnahmen.. 70
  C. Sanierungstätigkeit nach Art. 6 und 7 Umwelthaftungsrichtlinie.............. 71
    I.   Aufgaben und Befugnisse der zuständigen Behörde........................ 72
     1. Anordnung von Sanierungsmaßnahmen................................. 73
     2. Ergreifen eigener Sanierungsmaßnahmen 73
    II. Ermittlung von Sanierungsmaßnahmen 75
  D. Fazit.. 76

**Kapitel 3 Die Rezeption von US-Recht in Anhang II Nr. 1
Umwelthaftungsrichtlinie**... 77
  A. Anlass der rechtsvergleichenden Untersuchung........................... 77
  B. Haftung für die Schädigung natürlicher Ressourcen im
     US-amerikanischen Recht.. 78
    I.   Rechtsbehelfe der öffentlichen Hand im Common Law............... 78
    II. Bundesgesetzliche Regelungen.. 80
       1. Der Comprehensive Environmental Response, Compensation
          and Liability Act 81
       2. Das Haftungsregime des Oil Pollution Act............................. 83
       3. Natural Resource Damages nach CERCLA und OPA................. 84
    III. Schadenersatz für die Beeinträchtigung natürlicher
         Ressourcen – vom Wertersatz zur Naturalrestitution.............. 87
  C. Natural Resource Damage Assessment – Ermittlung, Bewertung und
     Sanierung von Naturgüterschäden nach den OPA Regulations.......... 91
    I.   Sanierungsziele und Kompensationsverständnis......................... 92
    II. Schädigung, Zerstörung oder Verlust natürlicher Ressourcen......... 93
       1. Schutzgut natürliche Ressourcen... 93
       2. Verletzung von Schutzgütern.. 94
          a) Beeinträchtigung natürlicher Ressourcen........................... 95
          b) Beeinträchtigung der Leistungen natürlicher Ressourcen........ 95
    III. Ermittlung von Sanierungsalternativen....................................... 96
       1. Ausgangszustand.. 97
       2. Primäre Sanierung.. 98
       3. Kompensatorische Sanierung... 98
          a) Grundsätze.. 98
          b) Räumlich-funktionaler Zusammenhang.............................. 99
          c) Kompensation zwischenzeitlicher Verluste von
             Erholungsnutzungen 100
    IV. Bestimmung des erforderlichen Sanierungsumfangs..................... 101
       1. Der Wert natürlicher Ressourcen 102
       2. Service-to-Service Approach 103
       3. Valuation Approach 105
       4. Diskontierung und Berücksichtigung von Risiken.................... 106
    V. Auswahl geeigneter Sanierungsoptionen 107
       1. Kriterien zur Bewertung der Sanierungsoptionen..................... 107
       2. Pooling und Sanierung durch bestehende Programme.............. 108
    VI. Zusammenfassung 109
  D. Anhang II Nr. 1 Umwelthaftungsrichtlinie –
     vergleichende Betrachtung 110
    I.   Umweltschaden.. 110

  1. Schutzgüter.. 111
  2. Verletzung von Schutzgütern 111
    a) Begriffe.. 112
    b) Beeinträchtigung natürlicher Ressourcen oder ihrer
       Funktionen bzw. Leistungen.. 112
  3. Ergebnis 115
 II. Ermittlung von Sanierungsalternativen.. 116
  1. Maßnahmentypen... 116
  2. Ausgangszustand.. 117
  3. Primäre Sanierung.. 118
  4. Ergänzende Sanierung... 119
    a) Hierarchie der Maßnahmen 119
    b) Räumlich-funktionaler Zusammenhang..................................... 120
    c) Berücksichtigung von Interessen der betroffenen
       Bevölkerung... 121
  5. Ausgleichssanierung... 122
    a) Grundgedanke.. 123
    b) Art und Weise der Kompensation.. 124
III. Bestimmung des erforderlichen Sanierungsumfangs...................... 125
  1. Wertverständnis.. 125
  2. Service-to-Service Approach 127
  3. Einsatz anderer Bewertungsmethoden 128
  4. Diskontierung... 130
 IV. Auswahl der Sanierungsoption(en)... 130
  1. Kriterien zur Bewertung der Sanierungsoptionen 131
  2. Verzicht auf vollständige Wiederherstellung des
     Ausgangszustands 133
  3. Absehen von weiteren Sanierungsmaßnahmen............................. 133
  4. Pooling und Sanierung durch bestehende Programme.............. 134
  V. Fazit 135
E. Naturschutzfachliche und ökonomische Bewertungsmethoden.............. 136
  I. Methoden und Anwendungserfahrungen in den USA 136
  1. Habitat-Äquivalenz-Analyse... 136
  2. Ökonomische Bewertungsverfahren 138
    a) Indirekte Methoden.. 138
    b) Direkte Methoden 140
    c) Verzicht auf Primärstudien (Benefit Transfer) 143
  3. Standardisierte Bewertungsverfahren: Typ-A-Verfahren........... 144
  4. Kombination verschiedener Bewertungsmethoden.................... 145
 II. Eignung zur Bewertung von Schadensfällen nach der
     Umwelthaftungsrichtlinie 146
F. Ergebnis 147

**Kapitel 4 Die Umsetzung der Umwelthaftungsrichtlinie im
deutschen Recht** **149**
A. Rahmenbedingungen der Umsetzung 150
   I. Verantwortlichkeit für die Beeinträchtigung von Naturgütern
      nach geltendem Recht 150
     1. Naturschutzrecht 150
        a) Allgemeiner naturschutzrechtlicher Eingriffsausgleich 151
        b) Beeinträchtigung besonders geschützter Natur- und
          Landschaftsteile 154
        c) Europäisches Schutzgebietsnetz Natura 2000 156
        d) Artenschutzrecht 157
     2. Wasserrechtliche Regelungen 158
     3. Weitere Regelungen 159
     4. Umsetzungsbedarf 159
  II. Gemeinschaftsrechtliche Vorgaben zur Richtlinienumsetzung 160
 III. Gesetzgebungskompetenzen 161
     1. Bisherige Rechtslage 161
     2. Gesetzgebungskompetenzen nach der Föderalismusreform 164
B. Das Gesetz zur Umsetzung der Umwelthaftungsrichtlinie
   im Überblick 166
   I. Begründung der Umwelthaftung 166
  II. Rechtsfolgen 168
 III. Weitere Regelungen 168
C. Die Bestimmung des Biodiversitätsschadens 169
   I. Schutzgut Biodiversität 169
     1. Arten und natürliche Lebensräume
       (§ 21a Abs. 2 und 3 BNatSchG) 169
     2. Optionale Einbeziehung weiterer Arten und Lebensräume 171
        a) Nationale Schutzgebiete und gesetzlich geschützte Biotope .. 171
        b) Artenschutzrechtlich geschützte Arten 172
  II. Umweltschaden am Schutzgut Biodiversität 173
     1. Definition des Umweltschadens 173
        a) Schaden oder Schädigung gemäß § 2 Nr. 2 USchadG 174
        b) Funktionen natürlicher Ressourcen 174
        c) Erhaltungszustand 175
        d) Erheblichkeit nach Anhang I UH-RL 176
     2. Ausnahme: Genehmigte Beeinträchtigungen 177
        a) Ausnahmen aufgrund europäischen Habitat- und
          Artenschutzrechts 178
        b) Gleichwertige nationale Naturschutzvorschriften 180
D. Ermittlung und Bestimmung von Sanierungsmaßnahmen 183
   I. Allgemeine Vorgaben des Umweltschadensgesetzes 184
     1. Pflichten des Verantwortlichen 184
     2. Allgemeine behördliche Aufgaben und Befugnisse 184
     3. Verfahren 186

II. Gestaltungsmöglichkeiten zur näheren Bestimmung der Sanierung
nach Anhang II Nr. 1 UH-RL 187
  1. Einführung 187
  2. Maßnahmenkategorien 189
    a) Ziel der Sanierung.. 189
    b) Begriffe... 190
    c) Primäre Sanierung 191
    d) Ergänzende Sanierung 192
    e) Sanierung zum Ausgleich zwischenzeitlicher Verluste 193
  3. Bestimmung des Sanierungsumfangs.................................. 194
  4. Auswahl geeigneter Sanierungsoptionen 195
E. Anwendung der Sanierungsvorgaben 197
  I. Verhältnis des Umweltschadensrechts zu anderen
Rechtsvorschriften 197
  II. Sanierungsanforderungen im Vergleich zum bestehenden
Naturschutzrecht 197
    1. Naturschutzrechtliche Eingriffsregelung............................ 198
      a) Sanierungserfordernisse der Eingriffsregelung............... 198
      b) Vergleichende Betrachtung... 200
    2. FFH-Ausgleich... 201
      a) Sanierungsanforderungen nach § 34 BNatSchG............. 201
      b) Vergleichende Betrachtung... 203
  III. Flächenpool und Ökokonto.. 204
  IV. Übertragbarkeit bestehender naturschutzfachlicher
Bewertungsverfahren 205
    1. Bewertungs- und Bilanzierungsansätze der Eingriffsregelung.... 206
      a) Kompensations(flächen)faktoren.................................... 206
      b) Verbal-argumentative Verfahren 207
      c) Biotopwertverfahren 207
      d) Herstellungskostenansatz... 207
    2. Beurteilung... 208
F. Fazit 209

Zusammenfassung der Untersuchung in Thesen 211

Literaturverzeichnis 219

Sachverzeichnis.. 231

Abkürzungsverzeichnis

*Die erläuternden Hinweise zum US-Recht sind dem Lehrbuch von *Hay* entnommen.

AbfallHE	Entwurf einer Abfallhaftungsrichtlinie
ABl. EG	Amtsblatt der Europäischen Gemeinschaften
Abs.	Absatz
a.E.	am Ende
aff'd	affirmed, bestätigt
ÄndG	Änderungsgesetz
APA	Administrative Procedure Act
App. Div.	Appellate Division, Berufungsinstanz
Ariz.	Arizona Law Review
Art.	Artikel
Ass'n	Association
Az.	Aktenzeichen
BayNatSchG	Bayerisches Naturschutzgesetz
BayStMLU	Bayerisches Staatsministerium für Landesentwicklung und Umwelt-fragen
BayVBl.	Bayerische Verwaltungsblätter
Bay	Bayerisch
Bbg	Brandenburgisch
BBodSchG	Bundesbodenschutzgesetz
Bd.	Band
Berl	Berliner
BfN	Bundesamt für Naturschutz
BGB	Bürgerliches Gesetzbuch
BGBl.	Bundesgesetzblatt
BImSchG	Bundesimmissionsschutzgesetz
BMU	Bundesministerium für Umwelt, Naturschutz und Reaktorsicherheit
BNatSchG	Bundesnaturschutzgesetz
Brem	Bremisch
BR-Drs.	Bundesratsdrucksache
BT-Drs.	Bundestagsdrucksache
BVerwG	Bundesverwaltungsgericht
BVerwGE	Sammlung der Entscheidungen des Bundesverwaltungsgerichts
BW	Baden-Württembergisch
BWaldG	Bundeswaldgesetz
bzgl.	bezüglich
bzw.	beziehungsweise
CA	Court of Appeal
Cal.	California, auch Fallrechtssammlung des Staates
Cal. Rptr.	California Reporter, Fallrechtssammlung
CBD	Convention on Biological Diversity

CERCLA	Comprehensive Environmental Response, Compensation and Liability Act
cert. denied	certiorari denied, Revisionsantrag durch den Supreme Court abgelehnt
C.F.R.	Code of Federal Regulations
Cir.	Circuit, Bezirk eines Bundes-Berufungsgerichts
Co.	Company
Con. Econ. P.	Contemporary Economic Policy
Corp.	Corporation
CRTD	Convention on Civil Liability for Damage Caused during Carriage of Dangerous Goods by Road, Rail and Inland Navigation Vessels
Ct.	Court
CV	Contingent Valuation
CWA	Clean Water Act
D.	District, District Court
DB	Der Betrieb
D.C.	District of Columbia
Dep't	Department
ders.	derselbe
d.h.	das heißt
dies.	dieselbe
DÖV	Die öffentliche Verwaltung
DVBl.	Deutsches Verwaltungsblatt
Ecology L. Q.	Ecology Law Quarterly
E.D.	Eastern District
EELR	European Environmental Law Review
EG	Europäische Gemeinschaft
EGV	Vertrag zur Gründung der Europäischen Gemeinschaft
Einf.	Einführung
ELR	Environmental Law Reporter
Envtl. L.	Environmental Law
Envtl. Law.	The Environmental Lawyer
Env. L. Rev.	Environmental Law Review (UK)
Env. Man.	Environmental Management
EPA	Environmental Protection Act bzw. Environmental Protection Agency
etc.	et cetera
EU	Europäische Union
EuGH	Gerichtshof der Europäischen Gemeinschaften
EuR	Europarecht
EurUP	Zeitschrift für Europäisches Umwelt- und Planungsrecht
EUV	Vertrag zur Gründung der Europäischen Union
EWG	Europäische Wirtschaftsgemeinschaft
EWiR	Entscheidungen zum Wirtschaftsrecht
f.	folgende
F., F. 2d, F. 3d	Federal Reporter, Fallrechtssammlung der Bundesberufungsgerichte, 1., 2. bzw. 3. Serie
Fed.	Federal
Fed. Reg.	Federal Register
ff.	fortfolgende
FFH-RL	Flora-Fauna-Habitat-Richtlinie
Fla.	Florida
Fn.	Fußnote
FN	Fußnote (als Verweis auf Fußnoten innerhalb dieser Arbeit)

FS	Festschrift
F. Supp., F. Supp. 2d	Federal Supplement, Fallrechtssammlung der erstinstanzlichen Bundesgerichte, 1. bzw. 2. Serie
gem.	gemäß
GenTG	Gentechnikgesetz
GewA	Gewerbearchiv
GG	Grundgesetz
ggf.	gegebenenfalls
GIS	Geographisches Informationssystem
GVO	gentechnisch veränderter Organismus
ha	Hektar
Harv. Envtl. L. Rev	The Harvard Environmental Law Review
Hbg	Hamburgisch
HeNatG	Hessisches Naturschutzgesetz
Hess	Hessisch
Hrsg.	Herausgeber
Hs.	Halbsatz
i.d.F.	in der Fassung
i.d.R.	in der Regel
i.H.v.	in Höhe von
Ill.	Illinois
ILM	International Law Materials
insb.	insbesondere
i.S.d.	im Sinne des
i.S.v.	im Sinne von
i.V.m.	in Verbindung mit
IVU	Richtlinie zur integriertenVermeidung von Umweltverschmutzungen
i.w.S.	im weiteren Sinne
JEEPL	Journal for European Environmental & Planning Law
J. Land Resources & Envtl. L.	Journal of Land, Resources & Environmental Law
J. Land Use & Envtl. L.	Florida State University Journal of Land Use & Environmental Law
JZ	Juristenzeitung
Kap.	Kapitel
KOM	Kommission der Europäischen Gemeinschaften
La.	Louisiana
Land Econ.	Land Economics
Lexis	Datenbank, auch mit sonst nicht veröffentlichten Entscheidungen
LfU BW	Landesanstalt für Umweltschutz Baden-Württemberg
LG	Landgericht
LG NRW	Landschaftsgesetz Nordrhein-Westfalen
L. Rev.	Law Review, mit Vorsatz des Bundesstaats- oder Universitätsnamens
LSA	Land Sachsen-Anhalt
LWaldG	Landeswaldgesetz
Mar. Law.	The Maritime Lawyer
Mass.	Massachusetts
Md.	Maryland
Mich.	Michigan
MV	Mecklenburg-Vorpommern
m.w.N.	mit weiteren Nachweisen
Nat. Res. J.	Natural Resources Journal

NatSchG	Naturschutzgesetz
N.D.	Northern District (eines Bundesgerichtsbezirks)
Nds	Niedersächsisch
N.E., N.E. 2d	North Eastern, Regionalfallrechtssammlung in 1. bzw. 2. Serie
n.F.	neue Fassung
NJW	Neue Juristische Wochenschrift
NOAA	National Oceanic and Atmospheric Administration
NPL	National Priority List
Nr.	Nummer
NRD	Natural Resource Damage
NRDA	Natural Resource Damage Assessment
NRPO	Naturschutz in Recht und Praxis - online
NRW	Nordrhein-Westfalen
NuL	Natur und Landschaft
NuR	Natur und Recht
NVwZ	Neue Zeitschrift für Verwaltungsrecht
OLG	Oberlandesgericht
OPA	Oil Pollution Act
P., P. 2d	Pacific, Regionalfallrechtssammlung in 1. bzw. 2. Serie
Pa.	Pennsylvania
Para.	Paragraph
RECIEL	Review of European Community and International Environmental Law
Rh-Pf	Rheinland-Pfalz
RiW	Recht der internationalen Wirtschaft
RL	Richtlinie
Rn.	Randnummer
RR	Rechtsprechungsreport
S.	Satz bzw. Seite
Saarl	Saarländisch
Sächs	Sächsisch
SARA	Superfund Amendments and Reauthorization Act of 1986
SchlHNatSchG	Gesetz zum Schutz der Natur, Schleswig-Holstein
S.D.	Southern District (eines Bundesgerichtsbezirks), auch: South Dakota
Slg.	Sammlung
SNG	Saarländisches Naturschutzgesetz
s.o.	siehe oben
SRU	Der Rat von Sachverständigen für Umweltfragen
s.u.	siehe unten
TA	Technische Anweisungen
TAPAA	Trans Alaska Pipeline Authorization Act
Thür	Thüringer
ThürNatG	Thüringer Naturschutzgesetz
Tol.	Toledo
Tz.	Teilziffer
u.a	unter anderem
UBA	Umweltbundesamt
UGB	Umweltgesetzbuch
UGB-ProfE	Professorenentwurf für ein Umweltgesetzbuch
UH-RL	Umwelthaftungsrichtlinie
UmweltHG	Umwelthaftungsgesetz
UPR	Umwelt- und Planungsrecht

U.S.	United States, auch United States Supreme Court Reports (offizielle Fallrechtssammlung des Supreme Court)
U.S.C.	United States Code, Sammlung der Bundesgesetze
USchadG	Umweltschadensgesetz
u.U.	unter Umständen
UVP	Umweltverträglichkeitsprüfung
v.	versus (gegen), vom
Va.	Virginia
Vand. L. Rev.	Vanderbilt Law Review
VersR	Versicherungsrecht
VG	Verwaltungsgericht
VGH	Verwaltungsgerichtshof
vgl.	vergleiche
Vill. Envtl. L. J.	Villanova Environmental Law Journal (Villanova University)
VO	Verordnung
VSch-RL	Vogelschutzrichtlinie
Vt.	Vermont
VwGO	Verwaltungsgerichtsordnung
VwVfG	Verwaltungsverfahrensgesetz
WaldG	Waldgesetz
Wash & Lee L. Rev.	Washington & Lee Law Review
WG	Wassergesetz
WHG	Wasserhaushaltsgesetz
W.L.	Westlaw (Datenbank)
WRRL	Wasserrahmenrichtlinie
z.B.	zum Beispiel
ZfW	Zeitschrift für Wasserrecht
Ziff.	Ziffer
zit.	zitiert
z.T.	zum Teil
ZUR	Zeitschrift für Umweltrecht

Einführung

Die europäische Umwelthaftungsrichtlinie

Im April 2004 wurde die Richtlinie des Europäischen Parlaments und des Rates über Umwelthaftung zur Vermeidung und Sanierung von Umweltschäden („Umwelthaftungsrichtlinie" oder „UH-RL") verabschiedet.[1] Der Erlass der Richtlinie setzte einen Schlusspunkt unter einen gut 15 Jahre dauernden legislativen Prozess. Dieser war durch eine Reihe schwerwiegender Unfälle in den 1970er und 1980er Jahren ausgelöst worden, die mit massiven Umweltverschmutzungen und anderweitigen Umweltschäden verbunden waren. Hierzu zählen insbesondere das Seveso-Unglück im Juli 1976 sowie der Brand in der Basler Chemiefabrik Sandoz im Jahre 1986, bei dem über das Löschwasser große Mengen giftiger Chemikalien in den Rhein gelangten, die auf einer Strecke von 400 Kilometern zu einem Sterben von Fischen und Kleintieren führten.[2] Es folgten weitere Unglücke, etwa ein Dammbruch in der spanischen Mine Aznacóllar (1998), infolge dessen toxische Abwässer und Schlämme in den Doñana-Nationalpark geschwemmt wurden, welche der Umgebung und unzähligen unter Schutz stehenden Vögeln schweren Schaden zufügten,[3] oder die Grubenunfälle in Baia Mare und Baia Borsa in Rumänien im Jahr 2000. Zudem kam es im Laufe der Jahre zu mehreren Tankerunfällen vor der französischen und spanischen Atlantikküste.[4]

Diese Vorfälle warfen die Frage auf, wer für die Beseitigung der Verschmutzungen und die Wiederherstellung der Umwelt aufkommen sollte, die Gesellschaft insgesamt – d.h. der Steuerzahler – oder der Verursacher der Verschmutzung, sofern er zu ermitteln ist.[5] Zwar bestanden in den Rechtsordnungen der Mitgliedsstaaten Haftungsregelungen für die Verletzung von Gesundheit oder Eigentum aufgrund von Schädigungen der Umwelt, die Schädigung der Umwelt selbst war jedoch allenfalls bruchstückhaft erfasst.[6] Dennoch scheiterte ein Richt-

---

[1] Richtlinie 2004/35/EG des Europäischen Parlaments und des Rates vom 21.4.2004 über Umwelthaftung zur Vermeidung und Sanierung von Umweltschäden, ABl. EG Nr. L 143 vom 30.4.2004, S. 56 ff. zuletzt geändert durch RL 2006/21/EG des Europäischen Parlaments und des Rates vom 15.3.2006, ABl. EG Nr. L 102 vom. 11.4.2006, S. 15 ff.

[2] Vgl. dazu *Ladeur*, NJW 1987, 1236 ff.

[3] Vgl. das Weißbuch über Umwelthaftung, KOM (2000) 66 endg., S. 1.

[4] Vgl. die Begründung des Richtlinienvorschlags, KOM (2002) 17 endg., S. 2, welche die genannten Umweltkatastrophen in Bezug nimmt.

[5] Vgl. das Weißbuch über Umwelthaftung, KOM (2000) 66 endg., S. 1.

[6] Vgl. dazu etwa *McKenna & Co*, Study on Civil Liability Systems for Remedying Environmental Damage.

linienvorschlag zur Abfallhaftung[7] zunächst; dem bereits 1993 vorgelegten Grünbuch[8] folgte erst im Jahr 2000 das Weißbuch zur Umwelthaftung[9].

Ziel der Umwelthaftungsrichtlinie ist es, auf der Grundlage des Verursacherprinzips einen gemeinschaftsrechtlichen Rahmen für die Umwelthaftung zur Vermeidung und Sanierung von Umweltschäden zu schaffen.[10] Anders als die Bezeichnung als „Haftungs"-Richtlinie und die begriffliche Nähe des Richtlinientitels zum deutschen Umwelthaftungsgesetz hierbei suggerieren mögen, ist Gegenstand nicht der Schadensausgleich unter Privaten.[11] Vielmehr normiert die Richtlinie eine öffentlich-rechtliche Verantwortlichkeit des (potentiellen) Schädigers gegenüber der zuständigen Behörde, die der ordnungsrechtlichen Störerverantwortlichkeit ähnlich ist.[12] Grundlegendes Prinzip ist, dass der Verantwortliche, der durch seine Tätigkeit einen Umweltschaden oder die unmittelbare Gefahr eines solchen Schadens verursacht hat, dafür (auch finanziell) verantwortlich ist. Hierdurch soll die Richtlinie zugleich Anreize zur Schadensprävention setzen.[13]

Die Verantwortlichkeit umfasst gemäß Art. 2 Abs. 1 UH-RL Schädigungen der Schutzgüter Gewässer, Boden und Biodiversität.[14] Das Schutzgut Biodiversität – die UH-RL verwendet in Abgrenzung zu Art. 2 des Übereinkommens über die Biologische Vielfalt[15] die Bezeichnung „geschützte Arten und natürliche Lebensräume" – wird durch Verweis auf die Vogelschutzrichtlinie (VSch-RL) und die Flora-Fauna-Habitat-Richtlinie (FFH-RL) näher bestimmt.[16] Erfasst werden die im Rahmen des europäischen ökologischen Netzes Natura 2000 geschützten Lebensräume und Arten. Gewässer sind alle Gewässer, die in den Geltungsbereich der Wasserrahmenrichtlinie fallen.[17] Das Schutzgut Boden ist demgegenüber mangels einheitlicher europäischer Bodenschutzbestimmungen in der Richtlinie nicht legaldefiniert.

---

[7] Vorschlag für eine Richtlinie des Rates über die zivilrechtliche Haftung für die durch Abfälle verursachten Schäden, ABl. EG Nr. C 251 vom 4.10.1989, S. 3; geänderter Vorschlag ABl. EG Nr. C 192 vom 23.7.1991, S. 6.

[8] Grünbuch zur Umwelthaftung, KOM (93) 47 endg.

[9] KOM (2000) 66 endg.

[10] Vgl. Art. 1 UH-RL.

[11] Diesen werden durch die Richtlinie keinerlei Ersatzansprüche eingeräumt, vgl. Art. 3 Abs. 3 UH-RL.

[12] *Spindler/Härtel*, UPR 2002, 241; *Hager*, JZ 2002, 901 (908).

[13] Vgl. den 2. Erwägungsgrund der UH-RL.

[14] Vgl. die Definitionen in Art. 2 Nr. 1 a)-c) UH-RL.

[15] Convention on Biological Diversity vom 5.6.1992, 31 ILM (1992), 818.

[16] Richtlinie 79/409/EWG des Rates über die Erhaltung der wild lebenden Vogelarten, ABl. EG Nr. L 103 vom 25.4.1979, S. 1 ff. (Vogelschutzrichtlinie); Richtlinie 92/43/EWG des Rates zur Erhaltung des natürlichen Lebensraums sowie der wild lebenden Tiere und Pflanzen, ABl. EG Nr. L 206 vom 22.7.1992, S. 7 ff. (Flora-Fauna-Habitat-Richtlinie).

[17] Richtlinie 2000/60/EG des Europäischen Parlaments und des Rates vom 23.10.2000 zur Schaffung eines Ordnungsrahmens für Maßnahmen der Gemeinschaft im Bereich der Wasserpolitik, ABl. EG L 327 vom 22.12.2000, S. 1 ff., Wasserrahmenrichtlinie, im Folgenden „WRRL".

Gemäß Art. 3 UH-RL ist die Verantwortlichkeit auf Umweltschäden beschränkt, die durch berufliche Tätigkeiten verursacht werden. Zu unterscheiden sind hierbei die in Anhang III der Richtlinie aufgeführten, als besonders umweltgefährdend eingestuften Tätigkeiten, für die gemeinschaftsrechtliche Vorgaben bestehen, und sonstige berufliche Tätigkeiten. Anhang III UH-RL erfasst etwa den Betrieb von Anlagen nach der IVU-Richtlinie[18], Abfallbewirtschaftungsmaßnahmen, die Herstellung, Verwendung, Lagerung und Ableitung von bestimmten gefährlichen Stoffen und Zubereitungen, Pflanzenschutzmitteln und Biozidprodukten oder auch die Freisetzung gentechnisch veränderter Organismen.[19] Für Umweltschäden durch diese Tätigkeiten normiert die Richtlinie eine verschuldensunabhängige Verantwortlichkeit des Betreibers.[20] Ergänzend sieht Art. 3 Abs. 1 b) UH-RL eine Verschuldenshaftung für sonstige berufliche Tätigkeiten vor, die jedoch auf das Schutzgut Biodiversität beschränkt ist. Voraussetzung der Verantwortlichkeit ist stets, dass ein feststellbarer Schaden vorhanden ist, der Verursacher identifiziert und ein ursächlicher Zusammenhang aufgezeigt werden kann. Umwelthaftung wird demgegenüber nicht als geeignetes Instrument zur Erfassung diffuser Verschmutzungen erachtet.[21] Auch entfaltet das Haftungsregime keine Rückwirkung.[22]

Besteht die unmittelbare Gefahr eines Umweltschadens, so ist der Verantwortliche zur Vermeidung verpflichtet. Im Falle eines bereits eingetretenen Schadens sind Schadensbegrenzungs- und Sanierungsmaßnahmen zu ergreifen.[23] Ziel der Sanierung ist bzgl. der Schutzgüter Gewässer und Biodiversität die Wiederherstellung des Ausgangszustands der geschädigten Ressourcen und Funktionen. Ist dies nicht möglich, so sind vergleichbare Ressourcen und Funktionen zu schaffen. Die entsprechenden Vorgaben zur Ermittlung und Auswahl der Sanierungsmaßnahmen in Anhang II Nr. 1 UH-RL beruhen auf dem Vorbild US-amerikanischer Regelungen für Umweltschäden durch Ölverschmutzungen. Bei Schädigungen des Bodens sind, soweit keines der anderen Schutzgüter betroffen ist, lediglich Gesundheitsgefahren zu beseitigen.[24]

Die Durchsetzung der sich aus der Richtlinie ergebenden Vermeidungs- und Sanierungspflichten wird dem Staat als Sachwalter der Allgemeinheit auferlegt. Sie erfolgt mittels einseitig-verbindlicher hoheitlicher Anordnung sowie den Mitteln des Verwaltungsvollstreckungsrechts. Allerdings enthält die Richtlinie auch kooperative Elemente, abweichend vom Amtsermittlungsgrundsatz wird dem Verursacher des Umweltschadens die Verpflichtung zur Ermittlung möglicher Sanierungsmaßnahmen auferlegt. Zur Vermeidung von Vollzugsdefiziten sieht die

---

[18] Richtlinie 96/61/EGW des Rates vom 24.9.1996 über die integrierte Vermeidung und Verminderung der Umweltverschmutzung, ABl. EG Nr. L 257 vom 10.10.1996, S. 26.
[19] Anhang III UH-RL verweist zur Bezeichnung der Tätigkeiten auf die entsprechenden Gemeinschaftsrichtlinien.
[20] Art. 3 Abs. 1 a) UH-RL.
[21] Vgl. den 13. Erwägungsgrund zur UH-RL.
[22] Art. 17 UH-RL.
[23] Art. 5-7 UH-RL.
[24] Anhang II Nr. 2 UH-RL.

Richtlinie schließlich eine Beteiligung von Umwelt- und Naturschutzverbänden vor.[25]

Gegenstand der Arbeit

Gegenstand der vorliegenden Arbeit sind die Vorgaben der Richtlinie zur Sanierung von Biodiversitätsschäden und deren Umsetzung im deutschen Recht. Fragen des europäischen Habitat- und Artenschutzes werden derzeit in Rechtsprechung und Literatur intensiv diskutiert.[26] Der zunehmende Verlust an biologischer Vielfalt wird denn auch im ersten Erwägungsgrund der UH-RL als zentrale Motivation für das Tätigwerden der Gemeinschaft genannt. Dies verdeutlicht auch der Ansatz des Weißbuchs über Umwelthaftung, nach dem als Umweltschaden nur Altlasten und Schädigungen der biologischen Vielfalt erfasst werden sollten.[27]

Zwar treten auch im Zusammenhang mit der weiteren Umsetzung des Schutzregimes der WRRL und dessen Flankierung durch die UH-RL bedeutsame aktuelle Fragen auf. Jedoch erwies sich die Beschränkung des Untersuchungsgegenstands der Arbeit auf eines der Schutzgüter als notwendig, um eine vertiefte Analyse zu ermöglichen. Die UH-RL knüpft zur Bestimmung ihrer Schutzgüter an das geltende Gemeinschaftsrecht an. Daher können das jeweilige Schutzgut sowie der schutzgutspezifische Umweltschadensbegriff nur im Wege einer eingehenden Erörterung der Bezüge zu den genannten Gemeinschaftsrichtlinien (WRRL bzw. FFH- und VSch-RL) und deren Interpretation in Rechtsprechung und Literatur erschlossen werden. Sowohl bei der Betrachtung der europäischen Ebene als auch bei der Diskussion der Umsetzung im deutschen Recht würde eine Einbeziehung wasserrechtlicher Fragen unter Berücksichtigung landesrechtlicher Besonderheiten deshalb den Rahmen der Arbeit sprengen. Was die Sanierung von Schädigungen des Bodens anbelangt, geht die UH-RL hingegen im Wesentlichen nicht über die Anforderungen des geltenden deutschen Rechts hinaus.

Innerhalb der auf das Schutzgut Biodiversität bezogenen Fragen liegt der Schwerpunkt der Untersuchung auf Umweltschadensbegriff und Sanierungsvorgaben der Richtlinie. Durch den Begriff des Umweltschadens wird die Reichweite des Umwelthaftungsregimes bestimmt. Da die Vorgaben des Anhangs II Nr. 1 UH-RL zur Ermittlung und Bestimmung von Sanierungsmaßnahmen an den Schutzgütern Gewässer und Biodiversität auf dem Vorbild US-amerikanischer Regelungen beruhen, kann eine rechtsvergleichende Untersuchung zu einem vertieften Verständnis der Richtlinie beitragen. Im Hinblick auf die Sanierung stellt sich zudem die Frage, wie sich die Vorgaben der Richtlinie zu den hergebrachten Instrumenten des deutschen Naturschutzrechts verhalten und inwieweit auf beste-

---

[25] Art. 12 f. UH-RL.

[26] Vgl. etwa EuGH Rs. C-98/03, (Kommission/Deutschland), NuR 2006, 166 ff.; EuGH Rs. C-6/04 (Kommission/Vereinigtes Königreich), Slg. 2005, I-09017; BVerwG, NVwZ 2006, 1161 ff. (Ortsumgehung Stralsund); BVerwG, NuR 2007, 336 ff. (Westumfahrung Halle); *Gellermann*, NuR 2005, 433 ff.; *Mayr/Sanktjohanser*, NuR 2006, 412 ff.

[27] Weißbuch, S. 15.

hende Erfahrungen beim Ausgleich von Beeinträchtigungen von Natur und Landschaft zurückgegriffen werden kann. Die Arbeit soll letztlich Antwort auf die folgenden Fragen geben: Welche Umweltschäden werden durch die Richtlinie hinsichtlich des Schutzguts Biodiversität erfasst? Wie sind Biodiversitätsschäden zu sanieren? Wie werden die diesbezüglichen Regelungen der Richtlinie im deutschen Recht umgesetzt; was ist bei der Rechtsanwendung zu beachten?

Gang der Untersuchung

Kapitel 1 beschäftigt sich mit Entwicklung und Systematik einer europäischen Umwelthaftung und beleuchtet zunächst die verschiedenen in Literatur und Alltagssprache gebräuchlichen Umweltbegriffe sowie die Begriffe des „Umweltschadens" und des „ökologischen Schadens". Gerade Letzterer ist sehr unterschiedlich belegt, die Darstellung soll den Blick für die eigenständige Begriffsbestimmung der Richtlinie schärfen. Sodann folgt ein Überblick über die Entstehungsgeschichte der europäischen Umwelthaftungsrichtlinie, anhand derer die Schwierigkeiten der haftungsrechtlichen Erfassung von Umweltschäden deutlich werden. Weiterhin gibt das erste Kapitel einen Überblick über die wesentlichen Regelungen der Richtlinie.

Kapitel 2 der Arbeit untersucht den Umweltschadensbegriff und die allgemeinen Sanierungsvorgaben der Richtlinie im Hinblick auf das Schutzgut Biodiversität. Hierzu wird zunächst die Reichweite des Schutzguts analysiert. Umstritten ist, ob alle in den Anhängen von FFH- und VSch-RL aufgelisteten Arten und Lebensräume unabhängig von ihrer tatsächlichen Unterschutzstellung durch das Haftungsregime erfasst sind. Hierfür spricht der Wortlaut der Richtlinie, während systematische und teleologische Erwägungen in Richtung einer Beschränkung auf die im Rahmen des europäischen ökologischen Netzes „Natura 2000" zu schützenden Arten und Lebensräume sowie die durch die Artenschutzbestimmungen von FFH- und VSch-RL geschützten Arten und ihre Fortpflanzungs- und Ruhestätten weisen. Sodann werden die weiteren Voraussetzungen für das Vorliegen eines Umweltschadens eingehend analysiert. Erforderlich ist gemäß Art. 2 Nr. 1 a) UH-RL eine Beeinträchtigung, die erhebliche nachteilige Auswirkungen auf den günstigen Erhaltungszustand geschützter Arten oder natürlicher Lebensräume hat. Zuvor ermittelte nachteilige Auswirkungen von Tätigkeiten, die aufgrund der Ausnahmetatbestände von FFH- und VSch-RL genehmigt wurden, stellen keinen Umweltschaden im Sinne der Richtlinie dar. Es stellt sich die Frage der Reichweite etwa der gemäß Art. 6 Abs. 3 und 4 FFH-RL nach Durchführung einer FFH-Verträglichkeitsprüfung erteilten Genehmigungen und deren Verhältnis zu den allgemeinen mitgliedstaatlichen Schutzpflichten aus Art. 6 Abs. 2 FFH-RL. Abschließend werden die allgemeinen Pflichten des Betreibers und die entsprechenden behördlichen Befugnisse hinsichtlich der Sanierung von Biodiversitätsschäden untersucht.

Der Gedanke des vom Bestehen individueller Rechtspositionen unabhängigen Ausgleichs der Beeinträchtigung von Naturgütern ist dem europäischen Rechtskreis nicht fremd. In den Rechtsvorschriften der Mitgliedstaaten finden sich vereinzelt Bestimmungen zum Ausgleich ökologischer Schäden im Wege der Naturalrestitution.[28] Jedoch existierte in den europäischen Haftungssystemen bislang kein konsistentes Konzept für den Fall, dass eine Wiederherstellung der geschädigten Naturgüter ganz oder in Teilen nicht erreicht werden kann. Auch die Frage des Ausgleichs zwischenzeitlicher Verluste an Ressourcen und Ressourcenfunktionen bis zum Wirksamwerden etwaiger Sanierungsmaßnahmen war ungeklärt.[29] Die entscheidende Neuerung der UH-RL ist es, hier ein Lösungsmodell vorzusehen.[30] Dieses wiederum orientiert sich „an dem kosteneffizienten Konzept, das im Rahmen des amerikanischen Ölverschmutzungsgesetzes von 1990 erprobt wurde und sich jahrelang bewährt hat."[31] Gemeint ist der US-amerikanische Oil Pollution Act (OPA),[32] ein Bundesgesetz, durch das die Umweltfolgen von Ölunfällen erfasst werden.

Das Ausmaß der Rezeption US-amerikanischen Haftungsrechts wird in Kapitel 3 untersucht. Zunächst werden die relevanten Regelungen des US-Oil Pollution Act und der hierzu erlassenen Verordnung im Kontext dargestellt. Dabei gilt es, das den Normen des US-Rechts zugrunde liegende, stark ökonomisch geprägte Verständnis von Umwelt und Umweltschäden zu beleuchten. Es schließt sich eine vergleichende Betrachtung an, welche die an das US-Recht angelehnten Elemente des Umweltschadensbegriffs sowie die Sanierungsbestimmungen des Anhangs II Nr. 1 UH-RL den Ursprungsregelungen gegenüberstellt. Das Kapitel schließt mit einer Untersuchung der in den USA angewandten naturschutzfachlichen und ökonomischen Methoden zur Bewertung von Umweltschäden und der diesbezüglichen Anwendungserfahrungen. Es stellt sich die Frage der Anwendbarkeit dieser Methoden im Kontext des europäischen Haftungsregimes.

Kapitel 4 schließlich ist der Umsetzung der Richtlinienvorgaben zur Sanierung von Biodiversitätsschäden im deutschen Recht gewidmet. Zunächst werden die im geltenden Naturschutzrecht bestehenden Konzepte zum Ausgleich von Beeinträchtigungen von Natur und Landschaft beleuchtet. Dies sind vor allem die an eine Vorhabenzulassung gekoppelten Instrumente der naturschutzrechtlichen Eingriffsregelung und der FFH-Verträglichkeitsprüfung. Darüber hinaus bestehen in den Landesnaturschutzgesetzen Regelungen zur Erfassung rechtswidriger Eingriffe in Natur und Landschaft sowie von Beeinträchtigungen besonders geschützter Natur- und Landschaftsbestandteile.

---

[28]   Etwa in Belgien das Gesetz zum Schutz der Meeresumwelt vom 20.1.1999 und in Italien Art. 18 Abs. 1 des Gesetzes 349/1986 (Gesetz zur Errichtung eines Umweltministeriums und Vorschriften auf dem Gebiet des Umweltschadens); vgl. *Kokott/Klaphake/Marr*, Ökologische Schäden und ihre Bewertung, S. 143 ff., 183 ff.

[29]   *Hager*, in: Hendler/Marburger/Reinhardt/Schröder (Hrsg.), Umwelthaftung, S. 211 (234).

[30]   *Hager*, in: Hendler/Marburger/Reinhardt/Schröder (Hrsg.), Umwelthaftung, S. 211 (234).

[31]   KOM (2002) 17 endg., Begründung S. 10, unter Verweis auf die Studie von *Penn*, A Summary of the Natural Resource Damage Assessment Regulations under the United States Oil Pollution Act, NOAA (2001).

[32]   33 U.S.C. §§ 2701-2720.

Zur Umsetzung der Richtlinie ins deutsche Recht legte die Bundesregierung im September 2006 einen Gesetzesentwurf vor.[33] Am 10. Mai 2007 wurde schließlich das „Gesetz zur Umsetzung der Richtlinie des Europäischen Parlaments und des Rates über die Umwelthaftung zur Vermeidung und Sanierung von Umweltschäden" verabschiedet.[34] Das Gesetz setzt die UH-RL durch Schaffung eines Stammgesetzes, des sog. „Umweltschadensgesetzes" (USchadG), und durch eine Verankerung der schutzgutspezifischen Bestimmungen in Bundesbodenschutzgesetz (BBodSchG), Wasserhaushaltsgesetz (WHG) und Bundesnaturschutzgesetz (BNatSchG) als einschlägigem Fachrecht um. Es gilt das Gesetz eingehend zu beleuchten; für die Umsetzung der Sanierungsvorgaben des Anhangs II Nr. 1 UH-RL, bzgl. derer das Gesetz unmittelbar auf die Richtlinienvorgaben verweist, wird ein weitergehender Formulierungsvorschlag erarbeitet. Mit Blick auf die spätere Anwendung der Umwelthaftungsregelungen erfolgt zudem eine vergleichende Betrachtung der Sanierungsanforderungen von UH-RL und naturschutzrechtlichem Eingriffsausgleich. Schließlich wird erörtert, inwieweit zur Ermittlung des erforderlichen Kompensationsumfangs eine Anwendung der bereits im Rahmen der Eingriffsregelung eingesetzten Methoden zulässig ist. Auf diese Weise soll die Arbeit einen Beitrag zur Diskussion einer effektiven Richtlinienumsetzung und -anwendung im Bereich der Biodiversitätsschäden leisten.

---

[33]   Entwurf eines Gesetzes zur Umsetzung der Richtlinie des Europäischen Parlaments und de Rates über die Umwelthaftung zur Vermeidung und Sanierung von Umweltschäden, BT-Drs. 16/3806 vom 13.12.2006.

[34]   BGBl. 2007 I, S. 666; zuletzt geändert durch Art. 7 des Gesetzes zur Ablösung des Abfallverbringungsgesetzes und zur Änderung anderer Rechtsvorschriften vom 19.7.2007, BGBl. 2007 I, S. 1462. Das Umweltschadensgesetz trat am 14.11.2007 in Kraft.

Kapitel 1 Entwicklung und Systematik einer europäischen Umwelthaftung

Das erste Kapitel ist einer Einführung in die Thematik „Umwelthaftung" gewidmet. Auf eine Darstellung der in der deutschen Literatur erarbeiteten Ansätze zur Schaffung einer Verantwortlichkeit für ökologische Schäden wird hierbei verzichtet, da dies den Rahmen der vorliegenden Arbeit sprengen würde.[1] Jedoch ist zunächst eine Auseinandersetzung mit grundlegenden Begriffen wie „Umwelt", „Umweltschaden" und „ökologischer Schaden" geboten, die keinesfalls einheitlich verwendet werden (Abschnitt A). Sodann soll die Entwicklung der europäischen Umwelthaftung beleuchtet werden (Abschnitt B). Abschließend gilt es, die Grundzüge des Haftungsregimes der Richtlinie darzustellen, um die Einbettung der in den nachfolgenden Kapiteln zu untersuchenden Bestimmungen zur Sanierung von Biodiversitätsschäden in den Gesamtzusammenhang zu verdeutlichen (Abschnitt C).

A. Umwelt und Umweltschaden

Gegenstand der vorliegenden Untersuchung ist eine Richtlinie „über Umwelthaftung zur Vermeidung und Sanierung von Umweltschäden". Zentrale Begriffe der Richtlinie, wie z.B. Umwelt und Umweltschaden, sind jedoch sehr unterschiedlich besetzt. Zur Erfassung von Umweltbeeinträchtigungen finden sich ebenfalls sehr unterschiedliche Ansätze: Im Zivilrecht steht der Schutz von Individualrechtsgütern im Vordergrund, im öffentlichen Recht sind vorsorgende, etwa an eine Vorhabenzulassung geknüpfte und *ex post* wirkende Instrumente zu unterscheiden. In diesem Kontext gilt es die Richtlinie einzuordnen.

---

[1] Vgl. etwa *Seibt*, Zivilrechtlicher Ausgleich ökologischer Schäden (1994); *Kadner*, Der Ersatz ökologischer Schäden: Ansprüche von Umweltverbänden (1995); *Godt*, Haftung für Ökologische Schäden (1995); *Wezel*, Die Disposition über den ökologischen Schaden (2001); *Hoffmeister/Kokott*, Öffentlich-rechtlicher Ausgleich für Umweltschäden in Deutschland und in hoheitsfreien Räumen (2002); Niederlande: *Brans*, Liability for Damage to Public Natural Resources (2001).

I. Umweltbegriffe

Die UH-RL geht nicht von einem umfassenden Umweltbegriff aus, sondern erfasst lediglich drei Kategorien von Umweltgütern: Gewässer, Boden sowie geschützte Arten und natürliche Lebensräume (Biodiversität). Ohnehin aber existiert keine einheitliche, universell akzeptierte Definition des Begriffs „Umwelt". Verschiedenen gesetzlichen Regelungen auf europäischer und nationaler Ebene liegen jeweils unterschiedlich weit gehende normative Umweltbegriffe zugrunde. Nach einem sehr weiten Begriffsverständnis ist Umwelt unsere gesamte Umgebung einschließlich unserer Mitmenschen und aller sozialen, kulturellen und politischen Einrichtungen. In diesem Sinne wird der Umweltbegriff sowohl teilweise in den Fachwissenschaften, vor allem in der Soziologie, als auch im allgemeinen Sprachgebrauch verwendet.[2] Eine aus der Biologie stammende Definition versteht unter Umwelt den „Komplex der Beziehungen einer Lebenseinheit zu ihrer Umgebung".[3] Ein restriktiveres Verständnis, das im juristischen Sprachgebrauch vorherrschend ist, beschränkt den Umweltbegriff auf die natürliche Umwelt des Menschen. Umfasst sind die Umweltmedien Boden, Luft und Wasser, die Biosphäre sowie deren Beziehungen untereinander und zum Menschen.[4]

II. Beeinträchtigung der Umwelt – ökologischer Schaden und Umweltschaden

Ein weiterer zentraler Begriff der Richtlinie ist der des Umweltschadens. Die Begriffe „Umweltschaden" und „ökologischer Schaden" werden jedoch ebenfalls in sehr unterschiedlicher Bedeutung verwendet. So ist vom ökologischen Schaden *im weiteren Sinne* die Rede, der in Anlehnung an § 1 Abs. 1 BNatSchG

> „alle vom Menschen durch Umwelteinwirkungen verursachten nachhaltigen, nicht unerheblichen Beeinträchtigungen der biotischen und abiotischen Elemente der Natur sowie des Naturhaushalt als eines ganzheitlichen Funktionssystems"

umfasst.[5] Nach einer Auffassung sind ökologische Schäden *im engeren Sinn*

> „die keinem individuellen Rechtsträger zuzuordnenden Beeinträchtigungen des Naturhaushalts und seiner Elemente, die die Folge einer Umwelteinwirkung (...) sind."[6]

---

[2] *Kloepfer*, Umweltrecht, § 1 Rn. 15; *Sparwasser/Engel/Voßkuhle*, Umweltrecht, § 1 Rn. 5 und Rn. 15; *Brans*, Liability, S. 10.

[3] *SRU*, Umweltgutachten 1987, S. 38, Tz. 1: Dieser Beziehungskomplex kann auch mit „Lebensbedingungen" bezeichnet werden; Lebenseinheiten sind Menschen, Tiere und Pflanzen, ebenso Gemeinschaften von Lebewesen, etwa ein Bienenstaat, Wald oder Gesellschaftsgruppen.

[4] *Kloepfer*, Umweltrecht, § 1 Rn. 15.

[5] *Gassner*, UPR 1987, 370 (371); *Schulte*, JZ 1988, 278 (285); *Kadner*, Ersatz ökologischer Schäden, S. 33 f.; *Kohler*, in: Staudinger, BGB, Einl zum UmweltHR, Rn. 6 f.

[6] *Kohler*, in: Staudinger, BGB, Einl zum UmweltHR, Rn. 7; *Hager*, NJW 1986, 1961; kritisch zu dieser Negativabgrenzung *Kadner*, Ersatz ökologischer Schäden, S. 27; *Rehbinder*, NuR 1988, 105 ff.

Erfasst werden nach dieser Definition nur Beeinträchtigungen eigentumsfreier Natur, wie Fließgewässern[7], privatrechtlich nicht zugeordneten Grundwassers[8] oder wild lebender, nicht dem Jagdrecht unterliegender Tiere[9]. Synonym ist z.T. auch vom „allgemeinen ökologischen Schaden" die Rede.[10] Ein ebenfalls einschränkendes Verständnis begreift den ökologischen Schaden als Unterfall des immateriellen oder Nichtvermögensschadens. Unter ökologischem Schaden ist demnach ausschließlich der Schaden zu verstehen, der nicht in Geld ausgedrückt werden kann, also keine Beeinträchtigung von Vermögens-, sondern allein von Naturschutzinteressen darstellt. Als typische Beispiele werden die Schädigung eines Feuchtbiotops oder einer Trockenrasengesellschaft genannt. Wird etwa ein Wald geschädigt, so sei die durch Holzverluste eintretende Vermögenseinbuße vom ökologischen Schaden abzuschichten, der etwa in der Beeinträchtigung der sog. Wohlfahrtswirkung des Waldes liege. Die Begriffsbestimmung ist danach unabhängig von der Frage der Verletzung individueller Rechtsgüter.[11]

Auch der Terminus des „Umweltschadens" bzw. der „Umweltschäden", den die UH-RL verwendet,[12] ist sowohl im allgemeinen als auch im juristischen Sprachgebrauch unterschiedlich belegt. Umweltschaden ist nach einem weiten Verständnis jeder über den Umweltpfad verursachte Schaden. Dies sind zum einen Personen-, Sach- oder Vermögensschäden, zum anderen der ökologische Schaden, der sich in Phänomenen wie Artenrückgang oder Klimaveränderung zeigt.[13] Gelegentlich wird der Umweltschaden aber auch zur Bezeichnung einer Verletzung von Umweltgütern verwendet, die keinem bestimmten Schädiger zugerechnet werden kann, wie etwa im Falle summierter Immissionen sowie von Langzeit- und Distanzschäden, während der ökologische Schaden die Seite des Geschädigten betreffe.[14] Bei der Analyse der UH-RL und ihrer Vorläufer ist daher die jeweilige normative Prägung des Begriffs zu beachten.

Im US-Kontext taucht schließlich noch der Begriff des „natural resource damage" auf. Bundesgesetzliche Regelungen, wie der Comprehensive Environmental Response, Compensation and Liability Act (CERCLA)[15] und der Oil Pollution Act geben öffentlichen Stellen ein Recht, Schadenersatz für die Beeinträchtigung natürlicher Ressourcen zu fordern. Natürliche Ressourcen sind hierbei solche, die im Eigentum des Staates stehen oder staatlicher Kontrolle unterliegen. Der *natural resource damage* umfasst nicht nur Schädigungen der Umwelt als

---

7   a.A. diesbezüglich *Ladeur*, NJW 1987, 1236 (1237).
8   BVerfG, NJW 1982, 745 (Nassauskiesung).
9   Diese sind nach § 960 Abs. 1 S. 1 BGB herrenlos, vgl. dazu *Bassenge*, in: Palandt, BGB, § 960 Rn. 1 ff.
10   *Landsberg/Lülling*, UmweltHG, § 16 Rn. 10; *Hager*, NJW 1986, 1961.
11   *Gassner*, UPR 1987, 370 (371); *Friehe*, NuR 1992, 453 (454); *Rehbinder*, NuR 1988, 105 ff.
12   Die englische Fassung des Art. 2 Nr. 1 UH-RL spricht von „environmental damage", ebenso verwendet die französische Fassung den Begriff „dommage environnemental", im Spanischen „daño medioambiental".
13   *Hager*, NJW 1986, 1961; *Brans*, Liability, S. 12; *Hoffmeister/Kokott*, Öffentlich-rechtlicher Ausgleich, S. 45.
14   *Kohler*, in: Staudinger, BGB, Einl zum UmweltHR Rn. 9.
15   42 U.S.C. §§ 9601-9675.

solcher, sondern auch den Schaden, den die Öffentlichkeit infolge der Beeinträchtigung natürlicher Ressourcen erleidet. Gemeint sind hiermit nicht Vermögensschäden oder Folgeschäden am Eigentum, sondern die Beeinträchtigung des direkten oder indirekten Nutzens natürlicher Ressourcen für die Öffentlichkeit.[16]

III. Zivilrechtliche Erfassung von Umweltschäden

Zivilrechtliche Normen, die eine Haftung für ökologische Schäden vorsehen, finden sich im deutschen Recht etwa in § 823 BGB, § 22 WHG oder § 32 ff. GenTG. Voraussetzung für eine Haftung ist jedoch stets das Vorliegen einer Beeinträchtigung von Individualrechtsgütern. Dies gilt auch für § 1 UmweltHG, die Norm gewährt Schadenersatz, wenn jemand durch die Umweltwirkungen einer Anlage getötet, sein Körper oder seine Gesundheit verletzt oder eine Sache beschädigt wird.[17] Für Sachschäden, die zugleich eine Beeinträchtigung von Natur oder Landschaft darstellen, erweitert § 16 Abs. 1 UmweltHG lediglich den Ersatzumfang hinsichtlich sachwertüberschreitender Aufwendungen.[18] Schäden an eigentumsfreier Natur lassen sich durch die herkömmlichen Kategorien des zivilen Haftungsrechts nicht erfassen.[19] Auch wenn die geschädigte Sache einem bestimmten Eigentümer oder Besitzer zugeordnet ist, besteht weiterhin Uneinigkeit über die Reichweite des Eigentumsschutzes. Fraglich ist etwa, ob der „Normalbestand" an wild lebenden Tieren Bestandteil des Grundeigentums ist.[20] Zudem ist mit Blick auf die überwiegend auf wirtschaftliche Verwertung seines Eigentums ausgerichtete Interessenlage des Eigentümers nicht ohne weiteres gewährleistet, dass dieser an einer Wiederherstellung des geschädigten Naturguts interessiert ist.[21] Schließlich sind isolierte Eigentumsrechte nicht geeignet, übergreifenden ökologischen Zusammenhängen ausreichend Rechnung zu tragen.[22] Hieraus ergibt sich die Frage, wem die Anspruchsberechtigung für ökologische Schäden zugewiesen werden soll.[23]

Schließlich bereitet die monetäre Bewertung von Umweltschäden Schwierigkeiten, da die geschädigten natürlichen Ressourcen in den meisten Fällen keinen Marktwert besitzen bzw. dieser den ökologischen Wert eines Naturguts nur ungenügend erfasst. So lässt sich etwa der Holzwert einer Waldfläche ohne weiteres über den aktuellen Marktpreis ermitteln, nicht aber deren Wert als Lebensraum, Wasserspeicher und Luftfilter. Soll also im Rahmen eines Haftungsregimes neben

---

[16]   Vgl. *Brans*, Liability, S. 21.

[17]   § 1 UmweltHG, vgl. *Landsberg/Lülling,* Umwelthaftungsrecht, § 1 UmweltHG, Rn. 15 ff.; *Hirsch/Schmidt-Didczuhn,* GenTG, § 32 Rn. 46.

[18]   *Salje*, UmweltHG, § 16 Rn. 1.

[19]   Vgl. etwa *Brans*, Liability, S. 2; *Schulte,* JZ 1988, 278 (282); *Fischer/Fluck,* RiW 2002, 814 (815).

[20]   Vgl. *Wezel*, Disposition, S. 31 f.; *Godt,* Haftung für ökologische Schäden, S. 93 f.

[21]   *Rehbinder*, NuR 1988, 105 (106); *Schulte,* JZ 1988, 278 (282).

[22]   *Rehbinder*, NuR 1988, 105 (108).

[23]   Vorgeschlagen werden etwa ein öffentlich-rechtlich kontrollierter Anspruch von Umweltverbänden (*Kadner,* Ersatz ökologischer Schäden, S. 315) oder parallele Ansprüche von Verbänden und Behörden (*Godt,* Haftung für ökologische Schäden, S. 308 ff.).

der Möglichkeit der Naturalrestitution auch Schadenersatz in Geld gewährt werden, etwa bei Vorliegen einer irreparablen Beeinträchtigung, so müssen geeignete Methoden zur Ermittlung des Geldwertes der geschädigten natürlichen Ressourcen gefunden werden.[24]

IV. Öffentlich-rechtliche Wiederherstellungspflichten – Einordnung der Umwelthaftungsrichtlinie

Als Reaktion auf die Beeinträchtigung von Umweltgütern sieht das öffentliche Recht überwiegend nur die Möglichkeit zur Anordnung von Gefahrenabwehr- und Gefahrbeseitigungsmaßnahmen vor, in Deutschland etwa gemäß § 4 BBodSchG oder nach allgemeinem Polizei- und Ordnungsrecht. Daneben bestehen vorsorgende Instrumente wie die Umweltverträglichkeitsprüfung (UVP),[25] welche Verwaltungsentscheidungen über Vorhaben, die die Umwelt möglicherweise beeinträchtigen können, durch Ermittlung, Beschreibung und Bewertung dieser Umweltauswirkungen vorbereiten soll.[26] Im Recht der Vorhabenzulassung finden sich auch Pflichten zum Ausgleich nachteiliger Einwirkungen auf Natur und Landschaft. So sind nach Art. 6 Abs. 4 FFH-RL Ausgleichsmaßnahmen zur Wahrung der globalen Kohärenz des europäischen ökologischen Netzes Natura 2000 vorzusehen, wenn ein Vorhaben trotz eines negativen Ergebnisses der FFH-Verträglichkeitsprüfung zugelassen werden soll. Die naturschutzrechtliche Eingriffsregelung verpflichtet den Verursacher in § 19 Abs. 2 S. 1 BNatSchG, unvermeidbare Beeinträchtigungen von Natur und Landschaft durch Maßnahmen des Naturschutzes und der Landschaftspflege vorrangig auszugleichen oder in sonstiger Weise zu ersetzen.[27]

Im Gegensatz dazu sieht die UH-RL eine *ex post* wirkende Verantwortlichkeit potentieller oder tatsächlicher Schädiger für die Beeinträchtigung von Gewässern, geschützten Arten und natürlichen Lebensräumen sowie des Bodens vor. Die Verantwortlichkeit ist gemäß Art. 3 Abs. 1 UH-RL als Gefährdungs- bzw. Ver-

---

[24] Vgl. *Thüsing*, VersR 2002, 927 ff., der in der Überschrift seines Beitrags die Frage aufwirft: „Was ist ein Riesengrabfrosch wert?"; siehe dazu Kapitel 3 C. IV. und E.

[25] Auf europäischer Ebene wurde die UVP durch die Richtlinie 85/337/EWG des Rates vom 27.6.1985 über die Umweltverträglichkeitsprüfung an bestimmten öffentlichen und privaten Projekten (ABl. EG Nr. L 175 vom 5.7.1985, S. 40) eingeführt. Eine Novellierung erfolgte durch die UVP-Änderungsrichtlinie (RL 97/11/EG des Rates vom 3.3.1997 zur Änderung der RL 85/337/EWG über die Umweltverträglichkeitsprüfung an bestimmten öffentlichen und privaten Projekten, ABl. EG Nr. L 73 vom 14.3.1997, S. 5). Weiterhin zu beachten sind die IVU-Richtlinie (RL 96/61/EGW des Rates vom 24.9.1996 über die integrierte Vermeidung und Verminderung der Umweltverschmutzung, ABl. EG Nr. L 257 vom 10.10.1996, S. 26) und die SUP-Richtlinie (RL 2001/42/EG des Europäischen Parlaments und des Rates über die Prüfung der Umweltauswirkungen bestimmter Pläne und Programme vom 27.6.2001, ABl. EG Nr. L 197 vom 21.7.2001, S. 30).

[26] *Kloepfer*, Umweltrecht, § 5 Rn. 328.

[27] Vgl. dazu Kapitel 4 A. I. 1.

schuldenshaftung für bestimmte berufliche Tätigkeiten ausgestaltet.[28] Somit normiert die UH-RL keine reine (Handlungs-)Störerverantwortlichkeit im polizei- und ordnungsrechtlichen Sinne. Im Tatbestand zeigen sich die zivilrechtlichen Wurzeln des Haftungsregimes, dennoch ist die Richtlinie insgesamt klar als öffentlich-rechtliches Instrument einzuordnen.[29] Regelungsgegenstand ist nicht der Schadensausgleich unter Privaten, sondern ausschließlich die Beziehung zwischen dem (potentiell) Verantwortlichen und der zuständigen mitgliedstaatlichen Behörde.[30]

Wurde ein Umweltschaden durch eine tatbestandsmäßige Handlung verursacht, so ist der Verursacher zur Ergreifung von Vermeidungs-, Schadensbegrenzungs- und Sanierungsmaßnahmen verpflichtet. Die zuständige Behörde kann entsprechende Maßnahmen verbindlich anordnen. Die Sanierung erfolgt durch die Wiederherstellung des Ausgangszustands der geschädigten Ressourcen. Soweit dies nicht möglich ist, soll gemäß Anhang II Nr. 1.1.2 UH-RL – gegebenenfalls an einem anderen Ort als dem geschädigten – ein Zustand natürlicher Ressourcen und Funktionen geschaffen werden, der einer Rückführung in den Ausgangszustand gleichkommt. Die zu ergreifenden Kompensationsmaßnahmen sind, jedenfalls im Grundsatz, vergleichbar mit Ausgleichsmaßnahmen nach Art. 6 Abs. 4 FFH-RL. Lediglich bei reinen Bodenschäden ist die Sanierungspflicht nach der UH-RL auf eine Beseitigung von Gefahren für die menschliche Gesundheit beschränkt.

Anders als etwa das deutsche Bodenschutzrecht sieht die Richtlinie keine Zustandsverantwortlichkeit des betroffenen Grundstückseigentümers vor.[31] Sofern dieser den Umweltschaden jedoch durch eine von der Richtlinie erfasste berufliche Tätigkeit verursachte, kann er auch zu Wiederherstellungsmaßnahmen am eigenen Grundstück herangezogen werden. Denn Gegenstand der Richtlinie ist die Verantwortlichkeit des Schädigers gegenüber der Allgemeinheit.[32]

Mit Blick auf den öffentlich-rechtlichen Charakter der Normen scheint der in der Richtlinie gebrauchte Begriff der Umwelthaftung – in der englischen Fassung ist von „environmental liability" die Rede, in der französischen von „responsabili-

---

[28]   Der deutsche Professorenentwurf für ein Umweltgesetzbuch (*Kloepfer/Rehbinder/ Schmidt-Aßmann/Kunig*, Umweltgesetzbuch – Allgemeiner Teil, 1991) sieht in § 118 eine öffentlich-rechtliche Haftungsnorm vor, welche die Verantwortlichkeit an einen schwerwiegenden Verstoß gegen öffentlich-rechtliche Pflichten, die den Schutz der Umwelt bezwecken, knüpft.

[29]   Vgl. etwa *Hager*, JZ 2002, 901 (908); *Hagenah*, in: Oldiges (Hrsg.), Umwelthaftung vor der Neugestaltung, S. 15 (18).

[30]   Presseerklärung der Kommission vom 1.4.2004, MEMO/04/78 Questions and Answers Environmental Liability Directive:
„The Directive is based on the premise that public authorities are 'the guardian' of the environment as the environment is a public good. The Directive therefore provides for, and regulates, the relationship between public authorities and potential or actual polluters."
vgl. auch *Spindler/Härtel*, UPR 2002, 241. Ersatzansprüche Privater bleiben gemäß Art. 3 Abs. 3 UH-RL unberührt.

[31]   *Becker*, NVwZ 2005, 371 (374).

[32]   *Ruffert*, in: Hendler/Marburger/Reinhardt/Schröder (Hrsg.), Umwelthaftung, S. 43 (50).

té environnementale" – missverständlich.[33] Jedoch lässt sich diese Eigentümlichkeit aus sprachlichen und konzeptionellen Differenzen zwischen den verschiedenen Rechtstraditionen erklären. Denn anders als etwa im deutschen Recht[34] wird der Begriff „liability" vor allem in Common Law-Ländern sehr weit verstanden und kann dort sowohl im zivilrechtlichen als auch im öffentlich-rechtlichen Kontext verwandt werden,[35] was in der EU zu einer anhaltenden Verwirrung über die Bedeutung des Begriffs geführt hat.[36]

B. Entwicklung des europäischen Umwelthaftungsrechts

Mit den Schwierigkeiten einer haftungsrechtlichen Erfassung von Umweltschäden waren auch die europäischen Rechtsetzungsorgane konfrontiert. Im Folgenden sollen die wichtigsten Entwicklungen auf europäischer Ebene nachgezeichnet werden, die schließlich in den Erlass der Umwelthaftungsrichtlinie im Jahr 2004 mündeten.[37] Besonderes Augenmerk gilt dem jeweiligen Umwelt- und Umweltschadensbegriff sowie der Art und Weise der Kompensation des Umweltschadens. Kommission und Europarat verfolgten zunächst zivilrechtliche Lösungsansätze, erst durch ein Arbeitspapier der Kommission aus dem Jahr 2001 erfolgte der Übergang zu einer öffentlich-rechtlichen Regelung.

I. Vorschlag einer Abfallhaftungsrichtlinie 1989/1991

Bereits in den 1970er Jahren wurde die Einführung einer zivilrechtlichen Gefährdungshaftung für Umweltschäden im Abfallbereich diskutiert, die Bestrebungen

---

[33] *Bergkamp*, EELR 2002, 294 (295).

[34] Vgl. dazu *Larenz*, SchuldR I, S. 22, *Heinrichs*, in: Palandt, BGB, Einl v § 241, Rn. 10 f.: Haftung bedeutet das Unterworfensein des Schuldnervermögens unter den Vollstreckungszugriff des Gläubigers. Weiterhin wird der Begriff „Haftung" auch i.S.v. „Verantwortlichkeit" gegenüber dem Geschädigten mit der Folge einer möglichen Schadenersatzpflicht verwendet, so etwa im Falle einer „Verschuldenshaftung", „Gefährdungshaftung" oder der Organhaftung nach § 31 BGB; schließlich wird der Begriff der Haftung i.S.v. „Verpflichtetsein" bzw. „Schulden" verwendet.

[35] So existiert dort etwa auch der Begriff der „criminal liability" i.S. einer strafrechtlichen Verantwortlichkeit, vgl. *Romain*, Wörterbuch, S. 428.

[36] *Clarke*, Update Comparative Legal Study, S. 6:
„Within the EU there has been a persistent muddle about the meaning of the word 'liability'. Despite numerous attempts to clarify what is meant by that term, deep-rooted conceptual and linguistic differences have tended to cloud the issue."

[37] Vgl. hierzu ausführlich etwa *McKenna & Co*, Study on Civil Liability Systems for Remedying Environmental Damage (1995); *Wolfrum/Langenfeld*, Umweltschutz durch internationales Haftungsrecht (1999); *Clarke*, Update Comparative Legal Study (2001); *Hoffmeister/Kokott*, Öffentlich-rechtlicher Ausgleich für Umweltschäden in Deutschland und in hoheitsfreien Räumen (2002); *Kokott/Klaphake/Marr*, Ökologische Schäden und ihre Bewertung in internationalen, europäischen und nationalen Haftungssystemen (2003).

fanden aber zunächst keinen Eingang in gesetzliche Regelungen. Einen ersten Richtlinienvorschlag zur Einführung einer Haftung des Abfallerzeugers veröffentlichte die Europäische Kommission im September 1989.[38] Nach Einholung von Stellungnahmen der anderen Gemeinschaftsorgane mündete der Entwurf in den geänderten Kommissionsvorschlag von 1991.[39]

Der Richtlinienvorschlag sieht eine gesamtschuldnerische zivilrechtliche Gefährdungshaftung für Schäden und Umweltbeeinträchtigungen vor, die durch gewerbliche Abfälle verursacht werden.[40] Entlastungsgründe sind höhere Gewalt sowie die vorsätzliche schädigende Einwirkung Dritter, nicht aber Schäden durch rechtmäßigen Normalbetrieb oder die Verwirklichung von Entwicklungsrisiken.[41] Gehaftet wird sowohl für Personen- und Sachschäden als auch für Umweltbeeinträchtigungen.[42] Umweltbeeinträchtigungen werden in Art. 2 Abs. 1 d) AbfallHE 1991 als „erhebliche physische, chemische oder biologische Verschlechterung der Umwelt" bestimmt, die nicht zugleich einen Sachschaden darstellt. Der Umweltschaden wird somit als neue Schadenskategorie begriffen, die von Sach-, Personen- und Vermögensschäden zu unterscheiden ist.[43] Als ökologische Schäden werden nur Beeinträchtigungen erfasst, die keine Verletzung von Individualrechtsgütern darstellen.

Nach Maßgabe des Rechts der Mitgliedstaaten kann vom Schädiger verlangt werden, die schädigende Handlung oder Unterlassung einzustellen, die Umwelt wiederherzustellen oder Präventivmaßnahmen gegen weitere Schäden vorzusehen sowie die Kosten von Vermeidungs- und Sanierungsmaßnahmen zu tragen.[44] Der AbfallHE 1991 enthält jedoch keine Vorgaben dazu, wie die Wiederherstellung im Einzelnen ausgestaltet sein soll.[45] Wiederherstellung und Kostenerstattung können nach Art. 4 Abs. 2 AbfallHE 1991 nicht gefordert werden, wenn die Kosten den sich aus der Wiederherstellung ergebenden Gewinn für die Umwelt wesentlich übersteigen oder kostengünstigere Restitutionsmaßnahmen zur Verfügung stehen.[46] Der Kreis der anspruchsberechtigten Personen ist nach dem AbfallHE 1991

---

[38] KOM (89) 282 endg., Vorschlag für eine Richtlinie des Rates über die zivilrechtliche Haftung für die durch Abfälle verursachten Schäden vom 1.9.1989, ABl. EG Nr. C 251 vom 4.10.1989, S. 3.

[39] KOM (91) 219 endg., Geänderter Vorschlag für eine Richtlinie des Rates über die zivilrechtliche Haftung für die durch Abfälle verursachten Schäden, ABl. EG Nr. C 192 vom 23.7.1991, S. 6 (im folgenden: „AbfallHE 1991"); vgl. *Nicklisch*, Beilage 10 zu BB 1993, 55.

[40] Art. 1 Abs. 1, Art. 3 Abs. 1, Art. 5 AbfallHE 1991.

[41] Art. 6 Abs. 1 und 2 AbfallHE 1991.

[42] Art. 3 Abs. 1 AbfallHE 1991.

[43] *Brans*, Liability, S. 14.

[44] Art. 4 Abs. 1 b) AbfallHE 1991; vgl. *Enders*, Altlasten und Abfälle, S. 529 f.

[45] Vgl. *Wolfrum/Langenfeld*, Internationales Haftungsrecht, S. 162. Der AbfallHE 1989 sah in Art. 4 d) die Wiederherstellung des Zustandes vor Eintritt der Beeinträchtigung vor. Weitergehende Hinweise auf das Verständnis des Begriffs „Wiederherstellung" fanden sich allerdings auch dort nicht.

[46] Vgl. *Enders*, Altlasten und Abfälle, S. 529.

durch das nationale Recht zu bestimmen.[47] Art. 4 Abs. 3 AbfallHE 1991 räumt Umweltverbänden zudem eine nicht näher konkretisierte Klagebefugnis ein.[48] Auch der Entwurf aus dem Jahr 1991 scheiterte letztlich aufgrund politischer Widerstände.[49]

II. Konvention über die zivilrechtliche Haftung für Schäden aus umweltgefährdender Tätigkeit (Lugano-Konvention)

Ebenso wie die Entwürfe zur Abfallhaftungsrichtlinie sieht die im Rahmen des Europarats geschlossene, mangels einer ausreichenden Zahl von Ratifikationen jedoch bislang nicht in Kraft getretene Lugano-Konvention aus dem Jahr 1993[50] eine zivilrechtliche Gefährdungshaftung vor.[51] Erfasst werden die Verursachung von konventionellen Schäden an Leben, Gesundheit und Eigentum sowie durch umweltgefährdende gewerbliche Tätigkeiten staatlicher und privater Betreiber verursachte Umweltschäden. Die Europaratskonvention verfolgt einen sehr weitreichenden, sektorübergreifenden Ansatz. Die Haftung ist lediglich an die berufsmäßige Ausübung einer umweltgefährdenden Tätigkeit geknüpft, wobei der Umgang mit gefährlichen Stoffen eine zentrale Stellung einnimmt.[52] Gemäß Art. 2 Abs. 7 Lugano-Konvention haftet der Betreiber für Schäden durch Tod oder Körperverletzung, Sachschäden und Schäden durch Beeinträchtigungen der Umwelt. Als Umweltschäden werden, wie auch nach dem AbfallHE 1989/1991, nur solche Schäden erfasst, die sich nicht einer der anderen Schadenskategorien zuordnen lassen.[53] Der Umweltbegriff als solcher ist sehr weit und umfasst nach der Definition des Art. 2 Abs. 10 Lugano-Konvention

„natürliche unbelebte und belebte Ressourcen wie Luft, Wasser, Boden, Tier- und Pflanzenwelt, sowie das Zusammenwirken dieser Faktoren, Sachen, die Teil des kulturellen Erbes sind, die charakteristischen Merkmale der Landschaft." [54]

Art. 2 Abs. 7 c) Lugano-Konvention beschränkt den Schadenersatz für Beeinträchtigungen der Umwelt, ausgenommen den aufgrund dieser Beeinträchtigung entgangenen Gewinn, auf die Kosten tatsächlich ergriffener oder zu ergreifender

---

[47] Art. 4 Abs. 1, Abs. 2 AbfallHE 1991. Demgegenüber sah der ursprüngliche Entwurf in Art. 4 Abs. 3 AbfallHE 1989 eine Befugnis der öffentlichen Hand zur Geltendmachung der zivilrechtlichen Rechtsbehelfe vor; vgl. dazu *Pappel*, Civil Liability, S. 85, 115.

[48] Vgl. *Kokott/Klaphake/Marr*, Ökologische Schäden und ihre Bewertung, S. 270.

[49] *Spindler/Härtel*, UPR 2002, 241.

[50] Convention on Civil Liability for Damage Resulting from Activities Dangerous to the Environment vom 21.6.1993, abrufbar unter: http://conventions.coe.int/Treaty/EN/Treaties/Html/150.htm.

[51] Vgl. zu den Voraussetzungen Art. 32 Abs. 3 der Konvention; Stand der Ratifikationen abrufbar über: http://conventions.coe.int/Treaty/EN/cadreprincipal.htm.

[52] Art. 2 Abs. 2 a) Lugano-Konvention. Zur Bestimmung der erfassten Tätigkeiten arbeitet die Konvention mit einer offenen Liste; kritisch diesbezüglich *Friehe*, NuR 1992, 249 (250).

[53] Art. 2 Abs. 7 c) Lugano-Konvention.

[54] Kritisch *Friehe*, NuR 1992, 453 (458).

Wiederherstellungsmaßnahmen. Hierdurch folgt die Konvention dem Vorbild des Ölhaftungsübereinkommens von 1992[55] sowie der CRTD-Konvention von 1989.[56] Wiederherstellungsmaßnahmen umfassen gemäß Art. 2 Abs. 8 der Lugano-Konvention auch die Einbringung gleichwertiger Teile in die Umwelt,[57] wodurch der Ersatz irreparabler Umweltschäden ermöglicht wird.[58] Nähere Vorgaben zur Auswahl und Durchführung von Wiederherstellungsmaßnahmen finden sich allerdings nicht, ebenso fehlen Bestimmungen zur Aktivlegitimation. Die Konvention verweist diesbezüglich auf das einschlägige nationale Recht, wonach in den meisten Fällen der Eigentümer des geschädigten Grunds und Bodens anspruchsberechtigt ist.[59] Ungelöst bleibt die Frage, wie im Falle der Schädigung eigentumsfreier Natur oder bei Ablehnung von Wiederherstellungsmaßnahmen durch den Eigentümer zu verfahren ist.[60] Umweltverbänden wird durch Art. 18 der Konvention ein Initiativrecht eingeräumt, das zu einer verbesserten Durchsetzung des Übereinkommens beitragen soll.[61]

III. Grünbuch zur Umwelthaftung

Am 14. Mai 1993, also kurz vor Verabschiedung der Lugano-Konvention des Europarats, veröffentlichte die EG-Kommission ein Grünbuch zur Umwelthaftung.[62] Dieses analysiert auf 46 Seiten verschiedene Haftungsansätze und deren Vor- und Nachteile, um so eine umfassende Diskussion über die Sanierung von Umweltschäden in Gang zu bringen.[63] So werden die vorstehend bezüglich AbfallHE und Lugano-Konvention beleuchteten Regelungselemente diskutiert. Das Problem der Klageberechtigung bei Schädigung von Allgemeingütern im Rahmen der Einführung eines zivilrechtlichen Haftungssystems findet allerdings nur mit wenigen Sätzen Erwähnung.[64] Weiterhin werden kollektive Entschädigungsmodel-

---

[55] Internationales Übereinkommen über die Zivilrechtliche Haftung für Ölverschmutzungsschäden vom 29.11.1969, BGBl. 1975 II, 301 (305) in der Fassung vom 27.11.1992, BGBl. 1994 II, 1152.

[56] Übereinkommen über die zivilrechtliche Haftung für Schäden bei Transport gefährlicher Güter auf Straße, Schiene und Binnenwasserstraßen vom 10.10.1989, englischer Text abgedruckt in TransportR 1990, 83 ff.; vgl. *Seibt*, Zivilrechtlicher Ausgleich, S. 139 ff.

[57] Art. 2 Abs. 8 S. 1 Lugano-Konvention, Wiederherstellungsmaßnahmen: „jede zweckmäßige Maßnahme zur Wiederherstellung geschädigter oder zerstörter Teile der Umwelt oder, soweit zweckmäßig, zur Einbringung gleichwertiger Teile in die Umwelt".

[58] Explanatory Report, Rn. 40; vgl. auch *Friehe*, NuR 1992, 453 (457).

[59] Art. 2 Abs. 8 S. 2 Lugano-Konvention.

[60] *Wolfrum/Langenfeld*, Internationales Haftungsrecht, S. 59.

[61] Vgl. dazu Explanatory Report, Rn. 80 ff.

[62] KOM (93) 47 endg., abgedruckt in BR-Drs. 436/93; im Folgenden zitiert als „Grünbuch".

[63] Grünbuch S. 3; vgl. auch *Kiethe/Schwab*, EuZW 1993, 437 (439); *Clarke*, RECIEL 2003, 254 (256).

[64] Zur Klageberechtigung siehe Grünbuch, S. 12.

le für nicht individuell zurechenbare Umweltschäden wie Summationsschäden und Altlasten erörtert, insbesondere die Einrichtung versicherungsähnlicher, aus Beiträgen oder Abgaben betroffener Wirtschaftszweige finanzierter Entschädigungsfonds.[65] Zur Einführung einer allgemeinen Umwelthaftung in der EG zieht das Grünbuch auch die Möglichkeit eines Beitritts der Gemeinschaft zur Lugano-Konvention in Erwägung, an deren Abschluss die Europäische Kommission seit April 1992 mit förmlichem Verhandlungsmandat beteiligt war.[66]

IV. Weißbuch zur Umwelthaftung

Erst im Jahre 2000 folgte auf das Grünbuch ein Weißbuch zur Umwelthaftung, das mögliche Elemente eines Umwelthaftungssystems der Gemeinschaft aufzeigt.[67] Die Kommission nahm sich hierbei die Lugano-Konvention zum Vorbild. Wie diese geht das Weißbuch von der Schaffung eines zivilrechtlichen Haftungsinstruments aus, das eine Gefährdungshaftung für eine Liste gefährlicher Aktivitäten vorsieht, die Haftung auf den Betreiber beschränkt und nur auf zukünftige Schädigungen Anwendung findet.[68] Der Anwendungsbereich der Haftung wird durch die erfassten Schäden und schadensstiftenden Aktivitäten bestimmt.[69] Neben herkömmlicher Personen- und Sachschäden sollen dem Haftungssystem Schädigungen der biologischen Vielfalt in Natura 2000-Gebieten, also den nach FFH- und VSch-RL auszuweisenden Schutzgebieten, sowie erhebliche Bodenverschmutzungen unterfallen.[70] Das Schutzgut Umwelt wird somit, anders als nach der Lugano-Konvention, nur eingeschränkt erfasst. Zusätzlich zur Gefährdungshaftung sieht das Weißbuch eine Verschuldenshaftung für sonstige Tätigkeiten bei Beeinträchtigung des Schutzguts biologische Vielfalt vor. Dies wird damit begründet, dass der Schutz der Natura 2000-Gebiete unabhängig von der schädigenden Tätigkeit bestehe und diese Gebiete besonders empfindlich gegenüber Störungen seien.[71] Haftender ist grundsätzlich der Betreiber.[72] Weiterhin sieht das Weißbuch aber die Möglichkeit einer gerichtlichen Entscheidung vor, durch die der Zulassungsbehörde ein Teil des zu leistenden Ersatzes auferlegt werden kann, wenn die Schädigung ausschließlich auf genehmigten Emissionen beruht.[73]

Bei Schädigungen der biologischen Vielfalt ist die Haftung auf den Ersatz der Wiederherstellungskosten gerichtet, wobei die Sanierung auf die Wiederherstel-

---

[65]   Grünbuch S. 23 ff., 33 f.

[66]   Grünbuch S. 33; *Friehe*, NuR 1992, 249 (253).

[67]   KOM (2000) 66 endg., abrufbar unter: http://europa.eu.int/comm/environment/liability/el_full_de.pdf, im Folgenden zitiert als „Weißbuch".

[68]   *Clarke*, RECIEL 2003, 254 (258).

[69]   Weißbuch, S. 17.

[70]   Gemäß Art. 3 Abs. 1 FFH-RL ist ein kohärentes europäisches ökologisches Netz besonderer Schutzgebiete mit der Bezeichnung „Natura 2000" zu errichten. Das Schutzgebietsnetz umfasst auch die bereits aufgrund der VSch-RL geschaffenen Schutzgebiete, vgl. Art. 3 Abs. 1 UAbs. 2 FFH-RL.

[71]   Weißbuch S. 17.

[72]   Weißbuch S. 21.

[73]   Weißbuch S. 20; vgl. dazu *Godt*, ZUR 2001, 188 (190).

lung des Zustands der Ressource vor Schadenseintritt zielen soll. Soweit ein irreparabler Schaden vorliegt, ist die Schaffung gleichwertiger Ressourcen vorgesehen. Unverhältnismäßig hohe Wiederherstellungskosten sollen durch die Vornahme einer Kosten-Nutzen-Analyse sowie einer Angemessenheitsanalyse verhindert werden.[74] Hauptziel der Sanierungsmaßnahmen bei Bodenverschmutzungen ist eine Dekontamination, durch die Gefahren für Mensch und Umwelt beseitigt werden sollen.[75]

Um die tatsächliche Vornahme von Maßnahmen zur Gefahrenbeseitigung und Wiederherstellung geschädigter Ressourcen zu gewährleisten, sieht das Weißbuch ein zweistufiges Konzept vor. Auf der ersten Stufe soll der Staat die Durchführung der Sanierung und Dekontamination durch einen entsprechenden Einsatz der vom Verursacher gezahlten Entschädigung sicherstellen. Auf der zweiten Stufen sollen Umweltverbände am Entscheidungsverfahren beteiligt sein und tätig werden, wenn der Staat seine Verpflichtung nicht oder nicht angemessen wahrnimmt. Dieses Konzept soll für die verwaltungsverfahrensrechtliche und gerichtliche Überprüfung sowie für Klagen gegen den Verursacher gelten.[76] Obwohl staatlichen Stellen somit eine wichtige Funktion zukommt, bleibt die rechtssystematische Verortung der Umwelthaftung letztlich den Mitgliedstaaten überlassen, verwaltungsrechtliche Anordnungs- und Durchsetzungsbefugnisse sind nicht vorgesehen.[77] Das im Grünbuch als zweite Säule eines umfassenden Umwelthaftungsregimes erörterte Konzept kollektiver Ausgleichssysteme wird im Weißbuch nicht weiter verfolgt.[78]

V. Arbeitspapier der Generaldirektion Umwelt, Richtlinienvorschlag

Im Juli 2001 legte die Generaldirektion Umwelt ein Arbeitspapier vor, mit dem sie das Konzept einer privatrechtlichen Umwelthaftung nach dem Vorbild der Lugano-Konvention aufgab und zu einem öffentlich-rechtlichen Regelungsansatz überging.[79] Das Arbeitspapier gibt die Grundstrukturen der späteren UH-RL vor. Der Umweltschaden wird danach als Beeinträchtigung der Schutzgüter Gewässer und biologische Vielfalt bestimmt. Weiterhin sollen Schäden dem Haftungsregime unterfallen, die infolge der Beeinträchtigung von Gewässern, biologischer Vielfalt

---

[74] Weißbuch S. 21 f.
[75] Weißbuch S. 23.
[76] Darüber hinaus sieht das Weißbuch für Umweltverbände die Möglichkeit zur Erwirkung einer einstweiligen Verfügung gegenüber dem Verursacher zum Zweck der Vorbeugung und Vermeidung erheblicher Umweltschäden vor, die nicht an eine vorherige Anrufung des Staates geknüpft ist; vgl. Weißbuch S. 24 f.
[77] Weißbuch S. 30; *Godt*, ZUR 2001, 188 (190).
[78] *Kokott/Klaphake/Marr*, Ökologische Schäden und ihre Bewertung, S. 265; zu Fragen der Deckungsvorsorge, insbesondere der Einführung einer Haftungsobergrenze, siehe Weißbuch, S. 25 f.
[79] Arbeitspapier vom 25.7.2001, abrufbar unter http://europa.eu.int/comm/environment/liability/consultation.htm; vgl. *Fischer/Fluck*, RiW 2002, 814 (815); *Bergkamp*, Comment Working Paper, S. 3 ff.

oder Bodenverunreinigungen zu ernsthaften Gesundheitsbeeinträchtigungen führen. Personen- und Sachschäden infolge von Umwelteinwirkungen sind hingegen
nicht mehr erfasst. Neben der bereits im Weißbuch vorgesehenen Sanierungspflicht sieht das Arbeitspapier eine Pflicht des Betreibers zur Vermeidung unmittelbar bevorstehender erheblicher Umweltschäden vor.[80] Die Durchsetzung der
Maßnahmen wird der zuständigen Behörde des jeweiligen Mitgliedstaats übertragen.[81] Umweltverbänden werden keine unmittelbaren Rechtsbehelfe gegenüber
dem Betreiber eingeräumt, sie können jedoch gegen die zuständige Behörde vor-
gehen. Schließlich skizziert das Arbeitspapier in Ziff. 19 ff. die Grundzüge des
späteren Anhangs II Nr. 1 der UH-RL zur Sanierung von Gewässer- und Biodiversitätsschäden. Hier zeigt sich eine Anlehnung an Vorschriften des US-amerikanischen Umwelthaftungsrechts, genauer an eine Verordnung zum US Oil Pollution
Act.[82] Dies ist unter anderem auf Konsultationen der Europäischen Kommission
mit den zuständigen US-Behörden sowie auf eine die Richtlinie vorbereitende
Studie zurückzuführen, die sich intensiv mit dem US-Recht auseinandersetzt.[83]
Durch den Übergang zu einem System öffentlich-rechtlicher Verantwortlichkeiten
weist das Arbeitspapier den Schutz des Allgemeinguts Umwelt bzw. der allgemeingutsbezogenen Aspekte von Eigentum dem Staat als Sachwalter der Allgemeinheit zu und löst so das im Rahmen der zivilrechtlichen Ansätze bestehende
Problem der Aktivlegitimation für die Geltendmachung ökologischer Schäden.[84]

Dem Arbeitspapier folgte im Januar 2002 die Veröffentlichung eines Richtlinienvorschlags über Umwelthaftung.[85] Nachdem das Europäische Parlament im
Dezember 2003 vier Abänderungen des Gemeinsamen Standpunkts[86] beschlossen
und die Kommission einen Teil der Änderungen bereits in ihrer Stellungnahme
nach Art. 251 Abs. 2 UAbs. 3 c) EGV[87] gebilligt hatte, wurde Ende Januar 2004
das Vermittlungsverfahren eingeleitet. Bereits einen Monat später billigte der
Vermittlungsausschuss einen gemeinsamen Entwurf, am 21. April 2004 konnte
die Umwelthaftungsrichtlinie erlassen werden. Die Richtlinie war gemäß Art. 19
Abs. 1 UH-RL bis April 2007 in nationales Recht umzusetzen.

---

[80]   Arbeitspapier, Ziff. 5.

[81]   Arbeitspapier, Ziff. 9.

[82]   Sog. „Natural Resource Damage Assessments" (OPA-Rules oder NRDA-OPA); 15
       C.F.R. §§ 990.10 ff., dazu ausführlich in Kapitel 3.

[83]   Vgl. *Klaphake/Hartje/Meyerhoff*, Ökonomische Bewertung, S. 31; *Clarke*, RECIEL
       2003, 254 (257); *Hoffmeister/Kokott*, Öffentlich-rechtlicher Ausgleich, S. 47. Auch der
       Gedanke des Staates als Sachwalter bzw. Treuhänder (trustee) für die Allgemeinheit
       findet sich im US-amerikanischen Umwelthaftungsrecht, das dem Staat die Geltendma-
       chung von Schadenersatz für Umweltschäden an bestimmten Gütern von besonderem
       öffentlichem Interesse zuweist.

[84]   Vgl. *Hager*, NuR 2003, 581 (584).

[85]   Vorschlag für eine Richtlinie des Europäischen Parlaments und des Rates über Um-
       welthaftung betreffend die Vermeidung von Umweltschäden und die Sanierung der
       Umwelt vom 23.1.2002, KOM (2002) 17 endg.; 2002/0021(COD).

[86]   Gemeinsamer Standpunkt (EG) Nr. 58/2003, vom Rat festgelegt am 18.9.2003, ABl.
       EG Nr. C 277 vom 18.11.2003, S. 10 ff.

[87]   KOM (2004) 55 endg. vom 21.6.2004.

C. Grundkonzeption der Umwelthaftungsrichtlinie

Die Umwelthaftungsrichtlinie begründet eine öffentlich-rechtliche Gefahrenab-wehrpflicht und Sanierungsverantwortlichkeit für die Beeinträchtigung bestimmter Umweltgüter. Sie dient nicht dem Schutz von Individualrechtsgütern, sondern betrifft die Verantwortlichkeit des potentiellen oder tatsächlichen Schädigers ge-genüber der Allgemeinheit.[88] Die nachfolgenden Ausführungen sollen einen Überblick über Ziele und Intention des Richtliniengebers sowie die wesentlichen Regelungen der Richtlinie und deren Gesamtkonzeption geben, bevor in den fol-genden Kapiteln spezifische Fragen zur Sanierung von Biodiversitätsschäden erörtert werden.

I. Ziele und Intentionen der Richtlinie

Ausweislich des zweiten Erwägungsgrunds der UH-RL soll die Vermeidung und Sanierung von Umweltschäden durch eine verstärkte Orientierung an dem im Vertrag genannten Verursacherprinzip und gemäß dem Grundsatz der nachhalti-gen Entwicklung erfolgen.[89] Grundlegendes Prinzip der Richtlinie soll sein, dass der Betreiber, der durch seine Tätigkeit einen Umweltschaden oder die unmittel-bare Gefahr eines solchen Schadens verursacht hat, dafür (auch) finanziell ver-antwortlich ist. Hierdurch soll der Verursacher dazu veranlasst werden, Maßnah-men zu ergreifen und Praktiken zu entwickeln, mit denen die Gefahr von Umwelt-schäden auf ein Minimum beschränkt werden kann.[90] Damit greift die Haftungs-richtlinie das in Art. 174 Abs. 2 S. 2 EGV kodifizierte Verursacherprinzip[91] in seiner Funktion als Kostenzurechnungsprinzip[92] auf. Weiterhin wird auf die Len-kungsfunktion des Verursacherprinzips[93] hingewiesen.

Die UH-RL ist im Kontext der weltweiten Debatte zur nachhaltigen Entwick-lung zu sehen. Das sechste Umweltaktionsprogramm, das die Grundlage der Um-weltdimension der Europäischen Strategie für eine nachhaltige Entwicklung bil-det,[94] führt die Schaffung eines gemeinschaftlichen Haftungssystems durch Rechtsvorschriften über Umwelthaftung als eines der strategischen Konzepte zur Erfüllung der in Art. 2 des Programms genannten Umweltziele auf.[95] Nachhaltige Entwicklung wird gemeinhin als eine Entwicklung verstanden, die den Bedürfnis-

---

[88]   *Ruffert*, in: Hendler/Marburger/Reinhardt/Schröder (Hrsg.), Umwelthaftung, S. 43 (49).

[89]   Siehe auch Art. 1 UH-RL.

[90]   2. Erwägungsgrund der UH-RL.

[91]   In anderen Amtssprachen wird das Prinzip etwa als „pollueur-payeur" oder „polluter pays principle" bezeichnet.

[92]   Vgl. *Schröder*, in: Rengeling (Hrsg.), Europäisches Umweltrecht, Bd. I § 9 Rn. 42; *Calliess*, in: Calliess/Ruffert, EUV/EGV, Art. 174 EGV Rn. 34; *Kloepfer*, Umwelt-recht, § 4 Rn. 43 auch zu den verschiedenen „Systemvarianten" des Prinzips.

[93]   *Calliess*, in: Calliess/Ruffert, EUV/EGV, Art. 174 EGV Rn. 35.

[94]   Art. 2 Abs. 1 a.E. Beschluss Nr. 1600/2002 des Europäischen Parlaments und des Rates vom 22.7.2002, ABl. EG 2002 L 242, S. 1 ff.

[95]   6. Umweltaktionsprogramm, Art. 3 Nr. 8; vgl. auch den 2. Erwägungsgrund der UH-RL.

sen der heutigen Generationen entspricht, ohne die Möglichkeiten künftiger Generationen zu gefährden, ihre eigenen Bedürfnisse zu befriedigen.[96] Ein weites Verständnis von Nachhaltigkeit geht davon aus, dass die Ziele der ökologischen, ökonomischen und sozialen Nachhaltigkeit gleichrangig anzustreben sind.[97] Die Einführung einer Umwelthaftung soll als Abschreckungsmittel für nicht-nachhaltige Praktiken dienen und damit verantwortliches Verhalten von Seiten der Industrie stärken.[98]

II. Wesentliche Regelungen der Richtlinie im Überblick

1. Begründung der Umweltverantwortlichkeit

Voraussetzung der Vermeidungs- und Sanierungsverantwortlichkeit des Betreibers und der Begründung entsprechender behördlicher Befugnisse ist gemäß Art. 3 Abs. 1 UH-RL ein drohender oder bereits eingetretener Umweltschaden, der durch eine (qualifizierte) berufliche Tätigkeit verursacht wurde.

a) Schutzgüter

Anders als etwa Art. 2 Abs. 10 der Lugano-Konvention[99] kennt die Richtlinie keinen umfassenden Umweltbegriff. Vielmehr ist die Verantwortlichkeit auf die in Art. 2 Nr. 1 UH-RL genannten Ressourcen beschränkt. Ausgehend vom Begriff des Umweltschadens beschreibt die Richtlinie das Schutzgut Umwelt als Gewässer, Boden sowie geschützte Arten und natürliche Lebensräume. Zur näheren Bestimmung der geschützten Umweltgüter verweist die Richtlinie auf die jeweils einschlägigen Vorschriften des Gemeinschaftsrechts. Der Umweltbegriff der UH-RL wird in der Literatur zum Teil als zu eng kritisiert, da er keinen umfassenden Schutz der Natur gewährleiste; die Verwendung einer Generalklausel sei daher

---

[96] Vgl. *World Commission on Environment and Development* (Brundtland-Kommission), Our Common Future, 1987, S. 43; Schlussfolgerungen des Vorsitzes des Europäischen Rates von Göteborg vom 15.6. und 16.6.2001, Eine Strategie für nachhaltige Entwicklung, Punkt 19: „to meet the needs of the present generation without compromising those of future generations" abrufbar unter: http://ue.eu.int/ueDocs/cms_Data/docs/pressData/en/ec/00200-r1.en1.pdf; vgl. ferner Grundsatz 3, 4 und 8 der Rio-Deklaration über Umwelt und Entwicklung von 1992, abrufbar unter: http://www.un.org/ documents/ga/conf151/aconf15126-1annex1.htm; siehe dazu *Jenkins*, 14 Env. Law 2002, 261.

[97] Vgl. *Kahl*, in: Streinz, EUV/EGV, Art. 6 EGV Rn. 18. Der EG-Vertrag rezipiert den Nachhaltigkeitsgrundsatz in Art. 2 EGV als Vertragsziel in dieser mehrdimensionalen Form, setzt jedoch durch Art. 6 EGV sowie Art. 37 der Grundrechts-Charta einen deutlichen Akzent im Hinblick auf den Umwelt- und Ressourcenschutz; vgl. *Rehbinder*, NVwZ 2002, 657 (658). Zur Frage der Qualifizierung des Nachhaltigkeitsgrundsatzes als Rechtsprinzip vgl. *Rehbinder*, NVwZ 2002, 657 (660): „Strukturgrundsatz"; *v. Bubnoff*, Schutz künftiger Generationen, S. 192 ff.

[98] Mitteilung der Kommission an den Rat und das Europäische Parlament, Überprüfung der Umweltpolitik 2003, KOM (2003) 745 endg./2, S. 38.

[99] Siehe oben Kapitel 1 B.II.

vorzugswürdig.[100] Jedoch hat der Ansatz der UH-RL den Vorteil, dass an bestehende, bereits gemeinschaftsrechtlich definierte Schutzstandards angeknüpft werden kann.

Art. 2 Nr. 3 UH-RL bestimmt das Schutzgut *geschützte Arten und natürliche
Lebensräume* (Biodiversität) durch Bezugnahme auf die gemäß FFH- und VSch-
RL zu schützenden Arten und Lebensräume. Nach dem Wortlaut des Art. 2 Nr. 3
UH-RL sind dies alle in den Anhängen von FFH- und VSch-RL aufgelisteten
Arten und Lebensräume sowie die europäischen Zugvogelarten des Art. 4 Abs. 2
VSch-RL. Die Reichweite des Schutzguts ist jedoch umstritten, die Frage der dies-
bezüglichen Bestimmung des Geltungsbereichs der Richtlinie wird in Kapitel 2
eingehend zu erörtern sein.[101] Auch nach nationalem Recht unter Schutz gestellte
Arten und Lebensräume können durch die Mitgliedstaaten in das Haftungsregime
einbezogen werden.[102]

Gewässer sind nach der Legaldefinition des Art. 2 Nr. 5 UH-RL alle Gewässer,
die in den Geltungsbereich der Wasserrahmenrichtlinie (WRRL)[103] fallen, also
sämtliche fließenden oder stehenden Binnenoberflächengewässer, das Grundwasser sowie Übergangs- und Küstengewässer.[104]

Das Schutzgut *Boden* wird durch die Richtlinie demgegenüber nicht näher bestimmt, da in diesem Bereich bislang keine speziellen gemeinschaftsrechtlichen
Vorschriften bestehen.[105] In ihrer Mitteilung aus dem Jahre 2002 verweist die
Kommission auf das allgemeine Verständnis des Begriffes „Boden" als Bezeichnung der obersten Schicht der Erdrinde, die sich aus mineralischen Teilchen, or-
ganischer Substanz, Wasser, Luft und lebenden Organismen zusammensetzt.[106]
Dies kann als Anhaltspunkt für das Begriffsverständnis der UH-RL herangezogen
werden.[107]

---

[100] Vgl. *Hager*, NuR 2003, 581 (582); *SRU*, Jahresgutachten 2002, BT-Drs. 14/8792,
       S. 171, Rz. 286.

[101] Vgl. Kapitel 2 B. I.

[102] Art. 2 Nr. 3 c) UH-RL.

[103] Richtlinie 2000/60/EG des Europäischen Parlaments und des Rates vom 23.10.2000 zur
       Schaffung eines Ordnungsrahmens für Maßnahmen der Gemeinschaft im Bereich der
       Wasserpolitik, ABl. EG Nr. L 327 vom 22.12.2000, S. 1 ff.

[104] Art. 1 Abs. 1, Art. 2 Abs. 1-3 WRRL

[105] Vorschriften zum Bodenschutz finden sich etwa in der Klärschlammrichtlinie (RL
       86/278/EWG, ABl. EG Nr. L 181/6 vom 4.7.1986, S. 6 mit Änderung 91/692/EWG,
       ABl. EG Nr. L 377 vom 31.12.1991, S. 48) oder der Pflanzenschutzrichtlinie
       (RL 91/414/EGW, ABl. EG Nr. L 230 vom 19.8.1991, S. 1); vgl. *Kloepfer*, Umwelt-
       recht, § 12 Rn. 30 ff. Mittlerweile hat die Kommission einen „Vorschlag für eine Richt-
       linie des Europäischen Parlaments und des Rates zur Schaffung eines Ordnungsrah-
       mens für den Bodenschutz und zur Änderung der Richtlinie 2004/35/EG" vorgelegt,
       KOM (2006) 232 endg. vom 22.9.2006, vgl. dazu *Klein*, EurUP 2007, 2 ff.

[106] Mitteilung der Kommission „Hin zu einer spezifischen Bodenschutzstrategie",
       KOM (2002) 179 endg. vom 16.4.2002, S. 7 unter Verweis auf die Begriffsbestimmung
       der Internationalen Normenorganisation (ISO) in ISO 11074-1 vom 1.8.1996.

[107] Zumal die Kommission in ihrer Mitteilung bzgl. des Gemeinsamen Standpunkts zur
       UH-RL vom 19.9.2003, SEK (2003) 1027 endg., S. 17 auf die Mitteilung zur Boden-
       schutzstrategie verweist.

b) Umweltschaden

Aufgrund der eingangs dargestellten sehr uneinheitlichen Verwendung kommt der spezifischen normativen Prägung des Terminus „Umweltschaden"[108] im Kontext der Haftungsrichtlinie besondere Bedeutung zu. Die eine Ausgleichspflicht nach der Richtlinie auslösende Schutzgutsbeeinträchtigung wird in Art. 2 Nr. 1 a)-c) UH-RL für die verschiedenen Kategorien von Schutzgütern legaldefiniert.

Nach Art. 2 Nr. 1 a) UAbs. 1 S. 1 UH-RL erfasst der Umweltschaden bezüglich des Schutzguts *Biodiversität*[109]

„jeden Schaden, der erhebliche nachteilige Auswirkungen in Bezug auf die Erreichung oder Beibehaltung des günstigen Erhaltungszustandes dieser Lebensräume oder Arten hat."

Zur Bestimmung der Erheblichkeit der Auswirkungen werden in Anhang I UH-RL Daten und Kriterien bezogen auf den Populationszustand sowie die Funktions- und Regenerationsfähigkeit natürlicher Ressourcen genannt. Nicht als Umweltschaden zu qualifizieren sind nach Art. 2 Nr. 1 a) UAbs. 2 UH-RL die zuvor ermittelten nachteiligen Auswirkungen von Tätigkeiten, die aufgrund einer FFH-Verträglichkeitsprüfung nach Art. 6 Abs. 3 und 4 FFH-RL, aufgrund der artenschutzrechtlichen Ausnahmetatbestände in Art. 16 FFH-RL bzw. Art. 9 VSch-RL oder bei nicht unter das Gemeinschaftsrecht fallenden Arten und Lebensräumen nach nationalem Recht ausdrücklich genehmigt wurden.

Als *Gewässerschaden* wird nach Art. 2 Nr. 1 b) UH-RL jeder Schaden erfasst, der

„erhebliche nachteilige Auswirkungen auf den ökologischen, chemischen, und/oder mengenmäßigen Zustand und/oder das ökologische Potential der betreffenden Gewässer im Sinne der Definition der Richtlinie 2000/60/EG hat, mit Ausnahme der nachteiligen Auswirkungen, für die Artikel 4 Absatz 7 jener Richtlinie gilt."

Die verschiedenen Attribute des Gewässerzustands sind in Art. 2 Abs. 17-28 WRRL näher bestimmt. Nachteilige Auswirkungen nach Art. 4 Abs. 7 WRRL betreffen die Nichterreichung der in Art. 4 WRRL bestimmten Umweltziele, die durch übergeordnete öffentliche Interessen oder überwiegenden Nutzen für die menschliche Gesundheit, Sicherheit oder die nachhaltige Entwicklung gerechtfertigt ist und daher nicht als Verstoß gegen die Wasserrahmenrichtlinie gilt. Der Richtlinienvorschlag zur UH-RL erfasste als Gewässerschaden zunächst nur Verschlechterungen der Wasserqualität, durch die der Rückfall in eine niedrigere Kategorie im Sinne der WRRL bewirkt wird.[110] Dieses Erfordernis wurde nunmehr zugunsten des – interpretationsbedürftigen – Kriteriums der Erheblichkeit der Beeinträchtigung aufgegeben.[111]

Im Gegensatz zu den Schutzgütern Gewässer und Biodiversität werden im Bereich der reinen *Flächenschäden* nur Bodenverunreinigungen erfasst, die ein erhebliches Risiko für die menschliche Gesundheit darstellen. Die Haftungsrichtli-

---

[108] Siehe oben Kapitel 1 A. II.

[109] Siehe dazu eingehend Kapitel 2 B. II.-IV.

[110] Art. 2 Abs. 18 (b) KOM (2002) 17 endg.

[111] Vgl. *Hager*, JZ 2002, 901 (902); *Palme/Schumacher A./Schumacher J./Schlee*, EurUP 2004, 204 (207).

nie verfolgt diesbezüglich einen anthropozentrischen Ansatz.[112] Art. 2 Nr. 1 c)
UH-RL definiert den Umweltschaden am Schutzgut Boden als

> „Bodenverunreinigung, die ein erhebliches Risiko einer Beeinträchtigung der
> menschlichen Gesundheit aufgrund der direkten oder indirekten Einbringung von
> Stoffen, Zubereitungen, Organismen oder Mikroorganismen in, auf oder unter den
> Grund verursacht."

Die Zurückhaltung des Richtliniengebers ist durch den im Bereich des Bodenschutzes fehlenden europarechtlichen „Unterbau" begründet.[113] Auf Gemein-
schaftsebene finden sich bislang keine verbindlichen spezifischen Bodenschutzbestimmungen und somit kein EG-rechtlicher Maßstab, auf den Bezug genommen
werden könnte.[114] Jedoch existieren mittlerweile verschiedene Gemeinschafts-
initiativen im Bereich des Bodenschutzes. Diese und nicht die Haftungsrichtlinie
sollen zu einer weitergehenden Harmonisierung der Materie beitragen.[115]
    Beispiele für potentiell durch die Richtlinie erfasste Umweltschäden sind Ge-
wässerverschmutzungen und die dadurch bedingte Beeinträchtigung aquatischer
Ökosysteme, wie sie etwa durch den Unfall in der Mine von Aznalcóllar verursacht wurden. Dieser führte zu einer Verschmutzung von Teilen des nahegelege-
nen Doñana-Nationalparks, eines bedeutenden Lebensraums für Wasservögel, mit
giftigen Abwässern und Schlamm.[116] Aber auch Schäden durch den kontinuierli-
chen Eintrag von Schadstoffen, etwa durch den Normalbetrieb einer Anlage oder
nicht ordnungsgemäße landwirtschaftliche Bodennutzung, werden erfasst.[117] Weitere Beispiele sind die Entfernung einer Trockenmauer in einem südexponierten
Weinberg und die dadurch bedingte Zerstörung eines Lebensraums der Mauereidechse[118] oder die Schädigung eines Trockenrasens.[119] Schließlich unterfallen
Bodenkontaminationen der Umwelthaftung, wie etwa infolge des Seveso-Unfalls
oder durch das gezielte Einbringen von Schadstoffen.[120] Allerdings ist diesbezüglich die bereits beschriebene Beschränkung auf Verunreinigungen, die Risiken für
die menschliche Gesundheit in sich bergen, zu beachten.

---

[112] *Hager*, JZ 2002, 901 (902).

[113] *Sangenstedt*, in: Oldiges (Hrsg.), Umwelthaftung vor der Neugestaltung, S. 107 (110).

[114] *Hagenah*, in: Oldiges (Hrsg.), Umwelthaftung vor der Neugestaltung, S. 15 (18); vgl.
    aber nunmehr den Vorschlag der Kommission für eine Bodenschutzrahmenrichtlinie
    vom 22.9.2006, KOM (2006) 232 endg.

[115] Vgl. die Mitteilung der Kommission zum Gemeinsamen Standpunkt des Rates zum
    Erlass der UH-RL vom 19.9.2003, SEK (2003) 1027 endg., S. 17 und S. 23.

[116] *MEP/eftec*, Valuation and Restoration, S. 53 ff.; *Ginige*, EELR 2002, 76 ff. und 102 ff.

[117] Art. 8 Abs. 4 UH-RL gestattet den Mitgliedstaaten, den Betreiber bei Schäden durch
    genehmigte Tätigkeiten von der Tragung der Sanierungskosten zu befreien, sofern die-
    ser nicht schuldhaft gehandelt hat.

[118] Vgl. *Roller/Führ*, UH-RL und Biodiversität, S. 78; die Mauereidechse ist eine Art nach
    Anhang IV FFH-RL.

[119] Weitere Beispiele bei *Wischott*, NRPO 2005, Heft 1, S. 73 ff.

[120] Vgl. die Beispiele bei *Kadner*, Ersatz ökologischer Schäden, S. 34.

c) Haftungsbegründende Handlung

Nach Art. 3 Abs. 1 a) UH-RL findet die Richtlinie nur auf Umweltschäden an den Schutzgütern Gewässer, Boden und Biodiversität Anwendung, die in Ausübung einer der in Anhang III aufgeführten beruflichen Tätigkeiten verursacht werden. Trotz des öffentlich-rechtlichen Charakters der UH-RL ist diese Verantwortlichkeit als Gefährdungshaftung ausgestaltet. Zusätzlich bestimmt Art. 3 Abs. 1 b) UH-RL eine verschuldensabhängige Haftung für Beeinträchtigungen des Schutzguts Biodiversität durch andere, nicht im Anhang aufgelistete berufliche Tätigkeiten.

aa) Gefährdungshaftung für qualifizierte berufliche Tätigkeiten

Wie ein Vergleich mit den vorhandenen nationalen und internationalen Haftungsregimen zeigt, ist die Gefährdungshaftung typisch für das moderne Umwelthaftungsrecht.[121] Haftungsgrund ist stets die Schaffung und Aufrechterhaltung einer besonderen Gefahrenquelle.[122] Diese kann trotz Einhaltung der erforderlichen Sorgfalt zu Schäden führen, gleichwohl wird die Gefährdung im Interesse des überwiegenden Allgemeinwohls zugelassen.[123] Dementsprechend ist die verschuldensunabhängige Verantwortlichkeit der UH-RL an bestimmte berufliche Aktivitäten geknüpft, die ein Risiko für die Umwelt darstellen. Der Begriff der „beruflichen Tätigkeit" ist in Art. 2 Nr. 7 UH-RL legaldefiniert als

> „jede Tätigkeit, die im Rahmen einer wirtschaftlichen Tätigkeit, einer Geschäftstätigkeit oder eines Unternehmens ausgeübt wird, unabhängig davon, ob sie privat oder öffentlich und mit oder ohne Erwerbszweck ausgeübt wird."

Hieraus ergibt sich, dass auch die öffentliche Hand den Regelungen der UH-RL unterfallen kann. Zur Festlegung der erfassten Tätigkeiten bedient sich die Richtlinie des Listenprinzips. Durch den Verweis in Anhang III auf entsprechende Gemeinschaftsrichtlinien knüpft sie an das vorhandene europäische Ordnungsrecht an.[124] So werden beispielsweise die IVU-, die Abfall-, die Gefahrguttransport- und die Freisetzungsrichtlinie aufgeführt, weiterhin Richtlinien zum Gewässerschutz und zur Herstellung, Verwendung und Lagerung gefährlicher Stoffe, Zubereitungen, Pflanzenschutzmittel und Biozid-Produkte. Die Begrenzung des Katalogs auf gemeinschaftsrechtlich geregelte umweltgefährdende Tätigkeiten soll das Vorhan-

---

[121] *Hagenah*, in: Oldiges (Hrsg.), Umwelthaftung vor der Neugestaltung, S. 15 (19); Beispiele im deutschen Recht sind § 1 UmweltHG, § 22 WHG; im US-amerikanischen Recht § 107 a CERCLA; § 1002 OPA; auf internationaler Ebene etwa Art. 6 und 7 der Lugano-Konvention; Art. III des Ölhaftungsübereinkommens.

[122] *Larenz/Canaris*, SchuldR II/2, S. 605 (§ 84 I 2).

[123] *Hager*, JZ 2002, 901 (903); *Ossenbühl*, Staatshaftungsrecht, S. 366: Schadensausgleich als Korrelat für den Zwang zur Unterwerfung unter bestimmte Risiken der modernen Industriegesellschaft; *Bälz*, JZ 1992, 57 (63).

[124] Vgl. den 8. Erwägungsgrund der UH-RL sowie die Begründung der Kommission in KOM (2002) 17 endg., S. 20; kritisch der Beschluss des Bundesrats vom 31.5.2002, BR-Drs. 197/02, S. 4, Ziff. 10; *Hager*, JZ 2002, 901 (904); *Sangenstedt*, in: Oldiges (Hrsg.), Umwelthaftung vor der Neugestaltung, S. 107 (111).

densein eines EG-rechtlichen Mindeststandards und einen einheitlichen Anwendungsbereich der Richtlinie sicherstellen.[125]

bb) Verschuldenshaftung für sonstige berufliche Tätigkeiten

Ergänzend zur Gefährdungshaftung sieht Art. 3 Abs. 1 b) UH-RL eine verschuldensabhängige Verantwortlichkeit für andere als die in Anhang III in Bezug genommenen beruflichen Tätigkeiten vor.[126] Diese ist jedoch auf Umweltschäden an geschützten Arten und natürlichen Lebensräumen beschränkt. Im Weißbuch begründet die Kommission die Differenzierung der Verantwortlichkeiten damit, dass mit der Vogelschutz- und FFH-Richtlinie spezielle Gemeinschaftsvorschriften zum Schutz der biologischen Vielfalt geschaffen worden seien. Die genannten Richtlinien bezweckten einen umfassenden Schutz der genannten Ressourcen unabhängig von der schädigenden Tätigkeit, und zudem seien diese Ressourcen besonders empfindlich, so dass auch normalerweise ungefährliche Tätigkeiten einen Schaden hervorrufen könnten. Daher solle auch das Haftungssystem nicht auf besonders gefährliche Tätigkeiten beschränkt werden.[127] Da sich das Verschulden auf das geschützte Rechtsgut bezieht, setzt es die Erkennbarkeit einer Gefährdung der biologischen Vielfalt für den Verantwortlichen voraus.[128]

d) Begriff des Betreibers

Zuordnungssubjekt der Vermeidungs- und Sanierungsverantwortlichkeit nach Art. 5-7 UH-RL ist der „Betreiber". Die Verwendung dieses Begriffs ist – jedenfalls nach deutschem Sprachgebrauch – leicht irreführend, da er suggeriert, dass die Haftung auf den Betreiber gefährlicher Anlagen beschränkt sei.[129] Nach der Definition des Art. 2 Nr. 6 UH-RL ist jedoch jede natürliche oder juristische Person erfasst, welche die berufliche Tätigkeit ausübt oder bestimmt. Die Legaldefinition bezieht ausdrücklich den Inhaber einer Zulassung oder Genehmigung ein, weiterhin die Person, die die Anmeldung oder Notifizierung einer Tätigkeit vornimmt. Nach nationalem Recht können ferner Personen einbezogen werden, denen die ausschlaggebende wirtschaftliche Verfügungsmacht über die technische Durchführung übertragen wurde.[130]

---

[125] Diese Argumentation geht allerdings bzgl. Anhang III Ziff. 7 fehl. Die dort in Bezug genommenen EG-Richtlinien betreffen nur die Einstufung, Verpackung und Kennzeichnung bzw. die Inverkehrbringung bestimmter Stoffe. Demgegenüber erfasst die Haftungsrichtlinie ausdrücklich auch die Verwendung, Abfüllung und Freisetzung. Letztgenannte Tätigkeiten sind dort aber gerade nicht geregelt; vgl. *Fischer/Fluck*, RiW 2002, 814 (818).

[126] Kritisch zur Beschränkung der Verschuldenshaftung auf sonstige berufliche Tätigkeiten *Hager*, in: Hendler/Marburger/Reinhardt/Schröder (Hrsg.), Umwelthaftung, S. 211 (229); *Becker*, NVwZ 2005, 371 (373).

[127] Weißbuch KOM (2000) 66 endg., S. 17 f.

[128] *Spindler/Härtel*, UPR 2002, 241 (245).

[129] Vgl. *Fischer/Fluck*, RiW 2002, 814 (818), wonach vermutlich eine fehlerhafte Übersetzung des englischen Wortes „operator" vorliegt.

[130] Unklar ist, inwieweit die Richtlinie damit die Möglichkeit der Einführung einer Konzern- oder Durchgriffshaftung eröffnet; vgl. *Palme/Schumacher A./Schumacher J./ Schlee*, EurUP 2004, 204 (207 f.); *Fischer/Fluck*, RiW 2002, 814 (818).

e) Zeitliche Geltung

Die Richtlinie entfaltet keine Rückwirkung, sie erfasst nur Schäden, deren Ursache nach Ablauf der Umsetzungsfrist – also nach dem 30. April 2007[131] – gesetzt wurde. Sobald auch nur die schadensverursachende Tätigkeit vor diesem Datum liegt, findet die Richtlinie gemäß Art. 17 keine Anwendung, selbst wenn sie zum fraglichen Zeitpunkt bereits in Kraft war. Auch zukünftige Altlasten, deren Ursache erst innerhalb der Umsetzungsfrist gesetzt wurde, sind somit von der Richtlinie ausgenommen.

f) Ausnahmen vom Anwendungsbereich

In Art. 4 UH-RL führt die Richtlinie eine Reihe von Ausnahmetatbeständen auf, die zur Nichtanwendbarkeit des Haftungsregimes führen. So sind durch Art. 4 Abs. 1 UH-RL zunächst Schäden ausgenommen, die durch höhere Gewalt verursacht werden, sei es durch bewaffnete Konflikte oder außergewöhnliche, unabwendbare Naturereignisse. Grund der Entlastung bei höherer Gewalt ist, dass sich in diesen Fällen gerade nicht das Risiko der umweltgefährdenden Tätigkeit realisiert.[132] Ebenso wenig werden Tätigkeiten, die der Landesverteidigung, der internationalen Sicherheit oder dem Katastrophenschutz dienen, von der Verantwortlichkeit nach der Richtlinie erfasst.[133] Auch Schäden durch diffuse Verschmutzungen, sog. Distanz- und Summationsschäden, unterfallen gemäß Art. 4 Abs. 5 UH-RL nicht der Richtlinie, es sei denn, ein ursächlicher Zusammenhang zwischen dem Schaden und der Tätigkeit einzelner Betreiber kann festgestellt werden.[134] Weiterhin stellt Art. 3 Abs. 3 UH-RL klar, dass die Haftungsrichtlinie keine Schadenersatzansprüche Privater für die Beeinträchtigung von Individualrechtsgütern begründet.[135]

Schließlich sollen gemäß Art. 4 Abs. 2 UH-RL bestimmte völkerrechtliche Haftungsregime durch die Richtlinie nicht angetastet werden. Dies gilt etwa bei Umweltschäden, die den in Anhang IV UH-RL genannten völkerrechtlichen Übereinkommen zur Beeinträchtigung von Gewässern durch Öl oder andere gefährliche Stoffe unterfallen, sofern diese in dem betreffenden Mitgliedstaat in Kraft sind. Entsprechend sind auch völkerrechtliche Haftungsbeschränkungen weiter anwendbar, ebenso Sonderregelungen nach dem EURATOM-Vertrag und spezielle völkerrechtliche Haftungsregime für die friedliche Nutzung der Kernenergie.[136]

---

[131] Art. 19 Abs. 1 UAbs. 1 UH-RL.

[132] Vgl. *Hager*, JZ 2002, 901 (904).

[133] Art. 4 Abs. 6 UH-RL.

[134] Art. 4 Abs. 5 UH-RL beinhaltet zugleich eine Beweislastregelung. Demgegenüber befreit der weitere klassische Ausnahmetatbestand des (zivilen) Haftungsrechts, die Schadensverursachung durch Dritte, nach Art. 8 Abs. 3 UH-RL nur von der Pflicht zur Tragung der Sanierungskosten.

[135] *Fischer/Fluck*, RiW 2002, 815.

[136] Art. 4 Abs. 3 UH-RL; Art. 4 Abs. 4 i.V.m. Anhang V UH-RL; vgl. dazu *Ruffert*, in: Hendler/Marburger/Reinhardt/Schröder (Hrsg.), Umwelthaftung, S. 43 (61). Demgegenüber genießen strengere gemeinschaftsrechtliche Umweltnormen nach Art. 3 Abs. 2 UH-RL Vorrang.

2. Kausalität(snachweis)

Eine Ursachenvermutung oder Vorschriften zur Umkehr der Beweislast sieht die Haftungsrichtlinie, anders als etwa §§ 6, 7 UmweltHG, nicht vor.[137] Nach Art. 11 Abs. 2 UH-RL obliegt die Beweislast für die Kausalität vielmehr der zuständigen Behörde. Das Fehlen entsprechender Beweiserleichterungen wird in der Literatur kritisiert, gerade bei Umweltschäden stehe und falle die Haftung mit dem Kausalitätsnachweis.[138] Ursache der für Umweltschadensszenarien typischen Beweisschwierigkeiten sind komplexe Ursachen-Wirkungsbeziehungen oder die Auswirkungen moderner Techniken und diesbezügliche naturwissenschaftliche Unsicherheiten sowie zeitlich und räumlich gestreckte Zusammenhänge.[139]

Art. 4 Abs. 5 UH-RL bestimmt, dass das Haftungsregime bei Umweltschäden durch nicht klar abgrenzbare Verschmutzungen (Distanz- und Summationsschäden)[140] nur Anwendung finden soll, wenn ein ursächlicher Zusammenhang zwischen dem Schaden und den Tätigkeiten einzelner Betreiber festgestellt werden kann.[141] Hintergrund hierfür ist, dass der Richtliniengeber eine Haftungsregelung nicht als geeignetes Instrument zur Erfassung breit gestreuter, nicht klar abgrenzbarer Verschmutzungen ansah.[142]

3. Rechtsfolgen

Der Verursacher eines Umweltschadens oder der unmittelbaren Gefahr eines solchen Schadens ist zur Durchführung von Vermeidungs-, Schadensbegrenzungs- und Sanierungsmaßnahmen nach Maßgabe der Art. 5 bis 7 UH-RL verpflichtet. Die zuständige Behörde kann aufgrund dieser Normen entsprechende Maßnahmen gegenüber dem Verantwortlichen verbindlich anordnen und auch selbst zur Gefah-

---

[137] § 6 Abs. 1 UmweltHG sieht eine Ursachenvermutung für den Fall vor, dass eine Anlage nach den Gegebenheiten des Einzelfalls geeignet ist, den entstandenen Schaden zu verursachen. Die Vermutung greift jedoch nicht, wenn die Anlage bestimmungsgemäß betrieben wurde; vgl. dazu *Salje*, UmweltHG, § 6 Rn. 6 ff.

[138] *Palme/Schumacher A./Schumacher J./Schlee*, EurUP 2004, 204 (210); *Hager*, JZ 2002, 901 (907); *Becker*, NVwZ 2005, 371 (373).

[139] Vgl. etwa *Sautter*, Beweiserleichterung, S. 23 ff.; *Nicklisch*, VersR 1991, 1093 (1095); *Spindler/Härtel*, UPR 2002, 241 (245); Salje/Peter, UmweltHG; §§ 1, 3 Rn. 118: Die Feststellung der Verletzungskausalität fällt umso schwerer, je größer die zeitliche und räumliche Distanz der Immission zur Emission ist und je diffuser das betroffene Umweltmedium verschmutzt ist.

[140] *Kloepfer*, Umweltrecht § 6 Rn. 81: Distanz- und Summationsschäden sind in großer Entfernung von der Emissionsquelle auftretende Schäden, zu deren Entstehung eine Vielzahl von Groß- und Kleinemittenten beigetragen hat.

[141] Zwar findet sich die Norm in Art. 4 UH-RL unter der Überschrift „Ausnahmen", der Sache nach handelt es sich jedoch um eine Beweislastregelung.

[142] Vgl. Erwägungsgrund 13 der UH-RL; Weißbuch, S. 13. Was das Problem der Luftverschmutzung anbelangt, wurde mittlerweile das Instrument des Emissionshandels auf der Grundlage der Richtlinie 2003/87/EG geschaffen (Richtlinie 2003/87/EG des Europäischen Parlaments und des Rates vom 13.10.2003 über ein System für den Handel mit Treibhausgasemissionszertifikaten in der Gemeinschaft und zur Änderung der Richtlinie 96/61/EG des Rates, ABl. EG Nr. L 275 vom 25.10.2003, S. 32 ff.).

renbeseitigung und Sanierung tätig werden. Die Durchsetzung der Vermeidung und Sanierung obliegt somit der nach nationalem Recht zuständigen Behörde.

a) Vermeidung

Bei Vorliegen der unmittelbaren Gefahr eines Umweltschadens, d.h. der hinreichenden Wahrscheinlichkeit, dass ein Umweltschaden in naher Zukunft eintreten wird,[143] ist der Verantwortliche nach Art. 5 Abs. 1 UH-RL verpflichtet, unverzüglich die erforderlichen Vermeidungsmaßnahmen zu ergreifen.[144] Jedenfalls für den Fall, dass die Gefahrenabwehrmaßnahmen fehlschlagen, haben die Mitgliedstaaten nach Art. 5 Abs. 2 UH-RL weiterhin eine Verpflichtung des Betreibers vorzusehen, die zuständige Behörde so bald wie möglich über alle bedeutsamen Aspekte des Sachverhalts zu informieren. Die Verpflichtungen bestehen selbständig und sind – ebenso wie die Schadensbegrenzungs- und Sanierungspflichten – nicht von einer vorherigen behördlichen Anordnung abhängig. Die zuständige Behörde kann jederzeit alle erforderlichen Informationen vom Betreiber einfordern.[145] Zum Zwecke der Gefahrenabwehr ist sie befugt, vom Betreiber die Ergreifung von Vermeidungsmaßnahmen zu verlangen oder aber selbst die erforderlichen Maßnahmen vorzunehmen.[146] Wie sich aus Art. 5 Abs. 4 UH-RL ergibt, ist die behördliche Gefahrenabwehr durch eigene Maßnahmen jedoch subsidiär, die zuständige Behörde ist primär verpflichtet, den Verantwortlichen zu Vermeidungsmaßnahmen heranzuziehen.[147]

b) Schadensbegrenzung und Sanierung

aa) Grundsätze

Bei Auftreten eines Umweltschadens hat der Verantwortliche nach Art. 6 Abs. 1 a) UH-RL unverzüglich die zuständige Behörde zu informieren und alle praktikablen Vorkehrungen zur Schadensbegrenzung, also zur Eindämmung und Kontrolle der Schadstoffe bzw. Schadfaktoren, und zur Vermeidung weiterer Umweltschäden oder Gesundheitsgefahren zu ergreifen. Die zuständige Behörde ist befugt, die zur Störungsbeseitigung erforderlichen Anordnungen gegenüber dem Betreiber zu erlassen und auch selbst entsprechende Maßnahmen zu treffen.[148]

Die Sanierung des Umweltschadens soll gemäß dem Verursacherprinzip primär durch den Verantwortlichen durchgeführt werden. Daher kann die Behörde selbst nur dann Sanierungsmaßnahmen ergreifen, wenn etwa der Verantwortliche seiner Verpflichtung nicht nachkommt oder nicht ermittelt werden kann und ihr keine weiteren Mittel bleiben.[149] In Abweichung vom Grundsatz der Amtsermittlung,

---

[143] Art. 2 Nr. 9 UH-RL.

[144] Vermeidungsmaßnahmen sind nach der Definition des Art. 2 Nr. 10 UH-RL alle Maßnahmen, die bei unmittelbarer Gefahr eines Umweltschadens getroffen werden, um diesen Schaden zu vermeiden oder zu minimieren.

[145] Art. 5 Abs. 3 a) UH-RL.

[146] Art. 5 Abs. 3 b)-d) UH-RL.

[147] Vgl. *Becker*, NVwZ 2005, 371 (374).

[148] Art. 6 Abs. 2 b) UH-RL.

[149] Art. 6 Abs. 2 c)-e), Abs. 3 S. 2 a.E. UH-RL; dazu siehe unten Kapitel 2 C. I. 1.

der in Art. 11 Abs. 2 UH-RL verankert ist,[150] erlegt Art. 7 Abs. 1 UH-RL die Verpflichtung zur Ermittlung möglicher Sanierungsmaßnahmen dem Betreiber auf. Sodann entscheidet die zuständige Behörde, welche Maßnahmen durchzuführen sind.[151] Anhang II UH-RL unterscheidet zwei grundlegend verschiedene Sanierungsregime: Anhang II Nr. 1 befasst sich mit der Sanierung von Schäden an Gewässern sowie geschützten Arten und natürlichen Lebensräumen und zielt auf die vollständige Wiederherstellung der geschädigten Ressourcen und Funktionen.[152] Demgegenüber ist die Sanierung von Flächenschäden nach Anhang II Nr. 2 UH-RL in konsequenter Fortführung der diesbezüglich beschränkten Schadensdefinition nur auf die Beseitigung von Gesundheitsgefahren gerichtet.

bb) Sanierung von Gewässer- und Biodiversitätsschäden
Ziel einer Sanierung von Gewässer- oder Biodiversitätsschäden nach Anhang II Nr. 1 UH-RL ist es, die geschädigten Ressourcen in ihren Ausgangszustand, d.h. den ohne das schädigende Ereignis bestehenden Zustand, zurückzuversetzen oder einen diesem gleichkommenden Zustand zu schaffen. Weiterhin sind entsprechend dem Vorsorgeprinzip stets alle nennenswerten Risiken für die menschliche Gesundheit zu beseitigen.[153] Zur Erreichung des Sanierungsziels stehen drei Arten von Maßnahmen zur Verfügung: Die vorrangige *primäre Sanierung* zielt darauf ab, die geschädigten Ressourcen und Funktionen als solche in den Ausgangszustand zurückzuversetzen.[154] Soweit dies nicht möglich ist, sind Maßnahmen der *ergänzenden Sanierung* vorzunehmen, die – gegebenenfalls an einem anderen Ort – einen Zustand schaffen, der einer Rückführung der geschädigten Ressourcen in den Ausgangszustand gleichkommt. Zur Kompensation der bis zum Wirksamwerden der primären und ergänzenden Sanierung entstehenden zwischenzeitlichen Verluste ist eine *Ausgleichssanierung* vorzunehmen. Diese besteht aus einer zusätzlichen Verbesserung der Umweltsituation am geschädigten oder einem anderen Ort. Je länger es dauert, bis der Ausgangszustand erreicht ist, desto mehr ausgleichsbedürftige zwischenzeitliche Verluste entstehen.[155]

Zur Ermittlung des erforderlichen Sanierungsumfangs sollen nach Anhang II Nr. 1.2 UH-RL primär Konzepte herangezogen werden, die auf der Gleichwertigkeit von Ressourcen oder Funktionen beruhen, also naturschutzfachliche Verfahren.[156] Erweist sich die Anwendung dieser Konzepte als unmöglich, etwa weil geeignete Flächen zur Schaffung ökologisch gleichwertiger Ersatzressourcen fehlen, so kann auf andere Bewertungsmethoden zurückgegriffen werden, bei-

---

[150] Zum Untersuchungsgrundsatz als allgemeinem Rechtsgrundsatz des Gemeinschaftsrechts vgl. EuGH, Rs. C-269/90 (TU München), NVwZ 1992, 358; *Streinz*, EUV/EGV, Art. 41 GR Rn. 5; *Schwarze*, Europäisches Verwaltungsrecht, S. 1181 ff.

[151] Art. 7 Abs. 2 und 3 UH-RL.

[152] Die Vorgaben des Anhangs II Nr. 1 UH-RL werden in Kapitel 3 und 4 C. dieser Arbeit bezogen auf die Sanierung von Biodiversitätsschäden eingehend untersucht werden.

[153] Anhang II Nr. 1 Abs. 3 UH-RL.

[154] Anhang II Nr. 1.1 UH-RL.

[155] Anhang II Nr. 1 a)-d) UH-RL; vgl. *Ruffert*, in: Hendler/Marburger/Reinhardt/Schröder (Hrsg.), Umwelthaftung, S. 43 (65).

[156] Anhang II Nr. 1.2.2 UH-RL.

spielsweise ökonomische Verfahren.[157] Auch bei Einsatz ökonomischer Bewertungsmethoden ist stets eine Kompensation des Schadens in natura vorzunehmen. Anders als etwa das deutsche Naturschutzrecht[158] sieht die Richtlinie keine Möglichkeit von Ausgleichszahlungen vor. An letzter Stelle steht die Bestimmung von Sanierungsmaßnahmen, deren Kosten dem geschätzten Geldwert der verlorenen Ressourcen und Funktionen entsprechen.[159]

Häufig werden mehrere Optionen zur Sanierung des Umweltschadens zur Verfügung stehen, etwa weil für die Durchführung von Maßnahmen der ergänzenden Sanierung verschiedene Standorte in Betracht kommen. Anhang II Nr. 1.3 UH-RL gibt der zuständigen Behörde daher Kriterien zur Auswahl der im konkreten Fall angemessenen Sanierungsoption an die Hand. Zu berücksichtigen sind etwa die Kosten, Erfolgsaussichten und voraussichtliche Dauer der jeweiligen Option, aber auch die einschlägigen wirtschaftlichen, sozialen und kulturellen Belange. Schließlich kann nach Anhang II Nr. 1.3.3 UH-RL von der Durchführung weiterer Sanierungsmaßnahmen abgesehen werden, wenn alle erheblichen Gesundheitsgefahren sowie das Risiko einer weiteren Ausbreitung des Schadens beseitigt sind und die Kosten der Sanierungsmaßnahmen in keinem angemessenen Verhältnis zum Nutzen für die Umwelt stehen würden.

cc) Sanierung von Schädigungen des Bodens
Das Fehlen gemeinschaftsrechtlicher Normen wirkt sich auch auf die bei Beeinträchtigungen des Schutzguts Boden zu ergreifenden Sanierungsmaßnahmen aus. Ziel der Maßnahmen ist nach Anhang II Nr. 2 UH-RL lediglich die Beseitigung von Gesundheitsgefahren. Es soll sichergestellt werden, dass der geschädigte Boden unter Berücksichtigung seiner zum Zeitpunkt der Schädigung gegebenen gegenwärtigen oder zugelassenen künftigen Nutzung kein erhebliches Risiko einer Beeinträchtigung der menschlichen Gesundheit mehr darstellt.[160] Die Richtlinie verfolgt hier somit einen rein gefahrenabwehrrechtlichen Ansatz. Soweit nicht gleichzeitig andere Schutzgüter betroffen sind, ist keine Wiederherstellung der geschädigten Bodenfunktionen vorgesehen.

4. Kostentragung

Entsprechend dem Verursacherprinzip als Kostenzurechnungsprinzip[161] hat der Betreiber gemäß Art. 8 Abs. 1 UH-RL die Kosten der durchgeführten bzw. durchzuführenden Vermeidungs- und Sanierungsmaßnahmen zu tragen. Nach der Definition des Art. 2 Nr. 16 UH-RL ist der Kostenbegriff umfassend und beinhaltet etwa die Kosten der Schadensfeststellung, Verfahrens- und Durchsetzungskosten sowie die Kosten von Schadensbewertung und Monitoring. Führt die zuständige Behörde selbst entsprechende Maßnahmen durch, so lässt dies die Haftung des

---

[157] Anhang II Nr. 1.2.3 S. 1 UH-RL.
[158] Vgl. § 19 Abs. 4 BNatSchG.
[159] Anhang II Nr. 1.2.3 S. 3 UH-RL; vgl. dazu *Thüsing*, VersR 2002, 926 (928); *Spindler/Härtel*, UPR 2002, 241 (244).
[160] Anhang II Nr. 2 Abs. 1 S. 1 UH-RL.
[161] *Knopp*, UPR 2005, 361 (362).

Betreibers unberührt. Die Behörde hat sicherzustellen, dass die ihr entstandenen Kosten vom Betreiber erstattet werden.[162]

a) Entlastungsgründe

Art. 8 Abs. 3 und 4 UH-RL sehen Entlastungsgründe von der Verpflichtung zur Kostentragung vor. Wurde der Umweltschaden oder die Gefahr eines Schadens trotz geeigneter Sicherheitsvorkehrungen des Betreibers durch einen Dritten verursacht, so stellt Art. 8 Abs. 3 a) UH-RL den Betreiber von der Kostentragung für Vermeidungs- oder Sanierungsmaßnahmen frei. Gleiches gilt nach Art. 8 Abs. 3 b) UH-RL, wenn der Schaden auf die Befolgung behördlicher Anweisungen zurückzuführen ist.[163] In beiden Fällen liegt die Herrschaft über das Geschehen nicht beim Betreiber; die Norm greift somit Ausnahmen auf, die sich aus dem Konzept der Gefährdungshaftung selbst ergeben.[164]

Nach Art. 8 Abs. 4 UH-RL können die Mitgliedstaaten zusätzlich den Einwand des genehmigungskonformen Verhaltens vorsehen und den Betreiber von der Tragung des Entwicklungsrisikos befreien. Beide Ausnahmen betreffen nur die Kosten der Sanierungstätigkeit, nicht aber Vermeidungskosten. Eine Befreiung ist nur möglich, sofern der Verantwortliche nachweist, dass er nicht vorsätzlich oder fahrlässig gehandelt hat. Beide Entlastungsgründe waren im Rechtsetzungsverfahren sehr umstritten. Der Entlastungsgrund des bestimmungsgemäßen Normalbetriebs nach Art. 8 Abs. 4 a) UH-RL betrifft Schäden, die durch Emissionen oder Ereignisse verursacht wurden, welche durch eine Zulassung (Genehmigung) ausdrücklich erlaubt sind und deren Bedingungen in vollem Umfang entsprechen. Es muss sich um eine Zulassung aufgrund eines Gesetzes handeln, das gemeinschaftliche Rechtsvorschriften nach Anhang III UH-RL umsetzt.[165] Nach Ansicht ihrer Befürworter ist die „Legalisierungs"-Wirkung einer Genehmigung aufgrund des öffentlich-rechtlichen Ansatzes der Richtlinie zwingend, da die Genehmigung die Vereinbarkeit einer Tätigkeit mit den Vorschriften des öffentlichen Rechts bindend feststelle.[166] Jedoch indiziert die Genehmigung nur die Einhaltung der erforderlichen Sorgfalt, diese aber ist bei einer Gefährdungshaftung nicht ausschlaggebend. Denn Gefährdungshaftung ist eben gerade keine Haftung für begangene

---

[162] Art. 8 Abs. 5 UH-RL; Art. 8 Abs. 2 UH-RL; vgl. auch Erwägungsgrund 18 zur UH-RL. Nach Art. 10 UH-RL ist die zuständige Behörde befugt, das Verfahren zur Kostenerstattung binnen fünf Jahren ab dem Zeitpunkt des Abschlusses der Maßnahmen oder ab dem Zeitpunkt der Ermittlung des haftbaren Betreibers oder Dritten einzuleiten, der jeweils spätere Zeitpunkt ist maßgebend.

[163] *Palme/Schumacher A./Schumacher J./Schlee*, EurUP 2004, 204 (209).

[164] *Palme/Schumacher A./Schumacher J./Schlee*, EurUP 2004, 204 (209); vgl. auch *SRU*, Umweltgutachten 2002, S. 173, Tz. 294. Umweltschäden durch bewaffnete Konflikte oder unabwendbare Naturereignisse fallen gemäß Art. 4 Abs. 1 UH-RL nicht in den Anwendungsbereich der Richtlinie.

[165] Vgl. eingehend *Hager*, JZ 2002, 901 (904). Demgegenüber schließt die Zulassung von Beeinträchtigungen nach Art. 6 Abs. 3 und 4 oder 16 FFH-RL oder Art. 9 VSch-RL bereits das Vorliegen eines Umweltschadens aus, Art. 2 Nr. 1 a) UH-RL.

[166] *Fischer/Fluck*, RiW 2002, 814 (820); *Dolde*, in: Hendler/Marburger/Reinhardt/ Schröder (Hrsg.), Umwelthaftung, S. 169 (182, 196); *Becker*, NVwZ 2005, 371 (375).

Pflichtwidrigkeit, sondern Haftung für geschaffene Gefahr.[167] Der Entlastungs-grund wäre daher systemwidrig und würde zudem die Verantwortlichkeit nach der Richtlinie auf eine reine Störfallhaftung beschränken.[168]

Art. 8 Abs. 4 b) UH-RL ermöglicht die Freistellung des Verantwortlichen von Entwicklungsrisiken. Dies betrifft Umweltschäden, die durch eine Emission, eine Tätigkeit oder die Verwendung eines Produkts verursacht werden, die nach dem Stand der wissenschaftlichen und technischen Erkenntnisse zum Zeitpunkt der Emission oder Tätigkeit nicht als „wahrscheinliche" Ursache von Umweltschäden angesehen wurde. Die Regelung wird als zu weitgehend kritisiert, da nicht nur nicht vorhersehbare, sondern auch nicht wahrscheinliche Entwicklungen ausge-nommen sind.[169]

Die in Art. 8 Abs. 3 und 4 UH-RL genannten Gründe befreien den Betreiber le-diglich von der Verpflichtung zur Kostentragung, lassen die Pflicht zur Durch-führung der Maßnahmen aber unberührt. Nach dieser aus der Sicht des deutschen Rechts ungewöhnlichen Konstruktion kann der Betreiber somit weiterhin zu ent-sprechenden Maßnahmen herangezogen werden. Für diesen Fall haben die Mit-gliedstaaten gemäß Art. 8 Abs. 3 a.E. UH-RL vorzusehen, dass der Betreiber die Erstattung der ihm entstandenen Kosten erlangen kann.

b) Haftung mehrerer Verursacher

Was die Kostenverteilung zwischen mehreren Verantwortlichen anbelangt, ist die Richtlinie sehr zurückhaltend. Nach Art. 11 Abs. 1 des Richtlinienvorschlags der Kommission konnte ein Mitgliedstaat eine gesamtschuldnerische Haftung oder aber eine Kostenverteilung nach Bruchteilen vorsehen. Für den Fall, dass der Verantwortliche die Beschränkung seines Verursacherbeitrags auf einen bestimm-ten Schadensanteil nachweisen kann, war auch die Haftung hierauf zu begren-zen.[170] Nunmehr überlässt Art. 9 UH-RL diese Frage vollständig der Regelung durch das nationale Recht.

5. Verwaltungsorganisation und Verfahren

Gemäß Art. 11 Abs. 1 UH-RL obliegt die Bestimmung der zuständigen Behör-de(n) den Mitgliedstaaten. Hiermit entspricht die Richtlinie dem „Prinzip der institutionellen Eigenständigkeit", das beim Vollzug von Gemeinschaftsrecht durch die Mitgliedstaaten, dem sog. indirekten Vollzug, zur Anwendung gelangt. Es besagt, dass in diesem Fall die Frage, welche nationale Behörde das Gemein-schaftsrecht in welchem Verfahren vollzieht, grundsätzlich eine solche der jewei-ligen nationalen Rechtsordnung ist.[171] Entsprechend dem Grundsatz der Amtser-mittlung stellt die zuständige Behörde nach Art. 11 Abs. 2 UH-RL die Gefahr-

---

[167] *Hager*, JZ 2002, 901 (905); *Hagenah*, in: Oldiges (Hrsg.), Umwelthaftung vor der Neugestaltung, S. 15 (21).

[168] Vgl. *Spindler/Härtel*, UPR 2002, 241 (246); *Palme/Schumacher A./Schumacher J./Schlee*, EurUP 2004, 204 (209).

[169] *Palme/Schumacher A./Schumacher J./Schlee*, EurUP 2004, 204 (209).

[170] Art. 11 Abs. 2 KOM (2002) 17 endg.

[171] EuGH, verb. Rs. 51-54/71, Slg. 1971, 1107 (1116); vgl. *Oppermann*, Europarecht, § 7 Rn. 36; *Schwarze*, Europäisches Verwaltungsrecht, 1058 f.

und Schadensverursachung fest. Sie ermittelt die Erheblichkeit des Schadens und bestimmt die nach Anhang II UH-RL zu treffenden Sanierungsmaßnahmen.

6. Beteiligungsrechte Dritter und Rechtsschutz

Zur Verbesserung des Vollzugs der Umwelthaftungsregelungen sieht die Richtlinie Antrags- und Klagerechte für Einzelne und qualifizierte Einrichtungen vor.[172] Entsprechend der öffentlich-rechtlichen Konzeption der Richtlinie sind diese Rechte ausschließlich gegen die zuständige Behörde gerichtet, hingegen wird keine direkte Klagemöglichkeit gegen den Betreiber eröffnet.[173] Natürlichen oder juristischen Personen, die von einem Umweltschaden (potentiell) betroffen sind und ein ausreichendes Interesse dartun oder aber eine Rechtsverletzung geltend machen, ist nach Art. 12 Abs. 1 UH-RL das Recht einzuräumen, die zuständige Behörde zum Tätigwerden aufzufordern. Weiterhin sind sie nach Art. 7 Abs. 4 UH-RL, ebenso wie der Eigentümer eines von Sanierungsmaßnahmen betroffenen Grundstücks, am Verwaltungsverfahren zu beteiligen. Durch die Nennung der Alternativen trägt Art. 12 Abs. 1 UH-RL der unterschiedlichen Konstruktion der Klagebefugnis in den Mitgliedstaaten Rechnung.[174] Hierbei gilt aber das Interesse von Umweltverbänden, die die Voraussetzungen für die Geltendmachung des Interesses nach nationalem Recht erfüllen, stets als ausreichend i.S.v. Art. 12 Abs. 1 b) UH-RL. Derartige Organisationen gelten auch als Träger von Rechten, die nach Art. 12 Abs. 1 c) UH-RL verletzt sein können.[175]

Die zuständige Behörde muss die Aufforderung und die mitgeteilten Bemerkungen prüfen, der Betreiber ist anzuhören, die Entscheidung ist den in Art. 12 Abs. 1 UH-RL genannten Personen mitzuteilen und zu begründen.[176] Die Entscheidung der zuständigen Behörde sowie ggf. auch deren Untätigkeit unterliegt gemäß Art. 13 Abs. 1 UH-RL der gerichtlichen Überprüfung oder der Kontrolle durch eine andere unabhängige und unparteiische Stelle. Nach Art. 12 Abs. 5 UH-RL haben die Mitgliedstaaten die Möglichkeit, derartige Initiativrechte für den Fall der unmittelbaren Gefahr eines Umweltschadens weitgehend auszuschließen.[177]

7. Deckungsvorsorge

Art. 14 Abs. 1 UH-RL erlegt den Mitgliedstaaten die Ergreifung von Maßnahmen auf, die den entsprechenden wirtschaftlichen und finanziellen Akteuren Anreize zur Schaffung von Instrumenten und Märkten der Deckungsvorsorge einschließlich der Insolvenzsicherung bieten sollen. Von der Einführung einer Versicherungspflicht für die nach der Haftungsrichtlinie potentiell Verantwortlichen wurde hingegen abgesehen. Nach Art. 14 Abs. 2 UH-RL soll die Kommission bis April

---

[172] Vgl. die Begründung des Richtlinienvorschlags, KOM (2002) 17 endg., S. 24.

[173] Vgl. *Fischer/Fluck*, RiW 2002, 814 (819).

[174] *Ruffert*, in: Hendler/Marburger/Reinhardt/Schröder (Hrsg.), Umwelthaftung, S. 43 (68).

[175] Art. 12 Abs. 1 UAbs. 3 UH-RL; vgl. dazu *Palme/Schumacher A./Schumacher J./Schlee*, EurUP 2004, 204 (211).

[176] Art. 12 Abs. 3 und 4 UH-RL.

[177] Vgl. *Ruffert*, in: Hendler/Marburger/Reinhardt/Schröder (Hrsg.), Umwelthaftung, S. 43 (68).

2010 einen Bericht zur Effektivität der Richtlinie sowie der Verfügbarkeit einer Versicherung und anderer Formen der Deckungsvorsorge vorlegen. Auf der Grundlage dieses Berichts und einer erweiterten Folgenabschätzung soll die Kommission sodann gegebenenfalls Vorschläge für ein System einer harmonisierten obligatorischen Deckungsvorsorge unterbreiten.[178]

D. Fazit

Im ersten Kapitel wurden Grundfragen der Verantwortlichkeit für Umweltschäden sowie die Entstehungsgeschichte und Konzeption der UH-RL beleuchtet. Es zeigte sich zunächst, dass die Begriffe „Umwelt" und „Umweltschaden" weder im allgemeinen Sprachgebrauch noch in der juristischen Fachsprache einheitlich verwendet werden und es daher einer normativen Bestimmung derselben durch das jeweilige Haftungsregime bedarf. Wie die Erfahrungen mit dem AbfallHE und der Lugano-Konvention zeigen, bereitet die Erfassung der allgemeingutsbezogenen Eigenschaften von Naturgütern im Rahmen zivilrechtlicher Haftungsregime Schwierigkeiten. Als problematisch erweisen sich insbesondere die Fragen der Anspruchsberechtigung und der Zweckbindung erlangter Ersatzleistungen. Die UH-RL sieht eine Lösung vor, indem sie die Wahrnehmung und Durchsetzung von Allgemeininteressen der öffentlichen Hand als Sachwalter der Allgemeinheit überträgt. Ein Überblick über wesentliche Regelungen verdeutlichte die Einbettung der nachfolgend im Hinblick auf die Sanierung von Biodiversitätsschäden eingehend zu analysierenden Normen in den Kontext der Richtlinie. Soweit einige der angesprochenen Fragen nicht vertieft behandelt werden konnten, sei auf die zitierte Literatur verwiesen.

---

[178] Die Frage der Deckungsvorsorge ist umstritten, vgl. dazu weiterführend den Bericht über den im Vermittlungsverfahren gebilligten gemeinsamen Entwurf der Richtlinie vom 11.3.2004, A5-0139/2004; *Rütz*, Aktuelle Versicherungsfragen im Umwelthaftungsrecht; *Sasserath-Alberti*, Anforderungen des Gesamtverbands der Deutschen Versicherungswirtschaft an die Umsetzung der Europäischen Umwelthaftungsrichtlinie, NRPO 2005, Heft 1, 24 ff.; *Weichert*, Die Umwelthaftungsrichtlinie aus Sicht der Versicherungswirtschaft, in: Oldiges (Hrsg.), Umwelthaftung vor der Neugestaltung, S. 83 ff.

Kapitel 2 Umweltschaden und Sanierung nach der Umwelthaftungsrichtlinie

Wie eingangs skizziert konzentrieren sich die nachfolgenden Erörterungen auf das Schutzgut Biodiversität.[1] Schädigungen an den Schutzgütern Gewässer und Boden werden insoweit einbezogen, als sie gleichzeitig eine Beeinträchtigung geschützter Arten oder natürlicher Lebensräume darstellen. Trotz der Anknüpfung der UH-RL an FFH- und VSch-RL bereitet die Bestimmung des Schutzguts Biodiversität Schwierigkeiten. Denn FFH- und VSch-RL stellen die in ihren Anhängen aufgelisteten Arten und Lebensraumtypen nur insoweit unter besonderen Schutz, als sie Teil des europäischen ökologischen Netzes Natura 2000 sind oder den Artenschutzbestimmungen beider Richtlinien unterfallen. Demgegenüber verweist die UH-RL zur Bestimmung des Schutzguts jedenfalls dem Wortlaut nach pauschal auf die in den Anhängen von FFH- und VSch-RL aufgelisteten Arten und Lebensraumtypen, ohne nach deren Schutzstatus zu differenzieren. Daher ist nachfolgend zunächst das Schutzregime von FFH- und VSch-RL zu beleuchten (Abschnitt A), sodann ist die Frage der Reichweite des Schutzguts Biodiversität nach der UH-RL eingehend zu erörtern (Abschnitt B. I.). Weiterhin wird der in Art. 2 Nr. 1 a) UH-RL definierte Umweltschaden am Schutzgut Biodiversität untersucht und konkretisiert (Abschnitt B. II.-IV.). Schließlich gilt es, die Vorgaben der Art. 6 und 7 UH-RL und die durch diese vorgenommene Aufgabenverteilung zwischen Verantwortlichem und zuständiger Behörde bei der Sanierung von Biodiversitätsschäden zu analysieren (Abschnitt C).

A. Schutz von Biodiversität nach FFH- und Vogelschutzrichtlinie

Die Vogelschutzrichtlinie aus dem Jahr 1979 regelt den Schutz und die Bewirtschaftung aller im Gebiet der Mitgliedstaaten einheimischen Vogelarten.[2] Sie soll dem eklatanten Artenrückgang heimischer Vogelarten und Zugvogelarten entgegenwirken.[3] Zur Verwirklichung dieser Ziele verpflichten Art. 4 Abs. 1 und 2

---

[1]   Anders als das Übereinkommen über die biologische Vielfalt (CBD) werden im Rahmen der UH-RL nur Arten und Lebensraumtypen der FFH- und VSch-RL erfasst; vgl. dazu auch sogleich unter Kapitel 2 B. I.

[2]   Art. 1 Abs. 1 VSch-RL.

[3]   Vgl. die Erwägungsgründe der Richtlinie, siehe dazu *Ssymank/Haucke/Rückriem/ Schröder*, Natura 2000, S. 17.

VSch-RL die Mitgliedstaaten, für die in Anhang I VSch-RL aufgelisteten, besonders empfindlichen Vogelarten und Arten mit ungünstiger Populationsentwicklung sowie für die europäischen Zugvogelarten Schutzgebiete auszuweisen. Weiterhin sehen die artenschutzrechtlichen Bestimmungen der Art. 5 ff. VSch-RL hinsichtlich aller europäischen Vogelarten Einschränkungen von Jagd und Handel sowie Verbote der absichtlichen Zerstörung oder Beschädigung von Nestern und Eiern oder der absichtlichen Störung vor. Ausnahmen können aufgrund von Art. 9 VSch-RL zugelassen werden.

Die im Jahr 1992 erlassene Flora-Fauna-Habitat-Richtlinie zielt ebenfalls auf die Erhaltung der biologischen Vielfalt auf europäischer Ebene.[4] Hierzu soll gemäß Art. 3 Abs. 1 FFH-RL ein kohärentes europäisches ökologisches Netz mit der Bezeichnung „Natura 2000" errichtet werden. Es besteht aus Gebieten, welche die Lebensraumtypen des Anhangs I FFH-RL sowie die Habitate der in Anhang II FFH-RL aufgeführten Arten umfassen. In besonderer Weise schutzwürdige Arten und Lebensräume werden als prioritär bezeichnet und sind in den Anhängen mit einem Stern gekennzeichnet. Die aufgrund der VSch-RL ausgewiesenen Vogelschutzgebiete sind Bestandteil des Natura 2000-Netzes.[5] Art. 12 ff. FFH-RL enthalten artenschutzrechtliche Bestimmungen, die auf alle in Anhang IV FFH-RL aufgelisteten Tier- und Pflanzenarten Anwendung finden. Da viele Arten des Anhangs IV FFH-RL zugleich in Anhang II FFH-RL aufgeführt werden, kann eine Aktivität gleichzeitig in den Anwendungsbereich beider Kapitel (Gebietsschutz und Artenschutz) fallen.[6] Ähnlich ist die Situation bzgl. der Vogelarten, da für die durch Art. 4 Abs. 1 und 2 VSch-RL erfassten Arten besondere Schutzgebiete auszuweisen sind, gleichzeitig aber alle europäischen Vogelarten auch artenschutzrechtlich geschützt sind.

Das Schutzregime für die Gebiete des Netzes Natura 2000 wird durch Art. 6 FFH-RL bestimmt.[7] Art. 6 Abs. 2 FFH-RL enthält ein allgemeines Verschlechterungsverbot für die natürlichen Lebensräume und Habitate der Arten sowie ein Störungsverbot für die im Rahmen des Schutzgebietsnetzes geschützten Arten. Pläne und Projekte, die geeignet sind, ein Gebiet erheblich zu beeinträchtigen, sind auf Verträglichkeit mit den für das Gebiet festgelegten Erhaltungszielen zu prüfen. Nach Art. 6 Abs. 3 S. 2 FFH-RL kann ein Vorhaben nur zugelassen werden, wenn das Gebiet als solches nicht beeinträchtigt wird (sog. Verträglichkeitsgrundsatz).[8] Trotz des negativen Ergebnisses der Verträglichkeitsprüfung kann ein

---

[4]   Vgl. Art. 2 FFH-RL.

[5]   Art. 3 Abs. 1 UAbs. 2 FFH-RL.

[6]   *Europäische Kommission*, Gebietsmanagement, S. 11. Beispielsweise kann die Zerstörung des Ruheplatzes eines Braunbärs sowohl eine Verletzung des Art. 12 Abs. 1 d) als auch des Art. 6 FFH-RL sein, wenn sich dieser Ruheplatz in einem im Rahmen von Natura 2000 für diese Art ausgewiesenen Gebiet befindet. Vgl. auch *Lambrecht/Trautner/Kaule/Gassner*, Erheblichkeit, S. 41.

[7]   Zur Problematik der sog. faktischen Vogelschutzgebiete und „potentiellen" FFH-Gebiete siehe Kapitel 2 B. I. 2. Art. 6 Abs. 2-4 FFH-RL finden gemäß Art. 7 FFH-RL auf die nach Art. 4 Abs. 1 und 2 VSch-RL zu besonderen Schutzgebieten erklärten Gebiete Anwendung.

[8]   Vgl. *Ramsauer*, NuR 2000, 601 (602); *Durner*, NuR 2001, 601 (605 f.); *Halama*, NVwZ 2001, 506 ff. Nach der Rechtsprechung des EuGH kann eine Tätigkeit nur dann

Vorhaben nach Art. 6 Abs. 4 UAbs. 1 S. 1 FFH-RL ausnahmsweise zugelassen werden, wenn es aus zwingenden Gründen des überwiegenden öffentlichen Interesses einschließlich solcher wirtschaftlicher und sozialer Art gerechtfertigt ist und zumutbare Alternativen nicht bestehen.[9] Verschärfte Anforderungen gelten, wenn in dem betroffenen Gebiet prioritäre Arten oder Lebensraumtypen vorkommen.[10] Wird ein Vorhaben nach Art. 6 Abs. 4 FFH-RL ausnahmsweise zugelassen, so haben die Mitgliedstaaten die zur Sicherung des Zusammenhangs des europäischen ökologischen Netzes Natura 2000 notwendigen Ausgleichsmaßnahmen vorzusehen.

FFH- und VSch-RL sehen die Errichtung eines kohärenten europäischen Schutzgebietsnetzes, sowie Regelungen zum artenschutzrechtlichen Schutz bestimmter Tier- und Pflanzenarten vor. Ebenso sind mögliche Ausnahmen normiert, etwa für die Zulassung von Plänen und Projekten. Die UH-RL ergänzt dieses Schutzregime, indem sie rechtswidrige Beeinträchtigungen der genannten Schutzgüter sanktioniert. Nach Durchführung einer FFH-Verträglichkeitsprüfung gemäß Art. 6 Abs. 3 oder 4 FFH-RL zugelassene Beeinträchtigungen stellen folglich keinen Umweltschaden im Sinne der Haftungsrichtlinie dar; gleiches gilt für nach Artenschutzrecht (Art. 9 VSch-RL, Art. 16 FFH-RL) zugelassene nachteilige Auswirkungen.[11]

B. Der Umweltschaden am Schutzgut Biodiversität

Der Geltungsbereich der Umwelthaftungsrichtlinie ergibt sich aus der Definition des Begriffs „Umweltschaden", dieser ist das Herzstück der Richtlinie.[12] Er grenzt diejenigen Schutzgutsbeeinträchtigungen ein, die eine Verantwortlichkeit des Betreibers nach der Haftungsrichtlinie auszulösen vermögen. Für das Schutzgut Biodiversität definiert Art. 2 Nr. 1 a) S. 1 UH-RL den Begriff als

---

genehmigt werden, wenn aus naturwissenschaftlicher Sicht kein vernünftiger Zweifel daran besteht, dass sich das Vorhaben nicht nachteilig auf das Gebiet als solches auswirkt; EuGH Rs. C-127/02, NuR 2004, 788 (791).

[9] Vgl. BVerwG, NuR 2000, 448 (450 f.); BVerwG, UPR 2002, 448 (450) = NVwZ 2002, 1243 ff. = NuR 2002, 739; *Hösch*, NuR 2004, 348 (352); *Kloepfer*, Umweltrecht, § 11 Rn. 183.

[10] Nach Art. 6 Abs. 4 UAbs. 2 FFH-RL können in diesem Fall nur Gründe im Zusammenhang mit der menschlichen Gesundheit, der öffentlichen Sicherheit einschließlich der Landesverteidigung oder die maßgeblichen günstigen Auswirkungen des Projekts auf die Umwelt geltend gemacht werden. Soll ein Vorhaben aus sonstigen Gründen des überwiegenden öffentlichen Interesses zugelassen werden, so ist hierfür die Einholung einer Stellungnahme der Kommission erforderlich; vgl. *Ramsauer*, NuR 2000, 601 (603).

[11] Vgl. Art. 2 Nr. 1 a) UAbs. 2 UH-RL.

[12] *Hager*, in: Hendler/Marburger/Reinhardt/Schröder (Hrsg.), Umwelthaftung, S. 211 (212).

„eine Schädigung geschützter Arten und natürlicher Lebensräume, d.h. jeder Schaden, der erhebliche Auswirkungen in Bezug auf die Erreichung oder Beibehaltung des günstigen Erhaltungszustands dieser Lebensräume oder Arten hat."

Im Folgenden gilt es, die einzelnen Bestandteile dieses Umweltschadensbegriffs eingehend zu untersuchen. Die Definition des „Schadens" in Art. 2 Nr. 2 UH-RL und hiermit zusammenhängend die Definition der „Funktionen einer natürlichen Ressource" in Art. 2 Nr. 13 UH-RL wurden aus dem US-amerikanischen Umwelthaftungsrecht übernommen. Ihr möglicher Bedeutungsgehalt erschließt sich daher v.a. im Wege der rechtsvergleichenden Betrachtung in Kapitel 3 dieser Arbeit.

I. Bestimmung des Schutzguts

Art. 2 Nr. 3 UH-RL definiert den Begriff „geschützte Arten und natürliche Lebensräume" als

„a) die Arten, die in Artikel 4 Absatz 2 der Richtlinie 79/409/EWG genannt oder in Anhang I jener Richtlinie aufgelistet oder in den Anhängen II und IV der Richtlinie 92/43/EWG aufgelistet sind,

b) die Lebensräume der in Artikel 4 Absatz 2 der Richtlinie 79/409/EWG genannten oder in Anhang I jener Richtlinie aufgelisteten oder in Anhang II der Richtlinie 92/43/EWG aufgelisteten Arten und die in Anhang I der Richtlinie 92/43/EWG aufgelisteten natürlichen Lebensräume sowie die Fortpflanzungs- und Ruhestätten der in Anhang IV der Richtlinie 92/43/EWG aufgelisteten Arten".

Weiterhin räumt Art. 2 Nr. 3 c) UH-RL den Mitgliedstaaten die Möglichkeit ein, nach nationalem Recht für gleichartige Zwecke ausgewiesene Arten und Lebensräume in den Schutzbereich der Richtlinie einzubeziehen.[13]

Der Terminus „geschützte Arten und natürliche Lebensräume" mutet etwas umständlich an, im Richtlinienvorschlag der Kommission wurde das Schutzgut mit dem Begriff der „biologischen Vielfalt" bezeichnet. Durch die Änderung der Bezeichnung sollte jedoch der eigenständige Bedeutungsgehalt gegenüber der Biodiversitätsdefinition in Art. 2 des Übereinkommens über die Biologische Vielfalt[14] verdeutlicht werden. Denn letztere bezieht sich ausdrücklich auch auf die Variabilität von Arten,[15] so dass die Auffassung gestützt werden könnte, Schäden in Bezug auf die Artenvielfalt umfassten die Beeinträchtigung der „Variabilität unter lebenden Organismen". Dies aber würde nach Auffassung der Kommission die schwierige Fragen der Quantifizierung solcher Schäden und der Bestimmung der Haftungsschwelle aufwerfen.[16] Aus Gründen der sprachlichen Vereinfachung wird im Folgenden zur Bezeichnung des Schutzguts jedoch in Übereinstimmung

---

[13]   Vgl. dazu Kapitel 4 C. I. 2.

[14]   Convention on Biological Diversity vom 5.6.1992, 31 ILM (1992) 818.

[15]   Art. 2 Biodiversitätskonvention:
„'Biological diversity' means the variability among living organisms from all sources including, inter alia, terrestrial, marine and other aquatic ecosystems and the ecological complexes of which they are part; this includes diversity within species, between species and of ecosystems."

[16]   Vgl. die Begründung zum Richtlinienvorschlag, KOM (2002) 17 endg., S. 19.

mit einem Großteil der deutschsprachigen Literatur weiterhin der Terminus „Bio-diversität" verwendet.

1. Geschützte Arten und natürliche Lebensräume nach Art. 2 Nr. 3 a) und b) UH-RL

Die Auslegung von Art. 2 Nr. 3 a) und b) UH-RL zur Bestimmung der Reichweite des Schutzguts Biodiversität ist umstritten. Dem Wortlaut nach erfasst die Norm sämtliche in den Anhängen der FFH- und VSch-RL „aufgelisteten" Arten und Lebensräume sowie die in Art. 4 Abs. 2 VSch-RL genannten Zugvogelarten. Die FFH-RL stellt jedoch die in Anhang I aufgeführten Lebensräume sowie die in Anhang II aufgeführten Arten nur insoweit unter besonderen Schutz, als sie Be-standteil des Netzes Natura 2000 sind. Nur die in Anhang IV FFH-RL aufgeliste-ten Arten und deren Fortpflanzungs- und Ruhestätten sowie die europäischen Vogelarten – nicht aber deren nach Art. 4 Abs. 1 und 2 VSch-RL zu schützende Habitate – werden durch die Artenschutzbestimmungen von FFH- und VSch-RL in ihrem gesamten europäischen Verbreitungsgebiet geschützt. Es fragt sich daher, ob die UH-RL an den durch FFH- und VSch-RL gewährten Schutz anknüpft und ihr Geltungsbereich auf die artenschutzrechtlich geschützten Arten sowie Natura 2000-Gebiete beschränkt ist, oder ob sämtliche Arten und Lebensraumtypen schutzgebietsunabhängig erfasst sind.

Vorweg ist anzumerken, dass der Geltungsbereich der UH-RL hinsichtlich der europäischen Vogelarten in jedem Fall enger gefasst ist als derjenige der VSch-RL. Die VSch-RL bezieht sämtliche im Gebiet der Mitgliedstaaten heimi-schen, wild lebenden Vogelarten sowie die regelmäßig auftretenden Zugvögel in ihren Schutzbereich ein.[17] Demgegenüber erfasst die UH-RL neben den Zugvogel-arten i.S. des Art. 4 Abs. 2 VSch-RL und ihren Rast-, Überwinterungs-, Mauser- und Ruhestätten lediglich die in Anhang I VSch-RL aufgeführten Arten, für die nach Art. 4 Abs. 1 VSch-RL besondere Schutzmaßnahmen hinsichtlich ihrer Le-bensräume ergriffen werden müssen.[18]

a) Ansätze der Literatur

Teilweise wird in der Literatur die Auffassung vertreten, der Geltungsbereich der Umwelthaftung umfasse entsprechend dem Wortlaut des Art. 2 Nr. 3 a) und b) UH-RL alle in den Anhängen der FFH- und VSch-RL aufgelisteten Arten und Lebensräume unabhängig davon, ob die betroffene Fläche Bestandteil des Netzes Natura 2000 ist.[19] Nach anderer Ansicht werden die in Anhang I und II FFH-RL

---

[17] Art. 1, Art. 4 Abs. 2 VSch-RL.

[18] *Trautner*, NRPO 2005, Heft 1, S. 67 (68) weist aber darauf hin, dass nach Art. 2 Abs. 4 a) 3. Spiegelstrich UH-RL der günstige Erhaltungszustand eines natürlichen Lebens-raums vom günstigen Erhaltungszustand der charakteristischen Arten abhängig ge-macht wird. Bei charakteristischen Tier- und Pflanzenarten muss es sich selbst nicht um geschützte Arten handeln, diese sind also mittelbar erfasst.

[19] *Brans*, Env. L. Rev. 2005, 90 (94); *Palme/Schumacher A./Schumacher J./Schlee*, Eur-UP 2004, 204 (206); *Schink*, EurUP 2005, 67 (70); *Becker*, NVwZ 2005, 371 (372) nennt den Punkt klärungsbedürftig.

aufgeführten Arten und Lebensräume nur innerhalb des Netzes Natura 2000 erfasst.[20]

Eine differenzierende Betrachtung nimmt die Studie von Roller/Führ vor. Ihr zufolge sind neben den Vogelarten und den Arten nach Anhang IV FFH-RL auch die Arten des Anhangs II FFH-RL schutzgebietsunabhängig erfasst, da Art. 2 Nr. 3 a) UH-RL keine Verbindung zu den in Art. 2 Nr. 3 b) geregelten Schutzgebieten herstelle und der Erhaltungszustand einer Art in Art. 2 Nr. 4 b) UH-RL ebenfalls nicht im Zusammenhang mit ausgewiesenen Schutzgebieten definiert sei. Des Weiteren könne die Beeinträchtigung von Populationen außerhalb des Schutzgebietsnetzes erhebliche Rückwirkungen auf dasselbe haben.[21] Demgegenüber würden natürliche Lebensräume – mit Ausnahme der Fortpflanzungs- und Ruhestätten der Anhang-IV-Arten – nur insoweit erfasst, als sie Teil des Netzes Natura 2000 seien oder eine Aufnahme vorgesehen ist.[22] Indiz sei bereits der Wortlaut des Art. 2 Nr. 3 UH-RL. Anders als etwa in der deutschen Sprachfassung sei in den romanischen Sprachen von „geschützten" Lebensräumen die Rede, so spreche die französische Fassung des Art. 2 Nr. 3 UH-RL von „espèces et habitats naturels protégés". Letztlich ergebe der Wortlaut aber kein einheitliches Bild.[23] Während die Entstehungsgeschichte eher in Richtung eines weiten Verständnisses weise, sprächen vor allem systematische und teleologische Aspekte für eine enge, schutzgebietsbezogene Interpretation. So folge aus dem 3. Erwägungsgrund der Richtlinie eine „Verflechtung" von Bestimmungen der UH-RL mit FFH- und VSch-RL. Weiterhin ergebe Art. 2 Nr. 1 a) UAbs. 2 UH-RL nur in Zusammenhang mit einem schutzgebietsbezogenen Ansatz Sinn. Die Norm nimmt Beeinträchtigungen vom Anwendungsbereich der Richtlinie aus, die u.a. im Rahmen einer FFH-Verträglichkeitsprüfung ausdrücklich gestattet wurden. Da die Verträglichkeitsprüfung aber auf Natura 2000-Gebiete beschränkt ist, ergebe sich bei Einbeziehung von außerhalb gelegenen Flächen für diese mangels Ausnahmemöglichkeiten eine größere Schutzintensität und somit ein kaum zu rechtfertigender Wertungswiderspruch.[24] Schließlich sei im Rahmen einer teleologischen Betrachtung zu berücksichtigen, dass die UH-RL als flankierendes Instrument mit dem Anwendungsbereich von FFH- und VSch-RL verzahnt sei.

b) Europäische Kommission

Zur Klärung des Geltungsbereichs der UH-RL ersuchten die deutschen Behörden die EU-Kommission um Stellungnahme zur Auslegung des Art. 2 Nr. 3 b) UH-RL und machten sich hierbei weitgehend die von Roller/Führ vertretene Ansicht zu Eigen.[25] Nach Auffassung der Kommission hingegen ist die Definition der „natürlichen Lebensräume" in Art. 2 Nr. 3 b) UH-RL weit auszulegen. Ebenso seien

20   *Duikers*, Umwelthaftung, S. 60 und 63.
21   *Roller/Führ*, UH-RL und Biodiversität, S. 46 f.
22   *Roller/Führ*, UH-RL und Biodiversität, S. 52.
23   *Roller/Führ*, UH-RL und Biodiversität, S. 47 f.
24   *Roller/Führ*, UH-RL und Biodiversität, S. 48 ff.
25   Schreiben der deutschen Behörden vom 4.3.2005, zitiert im „Non-Paper" der Dienststellen der Kommission vom 2.5.2005, S. 3 ff. , ohne Aktenzeichen. Wie aus der Bezeichnung als „Non-Paper" hervorgeht, handelt es sich bei der Stellungnahme lediglich um ein „inoffizielles" Arbeitsdokument.

auch die „geschützten Arten" schutzgebietsunabhängig erfasst, was aber von den deutschen Behörden nicht zum Gegenstand ihres Ersuchens gemacht wurde.

> „Auf der Grundlage dieser Überlegungen zur buchstabengetreuen, systematischen und teleologischen Interpretation der UHR und unter Berücksichtigung der rechtlichen Entstehungsgeschichte sollte die UHR so ausgelegt werden, dass ‚geschützte Arten und natürliche Lebensräume im Sinne des Artikels 2 Absatz 3 Buchstabe b' alle Lebensräume der in Artikel 4 Absatz 2 der Richtlinie 79/409/EWG genannten oder in Anhang I jener Richtlinie aufgelisteten oder in Anhang II der Richtlinie 92/43/EWG aufgelisteten natürlichen Lebensräume sowie die Fortpflanzungs- oder Ruhestätten der in Anhang IV der Richtlinie 92/43/EWG aufgelisteten Arten umfassen, und zwar ungeachtet ihres Vorkommens innerhalb oder außerhalb eines Natura 2000-Gebietes." [26]

Die Kommission begründet ihre Auffassung zunächst damit, dass die Richtlinie in Art. 2 Nr. 3 explizit auf die in den Anhängen „aufgelisteten" Lebensräume Bezug nehme, andererseits aber die Begriffe „besondere Schutzgebiete", „besondere Erhaltungsgebiete" oder „Natura 2000-Gebiete" gerade nicht verwende.[27] Was die Entstehungsgeschichte der Richtlinie anbelangt, sei ein Änderungsantrag des Ausschusses für Recht und Binnenmarkt, der den weiten Richtlinienwortlaut auf das Natura 2000-Netz eingeschränkt hätte, im Rahmen der zweiten Lesung im Europäischen Parlament nicht angenommen worden.[28] Hinsichtlich der von den deutschen Behörden angeführten „Verflechtung" der UH-RL mit FFH-, VSch- und WRRL weist die Kommission darauf hin, dass im 3. Erwägungsgrund in anderen Sprachfassungen eher von Folgen und Auswirkungen der UH-RL auf die genannten Gemeinschaftsrichtlinien die Rede sei, nicht aber von einer Verflechtung.[29] Der ebenfalls zur Begründung angeführte 5. Erwägungsgrund, der eine einheitliche Anwendung gemeinsamer Definitionen vorsieht, gebe nicht an, welche Definitionen betroffen sind. Im Hinblick auf Art. 2 Nr. 1 a) UAbs. 2 UH-RL verweist die Kommission auf die Möglichkeit der Zulassung von Ausnahmen nach nationalem Recht. Wenn man annehme, dass Art. 2 Nr. 1 a) UAbs. 2 UH-RL die Anwendung nationaler Ausnahmetatbestände nur für „nicht unter das Gemeinschaftsrecht fallende" Arten und Lebensräume gestatte und damit ihre Anwendung für alle FFH- Lebensräume und Arten ausgeschlossen sei, könnten Mitgliedstaaten immer noch von der Möglichkeit des Art. 8 Abs. 4 UH-RL Gebrauch machen.[30] Zur Fra-

---

[26] „Non-Paper" der Dienststellen der Kommission vom 2.5.2005, S. 12.

[27] „Non-Paper" der Dienststellen der Kommission vom 2.5.2005, S. 5.

[28] Plenarsitzungsdokument A5-0461/2003 vom 5.12.2003, Empfehlung für die zweite Lesung, betreffend den Gemeinsamen Standpunkt des Rates im Hinblick auf den Erlass der Richtlinie des Europäischen Parlaments und des Rates über Umwelthaftung zur Vermeidung und Sanierung von Umweltschäden (10933/5/2003 – C5-0445/2003 – 2002/0021(COD)), Änderungsantrag 6.

[29] „Non-Paper" der Dienststellen der Kommission vom 2.5.2005, S. 7. Die englische Fassung spricht von "implications in respect of other community legislation", die französische von „implications liées à d'autres dispositions législatives communautaires", in der schwedischen Fassung ist von „verkningar" also „Wirkungen" die Rede.

[30] Art. 8 Abs. 4 UH-RL gestattet den Mitgliedstaaten, die Verantwortlichen von der Kostentragung für Beeinträchtigungen aufgrund bestimmungsgemäßen Normalbetriebs

ge der Eigenschaft der UH-RL als „flankierendem Instrument" zu FFH- und VSch-RL merkt die Kommission an, dass die Beschreibung der Ziele der UH-RL keine Verbindung zu Natura 2000 herstelle, sondern den Erhalt der biologischen Vielfalt insgesamt als Ziel benenne. Es bestehe kein Grund zu der Annahme, dass das Netz Natura 2000 das einzige im Gemeinschaftsrecht vorgesehene Instrument zur Wahrung eines günstigen Erhaltungszustands der geschützten Arten und Lebensräume darstelle. Zwar habe die Richtlinie Auswirkungen auf Natura 2000-Gebiete, hieraus könne jedoch nicht geschlossen werden, dass die UH-RL nicht darauf abziele bzw. darauf abzielen könne, beim Schutz der biologischen Vielfalt weiter zu gehen als das Netz Natura 2000.[31]

c) Eigene Bewertung

Aufgrund systematischer und teleologischer Erwägungen sind sowohl der Begriff der geschützten Arten in Art. 2 Nr. 3 a) UH-RL als auch der Begriff der natürlichen Lebensräume in Art. 2 Nr. 3 b) UH-RL einschränkend auszulegen.

aa) Wortlautinterpretation

Zwar weist der Wortlaut von Art. 2 Nr. 3 a) und b) UH-RL, der auf die in Art. 4 Abs. 2 VSch-RL sowie den Anhängen von FFH- und VSch-RL „genannten" bzw. „aufgelisteten" Arten und Lebensräume Bezug nimmt, auf einen weiten Geltungsbereich der Richtlinie hin. Jedoch verlangt die Norm gleichzeitig das Vorliegen einer „geschützten" Art. Nur die in Anhang IV FFH-RL sowie Art. 4 Abs. 2 und Anhang I VSch-RL aufgeführten Arten werden durch das Artenschutzrecht beider Richtlinien in ihrem gesamten Verbreitungsgebiet unter besonderen Schutz gestellt. Demgegenüber sind die in Anhang II FFH-RL aufgelisteten Arten nur insoweit besonders geschützt, als sie an Natura 2000-Standorten vorkommen.[32] Entgegen der Auffassung von Roller/Führ[33] finden sich daher hinsichtlich der Arten des Anhangs II FFH-RL im Wortlaut der UH-RL Anhaltspunkte für einen schutzgebietsbezogenen Ansatz.

Was den durch Art. 2 Nr. 3 b) UH-RL legaldefinierten Begriff „natürliche Lebensräume" anbelangt, weisen Roller/Führ auf die verschiedenen Sprachfassungen der Norm hin. Bei der Wortlautinterpretation von EG-Normen ist zu beachten, dass alle existierenden Sprachfassungen prinzipiell gleichrangig sind. Daher ist eine sprachvergleichende Betrachtung geboten.[34] Während die englische[35], dänische[36] und niederländische[37] Fassung des Art. 2 Nr. 3 UH-RL ebenso offen sind

---

oder infolge der Verwirklichung von Entwicklungsrisiken freizustellen; siehe oben Kapitel 1 C. II. 4. a).

[31]   „Non-Paper" der Dienststellen der Kommission vom 2.5.2005, S. 11.

[32]   Vgl. Art. 5 ff. VSch-RL; Art. 12 ff. FFH-RL (Artenschutzrecht) sowie Art. 4 Abs. 1 VSch-RL, Art. 4 Abs. 1 FFH-RL (Natura 2000).

[33]   *Roller/Führ*, UH-RL und Biodiversität, 46 f.

[34]   EuGH Rs. 283/81 (Cilfit); Slg. 1981, 3415 Rn. 18; RS. C-327/91 (Kommission/ Frankreich), Slg. 1994, I-3641 (3676 Rn. 30 ff.); Rs. C-72/95 (Kraaijeveld), Slg. 1996, I-5403, Rn. 28; vgl. *Pernice/Mayer*, in: Grabitz/Hilf (Hrsg.), EUV/EGV Bd. II, Art. 220 EGV Rn. 42.

[35]   „protected species and natural habitats".

[36]   „beskyttede arter og naturtyper".

wie der deutsche Text, verlangt der Normtext in den romanischen Sprachen, die das Adjektiv dem Substantiv nachstellen, das Vorliegen eines „geschützten" Lebensraumes.[38] Lediglich den Fortpflanzungs- und Ruhestätten der Arten des Anhangs IV FFH-RL kommt jedoch aufgrund Art. 12 Abs. 1 d) FFH-RL ein gebietsunabhängiger Schutzstatus zu. Für die Lebensräume der in Anhang I VSch-RL aufgeführten besonders empfindlichen Arten und Arten mit ungünstiger Populationsentwicklung, sowie hinsichtlich der für die Zugvogelarten besonders bedeutsamen Flächen – insbesondere Feuchtgebiete – besteht hingegen eine mitgliedstaatliche Verpflichtung zur Ausweisung von Schutzgebieten.[39] Diese Lebensräume sind also nicht per se geschützt, sondern erlangen erst durch die Schutzgebietsausweisung bzw. als faktisches Vogelschutzgebiet einen besonderen Schutzstatus.[40] Gleiches gilt für die Lebensraumtypen des Anhangs I FFH-RL, auch diese genießen nur innerhalb des Netzes Natura 2000 besonderen Schutz. Insgesamt aber bleibt der Wortlaut der Richtlinie mehrdeutig, weshalb eine weitere Klärung, insbesondere im Wege der systematischen und teleologischen Interpretation, herbeizuführen ist.[41]

bb) Entstehungsgeschichte

Den unter a) und b) dargestellten Auffassungen ist zuzugeben, dass die Entstehungsgeschichte eher in Richtung eines weiten, schutzgebietsunabhängigen Ansatzes der UH-RL weist.[42] So wurde der bereits zitierte einschränkende Änderungsantrag des Ausschusses für Recht und Binnenmarkt im Europäischen Parlament abgelehnt. Allerdings ist zu beachten, dass der historischen Auslegung im Gemeinschaftsrecht nicht die gleiche Bedeutung zukommt wie im nationalen Recht. Grund hierfür ist der besondere Kompromiss- und Verhandlungscharakter des europäischen Rechtsetzungsprozesses, in dessen Verlauf häufig gegenläufige Stellungnahmen abgegeben werden, wodurch die Ermittlung eines hinreichend einheitlichen Willens des historischen Gesetzgeber erschwert wird.[43]

cc) Systematische Auslegung

Betrachtet man die betreffenden Vorschriften im Wege systematischer Interpretation,[44] so ergibt sich hieraus ein enges Verständnis des Schutzgutes Biodiversität. Wie bereits dargestellt unterscheidet das europäische Naturschutzrecht zwischen Bestimmungen des Artenschutzes und solchen des Lebensraumschutzes. Ziel des

---

[37] „beschermde soorten en natuurlijke habitats".
[38] Vgl. die spanische Fassung („especies y hábitats naturales protegidos") und italienische Fassung („specie e habitat naturali protetti"). Auch der schwedische Text („skyddade arter och skyddade naturliga livsmiljöer") entspricht den romanischen Sprachen.
[39] Art. 4 Abs. 1 und 2 VSch-RL.
[40] Vgl. allg. *Kloepfer*, Umweltrecht, § 11 Rn. 165 ff.; *Dietrich/Au/Dreher*, Europäisches Umweltrecht, S. 274.
[41] EuGH, Rs. C-449/93 (Rockfon), Slg. 1995, I-4291, Rn.28; Rs. C-149/97 (Institute of Motor Industry), Slg. 1998, I-7053 (7079) Rn. 16.
[42] Vgl. zum Rechtsetzungsverfahren eingehend *Clarke*, RECIEL 2003, 254 ff.
[43] *Wegener*, in: Calliess/Ruffert (Hrsg.), EUV, EGV, Kommentar, Art. 220 EGV Rn. 13
[44] Vgl. dazu EuGH Rs. 22/70, Slg. 1971, 263 (274); EuGH Rs. 149/77, Slg. 1978, 1365 (1377 f.).

Artenschutzes ist es, den direkten menschlichen Zugriff auf besonders gefährdete Tier- und Pflanzenarten in umweltverträgliche Bahnen zu lenken.[45] Hauptinstrument des europäischen Habitatschutzes ist demgegenüber die Unterschutzstellung von Arealen mit besonders wertvollen Lebensräumen im Rahmen des Europäischen ökologischen Netzes Natura 2000. Der Schutz von Natur und Landschaft außerhalb ausgewiesener bzw. auszuweisender Schutzgebiete ist lediglich rudimentär geregelt, den Mitgliedstaaten werden breite Beurteilungs- und Ermessensspielräume eingeräumt. Es besteht somit ein struktureller Unterschied etwa zum deutschen Naturschutzrecht, das sich auf das gesamte Hoheitsgebiet der Bundesrepublik Deutschland erstreckt und mittels der Eingriffsregelung der §§ 18 ff. BNatSchG einen flächendeckenden Mindestschutz gewährleistet.[46]

Obwohl der 3. Erwägungsgrund in anderen als der deutschen Sprachfassung nicht von einer „Verflechtung", sondern von den Auswirkungen der Umwelthaftung auf andere Gemeinschaftsrichtlinien spricht, besteht eine enge Anknüpfung der UH-RL an die FFH-, VSch- und WRRL. So wurde etwa die Definition des „Erhaltungszustands" in Art. 2 Nr. 4 UH-RL aus der FFH-RL übernommen. Der Begriff ist dort schutzgebietsunabhängig definiert, denn Ziel der FFH-RL ist die Erreichung eines gemeinschaftsweit günstigen Erhaltungszustands der in den Anhängen aufgelisteten Arten und Lebensraumtypen. Dieses Ziel soll jedoch in erster Linie durch die Schaffung des Natura 2000-Netzes erreicht werden.[47] Da die FFH-RL den Erhaltungszustand trotz der ihr zugrunde liegenden klaren Trennung von Flächenschutz und Artenschutz schutzgebietsunabhängig definiert, kann die entsprechende Definition in der UH-RL nicht als Indiz für einen weiten Anwendungsbereich herangezogen werden.

Weiterhin ist die Reichweite des Schutzguts Natur nicht gleichsam natürlich vorgegeben, sondern wird erst durch eine entsprechende rechtliche Ausgestaltung greifbar. Geschützt wird nicht die Natur, wie sie sich ohne menschliches Eingreifen entwickelt hat oder entwickeln würde, sondern ein bestimmter, regelmäßig durch menschliches Verhalten beeinflusster und dem Menschen in einem weiten Sinne nützlicher oder angenehmer Zustand.[48] Ein Großteil der den Menschen umgebenden Natur und Landschaft unterliegt der menschlichen Nutzung, daher bedarf es rechtlicher Regelungen, die die Grenzen von Schutz und Nutzung festlegen. Im Bereich des Gewässerschutzes finden sich normative Vorgaben für den zu wahrenden bzw. zu erreichenden Gewässerzustand etwa in der Wasserrahmenrichtlinie. Diese legt für *alle* erfassten Gewässer verbindliche Bewirtschaftungsziele fest und enthält (zunächst an die Mitgliedstaaten gerichtete) Verschlechterungsverbote, die neben der chemischen und physikalischen Gewässerbeschaffen-

---

[45]   *Gellermann*, in: Rengeling (Hrsg.), Europäisches Umweltrecht, Bd. II, 1., § 78 Rn. 3.

[46]   *Gellermann*, in: Rengeling (Hrsg.), Europäisches Umweltrecht, Bd. II, 1., § 78 Rn. 44 ff.; *Dietrich/Au/Dreher*, Europäisches Umweltrecht, S. 272 f.

[47]   Vgl. Art. 2 Abs. 2, Art. 3 Abs. 1 S. 2 FFH-RL.

[48]   *Pietzcker*, NVwZ 1991, 418 (423); *Hofmann*, JZ 1988, 265 (266). Auch können Zielkonflikte zwischen Artenschutz und Prozessschutz auftreten, da der Schutz bestimmter Arten u.U. fortlaufende Pflegemaßnahmen erfordert, während der Prozessschutzgedanke auf den vom Menschen unbeeinflussten Ablauf von Naturvorgängen gerichtet ist; vgl. *Brickwedde/Fuellhaas/Stock/Wachendörfer/Wahmhoff* (Hrsg.) Landnutzung im Wandel, S. 109 ff.

heit auch den ökologischen Zustand umfassen.[49] Im Gegensatz dazu sehen die FFH- und VSch-RL nur für das Schutzgebietsnetz Natura 2000 sowie die artenschutzrechtlich geschützten Arten entsprechende Regelungen vor. Hinsichtlich des Schutzgebietsnetzes ist jede Beeinträchtigung der Erhaltungsziele unzulässig, das Artenschutzrecht schützt alle erfassten Individuen und ihre Entwicklungsformen vor menschlichem Zugriff. Zwar sieht die VSch-RL darüber hinaus etwa in Art. 3 Abs. 2 allgemeine Erhaltungs- und Wiederherstellungsmaßnahmen für die Lebensstätten und Lebensräume der europäischen Vogelarten vor und auch das Monitoring nach Art. 11 FFH-RL ist nicht auf die Gebietskulisse beschränkt.[50] Rechtliche Konsequenzen für die Zulässigkeit von Beeinträchtigungen werden hieraus jedoch nicht unmittelbar abgeleitet.[51] Legt man einen schutzgebietsunabhängigen Anwendungsbereich zugrunde, so ist der Schutzstatus der nicht konkret aufgrund FFH- und VSch-RL geschützten Arten und Lebensräume erst aufgrund der UH-RL zu bestimmen. Diese aber bietet nur wenige Anhaltspunkte zur Bestimmung der Schutzintensität.

Schließlich sollen nach dem 6. Erwägungsgrund

„besondere Situationen berücksichtigt werden, in denen aufgrund von gemeinschaftlichen (...) Rechtsvorschriften bestimmte Abweichungen vom erforderlichen Umweltschutzniveau möglich sind."

Art. 2 Nr. 1 a) UAbs. 2 UH-RL bestimmt daher, dass zuvor ermittelte nachteilige Auswirkungen keinen Umweltschaden im Sinne der Richtlinie darstellen, wenn sie aufgrund der Vorschriften zur Umsetzung der FFH-Verträglichkeitsprüfung nach Art. 6 Abs. 3 und 4 FFH-RL oder nach Art. 9 VSch-RL bzw. Art. 16 FFH-RL, die Abweichungen von den Artenschutzbestimmungen gestatten, zugelassen wurden. Roller/Führ zeigen auf, dass hier bei Zugrundelegung eines weiten Geltungsbereichs ein eklatanter Wertungswiderspruch entstünde.[52] Die Verträglichkeitsprüfung als Bestandteil des flächenbezogenen Schutzregimes findet nur für das Natura 2000-Netz Anwendung. Außerhalb des Schutzgebietsnetzes sind im geltenden Recht nur Ausnahmen von den artenschutzrechtlichen Verboten normiert, zusätzliche Ausnahmetatbestände für die erst durch die UH-RL unter Schutz gestellten Arten und Lebensräume sieht der Richtliniengeber nicht vor. Regelungen des nationalen Rechts – sei es aufgrund Art. 2 Nr. 1 a) UAbs. 2 UH-RL, sei es aufgrund von Art. 8 Abs. 4 UH-RL – vermögen keine Abhilfe zu schaffen. Nach dem Wortlaut des Art. 2 Nr. 1 a) UAbs. 2 UH-RL entfalten Genehmigungen nach nationalem Recht nur „im Falle von nicht unter das Gemeinschaftsrecht fallenden Lebensräumen und Arten" eine tatbestandsausschließende Wir-

---

[49] Art. 1 und 4 WRRL, vgl. *Seidel/Rechenberg*, ZUR 2004, 213 ff. (insb. 214, 217).

[50] *Dietrich/Au/Dreher*, Europäisches Umweltrecht, S. 289. Nach Art. 11 FFH-RL sind die Mitgliedstaaten zur Überwachung des Erhaltungszustands der natürlichen Lebensräume und wild lebenden Tier- und Pflanzenarten von gemeinschaftlichem Interesse verpflichtet.

[51] Erweisen sich die vorhandenen Schutzgebiete als unzureichend, so müssen ggf. weitere ausgewiesen werden. Dem sonstigen gemeinschaftlichen Umweltrecht lassen sich lediglich allgemeine Mindeststandards, etwa Grenzwerte für Schadstoffeinträge und Emissionen, entnehmen.

[52] *Roller/Führ*, UH-RL und Biodiversität, S. 50.

kung. Selbst wenn man annähme, dass nationale Ausnahmetatbestände zur Anwendung gelangen können soweit das Europarecht keine entsprechenden Ausnahmen vorsieht, schiene es rechtssystematisch verfehlt, die Lösung eines dem europäischen Umweltrecht immanenten Wertungsproblems auf der nachgelagerten Ebene des nationalen Rechts zu suchen. Die Zulassung von Ausnahmen ist überdies notwendig, da die Beschränkung der Nutzungsbefugnisse betroffener Grundstückseigentümer andernfalls möglicherweise unverhältnismäßig wäre.[53]

dd) Teleologische Auslegung

Die Kommission führt an, dass sich die UH-RL im 1. Erwägungsgrund nur ganz allgemein auf den zunehmenden Verlust an biologischer Vielfalt und die Ziele und Grundsätze der Umweltpolitik der Gemeinschaft beziehe und nicht konkret auf den Erhalt des Netzes Natura 2000. Auch sei die Beziehung zwischen FFH- und VSch-RL einerseits und UH-RL andererseits nicht symmetrisch; es gebe keinen Grund zur Annahme, dass die UH-RL nicht darauf abziele bzw. darauf abzielen könne, beim Schutz der biologischen Vielfalt weiter zu gehen als das Netz Natura 2000.[54]

Gegen diese Auffassung spricht jedoch die Definition des Umweltschadens für die sonstigen Schutzgüter der Richtlinie, Gewässer und Boden. Art. 2 Nr. 1 b) UH-RL bestimmt den Umweltschaden an Gewässern durch Anknüpfung an die Definition des Gewässerzustands nach der WRRL. Mit Blick auf das Schutzgut Boden werden nach Art. 2 Nr. 1 c) UH-RL nur Beeinträchtigungen erfasst, die eine Gefahr für die menschliche Gesundheit darstellen, da hier bislang keine einheitlichen europäischen Schutzstandards vorliegen.[55] Der Richtliniengeber war also bestrebt, an das bestehende Schutzniveau anzuknüpfen. Die UH-RL als Regelung der „Sekundärebene" ist darauf angelegt, das bestehende Gemeinschaftsrecht zu ergänzen und Lücken zu schließen, die aufgrund des Fehlens von Haftungsvorschriften in FFH- und VSch-RL bestehen.[56] Hingegen erachtete der Richtliniengeber die UH-RL nicht als geeignetes Instrument zur Schaffung neuer Schutzstandards. Verbesserungen im Bereich des Bodenschutzes sollen vielmehr durch die Schaffung einheitlicher Primärregelungen erreicht werden.[57]

ee) Ergebnis

Zusammenfassend ergibt sich eine einschränkende Auslegung des Begriffs der „geschützten Arten und natürlichen Lebensräume", die an einen konkreten Schutz aufgrund von FFH- und VSch-RL anknüpft. Zwar ist der Wortlaut der UH-RL insgesamt widersprüchlich, und die Entstehungsgeschichte weist eher in Richtung eines weiten Anwendungsbereichs. Aufgrund systematischer Erwägungen ist

---

[53]   Vgl. zum Grundsatz der Verhältnismäßigkeit allg. EuGH, Rs. 44/79 (Hauer/Land Rheinland-Pfalz), Slg. 1979, 3727 (3744, Rn. 13 ff.).

[54]   „Non-Paper" der Kommission vom 2.5.2005, S. 11.

[55]   Siehe oben Kapitel 1 C. II. 1 b).

[56]   Vgl. die Begründung der Kommission zum Richtlinienvorschlag, KOM (2002) 17 endg., S. 6; so auch *Duikers*, Umwelthaftungsrichtlinie, S. 60.

[57]   Vgl. die Mitteilung der Kommission an das Europäische Parlament vom 19.9.2003, SEK (2003) 1027 endg. S. 17; *Hagenah*, in: Oldiges (Hrsg.), Umwelthaftung vor der Neugestaltung, S. 15 (19).

jedoch eine einschränkende Interpretation des Schutzgutes geboten, da andernfalls Wertungswidersprüche zum bestehenden gemeinschaftlichen Naturschutzrecht entstünden. Auch Sinn und Zweck der Richtlinie unterstützen eine enge Auslegung. Die in Anhang I und II FFH-RL aufgelisteten Arten und Lebensräume werden folglich nur insoweit als „geschützte Arten und natürliche Lebensräume" im Sinne der UH-RL erfasst, als sie im Rahmen des Europäischen ökologischen Netzes Natura 2000 geschützt sind. Gleiches gilt für die Lebensräume der europäischen Vogelarten des Anhangs I VSch-RL sowie die Vermehrungs-, Mauser- und Überwinterungsgebiete und Rastplätze der europäischen Zugvogelarten in ihren Wanderungsgebieten, die nach Maßgabe des Art. 4 Abs. 1 und 2 VSch-RL unter besonderen Schutz zu stellen sind. Die unter das Artenschutzrecht von FFH- und VSch-RL fallenden europäischen Vogelarten des Art. 4 Abs. 2 und Anhang I VSch-RL und die Tier- und Pflanzenarten des Anhangs IV FFH-RL nebst ihrer Fortpflanzungs- und Ruhestätten sind demgegenüber in ihrem gesamten europäischen Verbreitungsgebiet vom Geltungsbereich der UH-RL erfasst.

Der deutsche Gesetzgeber hat sich demgegenüber im neuen § 21a BNatSchG die Rechtsauffassung der Europäischen Kommission zu eigen gemacht.[58] Daher werden nachfolgend stets auch die sich bei Zugrundelegung eines schutzgebietsunabhängigen Anwendungsbereichs ergebenden Rechtsfragen einbezogen.

2. Faktische Vogelschutzgebiete und „potentielle" FFH-Gebiete

Zu untersuchen bleibt die Erfassung sog. faktischer Vogelschutzgebiete und potentieller FFH-Gebiete als Teil des Schutzguts Biodiversität. Ausschlaggebend für die Frage der Einbeziehung der in faktischen Vogelschutzgebieten und potentiellen FFH-Gebieten vorkommenden Arten und Lebensräume in das Regime der UH-RL ist deren gemeinschaftsrechtlicher Schutzstatus.

a) Gemeinschaftsrechtlicher Schutzstatus

Faktische Vogelschutzgebiete sind nach der Rechtsprechung des EuGH Gebiete, die entgegen der Anforderungen der VSch-RL nicht förmlich unter Schutz gestellt wurden.[59] Grundsätzlich kommt den Mitgliedstaaten bei der Auswahl der konkret unter Schutz zu stellenden Einzelgebiete ein „Beurteilungs- und Ermessensspielraum" zu, für dessen Betätigung allerdings allein ornithologische und sonstige naturschutzfachliche Kriterien maßgeblich sind.[60] Daher kann die Situation eintreten, dass einzelne Gebiete aufgrund ihres hohen ornithologischen Wertes unmittelbar aufgrund der für die Auswahl maßgeblichen Beurteilungskriterien identifizierbar sind. In diesen Fällen verdichtet sich der mitgliedstaatliche Entscheidungsspielraum derart, dass der gemeinschaftsrechtlichen Inpflichtnahme nur

---

[58]   Siehe unten Kapitel 4 C. I. 1. Nach der vorliegend vertretenen Auffassung stellt dies eine nach Art. 16 Abs. 1 UH-RL zulässige nationale Schutzerweiterung dar.

[59]   Vgl. EuGH Rs. C-355/90 (Santoña), Slg. 1993 I-4221, Rn. 22, 26; EuGH Rs. C-374/98 (Basses Corbières), NuR 2001, 210 f.; vgl. *Hösch*, NuR 2004, 348 (349).

[60]   EuGH Rs. C-355/90 (Santoña), Slg. 1993 I-4221 (4276); EuGH Rs. C-57/90 (Kommission/Deutschland), Slg. 1990, I-883 (930).

durch Unterschutzstellung der Gebiete entsprochen werden kann.[61] Kommt der Mitgliedstaat dieser Verpflichtung nicht nach, so entfaltet das Schutzregime des Art. 4 Abs. 4 VSch-RL unmittelbare Wirkung. Es gilt ein strikt zu beachtendes Veränderungs- und Planungsverbot.[62] Ausnahmen können nur zur Realisierung überragend wichtiger Gemeinwohlbelange zugelassen werden. Das weniger strenge Regime der FFH-RL zur Vorhabenzulassung nach Art. 6 Abs. 2-4 FFH-RL, das die Zulassung von Plänen und Projekten unter gewissen Voraussetzungen nach Durchführung einer FFH-Verträglichkeitsprüfung gestattet,[63] findet für faktische Vogelschutzgebiete keine Anwendung.[64]

Anders ist die Situation bei den potentiell als Natura 2000-Schutzgebiet in Betracht kommenden Flächen, die in der deutschen Terminologie als „potentielle" FFH-Gebiete bezeichnet werden. Die FFH-RL sieht zur Errichtung des Schutzgebietsnetzes ein mehrstufiges Auswahlverfahren vor: Phase 1 betrifft die Meldung von Gebietslisten durch die Mitgliedstaaten an die Kommission nach Art. 4 Abs. 1 FFH-RL i.V.m. den Kriterien des Anhang III (Phase 1) FFH-RL. Auf der Grundlage dieser Gebietsmeldungen erarbeitet die Kommission gemäß Art. 4 Abs. 2 FFH-RL i.V.m. den Kriterien des Anhangs III (Phase 2) FFH-RL eine Liste der Gebiete von gemeinschaftlicher Bedeutung, die im Verfahren des Art. 21 FFH-RL festgelegt wird.[65] Die mitgliedstaatliche Pflicht zur Unterschutzstellung der Gebiete ist sodann an das formale Kriterium der Aufnahme des Gebiets in diese sog. „Gemeinschaftsliste" als eines pflichtbegründenden Tatbestandes geknüpft.[66] Nach der sehr zögerlichen Gebietsmeldung durch die Mitgliedstaaten hat die Kommission mittlerweile die vorläufigen Listen der Gebiete von gemeinschaftlicher Bedeutung für die in Deutschland relevante alpine, kontinentale und atlantische biogeographische Region veröffentlicht.[67] Die Listen stehen unter dem Vorbehalt der Aufnahme weiterer durch die Mitgliedstaaten nachzumeldender Gebiete. Nach Art. 4 Abs. 4 FFH-RL findet das Schutzregime des Art. 6 Abs. 2-4 FFH-

---

[61] *SRU*, Umweltgutachten 2004, S. 145, Rn. 159; *Gellermann*, in: Rengeling (Hrsg.), Europäisches Umweltrecht, Bd. II, 1., § 78, Rn 18.

[62] EuGH Rs. C-57/89, Slg. 1991, I-883 (931) (Leybucht); EuGH Rs. C-355/90, Slg. 1993 I-4221 (4277, Rn. 22) (Santoña); Rs. C-44/95 (Lappel Bank), NuR 1997, 36; Rs. C-96/98 (Poitou); EuGH Rs. C-374/98 (Basses Corbières), NuR 2001, 210 (211 f.); BVerwGE 107,1 (18 ff.) = NVwZ 1998, 961 ff.; BVerwG, NuR 2001, 216; BVerwG NVwZ 2002, 1103 (1105) = BVerwG, DVBl. 2002, 990 (993) = NuR 2002, 539; BVerwGE 116, 254 (257) = NuR 2002, 739; BVerwG, NuR 2003, 686 (688); vgl. *Gellermann*, NdsVBl. 2000, 157 (159).

[63] Siehe dazu Kapitel 2 A.

[64] EuGH Rs. C- 374/98 (Basses Corbières), NuR 2001, 210 f.; vgl. auch BVerwG, NuR 2003, 360 = NVwZ 2003, 485 = DVBl. 2003, 534 = UPR 2003, 183; BVerwG NVwZ 2004, 1114 (1117) = NuR 2004, 524 (525 ff.) (B50/Hochmoselquerung) vorgehend OVG Koblenz, NuR 2003, 411 mit Anmerkung von *Bönsel/Hönig*, NuR 2004, 710 ff.

[65] Vgl. *Schumacher J./Schumacher A.*, in: Schumacher/Fischer-Hüftle, BNatSchG, § 33 Rn. 1 ff.; *Schütz*, UPR 2005, 137; *SRU*, Umweltgutachten 2004, S. 145, Rn. 159.

[66] *Gellermann*, in: Rengeling (Hrsg.), Europäisches Umweltrecht, Bd. II, 1., § 78, Rn. 22.

[67] Alpin: C/2003/4957, ABl. EG 2004, Nr. L 14, S. 21; kontinental: C/2004/4031, ABl. EG 2004, Nr. L 382, S. 1; atlantisch: C/2004/4032, ABl. EG 2004, Nr. L 387, S. 1.

RL ab dem Zeitpunkt der Aufnahme eines Gebietes in die Kommissionsliste Anwendung.

Was den Schutz der sog. „potentiellen" FFH-Gebiete anbelangt, nahm das BVerwG in seiner Rechtsprechung bislang eine Differenzierung nach der Schutzwürdigkeit der Gebiete und der Wahrscheinlichkeit ihrer Aufnahme in die Kommissionsliste vor. Aus der gemeinschaftsrechtlichen Treuepflicht des Art. 10 EGV i.V.m. Art. 249 Abs. 3 EGV leitet das Gericht eine Vorwirkung der FFH-RL ab. Diese verbiete es dem Mitgliedstaat, die Ziele der Richtlinie bereits vor deren Umsetzung zu unterlaufen und durch eigenes Verhalten vollendete Tatsachen zu schaffen, die ihm die spätere Erfüllung der aus der Richtlinie erwachsenden Pflichten unmöglich machen. Daraus folge eine „Stillhalteverpflichtung", also das Verbot staatlicher Aktivitäten und Maßnahmen, die ein Gebiet so nachhaltig verschlechtern, dass eine Meldung nicht mehr in Betracht kommt.[68] Drängt sich eine Meldung für die Aufnahme in das Netz Natura 2000 auf, etwa wegen des Vorkommens prioritärer Lebensraumtypen und Arten, und erscheint die Aufnahme in die Kommissionsliste daher zwingend, ging das BVerwG von einer unmittelbaren Anwendbarkeit der Art. 6 Abs. 2-4 FFH-RL aus.[69] Ob Gebiete bereits durch die Mitgliedstaaten an die Kommission gemeldet wurden oder nicht, war aus Sicht des BVerwG unerheblich.

Mit Urteil vom 13.1.2005 in der Rechtssache *Dragaggi* hat nun auch erstmals der EuGH zu dieser Problematik Stellung genommen.[70] Das Urteil befasst sich ausschließlich mit dem Schutzstatus von Gebieten, die zwar bereits durch die Mitgliedstaaten gemeldet wurden, aber noch keine Aufnahme in die nach Art. 4 Abs. 2 UAbs. 2 FFH-RL durch die Kommission festzustellende Liste gefunden haben.[71] Eine unmittelbare Anwendung der Art. 6 Abs. 2-4 FFH-RL lehnt der EuGH ab, denn nach Ansicht des Gerichtshofs ist selbst die Aufnahme eines Gebietes mit prioritären Lebensraumtypen und Arten in die Gemeinschaftsliste kein Automatismus.[72] Andernfalls sei die Kommission daran gehindert, die Nichtaufnahme eines Gebiets in die Gemeinschaftsliste in Betracht zu ziehen, wenn sie der Ansicht wäre, dass dieses entgegen der Auffassung des Mitgliedstaates keine prioritären Lebensraumtypen oder Arten enthält.[73] Letztlich fehlt somit aus Sicht des Gerichtshofs die für die Direktwirkung von Richtlinien erforderliche Unbedingtheit.[74] Jedoch seien

---

[68] BVerwG, NuR 1998, 544 (549) (Ostseeautobahn A 20); BVerwG, UPR 2001, 144; zur Vorwirkung von Richtlinien siehe auch EuGH Rs. C-129/96 (Inter-Environnement Wallonie), EuZW 1998, 167; vgl. *Niederstadt*, NuR 1998, 515 (522); *Halama*, NVwZ 2001, 506 (509).

[69] BVerwG, NuR 2000, 448 (450); BVerwG, NuR 2002, 739 (741); vgl. *Gellermann*, NdsVBl. 2000, 157 (163); *Halama*, NVwZ 2001, 506 (509).

[70] EuGH, Rs. C-117/03 (Dragaggi), NuR 2005, 242 f.

[71] *Schumacher/Palme*, EurUP 2005, 175 (178); *Gellermann*, NuR 2005, 433 (436).

[72] Vgl. auch die Schlussanträge der Generalanwältin *Kokott*, Rs. C-117/03 (Dragaggi), Slg. 2005, I-00167 ff. (Rn. 18).

[73] EuGH, Rs. C-117/03, NuR 2005, 242 (243); kritisch *Gellermann*, NuR 2005, 433 (434).

[74] *Schumacher/Palme*, EurUP 2005, 175 (176).

„die Mitgliedstaaten in Bezug auf die Gebiete, die als Gebiete von gemeinschaftlicher Bedeutung bestimmt werden könnten und die in den der Kommission zugeleite-
ten nationalen Listen aufgeführt sind, insbesondere solche, die prioritäre natürliche
Lebensraumtypen oder prioritäre Arten beherbergen, nach der Richtlinie verpflichtet
(sind), Schutzmaßnahmen zu ergreifen, die im Hinblick auf das mit der Richtlinie
verfolgte Erhaltungsziel geeignet sind, die erhebliche ökologische Bedeutung, die
diesen Gebieten auf nationaler Ebene zukommt, zu wahren."[75]

Die Interpretation dieser Entscheidung wurde in der Literatur intensiv diskutiert,
umstritten ist vor allem die Reichweite der durch den EuGH geforderten „angemessenen Schutzmaßnahmen". Teilweise wird die Auffassung vertreten, dass der
Schutzstatus deutlich hinter demjenigen zurückbleibe, den die in Deutschland
herrschende Meinung potentiellen FFH-Gebieten unter bestimmten Voraussetzungen zuerkennt, da der Anwendung der Art. 6 Abs. 2-4 FFH-RL eine klare Absage
erteilt worden sei.[76] Andere Autoren gehen hingegen von einer Schutzverstärkung
aus. Der EuGH habe die Verpflichtung zur Ergreifung von Schutz*maßnahmen*,
und somit die positive Handlungspflicht des Mitgliedstaates zur Erreichung der
Richtlinienziele betont. Gleichzeitig aber stelle der Gerichtshof zur Begründung
des Schutzniveaus lediglich auf den 6. Erwägungsgrund sowie Art. 3 Abs. 1 FFH-
RL ab. Anders als nach Auffassung der Generalanwältin, der zufolge die inhaltliche Reichweite unter Rückgriff auf den materiell-rechtlichen Regelungsgehalt des
Art. 6 Abs. 2-4 FFH-RL zu bestimmen ist,[77] bestehe daher keine Möglichkeit einer
Zulassung von Ausnahmen nach Art. 6 Abs. 4 FFH-RL.[78] Was die noch nicht
gemeldeten Gebiete anbelangt, könne das BVerwG die bisherige Vorwirkungs-
rechtsprechung fortführen.[79]

Die Auffassung, dass die Dragaggi-Entscheidung des EuGH hinter dem bisher
durch die Rechtsprechung des BVerwG postulierten Schutzniveau zurückbleibe,
ist abzulehnen. Denn die durch den Gerichtshof festgestellte mitgliedstaatliche
Verpflichtung zur Ergreifung von mit Blick auf die Erhaltungsziele angemessenen
Schutzmaßnahmen, geht über die durch das BVerwG angenommene „Stillhalteverpflichtung" deutlich hinaus. Der Schluss auf die Unzulässigkeit von Ausnahmen im nationalen Recht entsprechend der Wertung des Art. 6 Abs. 4 FFH-RL
scheint demgegenüber nicht zwingend. Dennoch kann nicht von der Hand gewie-
sen werden, dass dies in einer Linie mit den bisherigen Entscheidungen des EuGH
im Kontext der VSch-RL und der Regelung des Art. 5 Abs. 4 FFH-RL betreffend
der Konzertierungsgebiete stünde.[80]

---

[75] EuGH, Rs. C-117/03 (Dragaggi), NuR 2005, 242 (243) (Tz. 30).
[76] *Schütz*, UPR 2005, 137.
[77] Generalanwältin *Kokott*, Schlussanträge, Rs. C-117/03, Slg. 2005, I-00167 ff. (Rn. 31).
[78] *Gellermann*, NuR 2005, 433 (436) unter Verweis auf Art. 5 Abs. 4 FFH-RL bzgl. der
      Konzertierungsgebiete sowie das Lappel-Bank-Urteil des EuGH (Rs. C-44/95,
      NuR 1997, 36) und der Entscheidung Basses Corbières (Rs. C-374/98, NuR 2001, 210);
      vgl. i.E. auch *Schumacher/Palme*, EurUP 2005, 175 (177); *Nebelsieck*, NordÖR 2005,
      235 (237).
[79] *Schumacher/Palme*, EurUP 2005, 175 (178); *Gellermann*, NuR 2005, 433 (436).
[80] Stellt die Kommission fest, dass ein Gebiet mit Vorkommen einer prioritären Art oder
      eines prioritären Lebensraumtyps in einer nationalen Vorschlagsliste (Phase 1) nicht
      aufgeführt ist, dies aber ihres Erachtens für den Fortbestand dieser prioritären Art uner-

Die Kommission hat sich mittlerweile in einer Stellungnahme nach Art. 211 EGV zu dieser Frage geäußert. Sie folgt der Auffassung der Generalanwältin und merkt an, dass

> „wenn die zuständigen deutschen Behörden die Absätze 2 bis 4 des Artikels 6 anwenden, dies de jure oder de facto als ausreichende Umsetzung des Gerichtsurteils betrachtet werden kann."[81]

In der Entscheidung in der Rechtssache C-244/05, die auf ein Vorabentscheidungsersuchen des Bayrischen VGH zurückgeht[82] hat der EuGH nunmehr eine weitere Konkretisierung des Schutzstandards versucht. Danach ist es für eine angemessene Schutzregelung für die in den der Kommission übermittelten Listen aufgeführten Gebiete erforderlich, dass „die Mitgliedsstaaten keine Eingriffe zulassen, die die ökologischen Merkmale dieser Gebiete ernsthaft beeinträchtigen könnten."[83]

b) Anwendbarkeit der Umwelthaftungsrichtlinie

Da faktische Vogelschutzgebiete und potentielle FFH-Gebiete somit einem besonderen gemeinschaftsrechtlichen Schutzregime unterliegen, fallen sie als „geschützte" natürliche Lebensräume bzw. Habitate geschützter Arten in den Anwendungsbereich der Umwelthaftungsrichtlinie.[84] Dieser Schluss ergibt sich als logische Folge aus der Parallelität der Schutzgüter von FFH- und VSch-RL einerseits und UH-RL andererseits, zumal das Schutzregime – jedenfalls was die faktischen Vogelschutzgebiete anbelangt – sogar strenger ist als nach erfolgter Gebietsausweisung. Weiterhin steht auch das Verbot der vertikalen Direktwirkung von Richtlinien zu Lasten Privater einer Einbeziehung der faktischen und potentiellen Schutzgebiete nicht entgegen,[85] denn die Vermeidungs- und Sanierungspflichten des Betreibers ergeben sich aus der UH-RL selbst. Demgegenüber entfaltet das Schutzregime der VSch-RL lediglich eine objektive unmittelbare Richtlinienwirkung im Sinne der Großkrotzenburg-Rechtsprechung des EuGH.[86] Der säumige Mitgliedstaat ist nach dieser Rechtsprechung zur Beachtung der sich aus der verspätet bzw. im Falle der VSch-RL unzureichend umgesetzten Richtlinie ergebenden staatlichen Schutz- und Erhaltungspflichten gezwungen. Nachteilige Wirkungen für Private, die sich als Folge europarechtlich gebotenen Verwaltungshandelns

---

lässlich ist, wird nach Art. 5 FFH-RL ein Konzertierungsverfahren zwischen diesem Mitgliedstaat und der Kommission eingeleitet. Art. 6 Abs. 2-4 FFH-RL finden für die Dauer des Verfahrens keine Anwendung; vgl. *J Schumacher/A. Schumacher* in: Schumacher/Fischer-Hüftle, BNatSchG, § 33 Rn. 44 und § 34 Rn. 45 ff.

[81] Stellungnahme vom 24.5.2005 (ENV A 2/SA/ap/D(2005)6736), zitiert bei *Louis/Schumacher*, NuR 2005, 770 (771); so nunmehr auch das BVerwG in einem Beschluss vom 7.9.2005, NuR 2006, 38 ff.

[82] VGH München, NuR 2005, 592 ff.; vgl. *Nebelsieck*, NördÖR 2005, 235 (239).

[83] EuGH, Urteil vom 14.9.2006, Rs. C-244/05 (Bund Naturschutz in Bayern u.a.).

[84] So auch *Roller/Führ*, UH-RL und Biodiversität, S. 52.

[85] Vgl. dazu EuGH Rs. 80/86, Slg. 1987, 3969 Rn. 9 (Kolpinghuis Nijmegen); EuGH verb. Rs. 372-374 (Oscar Traen u.a.), Slg. 1987, 2141, Rn. 24.

[86] EuGH Rs. C- 431/92, Slg. 1995, I-2211 (Großkrotzenburg).

ergeben, werden hingenommen.[87] Gleiches gilt im Falle der aufgrund gemeinschaftsrechtlicher Vorwirkungen geschützten „potentiellen" FFH-Gebiete. Auch
hier ergibt sich aus dem Gemeinschaftsrecht zunächst lediglich ein objektiver
Schutzstatus, an den die durch die UH-RL begründeten Pflichten anknüpfen. Soweit das BVerwG für noch nicht an die Kommission gemeldete potentielle FFH-
Gebiete einen geringeren Schutzstandard annimmt, kann sich dies allenfalls bei
der Beurteilung der Erheblichkeit von Beeinträchtigungen niederschlagen.

II. Erhaltungszustand von Arten und Lebensräumen

Die FFH-RL zielt gemäß Art. 2 Abs. 2 darauf ab, einen günstigen Erhaltungszustand der natürlichen Lebensräume und wild lebenden Tier- und Pflanzenarten von
gemeinschaftlichem Interesse zu bewahren oder wiederherzustellen und so zur
Sicherung der Artenvielfalt beizutragen. Auch die UH-RL knüpft des Vorliegen
eines Umweltschadens an eine Beeinträchtigung des günstigen Erhaltungszustands: Gemäß Art. 2 Nr. 1 a) UH-RL werden Beeinträchtigungen erfasst, die
„erhebliche nachteilige Auswirkungen (...) auf die Erreichung oder Beibehaltung
des günstigen Erhaltungszustands" haben. Eine Definition des Begriffes „Erhaltungszustand" findet sich in Art. 2 Nr. 4 UH-RL, sie stimmt abgesehen von geringfügigen sprachlichen Abweichungen mit der Begriffsbestimmung durch
Art. 1 e) und i) FFH-RL überein. Hier zeigt sich das Bestreben der Kommission,
Umweltschäden – wo immer möglich – durch Verweise auf die einschlägigen
Bestimmungen des gemeinschaftlichen Umweltrechts von Habitatrichtlinie und
WRRL zu bestimmen, um eine einheitliche Anwendung zu fördern.[88]

Im Hinblick auf einen natürlichen Lebensraum beschreibt der Erhaltungszustand gemäß Art. 2 Nr. 4 a) UH-RL

> „die Gesamtheit der Einwirkungen, die einen natürlichen Lebensraum und die darin
> vorkommenden charakteristischen Arten beeinflussen und sich langfristig auf seine
> natürliche Verbreitung, seine Struktur und seine Funktionen sowie das Überleben
> seiner charakteristischen Arten (...) auswirken können."

Die Mitgliedstaaten haben alle Faktoren zu berücksichtigen, die Einfluss auf die
Umwelt – Luft, Boden, Territorium – und somit den Lebensraum und die darin
vorkommenden Arten ausüben.[89] Als Kriterien für einen „günstigen" Erhaltungszustand werden die Beständigkeit oder Ausdehnung des natürlichen Verbreitungs-
gebiets und der hierin durch den Lebensraum eingenommen Flächen, das Vorhandensein der für einen langfristigen Fortbestand notwendigen Strukturen und Funktionen und schließlich ein günstiger Erhaltungszustand der für den Lebensraum
charakteristischen Arten genannt.[90]

---

[87] Vgl. EuGH Rs. C-201/02 (Delena Wells), Slg. 2004, I-723, Rn. 56 ff.; *Halama*,
      NVwZ 2001, 506 (509); *Streinz*, Europarecht, Rn. 446.
[88] KOM (2002) 17 endg., S. 19; vgl. auch den 5. Erwägungsgrund der UH-RL.
[89] *Europäische Kommission*, Gebietsmanagement, S. 18.
[90] Art. 2 Nr. 4 a) UAbs. 2 UH-RL.

Bezüglich geschützter Arten erfasst der Erhaltungszustand nach Art. 2 Nr. 4 b) UH-RL

„die Gesamtheit der Einwirkungen, die die betreffende Art beeinflussen und sich langfristig auf die Verbreitung und Größe der Populationen der betreffenden Art (...) auswirken können."

Kriterien für einen „günstigen" Zustand sind: dass die Art langfristig ein lebensfähiges Element ihres natürlichen Lebensraums bildet, ein stabiles Verbreitungsgebiet sowie das Vorhandensein eines ausreichend großen Lebensraums, um ein langfristiges Überleben der Populationen dieser Art zu sichern.[91]

Als Bezugsgröße für die Feststellung eines Umweltschadens ist der Erhaltungszustand eines natürlichen Lebensraumtyps oder einer Art – ebenso wie im Rahmen der FFH-Verträglichkeitsprüfung – sowohl bezogen auf das gesamte Verbreitungsgebiet als auch auf Schutzgebietsebene zu betrachten. Die in FFH- bzw. UH-RL genannten Kriterien beinhalten zunächst eine gemeinschaftsweite, auf die biogeographische Ebene bzw. die Ebene des Netzes Natura 2000 bezogene Perspektive.[92] Dies zeigt sich beispielsweise darin, dass auf den Erhaltungszustand der „Art" im Unterschied zu demjenigen einer „Population" abgestellt wird. Es sind Einwirkungen zu betrachten, die sich langfristig auf die Verbreitung der Populationen der betreffenden Art im Gebiet der Mitgliedstaaten auswirken können. Hauptinstrument zur Wahrung oder Wiederherstellung eines günstigen Erhaltungszustands der Arten und natürlichen Lebensraumtypen ist das ökologische Netz Natura 2000.[93] Da aber die ökologische Kohärenz des Netzes vom Beitrag eines jeden Gebiets abhängt, ist in jedem Fall eine konkrete gebietsbezogene Bewertung des günstigen Erhaltungszustands erforderlich.[94] Der für das jeweilige Schutzgebiet anzustrebende Zustand wird durch die im Rahmen der Schutzerklärung festgelegten Erhaltungsziele konkretisiert.[95] Soweit eine Schutzgebietsausweisung (noch) nicht vorliegt, kann zur Bestimmung der Erhaltungsziele u.a. auf die Informationen zurückgegriffen werden, die gemäß dem von der Kommission ausgearbeiteten Standard-Datenbogen übermittelt wurden.[96]

---

[91] Art. 2 Nr. 4 b) UAbs. 2 UH-RL.

[92] *Europäische Kommission*, Gebietsmanagement, S. 18.

[93] Art. 3 Abs. 1 FFH-RL, vgl. auch den 6. Erwägungsgrund der FFH-RL.

[94] *Europäische Kommission*, Gebietsmanagement, S. 18. Die Bedeutung eines Gebietes für die ökologische Kohärenz des Netzes ist von den Erhaltungszielen des Gebietes abhängig, aber auch von der Anzahl und dem Zustand der in diesem Gebiet vorkommenden Lebensräume und Arten sowie von der Rolle, die diesem Gebiet bei der Gewährleistung einer dem Verbreitungsgebiet angemessenen geografischen Verteilung der in Frage stehenden Arten und Habitate zukommt; vgl. *Europäische Kommission*, Leitfaden Art. 6 Abs. 4 FFH-RL, S. 13.

[95] *Europäische Kommission*, Gebietsmanagement, S. 41; *Niederstadt*, NuR 1998, 515 (517 f.); *Gellermann*, NuR 2004, 769 (772).

[96] BVerwG, NuR 2007, 336 (345) (Westumfahrung Halle); *Burmeister*, NuR 2004, 296 (301).

III. Erheblichkeitsschwelle als haftungsbegrenzendes Merkmal

Dem Merkmal der Erheblichkeit kommt eine haftungsbegrenzende Funktion zu; nur erhebliche nachteilige Auswirkungen auf den günstigen Erhaltungszustand stellen einen Umweltschaden im Sinne der Richtlinie dar. Umso wichtiger ist daher die exakte Bestimmung des Bedeutungsgehalts dieses Merkmals. Anhang I UH-RL benennt Kriterien, die für das Schutzgut Biodiversität zur Beurteilung der Erheblichkeit heranzuziehen sind, des weiteren werden Beeinträchtigungen genannt, die nicht als erheblich eingestuft werden müssen.[97] Die in Anhang I aufgeführten Kriterien machen deutlich, dass die Beurteilung der Erheblichkeit einer Beeinträchtigung des Erhaltungszustands vorrangig eine naturschutzfachliche Frage ist, die anhand der Umstände des jeweiligen Einzelfalls beantwortet werden muss.[98] Jedoch wurden in Rechtsprechung und Literatur zu Art. 6 FFH-RL und Art. 4 VSch-RL allgemeine Leitlinien zum Umgang mit dem Erheblichkeitserfordernis entwickelt. Aufgrund der Anknüpfung der UH-RL an FFH- und VSch-RL können diese zur Bestimmung der Erheblichkeit im Rahmen der Umwelthaftung fruchtbar gemacht werden, sofern Anhang I UH-RL nicht entgegensteht.[99] Im Bereich des Artenschutzrechts besteht diese Möglichkeit nicht, da die artenschutzrechtlichen Verbote der FFH- und VSch-RL großteils individuenbezogen sind und keine Erheblichkeit der Beeinträchtigung voraussetzen. Auch hinsichtlich der sonstigen Arten und Lebensräume, die bei Zugrundelegung eines weiten Geltungsbereichs durch die UH-RL unter besonderen haftungsrechtlichen Schutz gestellt werden, ist eine eigenständige Bestimmung des Merkmals erforderlich.

1. Erheblichkeit von Beeinträchtigungen des Natura 2000-Netzes

a) Erheblichkeit im Sinne von FFH- und Vogelschutzrichtlinie

Art. 6 Abs. 2 FFH-RL begründet eine allgemeine Verpflichtung der Mitgliedstaaten, in den Natura 2000-Gebieten geschützte Lebensräume und die Habitate geschützter Arten vor Verschlechterung zu bewahren, sowie Störungen geschützter Arten zu vermeiden, die sich auf die Ziele der Richtlinie erheblich auswirken können. Einwirkungen plan- oder projektbezogener Art werden gemäß Art. 6 Abs. 3 und 4 FFH-RL im Rahmen der FFH-Verträglichkeitsprüfung erfasst.[100] Eine Verträglichkeitsprüfung ist durchzuführen, wenn eine erhebliche Beeinträchtigung des Gebietes nicht ausgeschlossen werden kann. Eine vergleichbare Regelung findet sich in Art. 4 Abs. 4 VSch-RL. Danach haben die Mitgliedstaaten geeignete Maßnahmen zu treffen, um eine Verschmutzung oder Beeinträchtigung der Lebensräume sowie eine Belästigung von Vögeln in den nach Art. 4 Abs. 1

---

[97]   Art. 2 Nr. 1 a) Abs. 1 S. 2 UH-RL.

[98]   So bzgl. der Bestimmung der Erheblichkeit im Rahmen der FFH-Verträglichkeitsprüfung Generalanwältin *Kokott*, Schlussanträge, Rs. C- 127/02 (Herzmuschelfischerei), NuR 2004, 587 (590).

[99]   Vgl. *Roller/Führ*, UH-RL und Biodiversität, S. 72 ff.

[100] *Gellermann*, NuR 2004, 769 (770).

und 2 VSch-RL auszuweisenden Schutzgebieten zu vermeiden, sofern sich diese auf die Ziele der Richtlinie erheblich auswirken.[101]

Die Erheblichkeit ist gemäß Art. 6 Abs. 3 S. 1 FFH-RL im Hinblick auf die für das jeweilige Gebiet festgelegten Erhaltungsziele zu prüfen, da diese die Bedeutung des Gebietes innerhalb des Netzes Natura 2000 beschreiben.[102] Unterschiedliche Auffassungen bestehen jedoch über die erforderliche Intensität der Beeinträchtigung. Nach einer Ansicht ist die Erheblichkeitsschwelle nur überschritten, wenn die Vereitelung der Erhaltungsziele oder die Zerstörung essentieller Gebietsbestandteile droht, der Schutzzweck des Gebietes also insgesamt erheblich und dauerhaft leiden würde.[103] Dieser Interpretation ist der EuGH jedoch in seiner neueren Rechtsprechung entgegengetreten. Er führt aus, dass jede Beeinträchtigung der Erhaltungsziele als erhebliche Beeinträchtigung anzusehen ist:

> „Drohen (...) Pläne und Projekte, obwohl sie sich auf das Gebiet auswirken, die für dieses festgelegten Erhaltungsziele nicht zu beeinträchtigen, so sind sie nicht geeignet, das in Rede stehende Gebiet erheblich zu beeinträchtigen. Drohen umgekehrt solche Pläne und Projekte die für das betreffende Gebiet festgelegten Erhaltungsziele zu gefährden, so steht dadurch fest, dass sie dieses Gebiet erheblich beeinträchtigen können." [104]

Dieser Ansatz ist konsistent mit der bisherigen europäischen Rechtsprechung, die vor allem die VSch-RL betraf. Auch hier stufte der EuGH Beeinträchtigungen als erheblich ein, ohne dass diese für sich genommen zu einer Vereitelung der Schutzziele für das betreffende Gebiet geführt hätten.[105]

Für noch nicht durch die Mitgliedstaaten ausgewiesene faktische Vogelschutzgebiete stehen keine gebietsspezifischen Erhaltungsziele zur Verfügung, da diese erst im Rahmen der Schutzgebietsausweisung bestimmt werden. Zur Feststellung der Erheblichkeit von Beeinträchtigungen muss daher auf die allgemeinen Zielsetzungen in Art. 1 Abs. 1 und Art. 3 Abs. 1 VSch-RL zurückgegriffen werden. Danach dient die Richtlinie u.a. dem Zweck, durch die Einrichtung von Schutzgebieten eine ausreichende Artenvielfalt und eine ausreichende Flächengröße der Lebensräume zu erhalten und wiederherzustellen.[106] Das Gewicht von Beeinträchtigungen und Störungen beurteilt sich jeweils nach Art und Ausmaß der negativen Auswirkungen auf diese Zielsetzungen.[107] Gleiches gilt für die sog. potentiellen

---

[101] Vgl. dazu *Gellermann*, in: Rengeling (Hrsg.), Europäisches Umweltrecht, Bd. II, 1., § 78 Rn. 43.

[102] EuGH Rs. C-127/02, NuR 2004, 788 (790) (Herzmuschelfischerei); Generalanwältin *Kokott*, Schlussanträge Rs. C-127/02, NuR 2004, 587 (591).

[103] *Schink*, DÖV 2002, 45 (53); so auch die Kommission in der Rs. C-127/02, wiedergegeben in den Schlussanträgen von Generalanwältin *Kokott*, Slg. 2004, I-7405 (7228, Rn. 77).

[104] EuGH Rs. C-127/02, NuR 2004, 788 (790) (Herzmuschelfischerei); vgl. *Gellermann*, NuR 2004, 769 (772 f.); so auch BVerwG, NuR 2007, 336 (340).

[105] Vgl. Generalanwältin *Kokott*, Schlussanträge Rs. C-127/02, NuR 2004, 587 (591) unter Verweis auf EuGH Rs. C-57/89, Slg. 1991, I-883 (930 Rn. 20 f.) (Leybucht). EuGH Rs. C-355/90, NuR 1994, 521 (523) (Santoña).

[106] Vgl. dazu EuGH Rs. C-344/90, NuR 1994, 521 ff.

[107] BVerwG, NVwZ 2004, 1114 (1118).

FFH-Gebiete, auch hier ist auf die allgemeine Zielsetzung der FFH-RL abzustellen. Allerdings muss zur Bestimmung der Erheblichkeit das jeweils nach der Rechtsprechung von EuGH und BVerwG zu wahrende Schutzniveau berücksichtigt werden.[108]

Hinsichtlich der quantitativen Bestimmung der Erheblichkeitsschwelle ist nach der Rechtsprechung zunächst die direkte Inanspruchnahme bzw. die daraus resultierende Zerstörung geschützter Flächen als erheblich einzustufen. Dies zeigt etwa die bereits zitierte Leybucht-Entscheidung des EuGH, die sich mit der Verlagerung eines Deiches in eben dieser Bucht im Wattenmeer befasst. Der Gerichtshof knüpft die Zulässigkeit der nachträglichen flächenmäßigen Verkleinerung eines Schutzgebiets nach Art. 4 Abs. 4 VSch-RL generell an das Vorliegen außerordentlicher Gründe, etwa Belange des Küstenschutzes, und stellt somit deren Erheblichkeit fest. Da mit der Erklärung zum Schutzgebiet die hohe ökologische Wertigkeit der Fläche feststehe, komme dem Mitgliedstaat nicht mehr der gleiche Beurteilungsspielraum wie bei der Gebietsauswahl nach Art. 4 Abs. 1 VSch-RL zu.[109] In der Santoña-Entscheidung sieht der Gerichtshof bereits eine Verringerung des insgesamt 3000 ha großen Sumpfgebietes um 4 ha als erhebliche Beeinträchtigung an.[110] Weiterhin werden die Beeinträchtigung der Rückzugs-, Ruhe- und Nistgebiete geschützter Vögel durch Bau- und Verkehrslärm genannt. Zudem werden Flächenverluste sowie die Störung der natürlichen Ablagerungsvorgänge und eine Veränderung von Bodenstruktur und spezifischer Vegetation durch die Anlage von Aquakulturvorhaben und der dadurch bedingte Verlust an Nahrungsquellen angeführt. Schließlich wird die Einleitung ungereinigten Schmutzwassers mit toxischen Bestandteilen und die hierdurch verursachte Verschlechterung der Wasserqualität im gesamten Gebiet als erhebliche Beeinträchtigung erachtet, ohne dass der EuGH hierbei zusätzliche kumulative Wirkungen der genannten Projekte und Beeinträchtigungen berücksichtigt.[111] In seiner Entscheidung zum Wörschacher Moos, einem Habitat des seltenen Wachtelkönigs, nennt der EuGH weiterhin die Zerstörung räumlicher Funktionszusammenhänge und Habitatstrukturen durch die Zerstückelung der verschiedenen vom Wachtelkönig genutzten Gebiete als maßgebliches Kriterium.[112]

Auch außerhalb eines Schutzgebietes durchgeführte Maßnahmen können erhebliche Auswirkungen auf den geschützten Bestand zeitigen, wie der EuGH in seiner jüngsten Entscheidung zur normativen Umsetzung der FFH-RL in der Bundesrepublik Deutschland betont.[113] Entgegen der Rechtsprechung des VGH Baden-

---

[108] Siehe oben Kapitel 2 B. I. 2. a).
[109] EuGH, Rs. C-57/89, Slg. 1991, 883 (931) (Leybucht).
[110] EuGH, Rs. C-355/90, NuR 1994, 521 ff. Auch das BVerwG lehnt eine gesamtgebietsbezogene Relativierung des Schutzes ab. Gemeinschaftsrechtskonform festgesetzte Erhaltungsziele erlauben es nach Auffassung des Gerichts aber u.U., den Verlust räumlich abgegrenzter Teilbereiche als unerheblich anzusehen, wenn dieser aufgrund von Faktoren wie Populationsdynamik etc. nicht ins Gewicht fällt. BVerwG NVwZ 2004, 1114 (1118); so auch OVG Lüneburg, NuR 2006, 115 (119 ff.).
[111] EuGH, Rs. C-355/90, NuR 1994, 521 (523 f.).
[112] EuGH, Rs. C-209/02, Slg. 2004, I-01211.
[113] EuGH Rs. C-98/03 (Kommission/Deutschland), NuR 2006, 166 ff. = DVBl. 2006, 429 ff. (die Entscheidung befasst sich u.a. mit dem Projektbegriff in § 10 Abs. 1 Nr. 11 b)

Württemberg[114] werden zudem nicht nur unmittelbare Einwirkungen auf den geschützten Raum erfasst, sondern auch außerhalb des Schutzgebiets am Projekt selbst entstehende Gefährdungen, etwa die in der Entscheidung zu bewertende Kollisionsgefahr geschützter Vögel mit einer Schrägseilbrücke. Gegenstand der Beeinträchtigung ist in diesem Fall die Funktion eines Gebiets als Teil des Netzes Natura 2000, wozu auch der Austausch zwischen Populationen verschiedener Gebiete und die ungehinderte Erreichbarkeit der Gebiete, etwa für wandernde Vogelarten, gehört.[115]

b) Folgerungen für die Umwelthaftung

Mit seiner Entscheidung in der Rechtssache C-127/02 zur Herzmuschelfischerei im Wattenmeer stellt der EuGH klar, dass jede Beeinträchtigung der Erhaltungsziele eines Natura 2000-Gebietes als erheblich einzustufen ist. Zudem erörtert der Gerichtshof das Verhältnis von Art. 6 Abs. 2 FFH-RL, dem allgemeinen Verschlechterungsverbot, und der Regelgenehmigung nach Art. 6 Abs. 3 FFH-RL. Er stellt fest, dass die nach Art. 6 Abs. 3 FFH-RL erteilte Regelgenehmigung den Befund voraussetze,

> „dass der Plan oder das Projekt das betreffende Gebiet als solches nicht beeinträchtigt und daher auch nicht geeignet ist, (erhebliche) Verschlechterungen oder Störungen nach Art. 6 Abs. 2 hervorzurufen."[116]

Der EuGH folgt den Ausführungen der Generalanwältin Kokott, wonach die Normen materiell dasselbe Schutzniveau enthalten.[117] Die Erheblichkeit von Beeinträchtigungen ist somit hinsichtlich der FFH-Verträglichkeitsprüfung und der allgemeinen mitgliedstaatlichen Erhaltungspflichten einheitlich zu beurteilen. Letztere aber sollen durch die UH-RL auf den Verursacher der Beeinträchtigung übertragen werden.[118] Eine übereinstimmende Bestimmung der Erheblichkeitsschwellen von FFH- und UH-RL entspricht dem im 5. Erwägungsgrund der

---

und c) BNatSchG, der als zu eng erachtet wird); vgl. allg. zu Vorhaben außerhalb von Natura 2000-Gebieten BVerwG, DVBl. 1998, 901 (Ostsee-Autobahn A 20); *Halama*, NVwZ 2001, 507 (510); *Gellermann/Schreiber*, NuR 2003, 205 (211).

[114] VGH Mannheim, NuR 2003, 228.

[115] *Fischer-Hüftle*, NuR 2004, 157 f.; vgl. auch OVG Lüneburg, Urteil v. 24.3.2003 - 1 LB 3571/01 (zitiert nach Juris), das auf die (im zu beurteilenden Fall fehlende) Brückenfunktion eines Standorts für Windkraftanlagen zwischen faktischen Vogelschutzgebieten als Flugschneise für zwischen Nahrungs- und Rastplätzen wechselnde Vögel abstellt.

[116] EuGH Rs. C-127/02, NuR 2004, 788 (789). *Gellermann*, NuR 2004, 769 (772), Fn. 21 weist darauf hin, dass in der deutschen Übersetzung ein Übersetzungsfehler vorliegt. Während dort bzgl. Art. 6 Abs. 2 FFH-RL von einer „erheblichen Verschlechterung" die Rede ist, gibt die englische Urteilsfassung („deterioration or significant disturbances") den Richtlinientext korrekt wieder.

[117] Generalanwältin *Kokott*, Schlussanträge Rs. C-127/02, NuR 2004, 587 (593); so bereits *Halama*, NVwZ 2001, 501 (510). Gleiches gilt für das Störungs- und Beeinträchtigungsverbot des Art. 4 Abs. 4 VSch-RL, auf den Art. 6 Abs. 2 FFH-RL inhaltlich aufbaut; vgl. allg. *Gellermann/Schreiber*, NuR 2003, 205 (207).

[118] Vgl. das Weißbuch, KOM (2000) 66 endg., S. 17.

UH-RL zum Ausdruck kommenden Bestreben der europäischen Rechtsetzungsorgane zur Erreichung einer einheitlichen Anwendung des Gemeinschaftsrechts.[119] Eine abweichende Beurteilung der Erheblichkeit im Rahmen der UH-RL kann sich allerdings aufgrund der Ausnahmebestimmungen des Anhangs I Abs. 3 UH-RL ergeben.

Der Übertragbarkeit der bisherigen Rechtsprechung des EuGH steht nicht entgegen, dass die Erheblichkeit der Wirkungen eines Plans oder Projekts im Rahmen der Verträglichkeitsprüfung nach Art. 6 FFH-RL *ex ante* zu bewerten bzw. zu prognostizieren ist, während die UH-RL eine Ex-Post-Beurteilung bestimmter Umweltwirkungen erfordert. Hier muss klar zwischen der Beurteilung der Erheblichkeit als solcher und der im Rahmen des Art. 6 Abs. 3 FFH-RL zu treffenden Wahrscheinlichkeitsprognose unterschieden werden.[120] Lediglich der notwendige Grad der Eintrittswahrscheinlichkeit hängt von der erwarteten Schwere der Beeinträchtigung ab. Ist eine schwerwiegende Beeinträchtigung zu besorgen, so muss auch bei sehr geringer Wahrscheinlichkeit dieses Ereignisses eine Verträglichkeitsprüfung durchgeführt werden. Hiervon zu trennen ist die Frage, ob eine Beeinträchtigung, unabhängig davon, ob die Eintrittswahrscheinlichkeit 1% oder 99% beträgt, als erheblich einzustufen wäre.

Trotz der Klarstellung wichtiger Grundsatzfragen durch den EuGH bleibt die Bestimmung der Erheblichkeitsschwelle mit Schwierigkeiten verbunden. Wie die Analyse der bisherigen Rechtsprechung zeigte, existieren bislang keine verallgemeinerungsfähigen quantitativen Aussagen, vielmehr sind die Umstände des Einzelfalls maßgeblich.[121] Zur Konkretisierung des Erheblichkeitsmerkmals im Rahmen der Verträglichkeitsprüfung wird eine Standardisierung durch Festlegung fachlich begründeter Schwellenwerte diskutiert. Ein konkreter Vorschlag hierzu wurde für die Bundesrepublik im Rahmen eines Forschungsvorhabens zur FFH-Verträglichkeitsprüfung ausgearbeitet.[122] Weiterhin wird in den Fachwissenschaften die Entwicklung methodischer Vorgaben gefordert, um zumindest die Vorgehensweise der Bewertung zu vereinheitlichen.[123] Die bisherige Rechtsprechung hatte sich vorwiegend mit dem Totalverlust von Flächen durch Baumaßnahmen und der Zerschneidungswirkung von Projekten zum Bau von Straßen und Eisenbahnlinien zu befassen. Im Rahmen der UH-RL sind demgegenüber neue Schadensszenarien zu erwarten. Mit Blick auf die in Anhang III genannten Tätigkeiten dürfte hier die graduelle Beeinträchtigung von Arten und Lebensräumen im Vordergrund stehen, etwa durch die Freisetzung von Chemikalien und anderen Gefahrstoffen.[124]

---

[119] Vgl. den diesbzgl. ausdrücklichen Hinweis des Weißbuchs auf die Habitatrichtlinie, KOM (2000) 66 endg, S. 20.

[120] Vgl. EuGH, Rs. C-127/02, NuR 2004, 788 (790).

[121] Vgl. *Roller/Führ*, UH-RL und Biodiversität, S. 76.

[122] *Lambrecht/Trautner/Kaule/Gassner*, Ermittlung von erheblichen Beeinträchtigungen im Rahmen der FFH-Verträglichkeitsuntersuchung, BfN 2004.

[123] *Peters*, NRPO 2005, Heft 1, 30 (33) und 59 (65).

[124] Insoweit besteht weiterer Forschungsbedarf; vgl. *Roller/Führ*, UH-RL und Biodiversität, S. 77.

2. Erheblichkeit der Beeinträchtigung artenschutzrechtlich geschützter Arten

Der Schutz vor mittelbarer Gefährdung durch Beeinträchtigung der Lebensstätten ist Aufgabe des Biotop- oder Flächenschutzes. Demgegenüber zielt das Artenschutzrecht auf die Verhinderung direkter, unmittelbarer Gefährdungen des Artenbestands.[125] Die artenschutzrechtlich geschützten Vogelarten nach Art. 4 Abs. 2 und Anhang I VSch-RL sowie die Arten des Anhangs IV FFH-RL werden durch die UH-RL in ihrem gesamten Verbreitungsgebiet erfasst. Während aber zur Beurteilung der Erheblichkeit von Schädigungen des Natura 2000-Netzes auf die für die FFH-Verträglichkeitsprüfung entwickelten Schwellen zurückgegriffen werden kann, ist bzgl. der artenschutzrechtlich geschützten Arten eine eigenständige Bestimmung der Erheblichkeitsschwelle geboten.

Die Artenschutzbestimmungen von FFH- und VSch-RL verpflichten die Mitgliedstaaten, Verbote der Jagd, Tötung oder Naturentnahme sowie Handelsverbote vorzusehen. Im Einzelnen sind nach Art. 5 Abs. 1 VSch-RL etwa das absichtliche Fangen und Töten, die Zerstörung oder Beschädigung von Nestern und Eiern verboten, sowie weiterhin eine absichtliche Störung von Vögeln, die sich auf die Ziele der Richtlinie erheblich auswirkt. Art. 12 FFH-RL untersagt beispielsweise die absichtliche Störung der Tierarten des Anhangs IV a) FFH-RL sowie die Beschädigung oder Vernichtung ihrer Fortpflanzungs- oder Ruhestätten.[126] Bezüglich der durch Anhang IV b) geschützten Pflanzenarten enthält Art. 13 FFH-RL ein Verbot des absichtlichen Pflückens, Sammelns oder Vernichtens von Exemplaren solcher Pflanzen.[127] Abgesehen vom Störungsverbot des Art. 5 d) VSch-RL sind die artenschutzrechtlichen Verbotstatbestände nicht an eine Erheblichkeit der Beeinträchtigung geknüpft.[128]

Als Umweltschaden i.S.d. UH-RL werden demgegenüber nur erhebliche nachteilige Auswirkungen auf den günstigen Erhaltungszustand der geschützten Arten erfasst. Nach Anhang I Abs. 1 S. 2, 2. Spiegelstrich UH-RL ist zur Beurteilung der Erheblichkeit auf die „Rolle der einzelnen Exemplare oder des geschädigten Gebiets in Bezug auf die Erhaltung der Art" abzustellen. Somit ist sowohl der Erhaltungszustand mit Blick auf die Art als solche als auch derjenige der konkret betroffenen Teilpopulation maßgeblich Dies verdeutlicht zugleich, dass im Rahmen der UH-RL nicht der Schutz von Individuen vor Störungen oder anderweitigen direkten Beeinträchtigungen im Vordergrund steht, sondern der Erhalt

---

[125] *Kloepfer*, Umweltrecht, § 11 Rn. 17 ff.

[126] Vgl. EuGH, Rs. C-103/00, Slg. 2002, I-1147 (1173, Rn. 26) (Kommission/Hellenische Republik = Caretta-Entscheidung); EuGH Rs. C-6/04 (Kommission/Vereinigtes Königreich), Slg. 2005, I-09017 (Rn. 77 ff.).

[127] Das Merkmal der Absicht ist nach der Rechtsprechung des EuGH bereits erfüllt, wenn ein Eingriff erkennbar zwangsläufig zu einer Störung der geschützten Arten führt. EuGH Rs. C-103/00, Slg. 2002, I-1147 (insb. 1176); a.A. BVerwG, NVwZ 2001, 1040; BVerwG, NuR 2005, 538; vgl. *Lambrecht/Trautner/Kaule/Gassner*, Erheblichkeit, S. 40 f.; *Louis*, NuR 2004, 557 (559); *Müller*, NuR 2005, 157 (163.); *Gassner*, NuR 2004, 560 (563): populationsbezogene Prognose zur Befreiungsrechtfertigung.

[128] Vgl. dazu *Gellermann*, NuR 2003, 385 (392): Art. 5 d) VSch-RL untersagt nur Störungen, die sich negativ auf die Sicherung eines dauerhaft angemessenen Niveaus der Bestände der Vogelart auswirken.

der jeweiligen Population und ihres Lebensraums.[129] Daher stellt die Tötung einzelner Exemplare nicht zwangsläufig einen Umweltschaden dar, wenn sich der Bestand innerhalb kurzer Zeit regeneriert oder es sich um eine weit verbreitete Art handelt, so dass der Verlust nicht ins Gewicht fällt. Letztlich kann die Bestimmung der Erheblichkeitsschwellen nur in Zusammenarbeit mit den einschlägigen Fachwissenschaften anhand der Schutzbedürftigkeit der einzelnen Arten erfolgen.

3. *Erheblichkeit nach Anhang I UH-RL*

Die Richtlinie benennt in Anhang I Abs. 1 S. 1 drei Kriterienkategorien zur Bestimmung der Erheblichkeit: den im Zeitpunkt der Schädigung gegebenen Erhaltungszustand, die mit den betroffenen Arten und Lebensräumen verbundenen Funktionen und schließlich die natürliche Regenerationsfähigkeit.[130] Ferner ist eine Schädigung, die sich nachweislich auf die menschliche Gesundheit auswirkt, stets als erheblich einzustufen.[131] Anhang I Abs. 3 UH-RL erlaubt es, bestimmte Schädigungen nicht als erheblich einzustufen. Die Kriterienkategorien des Anhangs I Abs. 1 S. 1 UH-RL werden durch die Benennung weiterer Daten und Kriterien konkretisiert. Diese betreffen Daten zu Größe und Dichte einer Population und deren Vorkommensgebiet,[132] den Beitrag der Exemplare oder des geschädigten Gebiets zur Erhaltung der Art oder des Lebensraumtyps,[133] die Fortpflanzungs- und Lebensfähigkeit der Art oder die Regenerationsfähigkeit des Lebensraums,[134] sowie die Regenerationsfähigkeit lediglich mit Hilfe verstärkter Schutzmaßnahmen.[135] Die Aufzählung ist nicht abschließend, sondern besitzt vielmehr beispielhaften Charakter. Sie wird als methodisch problematisch kritisiert, da sie Kriterien – also die Definition des Beurteilungsmaßstabs – und Daten – sprich Aussagen über physisch-reale Zustände – vermische, obwohl diese sachlogisch strikt zu trennen seien.[136]

Anhang I Abs. 3 UH-RL führt Schädigungen auf, die nicht als erheblich eingestuft werden müssen. Unproblematisch sind Schädigungen, die

> „auf natürliche Ursachen zurückzuführen sind oder aber auf äußere Einwirkungen im Zusammenhang mit der Bewirtschaftung der betreffenden Gebiete, die den Aufzeichnungen über den Lebensraum oder den Dokumenten über die Erhaltungsziele zufolge als normal anzusehen sind".[137]

Außerdem als unerheblich zu betrachten und somit vom Anwendungsbereich der Richtlinie auszunehmen ist

---

[129] *Trautner*, NRPO 2005, Heft 1, 67 (70).
[130] *Roller/Führ*, UH-RL und Biodiversität, S. 79.
[131] Anhang I Abs. 2 UH-RL.
[132] Anhang I Abs. 1 S. 2, 1. Spiegelstrich.
[133] Anhang I Abs. 1 S. 2, 2. Spiegelstrich.
[134] Anhang I Abs. 1 S. 2, 3. Spiegelstrich.
[135] Anhang I Abs. 1 S. 2, 4. Spiegelstrich.
[136] *Roller/Führ*, UH-RL und Biodiversität, S. 79.
[137] Anhang I Abs. 3, 2. Spiegelstrich, 1. Hs.

„eine Schädigung von Arten oder Lebensräumen, die sich nachweislich ohne äußere Einwirkungen in kurzer Zeit so weit regenerieren werden, dass entweder der Ausgangszustand erreicht wird oder (...) ein Zustand erreicht wird, der im Vergleich zum Ausgangszustand als gleichwertig oder besser zu bewerten ist".[138]

Bezüglich der Option, Schädigungen infolge von Bewirtschaftungsmaßnahmen auszunehmen, ist durch die Bezugnahme auf die Erhaltungsziele hinreichend gesichert, dass eine gebietsverträgliche Bewirtschaftung vorliegt.[139]

Hingegen bergen die weiteren in Anhang I Abs. 3 UH-RL genannten Ausnahmegründe die Gefahr einer Verwässerung und übermäßigen Einschränkung der Verantwortlichkeit. So können nach Anhang I Abs. 3, 1. Spiegelstrich UH-RL Schädigungen als unerheblich eingestuft werden, die „geringer sind als die natürlichen Fluktuationen."[140] Diese aber können bei Arten mit sehr hohen Populationsschwankungen im Einzelfall bis zu mehreren Zehnerpotenzen betragen.[141] Dennoch kann ein der natürlichen Fluktuation dem Umfang nach *entsprechender* Verlust als nicht erheblich eingestuft werden.[142] Offenbar geht die Richtlinie davon aus, dass Beeinträchtigungen, die innerhalb des natürlichen Schwankungsmaßes bleiben, im Wege der natürlichen Regeneration heilbar sind. Ist dies jedoch nicht der Fall, ist nach Sinn und Zweck der UH-RL eine erhebliche Beeinträchtigung anzunehmen und der Ausnahmetatbestand somit restriktiv auszulegen.

Weiterhin gestattet Anhang I UH-RL nachteilige Abweichungen als unerheblich auszuschließen, die auf eine äußere Einwirkung zurückzuführen sind, die „der früheren Bewirtschaftungsweise der jeweiligen Eigentümer oder Betreiber entspricht".[143] Roller/Führ weisen darauf hin, dass diese Alternative äußerst weitreichende Ausnahmen ermöglicht. Dem Wortlaut nach werden auch lange zurückliegende oder sehr intensive Bewirtschaftungsformen erfasst, die heute mit den Erhaltungszielen möglicherweise nicht mehr zu vereinbaren sind. Daher ist eine einschränkende Auslegung geboten.[144] Hierfür spricht, dass nach der Rechtsprechung des EuGH auch seit Generationen ausgeübte Tätigkeiten nicht von der Notwendigkeit einer FFH-Verträglichkeitsprüfung entbunden sind.[145] Anders stellt sich die Situation bei der Wiederaufnahme der land-, forst- oder fischereiwirtschaftlichen Bodennutzung dar, die aufgrund vertraglicher Vereinbarungen oder der Teilnahme an öffentlichen Programmen vorübergehend unterbrochen war. Unterläge diese ohne Ausnahme der Verantwortlichkeit nach der UH-RL, wäre möglicherweise die Akzeptanz derartiger Programme nicht mehr gewährleis-

---

[138] Anhang I Abs. 3, 3. Spiegelstrich.
[139] *Roller/Führ*, UH-RL und Biodiversität, S. 83.
[140] Anhang I Abs. 3, 1. Spiegelstrich.
[141] *Roller/Führ*, UH-RL und Biodiversität, S. 83.
[142] Nach dem eindeutigen Wortlaut bezieht sich die Regelung nicht auf die natürlichen Fluktuationen selbst, sondern auf anthropogene Beeinträchtigungen gleicher Größenordnung. Dies zeigt der Vergleich mit dem zweiten Spiegelstrich (1. Alt.), der es erlaubt, auf natürliche Ursachen zurückzuführen nachteilige Abweichungen auszunehmen, also natürliche Veränderungen der Populationsgröße.
[143] Anhang I Abs. 3, 2. Spiegelstrich a.E.
[144] *Roller/Führ*, UH-RL und Biodiversität, S. 83.
[145] EuGH, Rs. C-127/02 (Herzmuschelfischerei), NuR 2004, 788 ff.

tet.[146] Allerdings sind etwa die artenschutzrechtlichen Verbote diesbezüglich uneingeschränkt beachtlich.

Hinsichtlich der Ausnahmetatbestände des Anhangs I Abs. 3 UH-RL ist generell zu beachten, dass die genannten Einwirkungen nicht pauschal freigestellt werden, dies wäre mit den Schutzzielen von FFH- und VSch-RL nicht vereinbar. Die Vorschrift eröffnet lediglich ein verwaltungsbehördliches Ermessen dahingehend, bestimmte Einwirkungen im Einzelfall nicht als erheblich einzustufen.

4. Erheblichkeit der Beeinträchtigung sonstiger Arten und Lebensräume

Geht man von einem weiten, schutzgebietsunabhängigen Geltungsbereich der UH-RL aus, so folgt für die sonstigen, nicht artenschutzrechtlich geschützten Arten und ihre Habitate sowie die Lebensraumtypen außerhalb der Schutzgebiete unmittelbar aus Art. 2 Nr. 1 a) UH-RL ein Verbot jeglicher erheblichen Beeinträchtigung des günstigen Erhaltungszustands. Am Beispiel der Buchenwälder zeigt sich, dass eine Vielzahl von Flächen als Gegenstand eines Umweltschadens in Betracht kommt.[147] Gleiches gilt für den Bereich der Grünlandökosysteme, da Anhang I FFH-RL nicht nur Extremstandorte wie Borstgras-, Schwermetall- und Trockenrasen umfasst, sondern auch bestimmte magere Flachland-Mähwiesen, die in der Bundesrepublik noch relativ häufig vorkommen.[148] Dem Erheblichkeitsmerkmal kommt daher eine wichtige haftungsbegrenzende Funktion zu.

Es fragt sich jedoch, wie die Erheblichkeitsschwelle zu bestimmen ist. Zwar lässt sich die Intensität einer Beeinträchtigung unabhängig vom Schutzstatus der betroffenen Population einer Art bzw. der Fläche mit Vorkommen eines Lebensraumtyps im Wege der Vorher-Nachher-Betrachtung feststellen. Der für die jeweilige Fläche oder Art zu wahrende bzw. zu erreichende Erhaltungszustand (Sollzustand) ergibt sich jedoch – im Unterschied zum feststellbaren tatsächlichen Zustand (Istzustand) – erst aufgrund normativer Vorgaben. Gleiches gilt für die Einstufung einer Beeinträchtigung als „erheblich", auch dies ist eine Frage normativer Wertung.

Es wäre nun denkbar, hinsichtlich der Beurteilung der Erheblichkeit außerhalb des Natura 2000-Netzes und jenseits der Vorgaben des Artenschutzes eine konsti-

---

[146] *Roller/Führ*, UH-RL und Biodiversität, S. 84; vgl. zur gleichgelagerten Problematik des § 18 Abs. 3 BNatSchG bzw. § 8 Abs. 7 S. 3 BNatSchG (1998) *Louis/Engelke*, BNatSchG § 8 Rn. 201.

[147] *Roller/Führ*, UH-RL und Biodiversität, S. 51. Die Autoren weisen auf die weitere Möglichkeit der Haftungsbegrenzung über die in Anhang I der FFH-RL unter Nr. 9 „Wälder" aufgeführten Qualifizierungsmerkmale hin (seltene oder Restbestände und/oder Vorkommen von Arten von gemeinschaftlichem Interesse). Buchenwälder haben ihren Verbreitungsschwerpunkt in Deutschland. Sie gehören zu den „verbreiteten" Lebensraumtypen, als Zielgröße sollen daher 60% des Gesamtbestands in das Schutzgebietsnetz aufgenommen werden; vgl. *SRU*, Umweltgutachten 2004, S. 133, Rz. 139, S. 136, Tabelle 3-8.

[148] Anhang I Ziff. 6 FFH-RL (Lebensraumtypen 6510 ff.); vgl. *Niederstadt*, NuR 1998, 515 (516). Viele der durch die FFH-Richtlinie erfassten Lebensräume werden jedoch auch als geschützte Biotope schutzgebietsunabhängig vom Beeinträchtigungsverbot des § 30 BNatSchG erfasst; vgl. dazu *Rieken*, NuL 2002, 397 ff. (399 f.).

tutive Anknüpfung an das sonstige gemeinschaftsrechtliche Umweltrecht vorzunehmen.[149] Dies hätte zur Folge, dass Handlungen, die nicht gegen sonstiges europäisches Umweltrecht verstoßen, hinzunehmen wären und keinen Umweltschaden i.S.d. Richtlinie darstellen würden, auch wenn sie zu Beeinträchtigungen etwa eines FFH-Lebensraums führen. Jedoch hat sich der europäische Richtliniengeber durch die Bezugnahme auf den in Art. 2 Nr. 4 UH-RL legaldefinierten Erhaltungszustand und die in Anhang I UH-RL festgelegten Daten und Kriterien erkennbar gegen eine derartige Anknüpfung entschieden. Daher besteht kein Interpretationsspielraum dahingehend, dass außerhalb des Schutzgebietsnetzes nur eine Verletzung sonstigen Umweltrechts eine erhebliche Beeinträchtigung darstellt.

Anhang I UH-RL benennt lediglich Daten und Kriterien, die zur Beurteilung der Erheblichkeit heranzuziehen sind. Eine Festlegung der Erheblichkeitsschwelle bzw. des angestrebten Schutzniveaus lässt sich daraus jedoch nicht entnehmen. Somit ist die Erheblichkeit für die erst durch die UH-RL geschützten Vorkommen der Arten und Lebensraumtypen im Wege normativer Wertung mit Blick auf das übergreifende Ziel der Erreichung eines günstigen Erhaltungszustands zu bestimmen. Hierbei ist die Bedeutung betroffener Flächen auf gemeinschaftsweiter, nationaler und regionaler Ebene zu berücksichtigen. Zur Wahrung eines gemeinschaftsweit günstigen Erhaltungszustands von Arten und Lebensräumen kann Flächen außerhalb des Netzes Natura 2000, abgesehen von der allgemeinen Vernetzungsfunktion sog. Trittsteinbiotope, eine gewichtige Rolle zukommen.[150]

Demgegenüber kann nicht auf die bisherige Rechtsprechung des EuGH abgestellt werden, da diese ausschließlich die Bestimmung der Erheblichkeitsschwelle in Gebieten des Natura 2000 Netzes betrifft und das Merkmal als Bagatellgrenze begreift. Andernfalls käme dem Erheblichkeitskriterium außerhalb der Schutzgebiete nicht die entscheidende Abgrenzungsfunktion zu, die es in diesem Fall übernehmen muss.[151]

IV. Ausnahme: Genehmigte Beeinträchtigungen des Schutzgutes

1. Nachteilige Auswirkungen genehmigter Tätigkeiten

Nach Art. 2 Nr. 1 a) UAbs. 2 UH-RL umfassen Schädigungen geschützter Arten und natürlicher Lebensräume nicht

---

[149] Vgl. *SRU*, Umweltgutachten 2002, S. 171 f., Tz. 287; diesen Weg schlägt § 118 UGB-ProfE vor, der einen „schwerwiegenden Verstoß gegen öffentlich-rechtliche Pflichten, die den Schutz der Umwelt bezwecken", voraussetzt.

[150] So kritisiert etwa der SRU die fehlende nationale Kohärenz und außerordentliche Zersplitterung der von Deutschland gemeldeten Natura 2000-Flächen; *SRU*, Umweltgutachten 2004, S. 138, Tz. 141.

[151] *Roller/Führ*, UH-RL und Biodiversität, S. 77.

„die zuvor ermittelten nachteiligen Auswirkungen, die aufgrund von Tätigkeiten eines Betreibers entstehen, die von den zuständigen Behörden gemäß den Vorschriften zur Umsetzung von Artikel 6 Absätze 3 und 4 oder Artikel 16 der Richtlinie 92/43/EWG oder Artikel 9 der Richtlinie 79/409/EWG oder im Falle von nicht unter das Gemeinschaftsrecht fallenden Lebensräumen und Arten gemäß gleichwertigen nationalen Naturschutzvorschriften ausdrücklich genehmigt wurden".

Durch die zitierte Regelung wird die Richtlinie der im 6. Erwägungsgrund formulierten Überlegung gerecht, wonach besondere Situationen berücksichtigt werden sollen, in denen aufgrund von gemeinschaftlichen oder gleichwertigen nationalen Rechtsvorschriften bestimmte Abweichungen vom erforderlichen Umweltschutzniveau möglich sind. Da die Haftungsrichtlinie an das durch FFH- und VSch-RL bzw. WRRL errichtete Schutzregime anknüpft, ist es folgerichtig, die Ausnahmen zu berücksichtigen, welche die in Bezug genommenen Gemeinschaftsrichtlinien hinsichtlich des angestrebten Schutzniveaus zulassen.[152] Allerdings stellen zuvor ausdrücklich zugelassene Beeinträchtigungen durch die Regelung des Art. 2 Nr. 1 a) UAbs. 2 UH-RL bereits keinen Umweltschaden i.S.d. Richtlinie dar. Aus systematischer Sicht wäre diesbezüglich eine bloße Haftungsfreistellung vorzugswürdig und zur Erreichung des angestrebten Ziels auch ausreichend gewesen.

Im Gegensatz zu den durch Art. 2 Abs. 1 a) UAbs. 2 UH-RL vom Anwendungsbereich ausgenommenen Beeinträchtigungen räumt Art. 8 Abs. 4 a) UH-RL den Mitgliedstaaten bezüglich sonstiger genehmigter Tätigkeiten nur die Möglichkeit ein, den Betreiber von der Tragung der Sanierungskosten zu befreien. Er kann weiterhin zur Durchführung von Sanierungsmaßnahmen herangezogen werden, das Haftungsregime bleibt insgesamt anwendbar. Diese Differenzierung ist gerechtfertigt, denn bei Tätigkeiten, die unter einem allgemeinen Prüf- oder Genehmigungsvorbehalt stehen, wird lediglich die generelle Unbedenklichkeit des Vorhabens geprüft. Demgegenüber betrifft Art. 2 Nr. 1 a) UAbs. 2 UH-RL Konstellationen, in denen der Behörde mit der Zuständigkeit für die Wahrnehmung des besonderen Erlaubnistatbestands auch die Aufgabe zugewiesen ist, über die weitere Existenz des Schutzguts im konkreten Fall verbindlich zu entscheiden.[153]

2. Reichweite der Genehmigung nach Art. 6 Abs. 3 und 4 FFH-RL

Die Reichweite der Gestattungswirkung der im Verfahren der FFH-Verträglichkeitsprüfung erteilten Genehmigungen ist Gegenstand intensiver Diskussionen. Es stellt sich die Frage, ob Mitgliedstaaten aufgrund des allgemeinen Verschlechterungs- und Störungsverbots nach Art. 6 Abs. 2 FFH-RL verpflichtet sind, Schritte gegen ein bereits zugelassenes Vorhaben zu unternehmen, wenn sich nachträglich herausstellt, dass dieses wider Erwarten doch zu Beeinträchtigungen eines Natura 2000-Gebietes führt bzw. weiterreichende Folgen hat, als bei Genehmigungserteilung angenommen. Mit Blick auf die UH-RL fragt sich, ob auch derartige nicht vorhersehbare Beeinträchtigungen durch Art. 2 Nr. 1 a) UAbs. 2 UH-RL vom Anwendungsbereich ausgenommen sind.

---

[152] Vgl. KOM (2002) 17 endg., S. 19.

[153] *Sangenstedt*, in: Oldiges (Hrsg.), Umwelthaftung vor der Neugestaltung, S. 107 (112), der allerdings kritisiert, dass hierdurch bereits des Vorliegen eines Umweltschadens tatbestandlich ausgeschlossen wird.

In der Literatur wird die Auffassung vertreten, dass es sich sowohl bei der Regelgenehmigung nach Art. 6 Abs. 3 als auch bei der Ausnahmegenehmigung nach Art. 6 Abs. 4 FFH-RL um abschließende Spezialregelungen für Pläne und Projekte handle, die in ihrem Anwendungsbereich einen Rückgriff auf die allgemeinen Verbote des Art. 6 Abs. 2 FFH-RL ausschließen.[154] Zumindest im Anwendungsbereich des Art. 6 Abs. 4 FFH-RL, der zu Abweichungen vom regelmäßigen Schutzregime ermächtigt, könne es naturgemäß keine fortwirkenden Pflichten aus Art. 6 Abs. 2 FFH-RL geben. Weiterhin sprächen auch primärrechtliche Aspekte der Rechtssicherheit und des Vertrauensschutzes gegen eine Anwendung des Art. 6 Abs. 2 FFH-RL.[155]

Die jüngste Rechtsprechung des EuGH weist jedoch in eine andere Richtung, jedenfalls hinsichtlich der Regelgenehmigung nach Art. 6 Abs. 3 FFH-RL. In ihren Schlussanträgen zur Rs. C-127/02 (Herzmuschelfischerei) stellt die Generalanwältin Kokott fest, Art. 6 Abs. 2 FFH-RL begründe eine „Dauerpflicht" des Mitgliedstaates, Verschlechterungen sowie Störungen, die sich im Hinblick auf die Ziele der Richtlinie erheblich auswirken können, zu vermeiden.[156] Die Regelgenehmigung des Art. 6 Abs. 3 FFH-RL basiere auf der Annahme, dass ein Plan oder Projekt Schutzgebiete als solche nicht beeinträchtige. Führe ein Vorhaben trotz Durchführung einer Verträglichkeitsprüfung zu erheblichen Beeinträchtigungen, träfen den Mitgliedstaat demnach ungeachtet einer Genehmigung die Verpflichtungen aus Art. 6 Abs. 2 FFH-RL. Andernfalls bestehe die Gefahr, dass der Bestand des Natura 2000-Netzes ersatzlos zurückgehen könne.[157]

Etwas vorsichtiger formuliert der Gerichtshof in gleicher Sache. In seinem Urteil[158] führt er zunächst aus, dass die Durchführung eines Verfahrens nach Art. 6 Abs. 3 FFH-RL die gleichzeitige Anwendung der allgemeinen Schutznorm des Art. 6 Abs. 2 FFH-RL überflüssig mache. Denn die nach Art. 6 Abs. 3 erteilte Genehmigung setze notwendigerweise den vorherigen Befund voraus, dass das Vorhaben nicht geeignet sei, erhebliche Störungen oder Verschlechterungen i.S. von Art. 6 Abs. 2 hervorzurufen.[159] Sodann fährt der Gerichtshof jedoch fort:

> „Allerdings kann nicht ausgeschlossen werden, dass sich ein solcher Plan oder ein solches Projekt später – auch wenn kein von den zuständigen nationalen Behörden zu vertretender Fehler vorliegt – als geeignet erweist, solche Verschlechterungen oder Störungen hervorzurufen. Unter diesen Umständen erlaubt es Art. 6 Abs. 2 der Habitatrichtlinie, dem wesentlichen Ziel der Erhaltung und des Schutzes der Qualität der Umwelt einschließlich des Schutzes der natürlichen Lebensräume sowie der wild lebenden Tier- und Pflanzenarten im Sinne der ersten Begründungserwägung der Richtlinie zu entsprechen."[160]

Somit besteht nach Auffassung des Gerichtshofs trotz Genehmigung eines Plans oder Projekts nach Art. 6 Abs. 3 FFH-RL weiterhin eine Verpflichtung des Mit-

---

[154] *Gellermann*, NuR 2004, 769 (770); *Iven*, NuR 1996, 373 (377).
[155] *Gellermann*, NuR 2004, 769 (770).
[156] Generalanwältin *Kokott*, Schlussanträge zu Rs. C-127/02, NuR 2004, 587 (590).
[157] Generalanwältin *Kokott*, Schlussanträge zu Rs. C-127/02, NuR 2004, 587 (590).
[158] EuGH Rs. C-127/02, NuR 2004, 788 ff. (Herzmuschelfischerei).
[159] EuGH Rs. C-127/02 , NuR 2004, 788 (789).
[160] EuGH Rs. C-127/02, NuR 2004, 788 (789).

gliedstaates zur Verhinderung plan- oder projektbedingter Verschlechterungen und erheblicher Störungen, soweit diese nicht Gegenstand der Vorhabenzulassung waren. Offen bleibt allerdings die Reichweite dieser Verpflichtung.

Die UH-RL enthält diesbezüglich eine klare Wertung: Art. 2 Nr. 1 a) UAbs. 2 UH-RL nimmt nur die *„zuvor ermittelten* nachteiligen Auswirkungen" vom Anwendungsbereich aus, die aufgrund zuvor ausdrücklich genehmigter Tätigkeiten entstehen, nicht aber die Tätigkeit als Ganzes. Ähnlich klar sind die übrigen Sprachfassungen der Norm, etwa der englische[161] und französische[162] Text. Somit aber misst die Richtlinie den in Art. 2 Nr. 1 a) UAbs. 2 genannten Genehmigungen keine abschließende Wirkung bei.[163] Auch nachträglich auftretende, bei Vorhabenzulassung nicht vorhersehbare Beeinträchtigungen werden nicht durch Art. 2 Nr. 1 a) UAbs. 2 UH-RL ausgenommen und stellen somit einen Umweltschaden i.S.d. Richtlinie dar.

Im Umkehrschluss weist die Wertungsentscheidung des europäischen Normgebers bei Erlass der UH-RL, was die Reichweite der Genehmigung nach Art. 6 Abs. 3 oder 4 FFH-RL im Verhältnis zum allgemeinen Verschlechterungsverbot des Art. 6 Abs. 2 FFH-RL anbelangt, in Richtung der Auffassung, wonach den Zulassungsentscheidungen generell keine abschließende Wirkung für unerwartete oder nach Stand der Wissenschaft nicht erkennbare Folgewirkungen zukommt. Dies erscheint angesichts der herausragenden Bedeutung der betroffenen Schutzgüter gerechtfertigt.

3. Artenschutzrechtliche Ausnahmen

Auch was die artenschutzrechtlichen Ausnahmetatbestände des Art. 9 VSch-RL bzw. Art. 16 FFH-RL anbelangt, nimmt Art. 2 Abs. 1 Nr. 1 a) UAbs. 2 UH-RL nach seinem eindeutigen Wortlaut nur zuvor ausdrücklich genehmigte Beeinträchtigungen von der Verantwortlichkeit nach der Richtlinie aus. Da das Artenschutzrecht auf die Verhinderung des direkten menschlichen Zugriffs gerichtet ist, erfassen die Verbotstatbestände der FFH- und VSch-RL überwiegend nur die absichtliche Beeinträchtigung geschützter Arten.[164] Nach der bisherigen Rechtsprechung des BVerwG war Absicht nur bei gezielter Beeinträchtigung von Tieren und Pflanzen abzunehmen, während Einwirkungen negativer Art, die sich als unausweichliche Konsequenz rechtmäßigen Verhaltens ergeben, das Merkmal nicht

---

[161]   Art. 2 Nr. 1 a) UAbs. 2, englische Fassung:
„previously identified adverse effects which result from an act by an operator which was expressly authorised".

[162]   Art. 2 Nr. 1 a) UAbs. 2, französische Fassung:
„les incidences négatives précédemment identifiées qui résultent d'un acte de l'exploitant qui a été expressément autorisé".

[163]   In diesem Sinne auch die Mitteilung der Kommission vom 19.9.2003 an das EP, SEK (2003) 1027, S. 4.

[164]   Allerdings ist das Verbot der Beschädigung oder Vernichtung der Fortpflanzungs- und Ruhestätten nach Art. 12 Abs. 1 d) FFH-RL nicht an das Vorliegen von Absicht geknüpft; vgl. EuGH Rs. C-98/03, NuR 2006, 166 (168); so bereits *Gellermann*, NuR 2003, 385 (388); *Louis*, NuR 2001, 388 (390); a.A. *Müller*, NuR 2005, 157 (163 f.).

erfüllen sollten.[165] Nach neuerer Rechtsprechung des EuGH ist jedoch bereits jede Beeinträchtigung als absichtlich zu qualifizieren, die erkennbar zwangsläufig zu einer Störung der geschützten Arten führt.[166] Die Bestimmung der Reichweite der artenschutzrechtlichen Verbote von FFH- und VSch-RL gewinnt vor dem Hintergrund der Haftungsdrohung der UH-RL zusätzlich an Bedeutung.[167]

C. Sanierungstätigkeit nach Art. 6 und 7 Umwelthaftungsrichtlinie

Nachdem in Abschnitt B der Umweltschadensbegriff für das Schutzgut Biodiversität analysiert wurde, gilt es nun, die diesbezüglichen Sanierungsanforderungen der Richtlinie zu beleuchten. Sanierungsmaßnahme ist nach der Definition des Art. 2 Nr. 11 UH-RL

„jede Tätigkeit (...) im Sinne des Anhangs II mit dem Ziel, geschädigte natürliche Ressourcen (...) wiederherzustellen, zu sanieren oder zu ersetzen oder eine gleichwertige Alternative zu diesen Ressourcen oder Funktionen zu schaffen."

Allgemeine Vorgaben für die Durchführung der Sanierung finden sich in Art. 6 und 7 UH-RL. Nach Art. 6 Abs. 1 UH-RL treffen den Betreiber im Falle eines Umweltschadens Pflichten zur Information der zuständigen Behörde sowie zur Schadensbegrenzung und Sanierung. Die Betreiberpflichten sind selbständig, d.h. sie bestehen unabhängig von einer vorherigen behördlichen Anordnung. Der zuständigen Behörde sind aufgrund Art. 6 Abs. 2 UH-RL entsprechende (Anordnungs-) Befugnisse einzuräumen, sie kann unter gewissen Voraussetzungen auch selbst zur Schadensbegrenzung und Sanierung tätig werden. Art. 7 UH-RL regelt Modalitäten zur Bestimmung von Sanierungsmaßnahmen. Inhaltliche Anforderungen an die Sanierung von Biodiversitätsschäden werden durch Anhang II Nr. 1 UH-RL normiert. Letztere werden in Kapitel 3 im Wege einer rechtsvergleichenden Betrachtung zu untersuchen sein.

---

[165] BVerwG, NuR 2001, 385 (386) = NVwZ 2001, 1040 mit Anmerkung *Louis*, NuR 2001, 388 (390).

[166] EuGH Rs. C-103/00, Slg. 2002, I-1147 (1176), (Caretta-Entscheidung); EuGH Rs. C-221/04, Slg. I-2006, 4516 ff., Rn. 63 (Kommission/Spanien); ebenso Hess. VGH, NuR 2004, 393 (304); Hess. VGH, NuR 2004, 397 (398); vgl. dazu *Lambrecht/Trautner/Kaule/Gassner*, Erheblichkeit, S. 40 f.; *Louis*, NuR 2004, 557 (559); *Müller*, NuR 2005, 157 (163); *Fischer-Hüftle*, NuR 2004, 768.

[167] Wird eine wegen der Absichtlichkeit der Beeinträchtigung eigentlich erforderliche Ausnahme oder Befreiung nach den Vorschriften zur Umsetzung der Art. 9 VSch-RL bzw. 16 FFH-RL nicht eingeholt, so droht nunmehr auch eine Verantwortlichkeit nach der UH-RL.

I. Aufgaben und Befugnisse der zuständigen Behörde

Art. 6 UH-RL bestimmt hinsichtlich der Sanierungstätigkeit:

> „(2) Die zuständige Behörde kann jederzeit (...)
>
> c) von dem Betreiber verlangen, die erforderlichen Sanierungsmaßnahmen zu ergreifen,
>
> d) dem Betreiber von ihm zu befolgende Anweisungen über die zu ergreifenden erforderlichen Sanierungsmaßnahmen erteilen (...).
>
> (3) Die zuständige Behörde verlangt, dass die Sanierungsmaßnahmen vom Betreiber ergriffen werden. Kommt der Betreiber den Verpflichtungen gemäß Absatz 1 oder Absatz 2 Buchstaben b), c) oder d) nicht nach oder kann der Betreiber nicht ermittelt werden oder muss er gemäß dieser Richtlinie nicht für die Kosten aufkommen, so kann die zuständige Behörde selbst diese Maßnahmen ergreifen, falls ihr keine weiteren Mittel bleiben."

Umstritten ist, ob und in welchem Umfang die zitierten Normen der zuständigen Behörde ein Entschließungsermessen einräumen.[168] Nach dem Richtlinienvorschlag kam der zuständigen Behörde nach überwiegender Auffassung keinerlei Entschließungsermessen hinsichtlich ihres Einschreitens zu.[169] Bei Auftreten eines Umweltschadens war die zuständige Behörde verpflichtet, den Betreiber zur Ergreifung von Sanierungsmaßnahmen aufzufordern. Falls der Betreiber der Aufforderung nicht nachkommen sollte, hatte die Behörde zudem selbst die entsprechenden Maßnahmen zu ergreifen.[170] Diese staatliche Auffangverantwortlichkeit wurde unter dem Schlagwort „staatliche Ausfallhaftung" diskutiert; hierfür sollten geeignete Finanzierungssysteme geschaffen werden.[171] Die Regelung war jedoch im Gesetzgebungsverfahren äußerst umstritten und wurde letztlich gestrichen. Im Folgenden ist zu untersuchen, inwieweit nach der Richtlinie dennoch staatliche Sanierungspflichten bestehen. Dabei ist zwischen Art. 6 Abs. 3 S. 1 und Abs. 3 S. 2 zu differenzieren.

---

[168]   Der EuGH unterscheidet nicht zwischen Ermessen und Beurteilungsspielraum, „Ermessen" ist vielmehr jeder der Verwaltung durch einschlägige Normen eröffnete Entscheidungs-, Beurteilungs- oder Gestaltungsspielraum; *Stelkens/Bonk/Sachs*, VwVfG, § 40 Rn. 12, 166 f.

[169]   *Fischer/Fluck*, RiW 2002, 817 (822); *Spindler/Härtel*, UPR 2002, 241 (243).

[170]   Art. 5 KOM (2002) 17 endg.:

> „(1) Wenn Umweltschäden aufgetreten sind, fordert die zuständige Behörde den Betreiber auf, die erforderlichen Sanierungsmaßnahmen einzuleiten, oder ergreift selbst solche Maßnahmen.
>
> (2) Versäumt es der Betreiber, einer Aufforderung gemäß Absatz 1 nachzukommen, ergreift die zuständige Behörde die erforderlichen Sanierungsmaßnahmen."

[171]   Vgl. Art. 6 Abs. 1 KOM (2002) 17 endg.; Begründung, S. 22; vgl. dazu etwa *Spindler/Härtel*, UPR 2002, 241 (247 f.); *SRU*, Umweltgutachten 2002, S. 174, Tz. 296 (zum Weißbuch).

1. Anordnung von Sanierungsmaßnahmen

Es wird nunmehr die Auffassung vertreten, Art. 6 (und parallel auch Art. 5) UH-RL räumten der zuständigen Behörde ein umfassendes Entschließungsermessen hinsichtlich der Anordnung von Sanierungsmaßnahmen ein. Bei der Ermessensausübung sei dann zu berücksichtigen, dass die Richtlinie grundsätzlich die Tendenz habe, Umweltschäden zu vermeiden und zu sanieren. Das Entschließungsermessen ergebe sich aus dem Wortlaut des Art. 6 Abs. 2 UH-RL, wonach die Behörde Maßnahmen des Betreibers verlangen „kann". Auch wenn Art. 6 Abs. 3 UH-RL eher für eine gebundene Entscheidung spreche, weise doch die Entstehungsgeschichte klar in Richtung einer Ermessensentscheidung. Denn gerade der eindeutige Wortlaut des Art. 6 des Richtlinienvorschlags der eine Pflicht zum Einschreiten vorsah, sei geändert worden.[172]

Dieser Ansicht steht jedoch Art. 6 Abs. 3 S. 1 UH-RL entgegen. Ebenso wie der Kommissionsvorschlag sieht er vor, dass die zuständige Behörde die Ergreifung von Sanierungsmaßnahmen durch den Betreiber „verlangt". Hieraus ergibt sich eine Verpflichtung der Behörde zum Einschreiten.[173] Demgegenüber dient Art. 6 Abs. 2 UH-RL, der erst durch den Gemeinsamen Standpunkt eingefügt wurde, nicht der Eröffnung eines behördlichen Ermessens, sondern der Festlegung der Befugnisse der zuständigen Behörde insbesondere im Umgang mit dem betreffenden Betreiber.[174] Auch Art. 7 Abs. 3 UH-RL kann nur so verstanden werden, dass der Behörde hinsichtlich der Heranziehung des Betreibers zu Sanierungsmaßnahmen kein Ermessen zukommt, denn sonst wäre die ausdrückliche Einräumung eines Ermessens im Falle der Häufung von Schadensereignissen überflüssig. Ausgehend von u.a. Art, Ausmaß und Schwere der Schäden sowie möglichen Gesundheitsrisiken soll die zuständige Behörde in diesem Fall entscheiden, welcher Umweltschaden zuerst zu sanieren ist.[175] Ein weiteres Indiz gegen eine verhältnismäßig freie behördliche Entscheidung sind die differenzierten Kostenentlastungsbestimmungen der Richtlinie.[176]

2. Ergreifen eigener Sanierungsmaßnahmen

Während Art. 6 Abs. 2 e) UH-RL der zuständigen Behörde die Befugnis einräumt, jederzeit selbst Sanierungsmaßnahmen zu ergreifen, stellt Art. 6 Abs. 3 S. 2 UH-RL diese Befugnis unter den Vorbehalt, dass der Behörde keine weiteren Mittel bleiben. Hier wird abermals das Verhältnis von Art. 6 Abs. 2 und 3 UH-RL deutlich: Während Art. 6 Abs. 2 UH-RL die Befugnisse der zuständigen Behörde benennt, ergibt sich der diesbezügliche Entscheidungsspielraum erst aus Art. 6

---

[172] *Dolde*, in: Hendler/Marburger/Reinhardt/Schröder (Hrsg.), Umwelthaftung, S. 169 (186, 197) und S. 263 ff. (Diskussionsbeiträge); *Spieth*, in: Oldiges (Hrsg.), Umwelthaftung vor der Neugestaltung, S. 63 Fn. 4.

[173] So auch *Führ/Lewin/Roller*, NuR 2006, 67 (72); *Duikers*, Umwelthaftungsrichtlinie, S. 106.

[174] Mitteilung der Kommission an das Europäische Parlament betreffend den Gemeinsamen Standpunkt, SEK (2003) 1027 endg. vom 19.9.2003, S. 7.

[175] Vgl. *Ruffert*, in: Hendler/Marburger/Reinhardt/Schröder (Hrsg.), Umwelthaftung, S. 43 (64).

[176] *Ruffert*, in: Hendler/Marburger/Reinhardt/Schröder (Hrsg.), Umwelthaftung, S. 43 (64).

Abs. 3 UH-RL. Indem eine Sanierung durch die zuständige Behörden nur für den Fall zugelassen wird, dass ihr „keine weiteren Mittel bleiben", soll das Verursacherprinzip gestärkt werden. Die originäre Verantwortung für die Sanierung von Umweltschäden soll beim verantwortlichen Betreiber verbleiben. Nur so kann ein hinreichender Anreiz zur Schadensprävention geschaffen werden.[177] Auch im Falle einer Sanierung durch die zuständige Behörde ist der Betreiber gemäß Art. 8 Abs. 5 UH-RL zur Tragung aller entstandenen Sanierungskosten verpflichtet. Die Norm stellt klar, dass behördliche Maßnahmen nach Art. 6 Abs. 2 und 3 UH-RL die Haftung des Betreibers unberührt lassen und weiterhin die Beihilfebestimmungen der Art. 87 und 88 EGV zu beachten sind.

Wie sich aus Art. 6 Abs. 3 S. 2 UH-RL weiterhin ergibt, steht die Entscheidung der Ergreifung eigener Sanierungsmaßnahmen im Ermessen der zuständigen Behörde. Sie „kann" tätig werden, falls ein Verantwortlicher nicht ermittelt werden kann oder seiner Verpflichtung nicht nachkommt. Demgegenüber waren die Mitgliedstaaten nach Art. 6 Abs. 1 des Kommissionsvorschlags in diesem Fall verpflichtet, die Sanierung sicherzustellen. Soweit durch den Umweltschaden allerdings Flächen des Netzes Natura 2000 betroffen sind, ergibt sich eine staatliche Sanierungspflicht bereits aufgrund der Vorgaben von FFH- und VSch-RL.[178] Aus dem Verschlechterungsverbot des Art. 6 Abs. 2 FFH-RL bzw. Art. 4 Abs. 4 VSch-RL folgt eine Verpflichtung der Mitgliedstaaten zum Ergreifen präventiver Maßnahmen. Drohen etwa in der Nähe eines Feuchtgebietes gelagerte Giftstoffe auszutreten und in das Gebiet zu gelangen, so hat der Mitgliedstaat Maßnahmen zu ergreifen, um den Austritt zu verhindern. Führen hingegen bereits laufende Aktivitäten in einem besonderen Schutzgebiet zu einer Verschlechterung der natürlichen Lebensräume oder Störung der Arten, für die das Gebiet ausgewiesen worden ist, so sind die in Art. 6 Abs. 1 FFH-RL vorgesehenen Erhaltungsmaßnahmen zu ergreifen.[179] Dies sind gemäß Art. 1 a) FFH-RL alle Maßnahmen, die erforderlich sind, um einen günstigen Erhaltungszustand der natürlichen Lebensräume wild lebender Tier- und Pflanzenarten zu bewahren oder diesen wiederherzustellen. Das Ziel der Sicherung der Artenvielfalt innerhalb des Gebiets der Europäischen Gemeinschaft wird nicht bereits durch die Errichtung des Netzes Natura 2000, sondern erst durch dessen langfristige Bewahrung erreicht.[180]

---

[177] Vgl. die legislative Entschließung des Europäischen Parlaments zum Gemeinsamen Standpunkt vom 17.12.2003, P 5_TA-PROV(2003) 0575, A 5-0461/2003, Abänderung 12; Stellungnahme der Kommission vom 26.1.2004, KOM (2004) 55 endg., S. 3 Ziff. 3.2.2.

[178] *Hagenah,* in: Oldiges (Hrsg.), Umwelthaftung vor der Neugestaltung, S. 14 (28); *Brans,* Liability, S. 199; *Spindler/Härtel,* UPR 2002, 241 (242), die darauf hinweisen, dass hierin auch der Grund für die ursprünglich vorgesehene staatliche Ausfallhaftung zu sehen ist.

[179] *Europäische Kommission,* Gebietsmanagement, S. 24 f.

[180] *Niederstadt,* NuR 1998, 515 (518).

II. Ermittlung von Sanierungsmaßnahmen

Nach Art. 11 Abs. 2 S. 1 UH-RL obliegt es entsprechend dem Amtsermittlungsgrundsatz der zuständigen Behörde, den Schädiger festzustellen, die Erheblichkeit des Schadens zu ermitteln und festzulegen, welche Sanierungsmaßnahmen nach Maßgabe des Anhangs II zu treffen sind. Dennoch ist der Verantwortliche zur aktiven Mitwirkung am Verfahren verpflichtet. Er soll einbezogen werden, da seine Kenntnis der schadensverursachenden Tätigkeit als nützlich erachtet wird. Nach Art. 11 Abs. 2 S. 2 UH-RL ist daher[181]

> „die zuständige Behörde befugt, von dem betreffenden Betreiber die Durchführung einer eigenen Bewertung und die Bereitstellung aller erforderlichen Informationen zu verlangen".

Diese Aufgabenverteilung wird hinsichtlich der Sanierungsmaßnahmen durch Art. 7 UH-RL konkretisiert. Nach Art. 7 Abs. 1 UH-RL ermittelt der Betreiber gemäß Anhang II mögliche Sanierungsmaßnahmen und legt sie der zuständigen Behörde zur Zustimmung vor, es sei denn, diese ist bereits selbst tätig geworden. Die zuständige Behörde entscheidet sodann, welche Sanierungsmaßnahmen gemäß Anhang II durchgeführt werden.[182] Sie ist damit nicht auf die durch den Verantwortlichen ermittelten Sanierungsalternativen beschränkt, sondern hat eine eigene Bewertung vorzunehmen und kann ggf. andere oder weiterreichende Maßnahmen festsetzen. Dies stellt auch Art. 6 Abs. 2 c) UH-RL klar, wonach der zuständigen Behörde die Befugnis zukommt, vom Betreiber zu verlangen, „die erforderlichen Sanierungsmaßnahmen zu ergreifen". Die Erforderlichkeit der Maßnahmen aber bestimmt sich nach Anhang II der Richtlinie.

Im Falle mehrerer isoliert eintretender Umweltschäden, die eine gleichzeitige Beseitigung unmöglich machen, bestimmt die Behörde nach Maßgabe des Art. 7 Abs. 3 UH-RL den zuerst zu sanierenden Schaden. Diese Situation kann jedoch an sich nur im Fall einer Katastrophe eintreten.[183]

Nach Art. 7 Abs. 4 UH-RL sind die in Art. 12 Abs. 1 UH-RL genannten Personen, also insbesondere Umweltverbände und durch den Umweltschaden (potentiell) Betroffene sowie Personen, auf deren Grundstücken Sanierungsmaßnahmen durchgeführt werden sollen, am Verfahren zur Feststellung von Sanierungs-

---

[181] Vgl. die Begründung des Richtlinienvorschlags, S. 23.

[182] Art. 7 Abs. 2 UH-RL; der Wortlaut der deutschen Fassung der Norm ist missverständlich:

> „Die zuständige Behörde entscheidet, welche Sanierungsmaßnahmen gemäß Anhang II – erforderlichenfalls in Zusammenarbeit mit dem betroffenen Betreiber – durchgeführt werden."

Dies könnte dahingehend verstanden werden, dass die tatsächliche Durchführung der Sanierung lediglich falls erforderlich in Zusammenarbeit mit dem Betreiber erfolgen soll. Nach Art. 6 Abs. 3 S. 1 UH-RL ist dieser jedoch primär selbst zur Durchführung der Sanierung verpflichtet, eine behördliche „Ersatzvornahme" kommt nur als letztes Mittel in Betracht. Auch ein Vergleich mit anderen Sprachfassungen, etwa der englischen und französischen, zeigt, dass sich die in Art. 7 Abs. 2 UH-RL angesprochene „Zusammenarbeit" auf den Entscheidungsprozess bezieht.

[183] Vgl. *Becker*, NVwZ 2005, 371 (375).

maßnahmen zu beteiligen. Die Behörde hat diesen Personen die Gelegenheit zu geben, Bemerkungen mitzuteilen und berücksichtigt diese.

D. Fazit

Die Feststellung des Geltungsbereichs der UH-RL für das Schutzgut Biodiversität erweist sich als äußerst schwierig. Nach der hier vertretenen Auffassung ist der in Art. 2 Nr. 3 a) und b) UH-RL legaldefinierte Begriff der geschützten Arten und natürlichen Lebensräume vor allem aufgrund systematischer und teleologischer Erwägungen einschränkend auszulegen. Das Schutzgut Biodiversität umfasst danach die im Rahmen des Netzes Natura 2000 sowie in faktischen Vogelschutzgebieten und „potentiellen" FFH-Gebieten geschützten Arten und Lebensräume. Die nach FFH- und VSch-RL artenschutzrechtlich geschützten Arten und die Fortpflanzungs- und Ruhestätten der Arten nach Anhang IV FFH-RL sind demgegenüber in ihrem gesamten europäischen Verbreitungsgebiet Gegenstand der Umwelthaftung.

Die Erheblichkeit einer Schädigung ist nach Art. 2 Nr. 1 a) UH-RL mit Blick auf den Erhaltungszustand zu bestimmen. Hinsichtlich der normativen Bestimmung der Erheblichkeitsschwelle kann, soweit Natura 2000-Flächen betroffen sind, auf die in der bisherigen Rechtsprechung zur FFH-Verträglichkeitsprüfung vorgenommenen Wertungen zurückgegriffen werden. Allerdings ergeben sich im Rahmen der Umwelthaftung neuartige Fragestellungen. Vor allem werden auch graduelle Veränderungen durch stoffliche Belastungen zu bewerten sein, während die bisherige Rechtsprechung sich überwiegend mit dem Verlust geschützter Flächen und Beeinträchtigungen durch Baumaßnahmen befasst. Zuvor ermittelte nachteilige Auswirkungen genehmigter Tätigkeiten stellen keinen Umweltschaden im Sinne der Richtlinie dar. Unabhängig von der aktuell auch in Bezug auf Art. 6 FFH-RL diskutierten Frage der Reichweite erteilter Genehmigungen kommt diesen im Rahmen der UH-RL keine abschließende Wirkung zu. Ausgenommen sind nach Art. 2 Nr. 1 a) UAbs. 2 UH-RL nur explizit zugelassene Beeinträchtigungen des Schutzguts.

Was die Anordnung von Sanierungsmaßnahmen gegenüber dem Verantwortlichen anbelangt, wird der zuständigen Behörde durch Art. 6 UH-RL kein Entschließungsermessen eingeräumt. Kann ein Betreiber ermittelt werden, so muss dieser zur Sanierung herangezogen werden, die zuständige Behörde selbst kann Sanierungsmaßnahmen nur als letztes Mittel ergreifen. Soweit Flächen des Netzes Natura 2000 durch den Umweltschaden betroffen sind, besteht bereits aufgrund der Schutz- und Erhaltungsziele von FFH- und VSch-RL bei Nichtheranziehung des Betreibers eine staatliche Sanierungspflicht. Nach Art. 7 UH-RL ist es zunächst Aufgabe des Betreibers, Vorschläge für mögliche Sanierungsmaßnahmen zu ermitteln. Neben der zuständigen Behörde ist somit auch der Betreiber Adressat der Sanierungsbestimmungen des Anhangs II Nr. 1 UH-RL.

Kapitel 3 Die Rezeption von US-Recht in Anhang II Nr. 1 Umwelthaftungsrichtlinie

Kapitel 3 untersucht die Wurzeln der Sanierungsvorgaben der UH-RL im US-amerikanischen Recht. Zunächst wird der Anlass der rechtsvergleichenden Untersuchung dargestellt (Abschnitt A). Sodann erfolgt ein Überblick über die in den Vereinigten Staaten auf Bundesebene bestehenden Regelungen zur Haftung für die Schädigung natürlicher Ressourcen und deren Entwicklung (Abschnitt B). Abschnitt C befasst sich mit den „Natural Resource Damage Assessment Regulations", einer Verordnung zum US Oil Pollution Act, die Vorbild für Anhang II Nr. 1 UH-RL und weitere Elemente der UH-RL war. Hieran schließt sich die vergleichende Betrachtung der Richtlinienvorgaben an (Abschnitt D). Abschließend werden in den USA zur Bewertung von Umweltschäden verwendete naturschutzfachliche und ökonomische Verfahren dargestellt und auf ihre Eignung für die Anwendung im Kontext der Haftungsrichtlinie hin beurteilt (Abschnitt E).

A. Anlass der rechtsvergleichenden Untersuchung

Die Regelungen des Anhangs II Nr. 1 UH-RL zur Sanierung von Gewässer- und Biodiversitätsschäden wurden u.a. auf der Grundlage einer Studie entwickelt, die sich nahezu ausschließlich mit Erfahrungen im amerikanischen Umwelthaftungsrecht befasst.[1] Vergleicht man den Richtlinientext mit der in Ausführung des Oil Pollution Act (OPA)[2] ergangenen Verordnung, den „Natural Resource Damage Assessment Regulations" (NRDA-OPA oder OPA Regulations),[3] so stellt man eine teilweise wörtliche Übereinstimmung fest. Auch Elemente des Umweltschadensbegriffs, so etwa die Definition des „Schadens" bzw. der „Schädigung" in Art. 2 Nr. 2 UH-RL, gehen auf die OPA Regulations zurück. Der Richtlinienvorschlag der Kommission schließlich enthielt in Art. 2 Nr. 19 überdies eine dem stark ökonomisch geprägten Verständnis des US-amerikanischen Umwelthaftungsrechts entsprechende Definition des Wertes natürlicher Ressourcen und Funktionen. Eine rechtsvergleichende Untersuchung kann daher Aufschluss über

---

[1] KOM (2002) 17 endg., Begründung S. 10 unter Verweis auf die Studie von *MacAlister, Elliott and Partners/eftec*: Study on the Valuation and Restoration of Damage to Natural Resources for the Purpose of Environmental Liability (2001); vgl. hierzu *Bergkamp*, EELR 2002, 294 (304); *Thüsing*, VersR 2002, 927 ff.

[2] 33 U.S.C. §§ 2701-2720.

[3] 15 C.F.R. § 990.10-990.66.

den Bedeutungsgehalt der rezipierten Normen geben.[4] Hierbei gilt es zu untersuchen, inwieweit die aus dem US-amerikanischen Recht übernommenen Elemente des Haftungsregimes im Laufe des Rechtsetzungsverfahrens in den europarechtlichen Kontext eingepasst wurden.

Die objektive Funktion der OPA-Normen kann nicht losgelöst vom sonstigen regulatorischen Umfeld verstanden werden. Daher wird im Folgenden zunächst ein Überblick über die Entwicklung der Umwelthaftung in den USA gegeben und der Bezug des OPA und der zugehörigen Verwaltungsvorschriften zu verwandten Regelungen dargestellt.

B. Haftung für die Schädigung natürlicher Ressourcen im US-amerikanischen Recht

Ersatzansprüche der öffentlichen Hand für die Schädigung von Umweltgütern wurden erstmals nach der *public trust doctrine* gewährt, einem Rechtsinstitut des *common law*. Nach und nach fand dieser Gedanke aber auch Eingang in das kodifizierte Umweltrecht der Vereinigten Staaten und wurde beständig weiterentwickelt. Privaten werden unter bestimmten Voraussetzungen Ersatzansprüche gewährt, etwa nach *tort law*. Letztere setzen jedoch stets eine Individualrechtsgutsverletzung voraus und gewähren keinen Ersatz für die Beeinträchtigung öffentlicher Interessen.[5]

Der durch die Beeinträchtigung natürlicher Ressourcen entstehende Schaden wird in den USA als „natural resource damage" bezeichnet. Anders als der primär im europäischen Rechtsraum verwendete Begriff des „ökologischen Schadens" umfasst der *natural resource damage* im Sinne der US-Bundesgesetze nicht nur den Schaden an den betroffenen Ressourcen selbst. Vielmehr wird dadurch auch der Schaden erfasst, welcher der Öffentlichkeit insgesamt durch die Beeinträchtigung natürlicher Ressourcen entsteht. Gemeint sind nicht wirtschaftliche Verluste oder die Beeinträchtigung von Eigentum, sondern der Verlust oder die Beeinträchtigung des Nutzens, den die geschädigten Ressourcen und ihre Funktionen für die Öffentlichkeit bieten. Beispiele sind die Filterung von Nährstoffen durch ein Feuchtgebiet oder die Möglichkeit zur Vogelbeobachtung.[6]

I. Rechtsbehelfe der öffentlichen Hand im Common Law

Das Konzept zum Ausgleich von Umweltschäden nach dem US Oil Pollution Act wurzelt, wie auch das sonstige gesetzliche Haftungsrecht, in den Common Law-Instituten des *public trust* und der *parens patriae doctrine*. Die *public trust doctrine* ist ein richterrechtlich entwickeltes Institut, dessen Ursprünge bis ins römi-

---

4   Vgl. zur Rechtsvergleichung im öffentlichen Recht *Starck*, JZ 1997, 1023 ff.; *Sommermann*, DÖV 1999, 1017 ff.; *Bullinger*, in: Festschrift für Schlechtriem, S. 331 ff.

5   Vgl. dazu etwa *Peck*, 14 J. Land Use & Envtl. Law (1999), 275 (290 f.); *Kokott/Klaphake/Marr*, Ökologische Schäden und ihre Bewertung, S. 236.

6   *Brans*, Liability, S. 21.

sche Recht zurückdatieren. Dort bestand die Vorstellung, dass Luft, Flüsse, Küsten und Meere allen gehören und jedermann ein gleiches Recht auf ihre Nutzung hat.[7] Das amerikanische Konzept des *public trust*, das aus dem englischen *common law* übernommen wurde, ordnet die Ressourcen dem Staat zu, der diese zugunsten der Allgemeinheit als Treuhänder (trustee) zu verwalten und das allgemeine Interesse an freier Schifffahrt, Handel und Fischerei zu wahren hat. Ursprünglich wurde die Doktrin nur auf schiffbare Gewässer und Watten angewandt.[8] So entschied der U.S. Supreme Court in der Entscheidung *Illinois Central Railroad Company v. Illinois*,[9] in der es um die Übertragung von Eigentum am Seegrund des Lake Michigan an die Central Railroad Company ging, das Recht des Staates an den schiffbaren Gewässern des Lake Michigan sei

> „different in character from that which the state holds in lands intended for sale (...). It is a title held in trust for the people of the state and they may enjoy the navigation of the waters, carry on commerce over them and have liberty of fishing therein freed from the obstruction or interference of private parties." [10]

Zwar hindert die *public trust doctrine* den Staat nicht grundsätzlich daran, Eigentum an geschützten natürlichen Ressourcen auf Private zu übertragen, jedoch kann sich der Staat dadurch nicht seiner Verpflichtung als Treuhänder begeben, und der Private erlangt das Eigentum nur unter den aufgrund des *public trust* bestehenden Beschränkungen.[11]

In der Rechtsprechung vor allem der bundesstaatlichen Gerichte wurde der Anwendungsbereich des Rechtsinstituts sowohl in geographischer Hinsicht als auch im Hinblick auf die geschützten öffentlichen Interessen mehr und mehr ausgedehnt.[12] So werden in einigen Staaten auch Nationalparks und wild lebende Tiere erfasst,[13] zu den geschützten Interessen (trust interests) zählen heute Freizeit- und Forschungszwecke[14] und die Bewahrung der durch den *trust* erfassten

---

[7]   Zu den Ursprüngen der *public trust doctrine* siehe *Sax*, 68 Mich. L. Rev. (1970), 471 (475 ff.); *Babcock*, 19 Harv. Envtl. L. Rev. (1995), 1 (38).

[8]   *Babcock*, 19 Harv. Envtl. L. Rev. (1995), 1 (50).

[9]   146 U.S. 387 (1892). Diese Entscheidung wird als Leitstern (lodestar) im amerikanischen Recht des *public trust* bezeichnet, vgl. *Sax*, 68 Mich. L. Rev. (1970), 471 (489).

[10]   146 U.S.387 (452); vgl. auch National Audubon Society v. Superior Court of Alpine County, 33 Cal.3d 419, 433, 658 P.2d 709, 724-25 (Cal. 1983).

[11]   *Findley/Farber*, Environmental Law, S. 780; *Sax*, 68 Mich. L. Rev. (1970), 471 (487): „Courts have held that since the state has an obligation as trustee which it may not lawfully divest, whatever title the grantee has taken it is impressed with the public trust and must be read in conformity with it."

[12]   *Babcock*, 19 Harv. Envtl. L.Rev. (1995), 1 (47 f.); *Wilkinson*, 19 Envtl. L. (1989), 425 (465). Zunächst waren nur Schifffahrt, Fischerei und Handel als *trust interests* anerkannt, vgl. *Sax*, 68 Mich. L. Rev. (1970), 471 (475). In einigen Staaten ist der *public trust* auch gesetzlich verankert.

[13]   Vgl. etwa. Sierra Club v. Dep't of the Interior, 376 F. Supp. 90 (N.D. Cal. 1974) (Redwood Nationalpark); Wade v. Kraemer, 459 N.E. 2d 1025 (Ill. App. Ct. 1984) (wild lebende Tiere).

[14]   Vgl. etwa The State of California et al. v. The Superior Court of Lake County, 29 Cal.3d 210 (230) (1981).

Ressourcen in ihrem natürlichen Zustand.[15] Allgemein anerkannt ist nunmehr, dass der Schutz die Befugnis umfasst, im Namen der Öffentlichkeit Schadenersatz für die Schädigung natürlicher Ressourcen zu verlangen.[16] Auch wenn die Doktrin somit ökologische Werte schützt, zielt sie dennoch weiterhin primär darauf ab, den Nutzen der Öffentlichkeit an natürlichen Ressourcen zu sichern.[17]

Auch nach der *parens patriae doctrine* kann Ausgleich für die Schädigung der Umwelt als Gemeingut verlangt werden. Die Doktrin sieht den Staat als Hüter (guardian) seiner Bürger, wenn diese nicht in der Lage sind, selbst für den Schutz ihrer Interessen zu sorgen. Dies setzt voraus, dass der Staat eigene, quasi-souveräne Interessen geltend machen kann, die über die betroffenen privaten Vermögensinteressen hinausgehen.[18] Hierzu zählen etwa das Interesse am allgemeinen Wohlbefinden der Bevölkerung eines Staates[19] oder dem Schutz von Boden, Luft oder Wildnis vor Verschmutzung.[20] Ist der Staat in seiner Eigenschaft als *parens patriae* Partei eines Rechtsstreits, so vertritt er die Interessen all seiner Bürger.[21]

II. Bundesgesetzliche Regelungen

Trotz der Common Law-Tradition des amerikanischen Rechtssystems ist das gesetzliche Haftungsrecht in den USA ein wesentlicher Bestandteil des Umweltschutzes auf Bundesebene. Gerade das Umwelthaftungsrecht wird im hier interes-

---

[15] Vgl. etwa Marks v. Whitney, 491 P. 2d 374, 380 (Cal. 1971):
„There is a growing public recognition that one of the most important public uses of the tidelands – a use encompassed within the tidelands trust – is the preservation of those lands in their natural state, so that they may serve as ecological units for scientific study, as open space, and as environment which provide food and habitat for birds and marine life, which favourably affect the scenery and climate in the area."

[16] Maryland Dep't of Natural Resources v. Amerada Hess Corp., 350 F. Supp. 1060 (D. Md. 1972); California Dep't of Fish & Game v. S.S. Bournemouth, 307 F. Supp. 922 (C.D. Cal. 1969); Commonwealth of Puerto Rico v. S.S. Zoe Colocotroni, 628 F. 2d 652, 671 (1st Cir. 1980).

[17] *Seevers*, 53 Wash & Lee L. Rev. (1996), 1513 (1556).

[18] Hawaii v. Standard Oil, 405 U.S. 251 (257 ff.) (1972); Alfred Snapp & Son v. Puerto Rico, 458 U.S. 592 (602) (1982); *Peck*, 14 J. Land Use & Envtl. Law (1999), 275 (288).

[19] Pennsylvania v. West Virginia, 262 U.S. 553 (592) (1923); North Dakota v. Minnesota, 263 U.S. 265 (374) (1923).

[20] In re Steuart Transportation Co., 495 F. Supp. 38 (40) (E.D. Va. 1980); Georgia v. Tennessee Copper Co., 206 U.S. 230 (238) (1907); Maine v. M/V Tamano, 357 F. Supp. 1097, 1099-1100 (D. Me. 1973).

[21] Vgl. etwa Alaska Sport Fishing Association v. Exxon Corp., 43 F.3d 769 (773) (9th Cir. 1994); siehe dazu *Peck*, 14 J. Land Use & Envtl. Law (1999), 275 (288). Der häufigste Klagegrund (cause of action) zum Schutz natürlicher Ressourcen nach der *parens patriae doctrine* ist das Vorliegen einer *public nuisance*.

sierenden Bereich überwiegend durch Gesetze geregelt.[22] Von Bedeutung sind insbesondere der Comprehensive Environmental Response, Compensation and Liability Act aus dem Jahre 1980 (CERCLA), auch „Superfund" genannt,[23] und der 10 Jahre später erlassene OPA. Sowohl der CERCLA als auch der OPA gehen auf den Clean Water Act (CWA)[24] aus dem Jahre 1972/1977 zurück, der als Grundstein aller späteren Bundesumwelthaftungsgesetze gilt, weil er erstmals eine Gefährdungshaftung für Umweltschäden einführte.[25] Jedoch hat der CWA für den Bereich des Haftungsrechts seit Inkrafttreten des OPA im August 1990 an Bedeutung verloren.[26] Neben den Regelungen von CWA, CERCLA und OPA wird die Haftung auf Bundesebene durch weitere Gesetze vervollständigt. Dies sind der Trans-Alaska-Pipeline Authorization Act von 1974 (TAPAA)[27] und der Marine Protection Research and Sanctuaries Act von 1988 (MPRSA),[28] der die Haftung für die Beeinträchtigung nationaler Meeresschutzgebiete regelt.[29] Aufgrund eines übereinstimmenden gesetzgeberischen Ansatzes weisen CERCLA und OPA parallele systematische Strukturen auf.[30] Zwar orientiert sich die UH-RL primär an den zum OPA erlassenen Verwaltungsvorschriften. Diese wurden jedoch entscheidend durch Erfahrungen mit dem CERCLA geprägt, weshalb im Folgenden zunächst die Grundzüge beider Regelungen dargestellt werden. Im Anschluss erfolgt sodann eine eingehende Auseinandersetzung mit den in Anhang II Nr. 1 UH-RL rezipierten Bestimmungen der OPA Regulations.

1. Der Comprehensive Environmental Response, Compensation and Liability Act

Der Erlass des CERCLA war eine Reaktion auf katastrophale Umweltverschmutzungen in den 1970er Jahren, vor allem die Entdeckung von 80.000 Tonnen toxischer Abfälle unter einem Wohngebiet und einer Schule in Love Canal, New York. Ziel war insbesondere, die mit Blick auf Altlasten als unzureichend emp-

---

[22] *Wolfrum/Langenfeld*, Internationales Haftungsrecht, S. 271, 274. Anderes gilt für die Ersatzansprüche Privater, hier gelten die herkömmlichen Rechtsbehelfe des *common law*.

[23] 42 U.S.C. §§ 9601-9675, neu gefasst durch den SARA (Superfund Amendments and Reauthorization Act) von 1986; vgl. dazu *Rodgers*, Environmental Law, S. 692 ff.

[24] 33 U.S.C. §§ 1251-1371. Das Gesetz stammt bereits aus dem Jahre 1948, wurde jedoch 1972 weitgehend novelliert und trägt seit 1977 die Bezeichnung Clean Water Act; vgl. *Wolfrum/Langenfeld*, Internationales Haftungsrecht, S. 276, insb. Fn. 884.

[25] Dies ergibt sich jedoch nicht aus dem Wortlaut des CWA selbst, sondern wurde erst durch die Rechtsprechung klargestellt; siehe z.B. Hobbes v. United States, 1991 US App. Lexis 27696, S. 16 unter Verweis auf Stoddard v. Western Carolina Regional Sewer Authority, 784 F.2d 368 (1979).

[26] Vgl. zum CWA *Wolfrum/Langenfeld*, Internationales Haftungsrecht, S. 273 ff.; *Findley/Farber*, Environmental Law, S. 315 ff.

[27] 43 U.S.C. §§ 1651-1656. Der TAPAA erfast ausschließlich Schäden im Zusammenhang mit besagter Pipeline.

[28] 16 U.S.C. §§ 1431-1445.

[29] Weiterhin bestehen zahlreiche einzelstaatliche Haftungsregelungen; vgl. *Seibt*, Zivilrechtlicher Ausgleich, S. 62; *Cross*, 42 Vand. L. Rev. (1989), 269 (278 f.).

[30] *Wolfrum/Langenfeld*, Internationales Haftungsrecht, S. 272, 291.

fundenen bundesgesetzlichen Bestimmungen zu ergänzen und Bedrohungen für die öffentliche Gesundheit und die Umwelt durch gefährliche Substanzen in einer kosteneffizienten Weise zu beseitigen.[31] Kern des Sanierungssystems des CERCLA sind daher die sog. *response actions*, d.h. Gegenmaßnahmen im Falle der Freisetzung oder drohenden Freisetzung (release)[32] gefährlicher Substanzen[33] in die Umwelt.[34] Die Befugnisse zur Durchführung der Maßnahmen sind in der Regel auf die National Environmental Protection Agency (EPA) übertragen.[35] Der Begriff *„response"*[36] umfasst zwei Kategorien von Maßnahmen, *removal* und *remedial actions*.[37] Während erstgenannte auf die unmittelbare Schadensbeseitigung und Verhinderung weiterer Schadensausbreitung abzielen,[38] sind *remedial actions* auf eine langfristige Sanierung kontaminierter Bereiche gerichtet.[39] *Remedial actions* sind auf die in der National Priority List (NPL) aufgeführten, als dringend sanierungsbedürftig eingestuften Flächen beschränkt.[40] Die Sanierung kann den Verantwortlichen (responsible parties) übertragen werden, wenn eine ordnungsgemäße Durchführung gewährleistet ist.[41] Weiterhin haben die Verantwortlichen Schadenersatz für die Beeinträchtigung natürlicher Ressourcen (natural resource damages) zu leisten.[42]

Nach § 107 (a) CERCLA haften als Verantwortliche u.a. der gegenwärtige oder frühere Eigentümer oder Betreiber einer Anlage sowie der Anlieferer und Transporteur für die Kosten der Gegenmaßnahmen des Staates und Privater. Wie auch nach dem OPA ist die Haftung als Gefährdungshaftung (strict liability) ausgestaltet, mehrere Schädiger haften als Gesamtschuldner (joint and several liability).[43]

---

[31]   *Findley/Farber*, Environmental Law, S. 613; *Zaepfel*, 8 Vill. Envtl. L. J. (1997), 359 (365); *Seibt*, Zivilrechtlicher Ausgleich, S. 68.

[32]   42 U.S.C. § 9601 (22). Der Begriff *„release"* ist sehr weit gefasst, Beispiele sind: das Wegwehen von Asbestfasern von der Abraumhalde einer Deponie (vgl. United States v. Metate Asbestos Corp., 584 F. Supp. 1143 (1148) (D. Ariz. 1984)) oder etwa die Verschleppung von Kupfer durch Arbeiter einer Fabrik zur Herstellung von Thermometern an deren Kleidung und am Körper (vgl. State of Vermont v. Staco Inc., 684 F. Supp. 822, (832 f.) (D. Vt. 1988)).

[33]   Zur Definition des Begriffes der *hazardous substance* verweist CERCLA auf weitere Bundesgesetze, vgl. 42 U.S.C. § 9601 (14). Ein Stoff ist gefährlich, wenn er geeignet ist, die öffentliche Gesundheit oder das Wohlbefinden zu schädigen.

[34]   *Wolfrum/Langenfeld*, Internationales Haftungsrecht, S. 291.

[35]   42 U.S.C. § 9604 (a); 42 U.S.C. § 9615.

[36]   42 U.S.C. § 9601 (25).

[37]   *Seibt*, Zivilrechtlicher Augleich, S. 71.

[38]   42 U.S.C. § 9601 (23). Beispiele sind die Errichtung von Sicherheitszäunen oder die Evakuierung von Anwohnern.

[39]   42 U.S.C. § 9601 (24).

[40]   Derzeit befinden sich auf der NPL ca. 1300 Flächen mit dringend sanierungsbedürftigen Altlasten, vgl. http://www.epa.gov/superfund/sites/query/queryhtm/npltotal.htm .

[41]   42 U.S. C. §§ 9607 (a), 9604 (a) (1) (B) S. 2; vgl. *Zaepfel*, 8 Vill. Envtl. L. J. (1997), 359 (365).

[42]   42 U.S.C. § 9607 (a) (4) (A)-(D).

[43]   Etwa United States v. Chem-Dyne Corp., 527 F. Supp. 802 (810 f.) (S.D. Ohio 1983); Apex Oil Co. v. United States, 208 F. Supp. 2d 642 (652 ff.) (E.D. La. 2002); Sun Pipe

Für die Kosten der Altlastensanierung kann der Verantwortliche selbst dann herangezogen werden, wenn diese vor Inkrafttreten des CERCLA entstanden sind.[44] Demgegenüber entfaltet CERCLA bezüglich der *natural resource damages* keine Rückwirkung, im Prozess muss der Nachweis der Kausalität erbracht werden.[45] Eine Erleichterung gewährt die jüngere Rechtsprechung nur insoweit, als es genügen soll, wenn der Treuhänder die Mitursächlichkeit der durch den Beklagten freigesetzten Substanzen nachweisen kann (contribution test).[46] Im Falle höherer Gewalt sowie der Schadensverursachung durch Kriegshandlungen oder Dritte sieht CERCLA einen Ausschluss der Haftung vor.[47] Weitere Ausnahmen bestehen, wenn gefährliche Substanzen im Einklang mit bestimmten Bewilligungen emittiert wurden.[48] Es bestehen Haftungsobergrenzen, die von Art und Größe der Anlage abhängig sind und nicht bei grob fahrlässigem oder vorsätzlichem Verhalten greifen.[49] Um die notwendigen Mittel für die Durchführung von Gefahrbeseitigungs- und Sanierungsmaßnahmen bereitzustellen bzw. diese vorzufinanzieren, wurde ein Fonds errichtet, der sog. „Superfund".[50]

2. Das Haftungsregime des Oil Pollution Act

Auslöser für den Erlass des OPA war ebenfalls eine Umweltkatastrophe, die Havarie des Tankers Exxon-Valdez am 21. März 1989 im Prinz-William-Sund vor Alaska, bei der 40 Millionen Liter Schweröl in die sensible Meeresumwelt gelangten.[51] Eine Serie von weiteren schwerwiegenden Ölunfällen in der Folgezeit dürfte rückblickend nicht unwesentlich zur Verabschiedung des OPA beigetragen haben.[52] Ziel war es, einen adäquaten Ausgleich für die Betroffenen sicherzustellen,

---

Line Co. v. Conevago Contractors, 1994 U.S. Dist. Lexis 14070 (M.D. Pa. 1994); vgl. *Boyd*, Insurance US, S. 8; *Peck*, 14 Land Use & Envtl. Law (1999), 275 (294); *Kiern*, 24 Mar. Law. 481 (509).

[44] Für die Haftung genügt es bereits, wenn der Verantwortliche gefährlichen Abfall auf einer Deponie lagerte, von der die Gefährdung ausging, 42 U.S.C. § 9607 (a) (4); vgl. *Wolfrum/Langenfeld*, Internationales Haftungsrecht, S. 310.

[45] 42 U.S.C. § 9607 (f) (1) a.E.; *Peck*, 14 J. Land Use & Envtl. L. (1999), 275 (297); *Ward*, 18 Land Resources & Envtl. L. (1998), 99 (108).

[46] Coeur d'Alene Tribe v. Asarco Inc., 280 F. Supp. 2d 1094 (1124), (D. Idaho 2003); Boeing v. Cascade Corp., 207 F.3d 1177 (9th Cir. 2000); *Hager*, in: Hendler/Marburger/Reinhardt/Schröder (Hrsg.), Umwelthaftung, S. 211 (231); *Boyd*, Insurance US, S. 8.

[47] 42 U.S.C. § 9607 (b).

[48] 42 U.S.C. § 9607 (j) und § 9607 (f) S. 2; vgl. *Kokott/Klaphake/Marr*, Ökologische Schäden und ihre Bewertung, S. 241.

[49] 42 U.S.C. § 9607 (c) (1). Finanzielle Sicherheiten in entsprechender Höhe sind nachzuweisen, 42 U.S.C. § 9608; vgl. *Kiern*, 24 Mar. Law (2000), 481 (558 ff.).

[50] Auch der CERCLA selbst wird in den USA meist als „Superfund" bezeichnet, vgl. dazu *Seibt*, Zivilrechtlicher Ausgleich, S. 123.; *Clarke*, Update Comparative Legal Study, S. 72; *Findley/Farber*, Environmental Law, S. 616.

[51] Vgl. Exxon Valdez Oil Spill Trustee Council, http://www.evostc.state.ak.us/facts/.

[52] *Kiern*, 24 Mar. Law (2000), 481 (482, 509): Im Juni 1989 verunglückte die World Prodigy vor der Küste von Rhode Island, im Februar 1990 die American Trader vor der Küste Kaliforniens und im Juni 1990 die Mega Borg im Golf von Mexiko.

den Schaden an Naturgütern zu minimieren, eine schnelle und effiziente Beseitigung des ausgetretenen Öls zu erreichen und den Verantwortlichen haftbar zu
machen.[53] § 1002 OPA bestimmt die Grundregeln der Haftung:[54]

> „Each responsible party for a vessel or a facility from which oil is discharged, or
> which poses the substantial threat of a discharge of oil, into or upon the navigable
> waters or adjoining shorelines or the exclusive economic zone is liable for the re-
> moval costs and damages (…) that result from such incident".

Die Verantwortlichen haften somit für den Austritt von Öl in die schiffbaren Gewässer oder deren Ufer und Küsten sowie in der ausschließlichen Wirtschaftszone
der Vereinigten Staaten. Der Begriff der „schiffbaren Gewässer" ist weit zu verstehen und erfasst auch den Austritt von Öl in einen Bach oder ein Feuchtgebiet,
da auch dieser das Risiko der Einbringung von Öl in schiffbare Gewässer begründen kann.[55] Verantwortlich sind nach der Definition des § 1001 (32) OPA etwa der
Eigner oder Betreiber eines Schiffes oder einer Anlage, nicht aber der Eigentümer
des Öls.[56] Als schadensverursachende Handlung werden nahezu alle Arten des
Austritts von Öl (discharge) erfasst.[57] Die Haftung ist als Gefährdungshaftung ausgestaltet, mehrere Schädiger haften als Gesamtschuldner.

Entsprechend der Zielsetzung des OPA ist der zu ersetzende Schaden im Gegensatz zu CERCLA weiter gefasst. Neben den *removal costs* und dem Verlust an
Naturgütern sind nach § 1002 (b) (2) OPA auch Eigentumsschäden, Einbußen bei
Subsistenzwirtschaft sowie die durch Beeinträchtigung von Eigentum oder Naturgütern verursachten Verluste von Steuern und Gebühren sowie Gewinneinbußen
ersatzfähig.[58] Ebenso wie im CERCLA bestehen Haftungsobergrenzen.[59] Im Falle
der Schadensverursachung durch höhere Gewalt, Kriegshandlungen oder Dritte ist
die Haftung ausgeschlossen. Weiterhin wurde ebenfalls ein Fonds errichtet, der
sog. Oil Spill Liability Trust Fund, der sich aus Steuern auf Öl und Erdölprodukte
finanziert.[60]

3. *Natural Resource Damages nach CERCLA und OPA*

Wie bereits dargestellt, haften die Verantwortlichen sowohl nach § 107 (a) (4) (C)
CERCLA als auch nach § 1002 (b) (2) (A) OPA auf Schadenersatz für die Schädigung, Zerstörung oder den Verlust natürlicher Ressourcen. Erfasst werden alle
Arten von natürlichen Ressourcen, sofern an diesen im konkreten Fall ein gewis-
ses Maß an staatlicher Kontrolle besteht. Beide Normen führen beispielhaft Ressourcen auf, etwa Boden, Fisch, Flora und Fauna, Luft, Wasser, Grundwasser oder

---

[53]   Vgl. *Brans*, Liability, S. 71.
[54]   33 U.S.C. § 2702 (a); *Wolfrum/Langenfeld*, Internationales Haftungsrecht, S. 321.
[55]   Avitts v. Amoco Production Co., 840 F. Supp. 1116 (1121 ff.); Sun Pipe Line Co. v.
        Conewago Contractors Inc., 4: CV-93-1995; 1994 U.S. Dist. Lexis 1 (37).
[56]   Vgl. 33 U.S.C. § 2702 (d) (1) (A); 2703 (a); siehe dazu *Kiern*, 24 Mar. Law (2000),
        481 (525 ff.); *Wolfrum/Langenfeld*, Internationales Haftungsrecht, S. 321 f.
[57]   Vgl. 33 U.S.C. § 1001 (7); 33 U.S.C. § 2701 (9).
[58]   33 U.S.C. § 2702 (b) (2) (A)-(F).
[59]   33 U.S.C. § 2716; vgl. *Boyd*, Insurance US, S. 23 ff.
[60]   33 U.S.C. § 2712; vgl. *Kiern*, 24 Mar. Law (2000), 481 (546); *Rodgers*, Environmental
        Law, S. 384 f.

Trinkwasservorräte.[61] Der Umfang des Schadenersatzes bestimmt sich in erster Linie nach den angemessenen Kosten für die Wiederherstellung der geschädigten natürlichen Ressourcen. Dies ergibt sich explizit aus § 1006 (d) (1) OPA, der den Umfang der zu ersetzenden Schäden (measure of damages) wie folgt bestimmt:

> „(A) the cost of restoring, rehabilitating, replacing, or acquiring the equivalent of, the damaged natural resources;
> (B) the diminution in value of those natural resources pending restoration; plus
> (C) the reasonable cost of assessing those damages".

Zu ersetzen sind demnach also Wiederherstellungskosten, zwischenzeitliche Verluste und die Kosten der Schadensermittlung. Demgegenüber bestimmt § 107 (f) CERCLA lediglich, dass die Anspruchshöhe nicht durch die Wiederherstellungskosten begrenzt ist.[62] Nach beiden Gesetzen ist der Begriff der Wiederherstellung weit zu verstehen, neben der unmittelbaren Restitution der geschädigten Ressourcen werden auch Maßnahmen erfasst, die auf die Schaffung eines vergleichbaren Biotops an anderer Stelle abzielen.[63] Zwischenzeitliche Verluste entstehen dadurch, dass die geschädigten Ressourcen und Funktionen bis zu ihrer vollständigen Wiederherstellung nur eingeschränkte Leistungen für andere Ressourcen und die Öffentlichkeit zur Verfügung stellen. Da auch *response actions* zur Wiederherstellung geschädigter Naturgüter beitragen können, wird der Naturgüterschaden in Literatur und Rechtsprechung als der Residualschaden nach erfolgter Sanierung verstanden.[64]

Die Geltendmachung der *natural resource damages* ist den hierzu bestimmten Treuhändern vorbehalten, die im Interesse der Allgemeinheit handeln.[65] Private können keine diesbezüglichen Ansprüche geltend machen. Die wichtigsten Treuhänder auf Bundesebene sind das US-Innenministerium (Department of the Interior, DOI) sowie die National Oceanic and Atmospheric Administration (NOAA).[66] Aufgabe der Treuhänder ist die Schadensbewertung, die Sanierungsplanung und schließlich ggf. die klageweise Durchsetzung von Ersatzansprüchen. Die Verwendung des erlangten Schadenersatzes ist in jedem Fall zweckgebunden.[67]

---

[61] 42 U.S.C. § 9601 (16); 33 U.S.C. § 2701 (20).

[62] 42 U.S.C. § 9607 (f) (1) S. 6:
„The measure of damages (…) shall not be limited by the sums which can be used to restore or replace such resources."

[63] Vgl. 15 C.F.R. § 990.30; vgl. *Wolfrum/Langenfeld*, Internationales Haftungsrecht, S. 281.

[64] 43 C.F.R. § 11.15 (a) (1); 43 C.F.R. § 11.84 (c) (2); In re Acushnet River & New Bedford Harbor, 712 F. Supp. 1019 (1035) (D. Mass. 1989); vgl. *Seibt*, Zivilrechtlicher Ausgleich, S. 71.

[65] § 107 (f) (1) CERCLA; § 1006 (b) (1) OPA.

[66] Die Bestimmung von Treuhändern auf der Ebene der Bundesstaaten ist dem Gouverneur des jeweiligen Staates übertragen; vgl. allg. *Ward*, 18 J. Land Resources & Envtl. L. (1998), 99 (104); *Zaepfel*, 8 Vill. Envtl. L. J. (1997), 359 (376 ff.). In Literatur und Rechtsprechung umstritten ist, ob andere Verwaltungseinheiten, wie etwa Counties und Gemeinden, eine Treuhänderstellung aus eigenem Recht (unabhängig von einer Ernennung durch den Gouverneur) erlangen können.

[67] 33 U.S.C. § 2706 (f); 42 U.S.C. § 9607 (f) (1).

Ausführliche Regelungen zur Schadensevaluierung finden sich in den zu CERCLA und OPA erlassenen Verordnungen (regulations), den sog. „Natural Resource Damage Assessment Regulations" (CERCLA Regulations bzw. NRDA-CERCLA und OPA Regulations bzw. NRDA-OPA).[68] Die Verordnungen werden in einem speziellen Erlassverfahren, dem sog. „Rulemaking"-Verfahren,[69] mit Öffentlichkeitsbeteiligung beschlossen und besitzen in der Regel Außenwirkung. Sie sind integraler Bestandteil der gesetzlichen Regelungen und dienen deren Umsetzung oder Interpretation.[70] Wird die in den CERCLA- bzw. OPA Regulations festgelegte Verfahrensweise befolgt, so besteht für Prozess und Verwaltungsverfahren eine widerlegliche Vermutung für die Rechtmäßigkeit der Ermittlung der Sanierungsmaßnahmen.[71] Zwar weisen OPA und CERCLA viele Parallelen auf, die dazu erlassenen Verordnungen unterscheiden sich jedoch erheblich, worauf sogleich näher einzugehen sein wird.

Die OPA Regulations beinhalten sehr detaillierte Verfahrensvorgaben, welche die Treuhänder bei der Ermittlung und Auswahl möglicher Sanierungsalternativen lenken. Zudem ist eine umfassende Öffentlichkeitsbeteiligung vorgeschrieben. Das Verfahren ist in mehrere Abschnitte untergliedert.[72] Die *preassessment phase*, eine Art Vorphase, dient der Bestimmung der Zuständigkeit des Treuhänders und der Entscheidung über die Notwendigkeit der Durchführung eines NRDA-Verfahrens.[73] Sodann folgt die sog. *restoration planning phase*, die der Bestimmung des Ausmaßes der Schädigung natürlicher Ressourcen und Funktionen (injury assessment) und der Auswahl der durchzuführenden Wiederherstellungsmaßnahmen (restoration selection) dient.[74] Ergebnis dieses Verfahrensabschnitts ist die Aufstellung eines Sanierungsplans (restoration plan).[75] Der Sanierungsplan wird schließlich in der Umsetzungsphase (restoration implementation phase) durch den oder die Treuhänder oder die privaten Sanierungsverantwortlichen umgesetzt.[76] Die OPA Regulations waren Vorbild für Anhang II Nr. 1 UH-RL, jedoch orientiert sich dieser vorwiegend am materiellrechtlichen Gehalt der Regelungen.

---

[68] Natural Resource Damage Assessment Regulations zum CERCLA: Department of the Interior, Office of the Secretary, 43 C.F.R. 11, 59 Fed. Reg. S. 14262 ff. (25.3.1994); OPA: Department of Commerce, National Oceanic and Atmospheric Agency, 15 C.F.R. § 990, 61 Fed. Reg. S. 440 ff. (5.1.1996).

[69] Das Verfahren ist im Administrative Procedure Act (APA), 5 U.S.C. § 553 geregelt. Statt des Begriffes „regulation" wird dort häufig der Begriff „rule" genannt; vgl. zum „rulemaking" *Brugger*, Öffentliches Recht der USA, S. 233 ff.

[70] 5 U.S.C. § 551 (4); vgl. *Brugger*, Öffentliches Recht der USA, S. 233, *Wolfrum/Langenfeld*, Internationales Haftungsrecht, S. 273 f.

[71] 42 U.S.C. § 9607 (f) (2) (C); 33 U.S.C. § 2706 (e) (2) und 15 C.F.R. § 990.13.

[72] Vgl. dazu *Seevers*, 53 Wash & Lee L. Rev. 1513 (1538 ff.).

[73] 15 C.F.R. § 990.40 ff. Die Entscheidung über die Eröffnung eines Verfahrens wird in einer *notice of intent to conduct restoration planning* bekannt gegeben.

[74] 15 C.F.R. § 990.50 ff.

[75] 15 C.F.R. § 990.55.

[76] 15 C.F.R. § 990.60 ff. Gerade bei größeren Unglücken sind zumeist mehrere Treuhänder sowohl der Bundes- als auch der Staatenebene am Verfahren beteiligt; vgl. das Beispiel des Amazon Venture Oil Spill, dargestellt bei *Mazzotta/Opaluch/Grigalunas*, 34 Nat. Res. J. (1994), 153 (158 ff.).

III. Schadenersatz für die Beeinträchtigung natürlicher Ressourcen – vom Wertersatz zur Naturalrestitution

Das heutige Konzept der OPA Regulations zum Ausgleich der Schädigung natürlicher Ressourcen ist das Ergebnis eines langwierigen Entwicklungsprozesses. In den 1970er Jahren erkannten die US-Gerichte in einer Reihe von Entscheidungen ein Recht des Staates an, aufgrund seiner Treuhandstellung gemäß der *public trust doctrine* wegen schwerwiegender Beeinträchtigungen der Natur auch Schadenersatz zu verlangen. Die Entscheidung *Commonwealth of Puerto Rico v. SS Zoe Colocotroni*[77] war bahnbrechend in der Frage des Umfangs möglicher Schadenersatzforderungen.[78] Der Fall befasst sich mit der Schädigung eines nahezu unberührten, mit Mangroven bewachsenen Gebietes in der Bahia Sucia Bucht an der Küste Puerto Ricos durch 5.000 Tonnen Rohöl aus dem Tanker SS Zoe Colocotroni. Nach dem traditionellen *common law* bemisst sich der Schadenersatz bei der Beschädigung von Grundstücken gemäß der sog. *diminution in value-rule* anhand der Wertdifferenz des Grundstückes vor und nach der schädigenden Handlung. Stattdessen kann der Geschädigte auch den Ersatz angemessener Wiederherstellungskosten verlangen. Diese sind jedoch nach der *„lesser of" rule* durch den Wert des Grundstückes begrenzt, wenn der Geschädigte nicht ein berechtigtes Interesse (reason personal) nachweisen kann.[79] In *Commonwealth of Puerto Rico v. SS Zoe Colocotroni* wurde nun erstmals ein den Grundstückswert um ein Vielfaches übersteigender Schadenersatz für die Schädigung natürlicher Ressourcen zuerkannt.[80] Der District Court stützte die Gewährung von Schadenersatz auf die *public trust doctrine*, während der Federal Court of Appeals dies dahinstehen ließ und Schadenersatz auf eine gesetzliche Bestimmung stützen konnte. Die Entscheidung, insbesondere die des Federal Court of Appeals,[81] ist weiterhin wegweisend zur Frage der Berechnung des Schadenersatzes. Bei einer geschädigten Fläche von 20 Morgen Mangrovenwald und einem Marktwert von ca. US-$ 5000 pro Morgen wurden in erster Instanz über US-$ 6 Millionen für bleibende Verluste an Mangroven und Kleinlebewesen gewährt, der Federal Court of Appeals hob die Entscheidung jedoch auf, da diese Berechnungen nicht auf einer tatsächlich beabsichtigten Wiederherstellung, sondern auf rein hypothetische Kosten gestützt seien.

---

[77] 456 F. Supp. 1327 (D. Puerto Rico); 628 F. 2d 652 (1980); cert. denied 450 U.S. 912 (1981).

[78] Vgl. *Findley/Farber*, Environmental Law, S. 799 ff.; *Kadner*, Ersatz ökologischer Schäden, S. 245 ff.; vgl. weiterhin etwa In re Steuart Transportation Company, 495 F. Supp. 38 (E.D. Va. 1980).

[79] Restatement (Second) of Torts § 929 (1) (a); vgl. etwa Lerman v. City of Portland, 675 F. Supp. 11, 18, aff. 879 F. 2d 852 (1st Cir. 1989); Lexington Ins. Co. v. Baltimore Gas and Elec. Co., 979 F. Supp. 360, 361-363; McKinney v. Christiana Community Builders, 229 Cal. App. 3d 611, 280 Cal. Rptr. 242, 245-248.

[80] Commonwealth of Puerto Rico v. SS Zoe Colocotroni, 628 F. 2d 652 (676) (1st Cir. 1980), cert. denied 450 U.S. 912 (1981).

[81] 628 F. 2d 652 (1980).

Die zunächst vom US-Innenministerium im Jahre 1986 zur Schadensbewertung nach dem CERCLA veröffentlichten Regelungen[82] orientierten sich streng an den traditionellen Grundsätzen des *common law*.[83] Nach den CERCLA Regulations (1986) musste der Treuhänder zwischen Wertersatz und Wiederherstellung wählen, letztere kam gemäß der „*lesser-of*" rule nur in Betracht, wenn die Wiederherstellung geringere Kosten verursachte als der Wertersatz in Geld.[84] Weiterhin legte die Verwaltungsverordnung eine Hierarchie der anzuwendenden Bewertungsmethoden fest. Zunächst sollten Methoden zur Ermittlung des Marktwertes geschädigter Ressourcen angewandt werden, falls dies nicht möglich war, sollte eine Schätzung des Marktwertes erfolgen. Erst an letzter Stelle stand die Anwendung marktpreisunabhängiger ökonomischer Bewertungsmethoden wie kontingenter Bewertung (contingent valuation), der Reisekostenmethode (travel cost method) oder des hedonischen Preisansatzes (hedonic pricing).[85] Die kontingente Bewertung ist ein direktes, d.h. umfragebasiertes Verfahren, bei dem die individuelle Zahlungsbereitschaft für eine bestimmte Umweltqualität oder bestimmte Naturgüter durch Befragung der Bevölkerung ermittelt wird. Die Durchführung dieser Befragungen ist sehr kosten- und zeitintensiv.[86] Demgegenüber handelt es sich bei der Reisekostenmethode und dem hedonischen Preisansatz um indirekte Verfahren, welche die Zahlungsbereitschaft für bestimmte Umweltqualitäten nicht durch direkte Befragung ermitteln, sondern diese aus tatsächlich beobachtbarem Verhalten ableiten. So basiert die Bewertung nach der Reisekostenmethode auf Daten zu beispielsweise Reisekosten, Eintrittsgebühren oder den Gebühren für Angellizenzen, die für den Besuch oder die Nutzung einer Ressource – etwa eines Nationalparks – aufgewendet werden.[87] Der hedonische Preisansatz betrachtet Differenzen im Immobilienpreis in Abhängigkeit von der Umweltqualität. Die genannten Methoden und weitere in den USA eingesetzte Verfahren werden in Abschnitt E dieses Kapitels eingehend untersucht.

In der Entscheidung *Ohio v. United States Department of the Interior*[88] erklärte der United States Court of Appeals for the District of Columbia Circuit die genannten Bestimmungen der CERCLA Regulations (1986) jedoch für unvereinbar mit den hinter dem CERCLA stehenden gesetzgeberischen Intentionen. So widerspreche die „*lesser-of*" rule dem Primat der Wiederherstellung.[89] Auch sei die in den CERCLA Regulations vorgesehene Hierarchie der Bewertungsmethoden

---

82   *Department of the Interior*, Office of the Secretary, Natural Resource Damage Assessments, 51 Fed. Reg. 27, 674 (1. Aug. 1986), kodifiziert in 43 C.F.R. Part 11 (1987).

83   Vgl. *Seevers*, 53 Wash & Lee L. Rev. (1996), 1513 (1524 f.).

84   43 C.F.R. § 11.35 (b) (2) (1987).

85   43 C.F.R. § 11.83 (c) und (d) (1987); vgl. zu den Methoden Kapitel 4 E. I. 2.

86   Vgl. *Cross,* 42 Vand. L. Rev. (1989), 269 (315); *Klaphake/Hartje/Meyerhoff,* PWP 2005, 23 (27); *Thüsing,* VersR 2002, 926 (934). Auf diese Weise wird etwa versucht, den Wert eines Seelöwen oder einer Robbenpopulation durch die Frage festzustellen, wie viel der Befragte für deren Erhalt zu zahlen bereit wäre (willingness to pay) oder für welche Summe er bereit wäre, das Gut preiszugeben (willingness to accept).

87   Hierdurch können v.a. Freizeitnutzen bewertet werden.

88   880 F. 2d 432 (D.C. 1989).

89   Ohio v. DOI, 880 F. 2d 432 (459) (D.C. 1989); vgl. *Peck* , 14 J. Land Use & Envtl. Law (1999), 275 (300).

unangemessen, da sie dazu führe, dass in der Regel nur der Marktwert geschädig-ter natürlicher Ressourcen erfasst werde, nicht aber sog. nutzungsunabhängige Werte.[90] Unter Verweis auf die Colocotroni-Entscheidung stellte das Gericht fest, dass natürlichen Ressourcen Werte zukommen, die durch Marktpreise nur unge-nügend abgebildet werden.[91] Schließlich befasste sich das Gericht auch mit der umstrittenen Methode der kontingenten Bewertung, deren Anwendung als zulässig erachtet wurde.[92]

Infolge der Ohio-Entscheidung veröffentlichte das DOI eine Neufassung der CERCLA Regulations.[93] Wie die ursprüngliche Fassung enthält sie detaillierte Vorgaben zur Durchführung des Verwaltungsverfahrens zur Schadensermittlung.[94] Die Bemessung des ersatzfähigen Schadens erfolgt nunmehr im Gegensatz zu den CERCLA Regulations (1986) primär anhand der Wiederherstellungskosten. Als Teil der neuen Regelungen zur Schadensbemessung führte das DOI das Konzept des *compensable value* ein.[95] Dieser wird durch eine ökonomische Bewertung der zwischenzeitlichen Verluste, d.h. der entgangen Leistungen der natürlichen Res-sourcen bis zum Wiedererreichen des Ausgangsniveaus, ermittelt.[96] Der aus-gleichbare Wert wird definiert als

> „amount of money required to compensate the public for the loss in services provided by the injured resources between the time of the discharge or release and the time the resources and the services those resources provided are fully returned to their base-line conditions."[97]

Der *compensable value* setzt sich aus dem Nutzungswert (use value) und dem Nichtnutzungswert (nonuse value) zusammen. Während der Nutzungswert den Wert der direkten oder indirekten Nutzung der Leistungen natürlicher Ressourcen durch die Öffentlichkeit, z.B. durch wirtschaftliche Nutzung oder zu Freizeitzwe-cken wie Schwimmen oder Angeln oder die Filterung von Grundwasser be-schreibt, umfasst der Nichtnutzungswert etwa den Existenz- oder Vermächtnis-wert natürlicher Ressourcen.[98] Der *compensable value* wird als Schadenersatz in Geld eingeklagt, seine Geltendmachung steht im Ermessen des Treuhänders.[99]

---

[90]   Ohio v. DOI, 880 F. 2d 432 (463 f.) (D.C. 1989). So führe die Hierarchie der Bewer-tungsmethoden etwa dazu, dass der Wert einer Pelzrobbe entsprechend dem Marktpreis für ein Robbenfell mit US-$ 15 angesetzt werden müsse.

[91]   Ohio v. DOI, 880 F. 2d 432 (462-463) (D.C. 1989): „natural resources have values that are not fully captured by the market system"; vgl. *Mazzotta/Opaluch/Grigalunas*, 34 Nat. Res. J. (1994), 153 (154).

[92]   Ohio v. DOI, 880 F. 2d 432 (474 ff.; 477) (D.C. 1989). Das Gericht stellt fest, dass die kontingente Bewertung die „best available procedure" im Sinne des CERCLA sei und bei richtiger Anwendung auch nicht zu einer Überbewertung der geschädigten Ressour-cen führe.

[93]   59 Fed. Reg. 14, 262 (25. 4.1994); kodifiziert in 43 C.F.R. §§ 11.10-11.93.

[94]   Vgl. dazu etwa *Zaepfel*, 8 Vill. Envtl. L. J. (1997), 359 (398).

[95]   43 C.F.R. § 11.83 (c) (1).

[96]   *Klaphake/Hartje/Meyerhoff*, PWP 2005, 23 (27).

[97]   43 C.F.R. § 11.83 (c) (1) S. 1.

[98]   43 C.F.R. § 11.83 (c) (1) S. 2; siehe dazu Kapitel 3 C. IV. 1.

[99]   43 C.F.R. § 11.80 (b) S. 3.

In der Praxis zeigten sich die Schwächen des Ansatzes der CERCLA Regulations. So ist vor allem der Einsatz der kontingenten Bewertung weiterhin umstritten und war bereits Gegenstand intensiver juristischer Auseinandersetzungen.[100] Die Methode wird als nicht hinreichend präzise für ein Haftungsregime kritisiert, die ermittelten Schadenssummen seien aufgrund der potenziell großen Zahl der Zahlungsbereiten unkalkulierbar, die Durchführung der erforderlichen Befragungen äußerst kostenintensiv und langwierig.[101] Weiterhin sei bei monetärer Bewertung des *compensable value* nicht gesichert, dass alle durch die Treuhänder geplanten Wiederherstellungsmaßnahmen finanziert werden können. Außerdem liefere die Monetarisierung keine Information über die effiziente Verwendung der Schadenssumme auf der Ebene der natürlichen Ressourcen.[102]

Aufgrund der genannten Defizite wurde Mitte der 1990er Jahre ein klarer Reformbedarf gesehen, um die Anwendung umstrittener ökonomischer Methoden bei der Bewertung des *natural resource damage* zu reduzieren.[103] Nach der seit 1996 geltenden Fassung der OPA Regulations[104] ist die Schadensberechnung ausschließlich auf der Basis von Wiederherstellungskosten durchzuführen. In der Entscheidung *General Electric v. United States Department of Commerce*[105] heißt es hierzu:

> „The final rule reflects NOAA´s determination to accomplish the OPA´s goals through a restoration-based approach, focusing not merely on assessing environmental damages – the approach taken by CERCLA – but on developing and implementing plans for restoring and rehabilitating damaged resources or services.“[106]

Auch zwischenzeitliche Nutzenverluste werden nunmehr durch Maßnahmen der sog. kompensatorischen Sanierung (compensatory restoration) in natura ausgeglichen. Diese stellen zusätzliche Ressourcen und Leistungen zur Verfügung; der notwendige Sanierungsumfang soll primär mittels naturschutzfachlicher Bewer-

---

[100] *Thompson*, 32 Envtl. L. (2002), 57 (70 ff.).

[101] Vgl. etwa *Cross*, 24 U. Tol. L. Rev.(1993), 319; Note, 105 Harv. L. Rev. (1992), 1981 (1982):
„CV (Contigent Valuation) measurements of non-use values are so speculative that the cost of using CV to assess damages to natural resources almost always outweighs the benefits.“
a.A. etwa *Montesinos*, 26 Ecology L. Q. (1999), 48 (72-77); auch ein von NOAA eingesetztes Expertengremium sprach sich für den Einsatz kontingenter Bewertung unter Einhaltung gewisser Verfahrensstandards aus, vgl. *Thompson,* 32 Envtl. L. (2002), 57 (64) unter Verweis auf 59 Fed. Reg. 4601 (4602), Release of Contingent Valuation Methodology Report vom 15.1.1993.

[102] *Mazzotta/Opaluch/Grigalunas*, 34 Nat. Res. J. (1994), 153 (167).

[103] *Klaphake/Hartje/Meyerhoff*, Ökonomische Bewertung, S. 16.

[104] Natural Resource Damage Assessments, Department of Commerce, NOAA, 61 Fed. Reg. 400 ff. (5.1.1996), kodifiziert in 15 C.F.R. Part 990.

[105] 128 F. 3d 767 (D.C. Cir. 1997).

[106] 128 F. 3d 767 (770) (D.C. Cir. 1997).

tungsverfahren ermittelt werden.[107] § 990.14 (c) NRDA-OPA sieht eine Beteiligung der Sanierungsverantwortlichen bei der Ermittlung von Sanierungsmaßnahmen vor. Diese ist jedoch abhängig vom Einzelfall und kann von der bloßen Anhörung bis hin zur engen Zusammenarbeit bei der Entwicklung des Sanierungsplans reichen. Durch die Beteiligung der Verantwortlichen sollen teure Parallelstudien und Verzögerungen der Sanierung durch Gerichtsverfahren vermieden werden.[108]

Nach den bisherigen Erfahrungen in Rechtsprechung und Verwaltung stößt dieser Ansatz auf weitaus größere Akzeptanz und ist leichter handhabbar als die Schadensbewertung mittels ökonomischer Methoden.[109] Der in den OPA Regulations verfolgte Ansatz beeinflusste auch die Praxis der Schadensbewertung in CERCLA-Fällen, bei denen bereits mehrfach das neue Regelwerk der OPA Regulations Anwendung fand.[110] Anzumerken ist, dass hinsichtlich der Bewertung von Naturgüterschäden in den USA relativ wenig Rechtsprechung existiert, da die meisten Verfahren im Wege des Vergleichs beigelegt werden.[111]

C. Natural Resource Damage Assessment – Ermittlung, Bewertung und Sanierung von Naturgüterschäden nach den OPA Regulations

Im Folgenden werden nun die Vorgaben der OPA Regulations eingehend analysiert, die Vorbild für das Wiederherstellungsschema des Anhangs II Nr. 1 UH-RL waren. Dabei gilt es zunächst, das dem US-Recht zugrunde liegende Kompensationsverständnis zu beleuchten. Als Basis für die nachfolgende vergleichende Betrachtung werden sodann die Sanierungsvorgaben im Detail untersucht. Ziel der Sanierung nach den OPA Regulations ist es, die infolge der Freisetzung oder der Gefahr einer Freisetzung von Öl geschädigte Umwelt wiederherzustellen und den entstandenen Wohlfahrtsverlust der Bevölkerung auszugleichen. Dies geschieht durch die Wiederherstellung des Ausgangszustands der geschädigten Ressourcen und Leistungen und durch den Ausgleich der zwischenzeitlichen Verluste an Ressourcen und Funktionen vom Zeitpunkt der Beeinträchtigung bis zur vollständigen Wiederherstellung der geschädigten Ressourcen.[112]

---

[107] 15 C.F.R. § 990.53 (d); vgl. *Thompson*, 32 Envtl. L. (2002), 57 (66 f.); *Penn*, NRDA-Regulations, S. 1. Der Erlass der NRDA-OPA fand unter umfangreicher Öffentlichkeitsbeteiligung statt, insgesamt währte das Rulemaking-Verfahren nahezu sechs Jahre.

[108] Siehe dazu im Einzelnen *Brans*, Liability, S. 145 ff.

[109] Vgl. etwa United States v. Fisher (Fisher II), 977 F. Supp. 1193, 1202 (S.D. Fla. 1997); United States v. Great Lakes Dredge & Dock Co., 1999 U.S. Dist. Lexis 17612.

[110] *Kokott/Klaphake/Marr*, Ökologische Schäden und ihre Bewertung, S. 256.

[111] *Murray/McCardell/Schofield*, 5 Envtl. Law. (1999), 407 (432); *Thompson*, 32 Envtl. L. (2002), 57 (70).

[112] 15 C.F.R. § 990.10 S. 2.

I. Sanierungsziele und Kompensationsverständnis

Essentiell für das Verständnis der Sanierungsbestimmungen der OPA Regulations ist der hinter diesen Normen stehende grundsätzliche Kompensationsgedanke. Wie bereits dargestellt, wurzeln die Regelungen des CERCLA und OPA unter anderem in der *public trust doctrine* und inkorporieren deren allgemeine Prinzipien, die somit auf alle Treuhänder Anwendung finden.[113] Auch wenn die Doktrin nunmehr ökologische Werte schützt, bleibt sie doch eine Theorie zum Schutz öffentlicher Interessen, die darauf abzielt, den Nutzen der Öffentlichkeit an natürlichen Ressourcen zu sichern.[114] Nach der *public trust doctrine* werden die zuständigen Behörden als Treuhänder daher stets im Interesse der Bevölkerung und ihrer Wertschätzung natürlicher Ressourcen tätig, nicht aber im Interesse und im Auftrag der Ressource selbst.[115] So wurde denn auch die Ablehnung der *„lesser-of"* rule und die Ausweitung des Schadenersatzes auf Wiederherstellungskosten, die den Marktwert der geschädigten Ressourcen übersteigen, in der Ohio-Entscheidung damit begründet, dass andernfalls eine Unterkompensation für die Öffentlichkeit eintrete. Zwar sei der hinter der *„lesser-of"* rule stehende Gedanke einer ökonomisch effizienten Kompensation legitim, d.h. einer Kompensation zu möglichst niedrigen Kosten,[116] jedoch kämen natürlichen Ressourcen Werte zu, die mit traditionellen Mitteln nur ungenügend zu erfassen seien.[117]

Das Ziel der Kompensation der Öffentlichkeit findet sich auch in der Definition des *compensable value* nach den CERCLA Regulations (1994):

> „Compensable value *is the amount of money required to compensate the public* for the loss in services provided by the injured resources (...)."[118]

Darüber hinaus fassen die OPA Regulations die Zielbestimmung weiter, die Wiederherstellung der geschädigten Ressourcen erfolgt demnach auch um der Umwelt selbst willen:

> „The goal of the Oil Pollution Act of 1990 (OPA) (...) is to make *the environment and public* whole for injuries to natural resources and services."[119]

Der Wohlfahrtsverlust der Bevölkerung soll nach den OPA Regulations auch bzgl. der zwischenzeitlichen Verluste durch die *compensatory restoration* unmittelbar

---

[113] *Eggert/Chorostecki*, 45 Baylor L. Rev. (1993), 291 (297); *Seevers*, 53 Wash & Lee L. Rev. (1996), 1513 (1522).

[114] *Seevers*, 53 Wash & Lee L. Rev. (1996), 1513 (1556); *Mazzotta/Opaluch/Grigalunas*, 34 Nat. Res. J. (1994), 153 (165).

[115] *Mazzotta/Opaluch/Grigalunas*, 34 Nat. Res. J. (1994), 153 (156).

[116] Dazu ausführlich *Seevers*, 53 Wash & Lee L. Rev. (1996), 1513 (1520 f.).

[117] Ohio v. Department of the Interior, 880 F. 2d 432 (456 f.):
„The fatal flaw of Interior's approach, however, is that it assumes that natural resources are fungible goods, just like any other, and that the value to society generated by a particular resource can be accurately measured in every case (...)."

[118] 43 C.F.R. § 11.83 (c) (1) (Hervorhebung durch Verf.).

[119] 15 C.F.R. § 990.10 Purpose (Hervorhebung durch Verf.).

auf der Ebene der Leistungen der geschädigten Ressourcen ausgeglichen werden, Geldersatz ist nicht mehr vorgesehen.[120]

II. Schädigung, Zerstörung oder Verlust natürlicher Ressourcen

Erster Schritt der Sanierungsplanung (restoration planning) nach den OPA Regulations ist die Feststellung von Art und Ausmaß der Schädigung (injury assessment). Es gilt zu ermitteln, ob eine sanierungsbedürftige Schädigung eingetreten ist (injury determination), ob die Schädigung Folge der Einwirkung von Öl war und ob eine Kausalität zwischen Freisetzung und Beeinträchtigung festgestellt werden kann. Weiterhin ist das Ausmaß der Schädigung festzustellen (quantification).[121]

1. Schutzgut natürliche Ressourcen

Nach § 1002 (b) (2) OPA haftet der Verantwortliche auf Schadenersatz für *„injury to, destruction of, loss of, or loss of use of, natural resources"*, also die Schädigung, Zerstörung oder den Verlust natürlicher Ressourcen oder den Verlust ihrer Nutzung. Die Definition des Schutzguts der natürlichen Ressourcen in § 1001 (20) OPA ist umfassend und erstreckt sich auf

> „land, fish, wildlife, biota, air, water, ground water, drinking water supplies, and other such resources belonging to, managed by, held in trust by, appertaining to, or otherwise controlled by the United States (…), any State or local government or Indian tribe, or any foreign government".

Mit Breen[122] lassen sich vier Kategorien von natürlichen Ressourcen unterscheiden: Naturgüter, an denen ein Eigentumsrecht des Staates bzw. der weiteren genannten Verwaltungseinheiten oder eines Indianerstamms besteht, Naturgüter, die einem *public trust* unterfallen, Naturgüter, die der Verwaltung oder umweltrechtlichen Kontrolle des Staates unterliegen[123] und sonstige Naturgüter. Nur die ersten drei Kategorien von Naturgütern werden durch das Haftungsregime erfasst.[124]

---

[120] Einen Einblick in das US-amerikanische Sanierungsverständnis gibt auch die Kritik, die *Seevers*, 53 Wash & Lee L. Rev. (1996), 1513 (1556), am neuen Ansatz der OPA Regulations äußert:
„The new approach is not without potential flaws. (…) The potential exists that trustees will focus unduly on the lost services that the injured resource provided to the surrounding resources and the ecosystem, rather than on the loss to the public."

[121] 15 C.F.R. § 990.51(b) (1); vgl. dazu *Penn*, NRDA-Regulations, S. 3.

[122] *Breen*, 14 ELR (1984), 10304 (10305 ff).

[123] *Ward*, Land Resources & Envtl. L. (1998), 99 (103) führt das Beispiel privater Wattflächen an, deren Eigentümer aufgrund Gesetzes verpflichtet ist, der Allgemeinheit Zutritt zu gewähren.

[124] Ohio v. Department of the Interior, 880 F. 2d 432 (461) (D.C. Cir. 1989) bzgl. CERCLA und dessen weitestgehend wortgleicher Definition in § 101 (16). Vgl. auch *Seibt*, Zivilrechtlicher Ausgleich, S. 72; *Ward*, Land Resources & Envtl. L. (1998), 99 (103).

Natürliche Ressourcen in staatlichem Eigentum oder unter staatlicher Verwaltung sind unabhängig vom Bestehen eines *public trust* im Sinne des *common law* Basis der Treuhänderstellung nach dem OPA.[125] Hinsichtlich der in staatlichem Eigentum stehenden Naturgüter wird nicht vorausgesetzt, dass diese unter Naturschutz stehen, erfasst werden z.b. auch Militärflächen und Stauseen. Der Begriff „natural resources" schließt somit nahezu alle Natur- und Umweltgüter ein, sofern die Ressourcen im Eigentum des Staates oder unter dem erforderlichen Maß an staatlicher Verwaltung oder Kontrolle stehen.[126] Lediglich für die Beeinträchtigung von Naturgütern, an denen ausschließlich Individualrechte Privater bestehen, können keine *natural resource damages* geltend gemacht werden.[127] Allerdings räumt § 1002 (b) (2) OPA Privaten Schadenersatz für die Beeinträchtigung beweglichen und unbeweglichen Vermögens sowie den Verlust von Mieteinnahmen oder Gewinnen infolge der Beeinträchtigung von Naturgütern ein.[128] Demgegenüber ist die Geltendmachung von Schadenersatz für allgemeingutsbezogene Aspekte den Treuhändern vorbehalten.[129]

2. *Verletzung von Schutzgütern*

Die Verletzung des geschützten Rechtsguts definiert § 990.30 NRDA-OPA wie folgt:

> „Injury means an observable or measurable adverse change in a natural resource or impairment of a natural resource service. Injury may occur directly or indirectly to a natural resource and/or service."[130]

Voraussetzung ist somit das Vorliegen einer beobachtbaren oder messbaren nachteiligen Veränderung einer natürlichen Ressource oder die Beeinträchtigung von Leistungen natürlicher Ressourcen. Es genügt also nicht, dass eine natürliche Ressource mit Öl in Berührung kam (exposure).[131] Ausreichend ist allerdings bereits jede feststellbare qualitative oder quantitative Veränderung,[132] eine be-

---

[125] *Zaepfel*, 8 Vill. Envtl. L. J. (1997), 359 (386 ff.); *Seibt*, Zivilrechtlicher Ausgleich, S. 273.

[126] *Breen*, 14 ELR (1984), 10304 (10305): „nearly anything not man-made"; gleiches gilt für CERCLA und CWA.

[127] Ohio v. Department of the Interior, 880 F. 2d 432 (459) (D.C. Cir. 1989).

[128] *Jones/Tomasi/Fluke*, 20 Harv. Envtl. L. Rev. (1996), 111 (118).

[129] *Breen*, 14 ELR (1984), 10304 (10310 Fn. 85); *Jones/Tomasi/Fluke*, 20 Harv. Envtl. L. Rev. (1996), 111 ff.; Alaska Sport Fishing Ass'n v. Exxon Corp, 34 F. 3d 769 (772) (9th Cir 1994) bzgl. CWA und CERCLA.

[130] Der Begriff *injury* umfasst alle in § 1002 (b) (2) (A) OPA genannten Formen der Beeinträchtigungen; vgl. *NOAA*, Guidance Scaling, S. 1-8.

[131] Natural Resource Damage Assessments – Final Rule, 61 Fed. Reg. (1996), 440 (472).

[132] Natural Resource Damage Assessments – Final Rule, 61 Fed. Reg. (1996), 440 (447): „Injury is defined as an observable (i.e., qualitative) or measurable (i.e., quantitative) adverse change in a natural resource or impairment of a natural resource service."

stimmte Beeinträchtigungsintensität im Sinne einer Erheblichkeitsschwelle muss nicht vorliegen.[133]

a) Beeinträchtigung natürlicher Ressourcen

Zur Anwendung der NRDA-OPA hat die NOAA mehrere Leitlinien (guidance documents) herausgegeben.[134] Diese benennen als mögliche Kategorien der Beeinträchtigung von Ressourcen nachteilige Veränderungen

- in Überlebensfähigkeit, Wachstum und Fortpflanzung,
- der Gesundheit, Physiologie und des biologischen Zustands,
- des Verhaltens,
- der Zusammensetzung von Lebensgemeinschaften,
- ökologischer Prozesse und Funktionen und schließlich
- physikalischer und chemischer Habitateigenschaften oder Strukturen.[135]

Erfasst werden somit nachteilige Veränderungen der Flora und Fauna aber auch unbelebter natürlicher Ressourcen.

b) Beeinträchtigung der Leistungen natürlicher Ressourcen

Doch nicht nur die Schädigung der Ressourcen selbst, sondern auch die dadurch verursachte Beeinträchtigung ihrer Leistungen für die Öffentlichkeit (services to the public/human services) wird durch die OPA Regulations erfasst.[136] Das US-amerikanische Haftungsrecht verwendet den Terminus *„natural resource services"*, also „Leistungen" einer natürlichen Ressource. Diese sind von den Funktionen (ecosystem functions) zu unterscheiden, die im angelsächsischen Raum ausschließlich die innerhalb eines Ökosystems ablaufenden biophysikalischen Prozesse beschreiben.[137] Funktionen können unabhängig von menschlicher Nutzung oder Wertschätzung charakterisiert werden, als Beispiel können etwa die Funktion eines Feuchtgebietes als Habitat für Wasservögel und Fische oder der Kohlenstoffkreislauf genannt werden.[138] Demgegenüber bezeichnet der Terminus *services* die günstigen Ergebnisse der Ökosystemfunktionen – etwa bessere Bedingungen für Jagd und Fischfang oder saubereres Wasser – die stets einer Interaktion mit dem Menschen oder zumindest der Wertschätzung durch den Menschen bedürfen, gleichwohl aber mit naturwissenschaftlichen Begriffen ausgedrückt werden können, etwa der Wasserqualität.[139] Diese Differenzierung findet sich auch in der Definition des § 990.30 NRDA-OPA wieder:

---

[133] Natural Resource Damage Assessments – Final Rule, 61 Fed. Reg. (1996), 440 (472); *Penn*, NRDA-Regulations, S. 3; *Kokott/Klaphake/Marr*, Ökologische Schäden und ihre Bewertung, S. 250; *Seevers*, 53 Wash & Lee Law Rev. (1996), 1513 (Fn. 183).

[134] Abrufbar unter: http://www.darp.noaa.gov/library/1_d.html. Die Leitlinien sollen in erster Linie Treuhändern eine Hilfestellung bei der Durchführung von Sanierungsverfahren geben.

[135] *NOAA*, Guidance Injury Assessment, S. 1-8 f.

[136] *NOAA*, Guidance Injury Assessment, S. 1-8 f.

[137] *Kokott/Klaphake/Marr*, Ökologische Schäden und ihre Bewertung, S. 360.

[138] *King*, Ecosystem Services, S. 4.

[139] *King*, Ecosystem Services, S. 4.

„Services (or natural resource services) means the functions performed by a natural resource for the benefit of another natural resource and/or the public."

Hier wird abermals das den US-amerikanischen Regelungen zugrundeliegende Verständnis natürlicher Ressourcen deutlich. Diese werden im amerikanischen Rechtskreis allgemein als die Einzelbestandteile der natürlichen Umwelt verstanden, die der menschlichen Gesellschaft ökonomische und soziale Leistungen zur Verfügung stellen. Naturgüter werden als natürliches Kapital (natural assets/natural capital) angesehen, das ebenso wie Industriegüter (manufactured assets) über eine bestimmte Zeitspanne hinweg Leistungen von gesellschaftlichem Wert zur Verfügung stellen kann.[140] Während der Ansatz traditionell auf ein Verständnis natürlicher Ressourcen als Rohstofflieferanten begrenzt war, wurde in den letzten Jahrzehnten zunehmend erkannt, dass Ökosysteme noch weitaus mehr Nutzen für die Gesellschaft bringen, so dass nunmehr auch deren ökologische Funktionen und auch der einem Ökosystem aufgrund seiner bloßen Existenz zukommende Wert (existence value) umfasst werden.[141]

Die OPA Regulations unterscheiden daher zwei Kategorien von Leistungen: Leistungen zugunsten einer anderen natürlichen Ressource (ecological services) und Leistungen zugunsten des Menschen (human services). Hinsichtlich der ersten Kategorie nennen die NRDA-OPA die physikalischen, chemischen oder biologischen Funktionen, die eine natürliche Ressource einer anderen zur Verfügung stellt. Als Beispiel werden etwa die Bereitstellung von Nahrung und Nistplätzen oder der Schutz vor Räubern genannt. Beispiele für Leistungen zugunsten des Menschen sind etwa die Möglichkeit zu verschiedenen Freizeitnutzungen wie Fischen, Bootfahren und Wandern, aber auch indirekte Leistungen wie die Luft- und Wasserreinhaltung oder die Verhinderung von Überschwemmungen.[142]

III. Ermittlung von Sanierungsalternativen

Nachdem Art und Ausmaß der Schädigung festgestellt wurden, sind die in Frage kommenden Sanierungsalternativen zu ermitteln. § 990.30 NRDA-OPA unterscheidet Maßnahmen der primären Sanierung (primary restoration) und solche der kompensatorischen Sanierung (compensatory restoration):

„Restoration means any action (...) to restore, replace or acquire the equivalent of injured natural resources and services. Restoration includes:

(a) Primary restoration, which is any action, including natural recovery, that returns injured natural resources to baseline; and

---

[140] *NOAA*, Guidance Scaling, S. 2-1. Dieser Ansatz stimmt mit der ökonomischen Interpretation von Leistungen überein, vgl. *Boyd*, Insurance US, S. 21; *Klaphake/Hartje Meyerhoff*, Ökonomische Bewertung, S. 8.

[141] *Peck*, 14 J. Land Use & Envtl. L. (1999), 275 (277 f.); *Cross,* 42 Vand. L. Rev. (1989), 269 (285 ff.).

[142] *NOAA*, Guidance Scaling S. 1-9; *Seevers*, 53 Wash & Lee L. Rev. (1996), 1513 (1555).

(b) Compensatory restoration, which is any action taken to compensate for interim losses of natural resources and services that occur from the date of the incident until recovery."

Ziel der Primärsanierung ist die Wiederherstellung des Ausgangszustands der geschädigten Ressourcen und Funktionen. Diese kann durch natürliche Erholung der geschädigten Ressourcen, aktive Wiederherstellungsmaßnahmen oder den Erwerb gleichwertiger natürlicher Ressourcen erfolgen.[143] Die kompensatorische Sanierung dient dem Ausgleich der zwischenzeitlichen Nutzenverluste, die bis zur vollständigen Regeneration der betroffenen Naturgüter entstehen. Sie erfolgt durch die Schaffung zusätzlicher natürlicher Ressourcen und Leistungen. Jede Sanierungsalternative setzt sich nach § 990.53 (a) (2) NRDA-OPA jeweils aus Maßnahmen der primären und kompensatorischen Sanierung zusammen.

1. Ausgangszustand

Bezugsgröße für die Feststellung des Schadensumfangs und der notwendigen Sanierungsmaßnahmen ist der Ausgangszustand der geschädigten Ressourcen und Funktionen (baseline condition). Dieser beschreibt nach § 990.30 NRDA-OPA den hypothetischen Zustand, der ohne das schädigende Ereignis bestehen würde:

„Baseline means the condition of the natural resources and services that would have existed had the incident not occurred."

Informationen, die zur Bestimmung des Ausgangszustands herangezogen werden können, sind etwa regelmäßig in dem betroffenen Gebiet vor und nach dem schädigenden Ereignis erhobene Daten, historische Daten, Referenz- und Kontrolldaten, Erhebungen auf nicht betroffenen Vergleichsflächen sowie der Zustand des beeinträchtigten Gebietes, nachdem sich bestimmte Ressourcen und Funktionen regeneriert haben.[144] In der Praxis besteht häufig das Problem, dass keine verlässlichen Daten über den Zustand vor Eintritt des schädigenden Ereignisses vorhanden sind. Auch unmittelbar nach Schadenseintritt feststellbare Daten – wie etwa die Anzahl der durch einen Ölunfall getöteten Vögel – können ungenau sein, da möglicherweise ein Teil der Kadaver untergeht oder von Aasfressern verzehrt wird.[145] Weiterhin unterliegen natürliche Ressourcen konstanter Veränderung, so dass es schwierig sein kann, die Entwicklung der Ressource ohne das schädigende Ereignis vorherzusagen.[146] Daher kann der Ausgangszustand auch nicht ohne weiteres mit dem Zustand vor Schadenseintritt gleichgesetzt werden.[147] Sind schließlich Populationen beeinträchtigt, die einer sehr hohen natürlichen Fluktuation

---

[143] 15 C.F.R. § 990.30.
[144] 15 C.F.R. § 990.30:
„Baseline data may be estimated using historical data, reference data, control data, or data on incremental changes (e.g. number of death animals), alone or in combination, as appropriate."
Vgl. dazu *NOAA*, Guidance Scaling, S. 1-7.
[145] *Mazzotta/Opaluch/Grigalunas*, 34 Nat. Res. J. (1994), 153 (163).
[146] Vgl. dazu die Rechtssache Idaho v. Southern Refrigerated Transport Inc., No. 88-1279, 1991 W.L. 22479 (D. Idaho 1991); *Cross*, 24 U. Tol. L. Rev. (1993), 319 (333 f.).
[147] *Desvousges/Lutz*, 42 Ariz. L. Rev. (2000), 411 (416).

unterliegen, kann u.U. nicht mit Sicherheit festgestellt werden, ob und inwieweit sich eine natürliche Ressource nach einem schädigenden Ereignis erholt hat.[148]

2. Primäre Sanierung

Wie sich aus der Bestimmung des Begriffs *restoration* ergibt, ist die Sanierung nicht auf die Wiederherstellung der geschädigten Ressource an sich beschränkt. Sie kann vielmehr auch durch die Schaffung eines Äquivalents der beeinträchtigten Ressourcen und Leistungen erfolgen. Der Erwerb gleichwertiger Ressourcen durch den Treuhänder wird ebenfalls als Maßnahme der primären Sanierung erachtet.[149] Für die Primärsanierung stehen verschiedene technische Optionen zur Verfügung, § 990.53 (b) NRDA-OPA unterscheidet die natürliche Wiederherstellung und die aktive Primärsanierung. Natürliche Wiederherstellung bedeutet eine Regeneration ohne menschliches Eingreifen im Anschluss an die Maßnahmen der unmittelbaren Gefahrenbeseitigung.[150] Sie ist insbesondere bei der Sanierung von Ökosystemen in Erwägung zu ziehen, die gegenüber Maschineneinsatz und anderen physischen Störungen sensibel sind. Bei diesen kann etwa der Versuch, freigesetztes Öl maschinell zu beseitigen, größeren Schaden verursachen als die durch die Verschmutzung selbst bedingten Beeinträchtigungen.[151] Bei der aktiven Primärsanierung sind verschiedene Grade der Eingriffsintensität zu unterscheiden. Sie reicht von der Wiederherstellung physikalischer, chemischer oder biologischer Rahmenbedingungen bis hin zu einer vollständigen Neuanlage geschädigter Habitate.[152] Ein Beispiel für beschränktes Eingreifen ist die Anpflanzung von Gräsern, welche die weitere Erosion einer Küstendüne verhindern. Die Nachbildung kompletter Ökosysteme ist hingegen relativ unüblich, wird aber etwa bei bestimmten Gewässerstrukturen eingesetzt.[153]

3. Kompensatorische Sanierung

a) Grundsätze

Maßnahmen der kompensatorischen Sanierung (compensatory restoration) dienen dem Ausgleich der zwischenzeitlichen Verluste (interim losses) an Ressourcen und deren Leistungen vom Zeitpunkt der Schädigung bis zur vollständigen Regeneration der beeinträchtigten Ressourcen und Funktionen.[154] Zwischenzeitliche

---

[148] *Mazzotta/Opaluch/Grigalunas*, 34 Nat. Res. J. (1994), 153 (164) nennen das Beispiel einer Seevogelkolonie von mehreren Millionen Tieren, von denen 5000 infolge eines Ölunfalls getötet werden. Möglicherweise aber übersteigt die natürliche Fluktuation die Mortalität infolge des Unfalls um mehrere Größenordnungen.

[149] Vgl. 15 C.F.R. § 990.53 (d) (1) S. 2; *NOAA*, Guidance Scaling, S. VI und S. 2-12.

[150] 15 C.F.R. § 990.53 (b) (2).

[151] *Cross*, 24 U. Tol. L. Rev. (1993), 319 (335 f.); *MEP/eftec*, Valuation and Restoration, S. 28: Ein Beispiel für derartige hochsensible Ökosysteme sind Salzmarschen.

[152] Vgl. 15 C.F.R. § 990.53 (b) (3).

[153] *MEP/eftec*, Valuation and Restoration, S. 28; *Cross*, 42 Vand. L. Rev. (1989), 269 (299 f.) weist auf die Schwierigkeit hin, den vorherigen Zustand eines Ökosystems zu reproduzieren, da dieser womöglich das Produkt einer über mehrere Generationen dauernden Entwicklung war.

[154] 15 C.F.R. § 990.53 (c)

Verluste sind durch die langen Entwicklungszeiten von Biotopen bedingt. Die vollständige Wiederherstellung eines Biotops bzw. die Entwicklung einer gleichwertigen Ersatzressource kann Jahrzehnte oder auch Jahrhunderte in Anspruch nehmen,[155] in der Zwischenzeit werden nur eingeschränkt Leistungen zur Verfügung gestellt. Je länger es dauert, bis die geschädigte Ressource ihren Ausgangszustand wieder erreicht hat, desto größer ist das Ausmaß des Interimsschadens.

Durch Maßnahmen der kompensatorischen Sanierung sollen *zusätzliche* Ressourcen und/oder Leistungen zur Verfügung gestellt werden, deren Wert dem des zwischenzeitlichen Nutzenverlusts entspricht.[156] Es bestehen zwei Möglichkeiten der kompensatorischen Sanierung, die Wiederherstellung der Leistungsfähigkeit der geschädigten Ressourcen über den Ausgangszustand hinaus oder die Schaffung zusätzlicher Leistungen an anderer Stelle.[157] Hierbei dürfen Leistungen niemals als abstrakte Vorgänge losgelöst von natürlichen Ressourcen gesehen werden. Denn die Leistungen können immer nur gleichzeitig mit der sie zur Verfügung stellenden Ressource (wieder-)hergestellt werden.[158]

Bei der Ermittlung der zur Verfügung stehenden Maßnahmen der kompensatorischen Sanierung sind nach den NRDA-OPA so weit als möglich zunächst solche zu prüfen, die Ressourcen und Leistungen gleicher Art und Güte und von vergleichbarem Wert (same type and quality and of comparable value) schaffen. Kann auf diese Weise keine ausreichende Anzahl an Sanierungsalternativen ermittelt werden, so sollen Maßnahmen identifiziert werden, mit denen Ressourcen und Funktionen von vergleichbarer Art und Güte (comparable type and quality) hergestellt werden.[159]

b) Räumlich-funktionaler Zusammenhang

Zwar enthalten die NRDA-OPA keine explizite Beschränkung hinsichtlich des möglichen räumlichen Zusammenhangs, diese ergibt sich jedoch bzgl. der vorrangigen gleichartigen Sanierungsmaßnahmen aus dem Erfordernis der Funktions-

---

[155] Beispiele für Entwicklungszeiten: artenarme Gebüsche, Streuwiesen, artenreiche Wiesen: 50-100 Jahre; Auwälder, Knicks: 150-250 Jahre; oligohemerobe (naturnahe) Wälder und Moore: 1.000-10.000 Jahre; vgl. *P. Fischer-Hüftle/A. Schumacher*, in: Schumacher/Fischer-Hüftle, BNatSchG, § 19 Fn. 149.

[156] *Mazzotta/Opaluch/Grigalunas*, 34 Nat. Res. J. (1994), 153 (170).

[157] *Desvousges/Lutz*, 42 Ariz. L. Rev. 411 (415); *Mazzotta/Opaluch/Grigalunas*, 34 Nat. Res. J. (1994), 153 (170).

[158] *NOAA*, Guidance Scaling, S. 3-2.

[159] 15 C.F.R. § 990.53 (c) (2):
„Compensatory restoration actions. To the extent practicable, when evaluating compensatory restoration actions, trustees must consider compensatory restoration actions that provide services of the same type and quality, and of comparable value as those injured. If, in the judgment of the trustees, compensatory actions of the same type and quality and comparable value cannot provide a reasonable range of alternatives, trustees should identify actions that provide natural resources and services of comparable type and quality as those provided by the injured natural resources."
Natural Resource Damage Assessments – Final Rule, 61 Fed. Reg. (1996), 440 (453); *Seevers*, 53 Wash. & Lee L. Rev. (1996), 1513 (1540); *Penn*, NRDA-Regulations, S. 4, zum Wertbegriff siehe unten Kapitel 3 C. IV. 1.

identität (same type), die mit zunehmender Entfernung umso weniger gewährleistet ist.[160] Die Möglichkeit eines Ökosystems, Leistungen tatsächlich zur Verfügung zu stellen, wird nicht nur durch Eigenschaften des Ökosystems, sondern auch durch den Landschaftszusammenhang (landscape context) determiniert. So werden etwa Leistungen wie die Filterung von Nährstoffen oder die Zurückhaltung von Sedimenten durch ein Feuchtgebiet nur erbracht, wenn auf den umliegenden Flächen Nährstoffe ausgeschwemmt werden und Bodenerosion auftritt.[161] Schließlich schränkt das Postulat der ökonomischen Gleichwertigkeit die räumlichen Variationsmöglichkeiten ein, denn wenn Kompensationsmaßnahmen in weiterer Entfernung vom Schadensort durchgeführt werden, kommen sie nicht mehr der eigentlich geschädigten Bevölkerung zugute.[162]

Ein Beispiel für zwischenzeitliche Verluste an Ökosystemfunktionen und -leistungen ist der Fall *U.S. v. Fisher*[163]. Schatzsucher hatten in einem Meeresschutzgebiet eine Fläche von 1,63 acres (0,65 ha) Seegras völlig zerstört, das eine wichtige Rolle für das Ökosystem des Florida Keys Korallenriffs spielt. Die natürliche Wiederbesiedlung der betroffenen Flächen mit Seegras und deren vollständige Wiederherstellung hätte nach wissenschaftlichen Schätzungen ca. 50-100 Jahre in Anspruch genommen. Eine künstliche Wiederanpflanzung wäre aufgrund der besonders strömungsreichen Lage der betroffenen Flächen fehlgeschlagen. Mittels der Habitat-Äquivalenz-Analyse, einem naturschutzfachlichen Bewertungsverfahren,[164] wurde als Ausgleich im Wege der kompensatorischen Sanierung die Herstellung von 1,55 acres (0,63 ha) Seegras an anderer Stelle festgelegt.[165] Die Beklagten hatten die Herstellungskosten i.H.v. US-$ 351.648 zu tragen.[166]

c) Kompensation zwischenzeitlicher Verluste von Erholungsnutzungen

Um das übergreifende Ziel „*to make the public whole*" zu erreichen, müssen jedoch nicht nur die zwischenzeitlichen Verluste ökologischer Leistungen ausgeglichen werden, sondern auch der Umstand, dass die geschädigte Ressource bis zur Wiederherstellung nicht bzw. nur eingeschränkt zu Freizeitzwecken nutzbar ist. Zwischenzeitliche Verluste von Freizeitnutzungen treten etwa im Fall der vorübergehenden Schließung eines Badestrands nach einem Tankerunglück auf. Neben den ökologischen Folgen des Ölunfalls verlieren infolge der Sperrung potentielle Strandbesucher die Möglichkeit, den Strand etwa zum Sonnenbaden,

---

[160] Vgl. *Brans*, Liability, S. 140.

[161] Vgl. *King*, Ecosystem Services, S. 5; siehe dazu auch Kapitel 3 E. I. 1.

[162] *Klaphake/Hartje/Meyerhoff*, Ökonomische Bewertung, S. 18.

[163] 977 F. Supp. 1193 (S.D. Fla. 1997), aff'd. 174 F. 3d 1201 (11th Cir. 1999); vgl. dazu *Thompson*, 32 Envtl. L. (2000), 57 (73 ff.) sowie die unter http://www.darp.noaa.gov/library/12_d.html abrufbaren Fachgutachten.

[164] Siehe dazu Kapitel 3 E. I. 1.

[165] Der zwischenzeitliche Verlust an Leistungen wurde in der Einheit *acre-years* berechnet. Ein *acre-year* beschreibt die Leistung eines *acres* Seegras pro Jahr. Es ergab sich ein auszugleichender Verlust von 44,08 acre-years; vgl. 977 F. Supp. 1193 (1198).

[166] 977 F. Supp. 1193 (1200).

Beachvolleyball oder Schwimmen zu nutzen.[167] Die zwischenzeitlichen Verluste an Leistungen können in der Einheit „Strandnutzertage" (beach user-days) gemessen werden. Zum Ausgleich des Interimsschadens kann der Treuhänder Maßnahmen in Erwägung ziehen, die unmittelbar zusätzliche Nutzungsmöglichkeiten schaffen.[168] Eine kompensatorische Sanierung kann z.b. in der Verbesserung des Zugangs zu anderen öffentlichen Stränden bestehen, wodurch infolge besserer Erreichbarkeit eine entsprechende Anzahl an zusätzlichen Strandnutzertagen geschaffen wird.[169] Auch im Falle des Verlustes vielfältiger menschlicher Nutzungsmöglichkeiten kann es jedoch kosteneffektiver sein, sich bei der Sanierung auf die ökologischen Leistungen vor Ort zu konzentrieren – wie etwa die Funktion als Nahrungshabitat für Vögel – als auf die Leistungen zugunsten der Öffentlichkeit, die an anderer Stelle auftreten, z.b. die Möglichkeit zur Vogelbeobachtung entlang der Vogelzugstraßen.[170] Letztere werden durch die Wiederherstellung der ökologischen Leistungen ebenfalls wieder zur Verfügung gestellt.

IV. Bestimmung des erforderlichen Sanierungsumfangs

Nachdem die Treuhänder die verschiedenen in Frage kommenden Sanierungsmaßnahmen identifiziert haben, muss für jede der Sanierungsoptionen der erforderliche Sanierungsumfang (scale) ermittelt werden.[171] Die Scaling-Frage stellt sich im Rahmen der OPA Regulations vorwiegend bzgl. der Festlegung des Umfangs der kompensatorischen Sanierung zum Ausgleich der zwischenzeitlichen Nutzenverluste, ferner dann, wenn die primäre Sanierung durch Maßnahmen an anderer Stelle als dem Schadensort durchgeführt werden soll.[172] Entsprechend dem US-amerikanischen Sanierungsverständnis soll hierbei stets auch ein im ökonomischen Sinne gleichwertiger Ausgleich erreicht werden. In dieser Hinsicht unproblematisch ist die Primärsanierung durch Wiederherstellung der geschädigten Ressource selbst, soweit diese nach ihrer Regeneration dieselben Leistungen zugunsten anderer natürlicher Ressourcen und der Öffentlichkeit zur Verfügung stellt wie zuvor.[173] Zur Ermittlung des notwendigen Sanierungsumfangs stehen verschiedene Bewertungsansätze zur Verfügung der *service-to-service approach*, der *value-to-*

---

[167] Vgl. etwa den Fall California v. BP America (American Trader), Case No. 64 63 39 (Cal. Supr. Ct. 8. Dez. 1997), in dem es allerdings um den monetären Ersatz zwischenzeitlicher Verluste ging. Das Gericht setzte den Wert eines Strandtages im Winter in Florida letztlich auf US-$ 13.19 fest; *Thompson*, 32 Envtl. L. (2000), 57 (72).

[168] *NOAA*, Guidance Scalinge, S. 3-1; *Mazzotta/Opaluch/Grigalunas*, 34 Nat. Res. J. (1994), 153 (170).

[169] Hierdurch steigt die Gesamtsumme der Strandtage von Besuchern der betroffenen Region, wodurch der Verlust an Strandtagen infolge der Schließung ausgeglichen wird; vgl. *NOAA*, Guidance Scaling, S. 3-12 ff.

[170] Natural Resource Damage Assessments – Final Rule, 61 Fed. Reg. (1996), 440 (475).

[171] 15 C.F.R. § 990.53 (d) (1) S. 1.

[172] 15 C.F.R. § 990.53 (d) (1) S. 2.

[173] Vgl. *MEP/eftec*, Valuation and Restoration, S. 36. Die Scaling-Frage, die sich hier stellt, ist welche Maßnahmen notwendig sind, um in angemessener Zeit das Ausgangsniveau zu erreichen. *NOAA*, Guidance Scaling, S. 2-12.

value-approach und der *value-to-cost approach*. Während die letztgenannten überwiegend den Einsatz ökonomischer Bewertungsmethoden betreffen, sieht der nach § 990.53 (d) NRDA-OPA vorrangige *service-to-service approach* den Einsatz naturschutzfachlicher Bewertungsverfahren vor.

1. Der Wert natürlicher Ressourcen

Ein grundlegendes ökonomisches Prinzip besagt, dass die menschliche Wertschätzung eines Gutes von dessen Leistungen abhängt.[174] Der Wert eines Ökosystems (ecosystem value) lässt sich in den üblichen volkswirtschaftlichen Begriffen als das Aggregat der Zahlungsbereitschaften aller Individuen für alle Leistungen, die mit den Funktionen des Ökosystems verknüpft sind, beschreiben.[175] Diesem ökonomischen Verständnis folgend definiert § 990.30 NRDA-OPA, den Wert (value) natürlicher Ressourcen wie folgt:

> "Value means the maximum amount of goods, services, or money an individual is willing to give up to obtain a specific good or service, or the minimum amount of goods, services or money an individual is willing to accept to forgo a specific good or service."

Es werden nutzungsabhängige Werte (use values) und nutzungsunabhängige Werte (nonuse values/passive use values) unterschieden.[176] Der Nutzungswert beschreibt den direkten oder indirekten Wert eines Naturgutes für den Menschen. Erfasst werden direkte Nutzungsformen, etwa durch Jagen, Fischerei und Waldbau, aber auch die Erholungsnutzung, die sich z.B. in entsprechenden touristischen Aktivitäten niederschlägt. Der indirekte Wert besteht in den Leistungen natürlicher Ressourcen im Hinblick auf die Leistungsfähigkeit und Aufrechterhaltung von anderen Ökosystemen, die so dem Menschen mittelbar zugute kommen.[177] Beispiele sind ökologische Funktionen in biochemischen Kreisläufen, Hochwasserschutz und Schadstoffsenken.[178] Demgegenüber bestehen nutzungsunabhängige Werte, wenn auch ohne Nutzung eine Wertschätzung der bloßen Existenz eines Naturgutes und seines Erhalts für nachfolgende Generationen vorliegt. Hierzu gehört der sog. Optionswert, also die Möglichkeit einer zukünftigen Nutzung, etwa von bislang unbekannten Heilkräften einer gefährdeten Pflanzenart.[179] Direkte menschliche Nutzungen zu Freizeitzwecken sowie Nichtnutzungswerte sind nach den OPA Regulations explizit Bestandteil des Gesamtwerts eines Naturguts:

> „The total value of a natural resource or service includes the value individuals derive from direct use of the natural resource, for example, swimming, boating, hunting, or bird-watching, as well as the value individuals derive from knowing a natural resource will be available for future generations."[180]

---

[174] *Desvousges/Lutz*, 42 Ariz. L. Rev. (2000), 411 (413 f.).

[175] *King*, Ecosystem Services, S. 2 ff.

[176] Vgl. *NOAA*, Guidance Scaling, S. 2-1 ff.; *Peck*, 14 J. Land Use & Envtl. L. (1999), 275 (280).

[177] *Kokott/Klaphake/Marr*, Ökologische Schäden und ihre Bewertung, S. 21.

[178] *Peck*, 14 J. Land Use & Envtl. L. (1999), 275 (280).

[179] *Cross*, 42 Vand. L. Rev. (1989), 269 (281 ff.); *Kiern*, 24 Mar. Law. 481 (538).

[180] 15 C.F.R. § 990.30.

Das Wertverständnis der OPA Regulations ist anthropozentrisch, da sich der Wert des Naturguts aus seiner Wertschätzung durch den Menschen bzw. die Gesellschaft bestimmt.[181] Der (relative) Wert ergibt sich aus einer auf Präferenzen basierenden Beziehung zwischen dem Menschen als Subjekt und dem Naturgut als Objekt.[182] Vertreter eines ökozentrischen Wertansatzes gehen demgegenüber von sog. Eigenwerten der Natur (intrinsic values) aus, die unabhängig von individuellen menschlichen Präferenzen bestehen und daher auch nicht mittels ökonomischer Methoden messbar sind. Vielmehr werden der Natur selbst Rechte zuerkannt (rights-based approach), eine Schädigung wäre als Verletzung dieser Eigenrechte zu begreifen.[183]

2. Service-to-Service Approach

Das Modell der Naturalkompensation nach den NRDA-OPA basiert auf der Vorstellung, dass die durch den Schaden Betroffenen auf ihr Nutzenniveau vor Schadenseintritt zurückkehren. Jedoch erfolgt der Ausgleich nicht monetär, sondern unmittelbar auf der Ebene der betroffenen Leistungen. Hierzu werden neue oder zusätzliche Leistungen natürlicher Ressourcen bereitgestellt, deren Wertschätzung mit dem entgangenen Nutzen aufgrund des Schadensfalls übereinstimmt.[184] An die Stelle der Berechnung des Schadens in Geld tritt nach dem *resource-to-resource approach* oder *service-to-service approach* der direkte Vergleich verlorener und wiederherzustellender Naturgüter und Nutzungen mittels naturschutzfachlicher Verfahren.[185] Die Leistungsverluste infolge der Beeinträchtigung werden ermittelt und den infolge der Wiederherstellungsmaßnahmen zu erwartenden Leistungsgewinnen gegenüber gestellt.[186]

Voraussetzung für die Anwendbarkeit dieses Konzepts ist eine Vergleichbarkeit der geschädigten Ressource und der Ersatzressource auf der Ebene ökologischer Leistungen bzw. der Leistungen zugunsten der Öffentlichkeit. Entsprechend

---

[181] Vgl. *Peck*, 14 J. Land Use & Envtl. L. (1999), 275 (279).

[182] Vgl. *Brown*, Land. Econ. 60 (1984), 231 (232).

[183] Ein wirklich ökozentrischer Ansatz, der auf der Anerkennung von Eigenrechten der Natur beruht und diese somit zum Rechtssubjekt erhebt, ist bereits erkenntnistheoretisch nicht denkbar. Denn das Rechtssystem ist in jeder Hinsicht vom Menschen definiert und auf den Menschen ausgerichtet, die Natur selbst hingegen nicht in der Lage, ihre Interessen und Rechte zu formulieren und geltend zu machen. Dies schließt aber nicht aus, dass Umweltschutz um seiner selbst willen betrieben werden darf. Ein richtig verstandener anthropozentrischer Ansatz verlangt es, die natürlichen Lebensgrundlagen des Menschen auch unabhängig von ihrem konkreten und unmittelbaren Nutzen für den Menschen zu schützen. Vgl. dazu *Brown*, Land. Econ. 60 (1984), 231 (234); *Epiney*, in: von Mangoldt/Klein/Starck, GG, Art. 20 a, Rn. 24 ff.; *Peck*, 14 J. Land Use & Envtl. L. (1999), 275 (279 ff.); *von Lersner*, NVwZ 1988, 988 ff.; *Kloepfer*, DVBl. 1994, 12 (14).

[184] *Klaphake/Hartje/Meyerhoff*, PWP 2005, 23 (27).

[185] *Seevers*, 53 Wash & Lee L.Rev. (1996), 1513 (1541); *Kokott/Klaphake/Marr*, Ökologische Schäden und ihre Bewertung, S. 248, 257. Ein sehr häufig eingesetztes Verfahren ist die sog. Habitat-Äquivalenz-Analyse (habitat equivalency analysis, HEA), siehe dazu Kapitel 3 E. I. 1.

[186] *NOAA*, Guidance Scaling, S. 2-13 f.; *Klaphake/Lepinat*, UVP-report 2003, 230 (231).

der dem US-amerikanischen Umwelthaftungsrecht zugrunde liegenden ökonomischen Kompensationslogik wird der *service-to-service approach* als abgekürzte ökonomische Bewertung verstanden, bei der lediglich auf den letzten Schritt, die Monetarisierung der Leistungen einer Ressource, verzichtet werden kann, da die Bevölkerung bereit ist, einen Austausch gleichwertiger Ressourcen bzw. Leistungen im Verhältnis eins zu eins (one-to-one trade-off) zu akzeptieren.[187] Hierzu ist die Orientierung an bestimmten Vorrang- bzw. Schlüsselleistungen (key services) erforderlich, welche die geschädigte Ressource charakterisieren.[188] Die Annahme ist grundsätzlich nur möglich, wenn die Ersatzressourcen bzw. -leistungen sowohl ökologisch als auch ökonomisch als gleichwertig zu den ursprünglichen erachtet werden können. Sie müssen daher gemäß § 990.53 (d) (2) NRDA-OPA von gleicher Art und Qualität und von vergleichbarem Wert wie die entgangenen Ressourcen oder Leistungen sein:

> „When determining the scale of restoration actions that provide natural resources and/or services of the *same type and quality, and of comparable value* as those lost, trustees must consider the use of a resource-to-resource or service-to-service scaling approach."[189]

Sind diese Voraussetzungen nicht erfüllt, so kann der Ansatz trotzdem angewandt werden, wenn ein Maß gefunden wird, das den bestehenden qualitativen Unterschieden Rechnung trägt.[190]

Das Erfordernis der Wertgleichheit der Wiederherstellungsmaßnahmen ist problematisch, wenn Ersatzmaßnahmen in weiterer Entfernung vom geschädigten Standort durchgeführt werden und hierdurch nicht mehr der eigentlich geschädigten Bevölkerung zugute kommen.[191] Auch bei starker Varianz des Wertes der ökologischen Leistungen im Zeitablauf ist möglicherweise das Postulat der Gleichwertigkeit nicht erfüllt.[192] Dies kann etwa der Fall sein, wenn durch Wiederherstellungsmaßnahmen Erholungsmöglichkeiten an Stränden geschaffen werden, zum Zeitpunkt des Wirksamwerdens der Maßnahmen aber keine Knappheit an Erholungsflächen mehr besteht. Sind andererseits bereits im Zeitpunkt der Schädigung ausreichende Substitute für bestimmte Leistungen verfügbar, so tritt im ökonomischen Sinne kein Schaden ein.[193]

---

[187] *Penn*, NRDA-Regulations, S. 5; *MEP/eftec*, Valuation and Restoration, S. 4.

[188] *NOAA*, Guidance Scaling, S. 2-14.

[189] 15 C.F.R. § 990.53 (d) (2) S. 1 (Hervorhebung durch die Verf.).

[190] *Penn/Tomasi*, Env. Man. 29 (2000), 692 (693); *NOAA*, Guidance Scaling, S. 3-3 ff., 3-9.

[191] *Klaphake/Hartje/Meyerhoff*, Ökonomische Bewertung, S. 18 f.; *Flores/Thacher*, Con. Econ. P. 20 (2002), 171 (176).

[192] *Flores/Thacher*, Con. Econ. P. 20 (2002), 171 (174).

[193] Mit dieser Begründung wurde die Gewährung von Schadenersatz für entgangenen Freizeitnutzen etwa in der Rechtssache *Southern Refrigerated* abgelehnt. Der Fall befasst sich mit den Folgen der Verunreinigung des Little Salmon River mit Fungiziden, die durch einen umgestürzten LKW in den Fluss gelangten. Das Gericht war der Auffassung, dass in ausreichender Nähe vergleichbare Angelmöglichkeiten bestünden. Idaho v. Southern Refrigerated Transport Inc., Case No. 88-1279, 1991 U.S. Dist. Lexis 1869, S. 62 f. (D. Idaho, 24.Jan. 1991); vgl. dazu *Thompson*, 32 Envtl. (2002), 57 (79).

3. Valuation Approach

Erweist sich der *service-to-service approach* als ungeeignet, so kann der Treuhänder gemäß § 990.53 (d) (3) NRDA-OPA auf den *valuation approach* zurückgreifen.[194] Dies ist notwendig, wenn die Ressourcen bzw. Leistungen allenfalls von vergleichbarer Art und Qualität (comparable type and quality), nicht aber von vergleichbarem Wert (comparable value) sind und die Differenzen auch nicht durch ein entsprechendes Maß aufgefangen werden können.[195] Nach dem *valuation approach* wird eine Bewertung natürlicher Ressourcen mittels ökonomischer Bewertungsmethoden durchgeführt. Zu unterscheiden sind der *value-to-value* und *value-to-cost approach*.

Ziel der Bewertung nach dem *value-to-value approach* ist es, Wiederherstellungsmaßnahmen zu ermitteln, deren Wert dem durch den Umweltschaden verursachten Verlust entspricht.[196] Um den erforderlichen Sanierungsumfang festzustellen, muss sowohl der durch die Beeinträchtigung natürlicher Ressourcen eingetretene Nutzenverlust als auch der durch verschiedene Sanierungsalternativen potentiell geschaffene Nutzenzuwachs mittels ökonomischer Methoden bewertet werden.[197] Dem Verfahren liegt eine einfache Logik zugrunde: Wenn auf der Ebene der ökologischen Leistungen kein Äquivalent identifiziert werden kann, sollen die Präferenzen der Geschädigten darüber entscheiden, welche Maßnahmen den Schaden ausgleichen können.[198] Zur Bewertung der Ressourcen und Leistungen muss jedoch nicht zwingend eine Monetarisierung erfolgen, es können auch andere Recheneinheiten als der Geldwert eingesetzt werden.[199] Auch bei Anwendung des *value-to-value approach* findet eine naturale Kompensation des Schadens statt, dem Verursacher werden die Kosten der als wertgleich identifizierten Sanierungsmaßnahmen auferlegt.[200]

Die OPA Regulations selbst geben keine bestimmten Bewertungsmethoden vor, § 990.27 NRDA-OPA enthält jedoch allgemeine Kriterien zur Auswahl des geeigneten Bewertungsansatzes und geeigneter Methoden.[201] Danach muss das gewählte Verfahren auf den konkreten Schadensfall anwendbar sein, die zusätzlichen Kosten komplexerer Bewertungsverfahren müssen in angemessenem Verhältnis

---

[194] 15 C.F.R. § 990.53 (d) (3) (i), S. 1:
„Where trustees have determined that neither resource-to-resource nor service-to-service scaling is appropriate, trustees may use the valuation scaling approach (…).“

[195] Vgl. *Penn*, NRDA-Regulations, S. 5.

[196] 15 C.F.R. § 990.53 (d) (3) (i), S. 2:
„Under the valuation scaling approach, trustees determine the amount of natural resources and/or services that must be provided to produce the same value lost to the public.“

[197] 15 C.F.R. § 990.53 (d) (3) (i), S. 3:
„Trustees must explicitly measure the value of injured natural resources and/or services, and then determine the scale of the restoration action necessary to produce natural resources and/or services of equivalent value to the public.“

[198] *Klaphake/Hartje/Meyerhoff*, PWP 2005, 23 (30).

[199] Natural Resource Damage Assessments – Final Rule, 61 Fed. Reg. (1996), 440 (482); *Seevers*, 53 Wash & Lee L. Rev. (1996), 1513 (1542).

[200] *Penn*, NRDA-Regulations, S. 6.

[201] *NOAA*, Guidance Scaling, S. 2-15.

zum zusätzlichen Erkenntnisgewinn stehen und es muss die Verlässlichkeit und Validität der Ergebnisse gewährleistet sein. Stehen mehrere gleich geeignete Methoden zur Verfügung, so soll die kosteneffektivste gewählt werden.[202]

Der *value-to-cost approach* ist eine Variante des *valuation approach*, die gemäß § 990.53 (d) (3) NRDA-OPA zur Anwendung kommt, wenn eine Bewertung entsprechend dem *value-to-value approach* unverhältnismäßig zeitaufwendig oder mit unverhältnismäßigen Kosten verbunden wäre.[203] Nach dem *value-to-cost approach* wird der Geldwert des eingetretenen Verlustes an Leistungen geschätzt. Sodann werden die Wiederherstellungsmaßnahmen so dimensioniert, dass deren Kosten dem geschätzten Verlust entsprechen. Dieser Ansatz kommt in der Praxis vor allem bei kleineren Schadensfällen zur Anwendung, bei denen der Aufwand der Durchführung einer Primärstudie unverhältnismäßig wäre und bereits vorliegende Daten übertragen werden können (sog. benefit transfer); ein typisches Beispiel ist die Beeinträchtigung von Freizeitnutzungen.[204]

4. Diskontierung und Berücksichtigung von Risiken

Eine Schwierigkeit bei der Bewertung von Leistungsverlusten und -gewinnen besteht darin, dass diese zu verschiedenen Zeitpunkten auftreten. Die jeweiligen ökologischen Leistungen müssen bei unterschiedlichen Zeitverläufen von Schaden und Wiederherstellungsmaßnahmen verrechenbar gemacht werden. Hierzu sehen die OPA Regulations eine Diskontierung der zukünftigen Leistungen auf ihren Gegenwartswert (present-day value) vor.[205] Unter Diskontierung versteht man eine ökonomische Standardmethode, die auf dem Gedanken beruht, dass Menschen den sofortigen Konsum von Gütern und Leistungen bevorzugen und diesem einen höheren Wert beimessen als einem erst in der Zukunft zu erwartenden Konsum.[206] Weiterhin sehen die OPA Regulations explizit die Berücksichtigung von Risiken und Unsicherheiten bezüglich der zu erwartenden Gewinne und Verluste an Leistungen vor. Vorzugsweise soll hierzu eine Ermittlung des Sanierungsumfangs mit Risikoaufschlägen in Kombination mit einer risikolosen Diskontrate erfolgen.[207]

---

[202]   Vgl. auch *Seevers*, 53 Wash & Lee L. Rev. (1996), 1513 (1543); *Klaphake/Hartje/ Meyerhoff*, Ökonomische Bewertung, S. 21.

[203]   15 C.F.R. § 990.53 (d) (3) (ii) S. 1:
„If (...) valuation of the lost services is practicable, but valuation of the replacement natural resources and/or services cannot be performed within a reasonable time frame or at a reasonable cost (...), trustee may estimate the dollar value of the lost services and select the scale of the restoration action that has a cost equivalent to the lost value."

[204]   *Penn*, NRDA-Regulations, S. 7; *Thompson*, 32 Entl. L. Rev. (2002), 57 (65); vgl. etwa den *Tesoro Oil Spill* (1998), Final Restoration Plan and Environmental Assessment for the August 24, 1998, Tesoro Hawaii Oil Spill (Oahu and Kauai, Hawaii), November 2000. Plan and Appendices, Section 4, S. 51 f, abrufbar unter: http://www.darp. noaa.gov/ southwest/tesoro/admin.html.

[205]   15 C.F.R. § 990.53 (d) (4) S. 1, 2. Hs.

[206]   Nach diesem Prinzip funktioniert etwa ein Sparkonto: Um Menschen dazu zu bringen ihren Konsum zu verschieben, zahlen Banken ihren Kunden eine zusätzliche Summe Geld in der Form von Zinsen, vgl. *Desvousges/Lutz*, 42 Ariz. L. Rev. (2000), 411 (415).

[207]   Diesbezüglich wird ein Diskontsatz von drei Prozent vorgeschlagen; Natural Resource Damage Assessments – Final Rule, 61 Fed. Reg. (1996), 440 (545).

Ist dies nicht möglich, so soll das Risiko bei der Wahl des Diskontsatzes einbezogen werden.[208]

V. Auswahl geeigneter Sanierungsoptionen

1. Kriterien zur Bewertung der Sanierungsoptionen

Nachdem die Treuhänder eine Anzahl möglicher Sanierungsalternativen ermittelt haben, müssen diese anhand der in § 990.54 (a) NRDA-OPA genannten Kriterien bewertet und die geeignetste(n) Sanierungsoption(en) ausgewählt werden. Ausschlaggebend sind nach § 990.54 NRDA-OPA etwa die Kosten der jeweiligen Maßnahme, das Ausmaß, in dem das Sanierungsziel erreicht wird, sowie die Auswirkungen jeder Alternative auf die öffentliche Gesundheit und Sicherheit:

„(a) Evaluation standards (…)
(1) The cost to carry out the alternative;
(2) The extent to which each alternative is expected to meet the trustees' goals and objectives in returning the injured natural resources and services to baseline and/or compensating for interim losses;
(3) The likelihood of success of each alternative;
(4) The extent to which each alternative will prevent future injury as a result of the incident, and avoid collateral injury as a result of implementing the alternative;
(5) The extent to which each alternative benefits more than one natural resource and/or service; and
(6) The effect of each alternative on public health and safety."

Die Aufzählung der zu berücksichtigenden Faktoren ist nicht abschließend.[209] Sind mehrere Optionen gleich geeignet, so ist die kosteneffektivste Option (most cost-effective alternative) zu wählen, also diejenige, die den gleichen Nutzen zu den geringsten Kosten liefert.[210]

Anders als die CERCLA Regulations[211] verzichten die OPA Regulations auf das explizite Erfordernis einer Kosten-Nutzen-Analyse (cost-benefit-analysis) als Bestandteil der Bestimmung der Verhältnismäßigkeit der ausgewählten Sanierungsalternative(n).[212] Die zur Durchführung einer Kosten-Nutzen-Analyse in der Regel erforderliche wenigstens näherungsweise Monetarisierung des durch die Sanierung geschaffenen Nutzens wird somit entbehrlich.[213] Nach den Ausführungen der NOAA in der Final Rule haben die Treuhänder bei der Auswahl einer

---

[208] 15 C.F.R. § 990.53 (d) (4) S. 2 und 3; vgl. dazu Natural Resource Damage Assessments – Final Rule, 61 Fed. Reg. (1996), 440 (545).

[209] Vgl. 15 C.F.R. § 990.54 (a): „trustees (…) must evaluate the proposed restoration alternatives based on, at a minimum (…)".

[210] 15 C.F.R. § 990.54 (b) S. 2; 15 C.F.R. § 990.30.

[211] 43 C.F.R. 11.82 (d) (2). Auch nach den CERCLA Regulations wird die Auswahlentscheidung nicht ausschließlich auf eine Kosten-Nutzen-Analyse gestützt, deren Ergebnis ist nur einer der zu berücksichtigenden Faktoren; vgl. *Bulger*, 45 Baylor L. Rev. (1993), 459 (467); *Seevers*, 53 Wash & Lee L. Rev. (1996), 1513 (1533).

[212] *Seevers*, 53 Wash & Lee L. Rev. (1996), 1513 (1549); vgl. zur Kosten-Nutzen-Analyse *MEP/eftec*, Valuation and Restoration, Annex B.

[213] Vgl. *MEP/eftec*, Valuation and Restoration, S. 36 f.

Sanierungsoption das Verhältnis von Kosten und Nutzen in Erwägung zu ziehen. Dennoch sei es nicht erforderlich und auch nicht angemessen, den Auswahlvorgang auf einen strikten Vergleich von Kosten und monetarisiertem Wert der natürlichen Ressourcen zu reduzieren. Stattdessen solle jede Option anhand der genannten Kriterien, etwa der technischen Machbarkeit, der Erfolgsaussichten, der Effektivität und der Geschwindigkeit, mit der der Ausgangszustand erreicht wird, bewertet werden. Hierdurch werde die Auswahl unverhältnismäßig kostspieliger Sanierungsalternativen verhindert.[214] Die Kriterien stellen nach Auffassung der NOAA eine qualitative Analyse von Kosten und Nutzen und die Wahl einer kosteneffektiven Sanierungsoption sicher. Eine bestimmte Gewichtung der einzelnen Faktoren wird nicht vorgegeben, da diese nur einzelfallbezogen bestimmt werden kann.[215]

Eine Entscheidung, die sich mit der Verhältnismäßigkeit von Sanierungsmaßnahmen befasst, ist die Rechtssache *U.S. v. Great Lakes Dredge*.[216] Das Gericht lehnte die durch die Treuhänder ausgewählte Option der aktiven primären Sanierung ab, da nicht dargetan werden konnte, dass hierdurch eine gegenüber der ebenfalls erwogenen natürlichen Wiederherstellung beschleunigte Rückführung in den Ausgangszustand erreicht werde. Der Erfolg einer kostspieligen aktiven Sanierung sei zweifelhaft, es bestehe vielmehr die Gefahr, dass hierdurch weitere Schäden an dem sensiblen Ökosystem verursacht würden. Auch die Bestimmung der kompensatorischen Sanierung wurde verworfen, da die durchgeführte Habitat-Äquivalenz-Analyse von falschen Fakten bzgl. der Beschaffenheit des Meeresgrunds ausgegangen sei.[217]

2. *Pooling und Sanierung durch bestehende Programme*

Die Geltendmachung von Schadenersatz für die Beeinträchtigung natürlicher Ressourcen nach dem OPA ist an die tatsächliche Durchführung von Sanierungsmaßnahmen gebunden. Gelder müssen auf einem speziellen Treuhandkonto verwaltet werden und dürfen nur zur Deckung der Kosten der Schadensbewertung und der Planung und Umsetzung von Sanierungsmaßnahmen verwendet werden.[218] Wann immer dies möglich ist, soll ein spezifisch auf das schädigende Ereignis zugeschnittener Sanierungsplan entwickelt werden.[219] Gerade bei nur vorübergehenden Beeinträchtigungen oder Beeinträchtigungen von sehr geringem Ausmaß können jedoch die Planungskosten verglichen mit dem erzielten Umweltnutzen unverhältnismäßig sein.[220] Daher erlauben die OPA Regulations die Aufstellung sog. *regional restoration plans*. Hierbei kann es sich beispielsweise um

---

[214] Natural Resource Damage Assessments – Final Rule, 61 Fed. Reg. (1996), 440 (454).

[215] Natural Resource Damage Assessments – Final Rule, 61 Fed. Reg. (1996), 430 (489 f.)

[216] 1999 U.S. Dist. Lexis 17612, 22-30 (S.D. Fla. 1999), die Entscheidung erging unter dem National Marine Sanctuaries Act (16 U.S.C. §§ 1431 ff.) und befasst sich mit der Schädigung von Seegrasfeldern im Meeresschutzgebiet Florida Keys, vgl. dazu *Brans*, Liability, S. 142 f.

[217] 1999 U.S. Dist. Lexis 17612, 29 (S.D. Fla. 1999).

[218] 33 U.S.C. § 2706 (f).

[219] 15 C.F.R. § 990.15 (b) S. 1.

[220] Natural Resource Damage Assessments – Final Rule, 61 Fed. Reg. (1996), 440 (497).

Datenbanken handeln, die auf regionaler Ebene bestehende oder geplante Programme und Projekte erfassen.[221] Treuhänder können eine Sanierung durch bestehende Programme wählen, wenn die Voraussetzungen des § 990.56 NRDA-OPA erfüllt sind. So müssen durch das Programm etwa gleichartige oder vergleichbare natürliche Ressourcen und Leistungen hergestellt werden.[222] Abhängig von den Umständen des Einzelfalls kann die Sanierung durch bestehende Programme als primäre oder kompensatorische Sanierung anzusehen sein.[223] Sind die genannten Voraussetzungen erfüllt, würde die durch den Verantwortlichen zu zahlende Schadenssumme – gemessen an einem dem Schaden angemessenen Sanierungsumfang – jedoch nur zur teilweisen Finanzierung des Programms genügen, so können die Treuhänder auch eine Zusammenfassung von Mitteln (pooling) vornehmen.[224]

VI. Zusammenfassung

Der US Oil Pollution Act und die zu seiner Ausführung erlassenen OPA Regulations gehen von einem weiten Umweltbegriff aus. Es werden nahezu alle Arten von Naturgütern erfasst, erforderlich ist lediglich, dass diese unter einem gewissen Maß an staatlicher Kontrolle stehen. Den Regelungen liegt weiterhin ein leistungsbezogenes Verständnis natürlicher Ressourcen zugrunde: Ausgleichspflichtig ist nicht nur eine Beeinträchtigung ökologischer Funktionen, sondern auch der Verlust des direkten und indirekten Nutzens geschädigter Ressourcen für die Bevölkerung. Jede messbare bzw. feststellbare nachteilige Veränderung löst die Haftung nach dem OPA aus, Erheblichkeit wird nicht vorausgesetzt. Die Geltendmachung des Schadenersatzes ist Treuhändern vorbehalten. Der Ersatzumfang bestimmt sich nach den Kosten der Wiederherstellung der geschädigten natürlichen Ressourcen, auch zwischenzeitliche Verluste sind auszugleichen. Was letztere anbelangt, erfolgte mit Erlass der OPA Regulations ein Übergang zum Konzept der Naturalkompensation, der Interimsschaden ist danach durch zusätzliche Sanierungsmaßnahmen auszugleichen. Die OPA Regulations enthalten detaillierte Vorgaben zur Ermittlung der erforderlichen Sanierungsmaßnahmen und der hierbei anzuwendenden Bewertungsverfahren. Vorrangig ist danach der Einsatz naturschutzfachlicher Methoden, auch bei Einsatz ökonomischer Bewertungsverfahren erfolgt der Schadensausgleich *in natura* durch wertgleiche Wiederherstellung.

---

[221] 15 C.F.R. § 990.15 (b) S. 2.

[222] Vgl. 15 C.F.R. § 990.56 (a) S. 2; (b) (1) (iii); Natural Resource Damage Assessments – Final Rule, 61 Fed. Reg. (1996), 440 (455).

[223] Natural Resource Damage Assessments – Final Rule, 61 Fed. Reg. (1996), 440 (455).

[224] 15 C.F.R. § 990.56 (b) (2) (ii) S. 2.

D. Anhang II Nr. 1 Umwelthaftungsrichtlinie – vergleichende Betrachtung

Eine Sanierung von Umweltschäden im Bereich der Gewässer, geschützten Arten und natürlichen Lebensräume soll nach der UH-RL dadurch erreicht werden, dass die Umwelt durch Maßnahmen der primären Sanierung, ergänzenden Sanierung oder Ausgleichssanierung in ihren Ausgangszustand versetzt wird.[225] Hierbei greift die Richtlinie den im US-Recht erfolgten Paradigmenwechsel vom monetären Schadensausgleich hin zur Naturalkompensation auf.[226] Sie folgt einem Konzept,

> „das der Sanierung den Vorzug gibt vor finanziellen Methoden, und zwar vor allem weil Sanierungskosten leichter abzuschätzen sind, auf weniger ungeprüften Abschätzungsmethoden beruhen und im Nachhinein nachprüfbar sind."[227]

Die geschädigte Ressource ist nicht unter allen Umständen wiederherzustellen, das Ziel der Sanierung kann vielmehr auch durch die Schaffung gleichwertiger Alternativen erreicht werden.[228] Ebenso wie das US-Recht überträgt die Richtlinie die Durchsetzung des Kompensationsinteresses dem Staat als Sachwalter der Allgemeinheit. Im Folgenden ist zu untersuchen, inwieweit durch die Modellierung von Regelungen der UH-RL nach dem Vorbild der OPA Regulations die diesen zugrunde liegenden Wertungen, Ziele und Prinzipien Eingang in die europäische Umwelthaftung gefunden haben. In Europa herrschte bisher ein weitgehend technisch bzw. naturschutzfachlich interpretierter Wiederherstellungsansatz vor.[229] Nun stellt sich etwa die Frage, inwieweit bei der Sanierung entsprechend dem US-amerikanischen Kompensationsverständnis ein Ausgleich des Wohlfahrtsverlusts der betroffenen Bevölkerung anzustreben ist.[230] Zwar erfolgte einerseits eine enge Anlehnung an das US-amerikanische Vorbild, andererseits wurden die Regelungen aber in einen spezifisch europarechtlichen Kontext gestellt – in diesem Spannungsfeld gilt es, Antworten zu finden. Zunächst ist hierzu nochmals auf den Umweltschadensbegriff der Richtlinie einzugehen, sodann erfolgt eine Auseinandersetzung mit den Sanierungsbestimmungen des Anhangs II Nr. 1 UH-RL.

I. Umweltschaden

Bevor die erforderlichen Sanierungsmaßnahmen ermittelt werden können, sind Art und Ausmaß der eingetretenen Beeinträchtigung festzustellen. Anders als die OPA Regulations enthält die Richtlinie diesbezüglich keine speziellen verfahrens-

---

[225] Anhang II Nr. 1 Abs. 1 S. 1, 1. Hs.

[226] *Hager*, in: Hendler/Marburger/Reinhardt/Schröder (Hrsg.), Umwelthaftung, S. 211 (234).

[227] KOM (2002) 17 endg., Begründung S. 10.

[228] KOM (2002) 17 endg., Begründung S. 10.

[229] *Kokott/Klaphake/Marr*, Ökologische Schäden und ihre Bewertung, S. 30.

[230] Vgl. etwa die Diskussion beim Leipziger Umweltrechts-Symposion, wiedergegeben in: *Oldiges* (Hrsg.), Umwelthaftung vor der Neugestaltung, S. 147 ff.

rechtlichen Vorgaben. Jedoch ist der Umweltschaden als solcher in Art. 2 Nr. 1 UH-RL legaldefiniert. Die Regelungen wurden bzgl. des Schutzguts Biodiversität bereits in Kapitel 2 eingehend untersucht. Nunmehr gilt es, eine rechtsvergleichende Perspektive hinzuzufügen, denn wie bereits erwähnt gehen Bestandteile des Umweltschadensbegriffs, die Definition des „Schadens"[231] und der „Funktionen natürlicher Ressourcen"[232], auf das US-Recht zurück.

1. Schutzgüter

Das Haftungsregime des CERCLA und OPA erfasst natürliche Ressourcen, an denen ein besonderes öffentliches Nutzungs- und Erhaltungsinteresse besteht. Dieses kann sich aus einer Eigentümerstellung der öffentlichen Hand, staatlicher Verwaltung oder dem Bestehen eines *public trust* an den betroffenen Naturgütern ergeben. Wie das US-amerikanische Vorbild zielt die UH-RL auf den Schutz allgemeingutsbezogener Qualitäten von Naturgütern. Während OPA und CERCLA allerdings ein umfassender Umweltbegriff zugrunde liegt, bestimmt die Richtlinie ihre Schutzgüter abschließend. Der Geltungsbereich der UH-RL ist auf Gewässer, Boden und Biodiversität (geschützte Arten und natürliche Lebensräume i.S.v. FFH- und VSch-RL) beschränkt. Das an diesen Schutzgütern bestehende besondere öffentliche Interesse manifestiert sich etwa in den durch WRRL, FFH- und VSch-RL definierten Schutz-, Erhaltungs- und Qualitätszielen.[233]

2. Verletzung von Schutzgütern

Art. 2 Nr. 1 a) UH-RL bestimmt den Biodiversitätsschaden als eine Schädigung geschützter Arten und natürlicher Lebensräume, die erhebliche nachteilige Auswirkungen auf den günstigen Erhaltungszustand hat.[234] Der Begriff des „Schadens" bzw. der „Schädigung" wiederum wird in Art. 2 Nr. 2 UH-RL definiert. Er umfasst jede

> „direkt oder indirekt eintretende feststellbare nachteilige Veränderung einer natürlichen Ressource oder Beeinträchtigung der Funktion einer natürlichen Ressource".

„Funktionen einer natürlichen Ressource" sind gemäß Art. 2 Nr. 13 UH-RL

> „die Funktionen, die eine natürliche Ressource zum Nutzen einer anderen natürlichen Ressource oder der Öffentlichkeit erfüllt".

Die Definition beider Begriffe wurde nahezu wörtlich aus den OPA Regulations übernommen, wie ein Vergleich des englischen Richtlinientextes mit dem US-amerikanischen Vorbild zeigt.[235]

---

[231] Art. 2 Nr. 2 UH-RL.

[232] Art. 2 Nr. 13 UH-RL.

[233] Vgl. *Brans*, Env. L. Rev. 2005, 90 (96 f.).

[234] Art. 2 Nr. 1 a) S. 1 UH-RL; siehe dazu oben Kapitel 2 B.

[235] 15 C.F.R. § 990.30:
„Injury means an observable or measurable adverse change in a natural resource or impairment of a natural resource service. Injury may occur directly or indirectly to a natural resource and/or service."

a) Begriffe

Zunächst ist eine Klärung der Terminologie angebracht. Anstelle des in den OPA Regulations verwendeten Begriffs „injury", also „Verletzung" oder „Beeinträchtigung", spricht die englische Fassung des Art. 2 Nr. 2 UH-RL von „damage", also „Schaden". Auch die deutsche Fassung verwendet den Begriff „Schaden" bzw. „Schädigung".[236] Dennoch wird aus der Definition selbst klar, dass hier die Beeinträchtigung des Schutzgutes beschrieben wird, während der die Verantwortlichkeit nach der Richtlinie auslösende Umweltschaden zudem u.a. eine Erheblichkeit der Beeinträchtigung voraussetzt.

Weiterhin unterscheiden die OPA Regulations zwischen „Funktionen" (functions) und „Leistungen" (services), wobei letztere – wie bereits erläutert – die menschliche Wertschätzung der Ökosystemfunktionen implizieren. Diese begriffliche Unterscheidung findet sich auch im englischen Richtlinientext und in der Fassung der romanischen Sprachen.[237] Demgegenüber verzichtet die deutsche, niederländische und schwedische Fassung[238] auf eine Differenzierung. Der deutsche Text spricht einheitlich von „Funktionen", übernimmt die Definition aber ansonsten unverändert. Denn im deutschen Sprachraum ist der Terminus der „Funktionen" im Gegensatz zum angelsächsischen nicht auf die biophysikalischen Prozesse innerhalb eines Ökosystems beschränkt.[239]

b) Beeinträchtigung natürlicher Ressourcen oder ihrer Funktionen bzw. Leistungen

Eine Schädigung natürlicher Ressourcen kann gemäß Art. 2 Nr. 2 UH-RL in der nachteiligen Veränderung der Ressource selbst oder aber in der Beeinträchtigung ihrer Funktionen bestehen. Als Funktionen werden nach der Legaldefinition des Art. 2 Nr. 13 UH-RL, entsprechend dem weiten Ansatz der OPA Regulations, alle Funktionen der geschädigten natürlichen Ressource zugunsten anderer Ressourcen und zum Nutzen der Öffentlichkeit umfasst. Funktionen zum Nutzen der Öffentlichkeit sind gemäß dem US-amerikanischen Verständnis die „ökologischen

---

Art. 2 Abs. 2 UH-RL, englische Fassung:
„'damage' means a measurable adverse change in a natural resource or measurable impairment of a natural resource service which may occur directly or indirectly",
15 C.F.R. § 990.30:
„Services (or natural resource services) means the functions performed by a natural resource for the benefit of another natural resource and/or the public."
Art. 2 Nr. 13 UH-RL, englische Fassung:
„'services' and ,natural resources services' mean the functions performed by a natural resource for the benefit of another natural resource or the public".

[236] Die französische Fassung spricht von „dommages", die spanische verwendet den Begriff „daños".

[237] Art. 2 Nr. 13 UH-RL, französische Fassung:
„'services' (...) les fonctions assurées par une ressource naturelle au bénéfice d'une autre ressource naturelle ou du public" ;
spanische Fassung:
„'servicios' (...), las funciones que (...)".

[238] Ebenso die schwedische („funktioner") und niederländische Fassung („functies").

[239] *Kokott/Klaphake/Marr*, Ökologische Schäden und ihre Bewertung, S. 360.

Dienstleistungen" natürlicher Ressourcen für die Bevölkerung.[240] Es fragt sich daher, ob jede Beeinträchtigung dieser Funktionen einen Umweltschaden im Sinne der Richtlinie darstellt. Zur Verdeutlichung des Ansatzes der Richtlinie werden im Folgenden zusätzlich die Bestimmungen zum Schutzgut Gewässer untersucht. Eine wesentliche Einschränkung der relevanten Funktionen ergibt sich unmittelbar aus Art. 2 Nr. 1 a) und b) UH-RL.

aa) Geschützte Arten und natürliche Lebensräume

Der Umweltschaden am Schutzgut Biodiversität erschöpft sich gemäß Art. 2 Nr. 1 a) UH-RL nicht im Vorliegen einer Beeinträchtigung (injury) im Sinne der OPA Regulations. Vielmehr ist erforderlich, dass die Schädigung der Ressource oder ihrer Funktionen

„erhebliche nachteilige Auswirkungen in Bezug auf die Erreichung oder Beibehaltung des günstigen Erhaltungszustands"

der Arten und Lebensräume hat. Art. 2 Nr. 4 UH-RL wiederum definiert den Erhaltungszustand in Übereinstimmung mit Art. 1 e) und i) FFH-RL.[241] Er wird durch Faktoren wie das natürliche Verbreitungsgebiet, die für den langfristigen Fortbestand des Lebensraums notwendigen Strukturen oder die Populationsdynamik einer geschützten Art bestimmt. Allgemein positive Wirkungen geschützter Flächen für den Naturhaushalt oder Leistungen zugunsten der umliegenden Bevölkerung finden bei der Feststellung des Erhaltungszustands keine Berücksichtigung.

Auch die in Anhang I UH-RL zur Bestimmung der Erheblichkeit einer Schädigung angeführten Daten bzw. Kriterien sind auf den Erhaltungszustand der geschützten Arten und natürlichen Lebensräume bezogen. Zwar verweist Anhang I Abs. 1 S. 1 UH-RL auf „Funktionen, die von den Annehmlichkeiten, die diese Arten und Lebensräume bieten, erfüllt werden", was als Verweis auf Leistungen bzw. den Nutzen der Ressourcen verstanden werden könnte. Jedoch werden diese „Annehmlichkeiten" bei den im Einzelnen in Anhang I Abs. 1 UH-RL als maßgeblich bezeichneten Daten nicht mehr erwähnt. Letztere beziehen sich ausschließlich auf den Populationszustand, die Bedeutung des geschädigten Gebiets für die Erhaltung der Art oder des Lebensraums, sowie die Fortpflanzungsfähigkeit der Art bzw. die Regenerationsfähigkeit des Lebensraums. Sonstigen Funktionen geschützter Ressourcen kommt daher allenfalls ergänzende Bedeutung zu.

Dieses Verständnis natürlicher Ressourcen und ihrer Funktionen entspricht demjenigen von FFH- und VSch-RL. Ziel beider Richtlinien ist es, der fortschreitenden Zerstörung natürlicher oder naturnaher Lebensräume als einer der Hauptursachen des Artenschwunds auf dem Gebiet der Europäischen Gemeinschaft Einhalt zu gebieten.[242] Der Biodiversitätsschutz ist dabei primär auf die dauerhafte Sicherung definierter Typen von Arten und Lebensräumen gerichtet, konkrete Leistungen und Funktionen werden lediglich mittelbar erfasst.[243] Maßgeblich für

---

240 Siehe oben Kapitel 3 C. II. 2. b).

241 Siehe oben Kapitel 2 B. II.

242 Art. 2 Abs.1 FFH-RL; VSch-RL, 9. Erwägungsgrund; vgl. *Gellermann*, Natura 2000, S. 5 ff.

243 *Roller/Führ*, UH-RL und Biodiversität, S. 80.

die Aufnahme von Arten und Lebensräumen in die Listen der Anhänge I, II und IV FFH-RL bzw. Anhang I VSch-RL ist ausschließlich deren Schutzbedürftigkeit. Gleiches gilt für die konkrete Auswahl und Meldung potentieller Schutzgebiete durch die Mitgliedstaaten. Hier sind allein ornithologische Kriterien bzw. die in Anhang III FFH-RL genannten Beurteilungskriterien maßgeblich, die sich ausschließlich auf das Ziel der Erhaltung der zu schützenden natürlichen Lebensräume und Arten beziehen.[244] Erwägungen zur allgemeinen Leistungsfähigkeit des Naturhaushalts oder zur Erholungsfunktion der zu schützenden Flächen spielen keine Rolle, vielmehr sind FFH- und VSch-RL auf einen Teilausschnitt, die Habitatfunktion bestimmter Flächen, begrenzt.[245]

Insgesamt ist zur Feststellung des Vorliegens eines Umweltschadens daher im Kern auf wichtige funktionelle Beziehungen zwischen den jeweiligen Arten und sonstigen Ausprägungen der natürlichen Lebensräume abzustellen.[246] Anders als nach den OPA Regulations stellt die ausschließliche Beeinträchtigung von Funktionen bzw. Leistungen zugunsten anderer als der vom Schutzzweck der FFH- und VSch-RL erfassten Naturgüter oder der Öffentlichkeit keinen Umweltschaden i.S.v. Art. 2 Nr. 1 a) UH-RL dar.

bb) Gewässer

Ein Blick auf die Definition des Umweltschadens für das Schutzgut Gewässer in Art. 2 Nr. 1 b) UH-RL zeigt, dass die Richtlinie allgemein eine schutzgutspezifische Bestimmung der relevanten Funktionen vornimmt. Der Umweltschaden wird in diesem Zusammenhang als Beeinträchtigung von Ressourcen oder Funktionen bestimmt, die

> „erhebliche nachteilige Auswirkungen auf den ökologischen, chemischen und/oder mengenmäßigen Zustand und/oder das ökologische Potenzial der betreffenden Gewässer im Sinne der Definition der Richtlinie 2000/60/EG hat (...)."[247]

Damit knüpft die Richtlinie unmittelbar an die Beeinträchtigung der Gewässerqualität an, die wiederum durch ökologische Funktionen und chemisch-physikalische Parameter bestimmt wird.[248] Gleichzeitig aber sind Beeinträchtigun-

---

[244] EuGH, Rs. C-371/98 (Severn Estuary), Slg. 2000 I-9235 (9260); EuGH, Rs. C-355/90 (Santoña), Slg. 1993 I-4221 (4276).

[245] Vgl. Art. 1 c) und g) FFH-RL; Auswahl der Gebiete von gemeinschaftlicher Bedeutung: Art. 4 FFH-RL i.V.m. Anhang III; Vogelschutzgebiete: Art. 4 Abs. 1 und 2 VSch-RL. Der EuGH weist in seiner Rechtsprechung darauf hin, dass Freizeitnutzungen und wirtschaftliche Erfordernisse keine Einschränkungen des Schutzstandards rechtfertigen können; vgl. Rs. C-355/90 (Santoña); *Schink*, DÖV 2002, 45 (65).

[246] So i.E. auch *Roller/Führ*, UH-RL und Biodiversität, S. 81.

[247] Art. 2 Nr. 1 b) 1. Hs. UH-RL.

[248] Der ökologische Gewässerzustand beschreibt nach Art. 2 Nr. 21 WRRL die Qualität von Struktur und Funktionsfähigkeit aquatischer, in Verbindung mit Oberflächengewässern stehender Ökosysteme. Durch den chemischen Zustand werden Faktoren wie Sauerstoffgehalt, Nährstoffverhältnisse und Verschmutzungsgrad eines Oberflächengewässers bzw. die Leitfähigkeit und Konzentration an Schadstoffen im Grundwasser in Bezug genommen, Art. 2 Nr. 24 und 25 i.V.m. Anhang V Nr. 1.1 und Nr. 2.3 WRRL. Der mengenmäßige Zustand bezeichnet das Ausmaß, in dem der Grundwasser-

gen vieler Gewässernutzungen, etwa als Trinkwasserressource oder Badegewässer, durch eine Verschlechterung der Gewässerqualität bedingt, so dass diese mittelbar als Umweltschaden erfasst werden.

Im Gegensatz zur FFH- und VSch-RL hat die WRRL die Multifunktionalität der verschiedenen Gewässertypen im Blick. Neben der Verbesserung des Zustands der aquatischen Ökosysteme und der von diesen abhängigen Landökosysteme wird eine nachhaltige Wassernutzung auf der Grundlage eines langfristigen Ressourcenschutzes angestrebt.[249] Insgesamt soll eine ausreichende Versorgung mit Oberflächen- und Grundwasser guter Qualität erreicht werden.[250] Aus Sicht des Biodiversitätsschutzes sind zur Bestimmung des Umweltschadens vorwiegend die Funktionen geschädigter Ressourcen im Rahmen des Natura 2000-Netzes oder als Habitat für geschützte Arten relevant. Demgegenüber gebietet der Gewässerschutz die Einbeziehung weiterer, auf die Gewässerqualität bezogener Funktionen. Bei Schädigung aquatischer Lebensräume, etwa eines Feuchtgebiets, sind Regelungen der UH-RL zu den Schutzgütern Gewässer und Biodiversität mangels anderweitiger Vorgaben parallel anzuwenden. Allerdings sind hierbei stets die aufgrund von FFH- und VSch-RL festgelegten Schutz- und Erhaltungsziele zu berücksichtigen.

3. Ergebnis

Zusammenfassend kann festgehalten werden, dass der Geltungsbereich der Haftungsrichtlinie, ebenso wie der des US-amerikanischen Vorbilds, auf natürliche Ressourcen beschränkt ist, an denen ein besonderes öffentliches Erhaltungsinteresse besteht. Jedoch knüpft die UH-RL zur Bestimmung ihrer Schutzgüter an das bestehende europäische Umweltrecht an. Was den Umweltschadensbegriff anbelangt, wurden die Definitionen des Schadens (injury) und der Funktionen bzw. Leistungen (services) natürlicher Ressourcen aus § 990.30 NRDA-OPA übernommen. Jedoch erfährt das weite US-amerikanische Funktionsverständnis im Kontext der Haftungsrichtlinie durch Art. 2 Nr. 1 a) und b) UH-RL eine erhebliche Einschränkung. Nur Schädigungen, die erhebliche nachteilige Auswirkungen auf den günstigen Erhaltungszustand geschützter Arten und natürlicher Lebensräume bzw. die i.S. der WRRL definierte Gewässerqualität haben, stellen einen Umweltschaden dar. Der aus den OPA Regulations übernommenen Funktionsdefinition kommt daher zur Bestimmung des Umweltschadens keine eigenständige Bedeutung zu.

---

körper durch direkte und indirekte Entnahmen beeinträchtigt wird, Art. 2 Nr. 26 WRRL. Das ökologische Potential schließlich bezieht sich auf künstliche oder erheblich veränderte Wasserkörper, vgl. Art. 2 Nr. 23 und Anhang V Nr. 1.2.5 WRRL. Anders als noch in Art. 2 Abs. 1 Nr. 18 b) des Kommissionsentwurfs zur UH-RL vorgesehen, ist es nun nicht mehr erforderlich, dass die Beeinträchtigung den Zustand des Gewässers so verschlechtert, dass er in eine niedrigere Kategorie nach Anhang V WRRL eingeordnet werden muss.

[249] Art. 1 a) und b) WRRL, vgl. dazu *Caspar*, DÖV 2001, 529 (530 f.); *Faßbender*, NVwZ 2001, 241 (242).

[250] Art. 1 c) und d) WRRL und Art. 1 Abs. 2, 1. Spiegelstrich. Zur Erreichung dieser Ziele geht die WRRL im Grundsatz von einer Kombination gemeinschaftsweit gültiger Emissionsstandards als Mindestanforderung und zusätzlicher Qualitätsziele aus; *Caspar*, DÖV 2001, 529 (533).

II. Ermittlung von Sanierungsalternativen

Gemäß Anhang II Nr. 1 S. 1, 1. Hs. UH-RL wird eine Sanierung von Umweltschäden im Bereich der Gewässer, geschützter Arten oder natürlicher Lebensräume dadurch erreicht, dass die Umwelt durch primäre Sanierung, ergänzende Sanierung und Ausgleichssanierung in ihren Ausgangszustand zurückversetzt wird.
Mögliche Sanierungsmaßnahmen sollen gemäß Art. 7 Abs. 1 UH-RL zunächst
durch den Schädiger (bzw. einen durch diesen zu beauftragenden Sachverständigen) ermittelt und der zuständigen Behörde zur Zustimmung vorgelegt werden.
Gemäß Art. 7 Abs. 2 UH-RL entscheidet die zuständige Behörde sodann, welche
Sanierungsmaßnahmen nach Anhang II durchgeführt werden. Sie hat daher eine
eigene Bewertung und Überprüfung der seitens des Betreibers ermittelten Maßnahmen anhand der Vorgaben des Anhangs II vorzunehmen und sodann die erforderliche Sanierung festzusetzen.[251] Die Ausführung der Maßnahmen obliegt wiederum dem für den Umweltschaden Verantwortlichen; er hat im Regelfall alle im
Zusammenhang mit der Sanierung anfallenden Kosten zu tragen.[252]

1. Maßnahmentypen

Als Sanierungsmaßnahmen im Sinne der Richtlinie gelten alle Tätigkeiten oder
Kombinationen von Tätigkeiten,

> „einschließlich mildernder und einstweiliger Maßnahmen im Sinne des Anhangs II
> mit dem Ziel, die geschädigten natürlichen Ressourcen und/oder beeinträchtigte
> Funktionen wiederherzustellen, zu sanieren oder zu ersetzen oder eine gleichwertige
> Alternative zu diesen Ressourcen oder Funktionen zu schaffen."[253]

An dieser Stelle lehnt sich die Haftungsrichtlinie erkennbar an das Vorbild der
OPA Regulations an, wie ein Vergleich mit § 990.30 NRDA-OPA zeigt. Auch
diese Bestimmung definiert die Sanierung (restoration) als jede Tätigkeit oder
Kombination von Tätigkeiten, welche die geschädigten Ressourcen und Leistungen wiederherstellen, ersetzen oder dem Erwerb gleichwertiger Ressourcen dienen.[254] Mit Blick auf die Wiederherstellung von Gewässer- und Biodiversitäts-
chäden unterscheidet die Richtlinie zwischen Maßnahmen der „primären Sanierung", der „ergänzenden Sanierung" sowie der „Ausgleichssanierung". Ziel der
primären Sanierung ist die Wiederherstellung des Ausgangszustands der geschädigten Ressourcen und Funktionen vor Ort, während durch Maßnahmen der er-

---

[251]   Siehe oben Kapitel 2 C. II.

[252]   Art. 6 Abs. 1 b) i.V.m. Art. 7 UH-RL; Art. 8 Abs. 1 i.V.m. Art. 2 Nr. 16 UH-RL.

[253]   Art. 2 Nr. 11 UH-RL.

[254]   15 C.F.R. § 990.30:
„Restoration means any action (or alternative), or combination of actions (or alternatives), to restore, rehabilitate, replace, or acquire the equivalent of injured natural resources and services".
Art. 2 Nr. 11 UH-RL, engl. Fassung:
„'remedial measures' means any action, or combination of actions, including mitigating
or interim measures to restore, rehabilitate or replace damaged natural resources and/or
impaired services, or to provide an equivalent alternative to those resources or services
as foreseen in Annex II".

gänzenden Sanierung ein Zustand geschaffen wird, welcher der Rückführung in den Ausgangszustand gleichkommt, etwa durch die Schaffung bzw. Aufwertung von Ersatzbiotopen. Die Ausgleichssanierung schließlich dient dem Ausgleich zwischenzeitlicher Nutzenverluste. Abweichend von den OPA Regulations unterscheidet die UH-RL somit drei Kategorien von Maßnahmen, was auf die engere Fassung der Primärsanierung im Rahmen der UH-RL zurückzuführen ist. Die *primary restoration* nach US-amerikanischem Haftungsrecht wird durch die UH-RL in die primäre Sanierung und die ergänzende Sanierung unterteilt. Demgegenüber ist die Ausgleichssanierung nach der UH-RL wie auch die *compensatory restoration* nach den OPA Regulations ausschließlich auf den Ausgleich des Interimsschadens gerichtet.[255]

2. Ausgangszustand

Ebenso wie nach den OPA Regulations bemessen sich im Rahmen der UH-RL sowohl das Ausmaß der Beeinträchtigung als auch der Umfang der durchzuführenden Sanierungsmaßnahmen nach dem Ausgangszustand der betroffenen Ressourcen und Funktionen.[256] Den für die Ermittlung des notwendigen Wiederherstellungsumfangs zentralen Begriff definiert die Richtlinie als

> „den im Zeitpunkt des Schadenseintritts bestehenden Zustand der natürlichen Ressourcen und Funktionen, der bestanden hätte, wenn der Umweltschaden nicht eingetreten wäre".[257]

Die Formulierung erscheint zunächst missverständlich, ist doch von dem „im Zeitpunkt des Schadenseintritts bestehenden" Zustand die Rede.[258] Jedoch wird durch den zweiten Halbsatz klargestellt, dass der Ausgangszustand als hypothetischer Zustand zu begreifen ist, wie er ohne den Umweltschaden „bestanden hätte".[259] Sowohl positive als auch negative Entwicklungen der betroffenen Ressour-

---

[255] Demgegenüber sah der Richtlinienvorschlag nur zwei Maßnahmenkategorien vor, die "primäre Sanierung" und „Ausgleichssanierung". Anders als in der endgültigen Fassung, aber auch abweichend vom US-Recht, fielen sowohl Sanierungsmaßnahmen an einem anderen als dem geschädigten Ort als auch der Ausgleich zwischenzeitlicher Verluste unter den Begriff der Ausgleichssanierung, vgl. Art. 2 Abs. 1 Nr. 16 des Richtlinienentwurfs, KOM (2002) 17 endg.

[256] Art. 2 Nr. 1 a) S. 2 UH-RL; Anhang II Nr. 1 Abs. 1, 1. Hs. UH-RL.

[257] Art. 2 Abs. 14 UH-RL engl. Fassung:
„‚baseline condition' means the condition at the time of the damage of the natural resources and services that would have existed had the environmental damage not occurred (…)."

[258] Vgl. die deutsche Fassung von Art. 2 Abs. 1 Nr. 1 des Richtlinienentwurfs:
„Zustand der natürlichen Ressourcen und Funktionen vor Auftreten des Schadens".
Andere Sprachfassungen, etwa die englische, bezogen bereits im Richtlinienvorschlag den hypothetischen Entwicklungsverlauf mit ein:
„the condition of the natural resources and services that would have existed had the damage not occurred".

[259] Dem folgen auch die übrigen Sprachfassungen, z.B. die französische („l'état [...] qui aurait existé").

cen und Funktionen, die ohne den Umweltschaden eingetreten wären, sind zu berücksichtigen.

In Anlehnung an das US-amerikanische Vorbild[260] sah der Richtlinienvorschlag ursprünglich vor, dass der Ausgangszustand unter Heranziehung von

> „getrennter oder gegebenenfalls kombinierter Verwendung von historischen Daten, Bezugsdaten, Kontrolldaten oder Daten über Veränderungen (z.B. Anzahl toter Tiere)"

zu bestimmen sei. Nunmehr bestimmt Art. 2 Nr. 14 UH-RL lediglich, dass die „besten verfügbaren Informationen" heranzuziehen sind. Durch die Neufassung wird der Spielraum der zuständigen Behörde deutlich, gleichzeitig wird diese explizit auf eine sorgfältige Ermittlung verpflichtet. Die mangelnde Bestimmbarkeit des Ausgangszustandes wurde bereits bei Abfassung des Richtlinienvorschlags intensiv diskutiert.[261] Bezüglich des Zustands der geschützten Arten und natürlichen Lebensräume innerhalb des Netzes Natura 2000 besteht jedoch aufgrund der für die Gebietsmeldung notwendigen Kartierungen und der Verpflichtung zur Erstellung gebietsspezifischer Erhaltungs- und Entwicklungspläne bereits eine gewisse Datenbasis.[262] Das allgemeine Monitoring nach Art. 11 FFH-RL umfasst auch Vorkommen geschützter Arten und natürlicher Lebensräume außerhalb der Schutzgebiete, so dass auch diesbezüglich mit der Zeit bessere Informationen zur Verfügung stehen sollten. Letztlich ist die Feststellung des Ausgangszustands ein Beweisproblem. Kann die zuständige Behörde den Ausgangszustand nicht nachweisen, so kann dem Verantwortlichen keine Schädigung zur Last gelegt und folglich keine Sanierung angeordnet werden.[263]

3. Primäre Sanierung

Maßnahmen der primären Sanierung dienen dazu,

> „die geschädigten Ressourcen und/oder beeinträchtigten Funktionen ganz oder annähernd in den Ausgangszustand"

zurückzuversetzen.[264] Aus den Bestimmungen zur ergänzenden Sanierung ergibt sich im Umkehrschluss, dass sich die „annähernde" Zurückversetzung in den Ausgangszustand nur auf eine quantitative Abweichung beziehen kann. Denn die Schaffung eines Zustands,

> „der einer Rückführung des geschädigten Ortes in seinen Ausgangszustand gleichkommt",[265]

also die Schaffung eines dem Ausgangszustand ähnlichen Zustands, wird als ergänzende Sanierung eingestuft. Indem die Richtlinie im Gegensatz zu den OPA Regulations somit nur Maßnahmen als Primärsanierung qualifiziert, die zu einer

---

[260] Vgl. 15 C.F.R. § 990.30.
[261] Vgl. *Bergkamp*, EELR 2002, 327 (333); *Spindler/Härtel* UPR 2002, 241 (244).
[262] Die Verpflichtung ergibt sich aus Art. 4 Abs. 1 i.V.m. Anhang III bzw. Art. 6 Abs. 1 FFH-RL.
[263] Vgl. *Kokott/Klaphake/Marr*, Ökologische Schäden und ihre Bewertung, S. 364.
[264] Anhang II Nr. 1 Abs. 1 a) UH-RL.
[265] Anhang II Nr. 1.1.2 S. 1 UH-RL.

wenigstens teilweisen Wiederherstellung der geschädigten Ressourcen und/oder Funktionen am Schadensort führen, während die Schaffung eines Äquivalents als ergänzende Sanierung eingestuft wird, betont sie den Unterschied zwischen Wiederherstellung (Restitution) und Ausgleich des Umweltschadens (Kompensation). Die primäre Sanierung ist nach der UH-RL vorrangig.[266]

Die primäre Sanierung kann gemäß Anhang II Nr. 1.2.1 UH-RL durch „eine natürliche Wiederherstellung" oder aber durch Tätigkeiten,

> „mit denen die natürlichen Ressourcen und Funktionen direkt in einen Zustand versetzt werden, der sie beschleunigt zu ihrem Ausgangszustand zurückführt",

erreicht werden. Dem Vorbild der OPA Regulations folgend unterscheidet die UH-RL somit zwischen natürlicher Wiederherstellung im Sinne einer Wiederherstellung durch die Natur selbst und aktiven Wiederherstellungsmaßnahmen. Letztere sind insbesondere geboten, wenn die natürliche Regenerationsfähigkeit des betroffenen Ökosystems infolge der Schädigung stark beeinträchtigt oder gar zerstört wurde; man spricht in diesem Fall davon, dass die Elastizität des ökologischen Systems aufgehoben ist.[267] Erfolgt die primäre Sanierung mittels natürlicher Regeneration, so fallen hierfür keine Wiederherstellungskosten im eigentlichen Sinne an, wohl aber Kosten für die Schadensermittlung und das Monitoring des Regenerationsprozesses.[268] Schließlich können im Vergleich zur aktiven Primärsanierung vermehrt zwischenzeitliche Verluste auftreten, die ebenfalls auszugleichen sind.

4. Ergänzende Sanierung

Die OPA Regulations fassen die Sanierung durch Schaffung gleichartiger oder gleichwertiger anderer Ressourcen und Funktionen als primäre Wiederherstellung auf. Demgegenüber definiert die UH-RL hierfür eine eigenständige Maßnahmenkategorie, die ergänzende Sanierung, und hebt so die Bedeutung der vorrangigen Restitution der geschädigten Ressourcen hervor.

a) Hierarchie der Maßnahmen

Maßnahmen der ergänzenden Sanierung sind Maßnahmen, mit denen

> „der Umstand ausgeglichen werden soll, dass die primäre Sanierung nicht zu einer vollständigen Wiederherstellung der geschädigten natürlichen Ressourcen und/oder Funktionen führt."[269]

Gemäß Anhang II Nr. 1.2.2 UH-RL ist die ergänzende Sanierung gegenüber der Primärsanierung subsidiär. Maßnahmen der ergänzenden Sanierung zielen darauf ab, einen Zustand zu schaffen, welcher der Wiederherstellung der geschädigten Ressource gleichkommt.

---

[266] Vgl. etwa Anhang II Nr. 1 Abs. 2:
    „Führt die primäre Sanierung nicht dazu, dass die Umwelt in ihren Ausgangszustand zurückversetzt wird, so wird anschließend eine ergänzende Sanierung durchgeführt."
[267] *Seibt*, Zivilrechtlicher Ausgleich, S. 187 f.
[268] Vgl. *Kokott/Klaphake/Marr*, Ökologische Schäden und ihre Bewertung, S. 365.
[269] Anhang II Nr. 1 Abs. 1 b) UH-RL.

„Lassen sich die geschädigten natürlichen Ressourcen und/oder deren Funktionen nicht in den Ausgangszustand zurückversetzen, so ist eine ergänzende Sanierung vorzunehmen. Ziel der ergänzenden Sanierung ist es, gegebenenfalls an einem anderen Ort einen Zustand der natürlichen Ressourcen und/oder deren Funktionen herzustellen, der einer Rückführung des geschädigten Ortes in seinen Ausgangszustand gleichkommt."[270]

Nach § 990.53 (c) (2) NRDA-OPA sind hinsichtlich der *compensatory restoration* vorrangig Maßnahmen in Erwägung zu ziehen, durch die Leistungen von gleicher Art, Qualität und von vergleichbarem Wert (same type and quality and of comparable value) geschaffen werden.[271] Die Regelung findet sich in modifizierter Form in Anhang II Nr. 1.2.2 S. 2 UH-RL wieder, der einen Vorrang der gleichartigen ergänzenden Sanierung und gleichartigen Ausgleichssanierung festschreibt. Erst wenn sich die Herstellung von Ressourcen und Funktionen

„gleicher Art, Qualität und Menge wie die geschädigten Ressourcen und/oder Funktionen"

als unmöglich erweist, können „andere Ressourcen und Funktionen" bereitgestellt werden, die eine gleichwertige Alternative schaffen.[272] Somit ergibt sich innerhalb der Maßnahmenkategorie der ergänzenden Sanierung eine abgestufte Handlungsfolge, vorrangig ist die gleichartige ergänzende Sanierung.

Die Gleichartigkeit bzw. Gleichwertigkeit von Ersatzressourcen ist eine naturschutzfachliche Frage. Anders als in den OPA Regulations und im ursprünglichen Richtlinienvorschlag spielt die ökonomische Gleichwertigkeit der Ersatzressourcen keine Rolle, es ist nicht erforderlich, dass die Ressourcen auch von vergleichbarem Wert sind.[273]

b) Räumlich-funktionaler Zusammenhang

Gemäß Anhang II Nr. 1.2.2 S. 2 UH-RL setzt die gleichartige ergänzende Sanierung einen engen funktionalen Zusammenhang zwischen geschädigter Ressource und Kompensationsmaßnahme voraus. Es müssen Ressourcen bzw. Funktionen der gleichen Art und Qualität (und von vergleichbarer Menge) geschaffen werden. Dieser Zusammenhang ist für die nachrangige (ökologisch) gleichwertige ergänzende Sanierung gelockert. Wie sich aus dem Richtlinientext ergibt, können hier „andere Funktionen" geschaffen werden, auch kann beispielsweise eine Qualitätsminderung hingenommen und durch eine quantitative Steigerung ausgeglichen

---

[270] Anhang II Nr. 1.1.2 UH-RL.

[271] Siehe oben Kapitel 3 C. III. 3.

[272] Art. 2 Nr. 11 UH-RL definiert Sanierungsmaßnahmen als:
„jede Tätigkeit (...) mit dem Ziel, geschädigte natürliche Ressourcen (...) wiederherzustellen, zu sanieren oder zu ersetzen oder eine gleichwertige Alternative zu diesen Ressourcen und Funktionen zu schaffen",
vgl. *Becker*, NVwZ 2005, 371 (374); *Lewin/Führ/Roller*, UVG-E, S. 53.

[273] Anhang II Nr. 3.1.5 des Richtlinienvorschlags der Kommission sah vor, dass – soweit praktisch durchführbar – zunächst Maßnahmen geprüft werden sollten,
„durch die natürliche Ressourcen und/oder Funktionen derselben Art und Qualität und von vergleichbarem Wert wie die geschädigten Ressourcen und/oder Funktionen verfügbar gemacht werden."

werden.[274] Grenzen sind aber durch den Normzweck der UH-RL gesetzt: Die Richtlinie zielt nicht auf eine allgemeine Verbesserung von Natur und Umwelt, sondern auf einen Ausgleich des konkreten Umweltschadens. Die Kompensationsmaßnahmen müssen daher auch im Falle des gleichwertigen Ersatzes aus der Beeinträchtigung ableitbar sein.[275] Welche Funktionen für die Beurteilung der Gleichartigkeit bzw. -wertigkeit ausschlaggebend sind, richtet sich nach dem jeweiligen Schutzgut. So bestimmt sich die ökologische Wertigkeit einer Fläche aus dem Blickwinkel der FFH- und VSch-RL durch deren Qualität als Habitat zu schützender Arten oder zur Erhaltung bestimmter definierter Lebensraumtypen.

Die ergänzende Sanierung kann, anders als die primäre Sanierung, auch an einem anderen Ort als dem geschädigten durchgeführt werden, der soweit möglich und sinnvoll

> „(...) mit dem geschädigten Ort geografisch im Zusammenhang stehen (soll), wobei die Interessen der betroffenen Bevölkerung zu berücksichtigen sind."[276]

Allerdings verringert sich i.d.R. mit zunehmender Entfernung zwischen Schadens- und Kompensationsort der Zusammenhang zwischen den natürlichen Funktionen und Ressourcen, ab einer bestimmten Distanz geht er gegen Null.[277] Die für die vorrangige gleichartige Sanierung erforderliche funktionale Identität kann daher nur erreicht werden, wenn die Kompensation wenigstens an einem Ort erfolgt, der derselben naturräumlichen Haupteinheit angehört.[278] Weiterhin kann von einem gleichwertigen Ersatz einer zum europäischen ökologischen Netz Natura 2000 gehörigen Fläche nur gesprochen werden, wenn auch durch die Ersatzfläche die Kohärenz des Netzes gewahrt bzw. wiederhergestellt wird. Durch die Sanierung muss zudem eine im Sinne der Schutzkategorien der FFH- und VSch-RL ökologisch hochwertige Fläche geschaffen werden.[279] Ebenso wie bei Ausgleichsmaßnahmen nach der FFH-Richtlinie[280] kann im Falle schwerwiegender Beeinträchtigungen auch die Neuaufnahme eines Gebiets in das Schutzgebietsnetz erforderlich sein.

c) Berücksichtigung von Interessen der betroffenen Bevölkerung

Zwar wurde vorstehend bereits festgestellt, dass für das Vorliegen eines Umweltschadens, was die Funktionen natürlicher Ressourcen anbelangt, in erster Linie die funktionellen Beziehungen zwischen den jeweiligen Arten und den sonstigen Bestandteilen der natürlichen Lebensräume relevant sind.[281] Dennoch wirft Anhang II Nr. 1.1.2 S. 3 UH-RL, wonach bei der Durchführung der Sanierung an einem anderen Ort als dem geschädigten die Interessen der betroffenen Bevölke-

---

[274] Anhang II Nr. 1.2.2 S. 3.

[275] Vgl. *Sparwasser/Wöckel*, NVwZ 2004, 1192 (1194).

[276] Anhang II Nr. 1.1.2 S. 3 UH-RL.

[277] *Kokott/Klaphake/Marr*, Ökologische Schäden und ihre Bewertung, S. 373.

[278] *Roller/Führ*, UH-RL und Biodiversität, S. 89; Deutschland beispielsweise wird in 69 naturräumliche Haupteinheiten untergliedert, vgl. *Ssymank/Haucke/Rückriem/Schröder*, Natura 2000, S. 28.

[279] Vgl. *Europäische Kommission*, Gebietsmanagement, S. 52.

[280] Vgl. *Lorz/Müller/Stöckel*, BNatSchG, § 34 Rn. 22.

[281] Siehe oben Kapitel 3 D. I. 2. b) aa).

rung „zu berücksichtigen" sind, die Frage auf, welche Rolle der Nutzen natürlicher Ressourcen für die Öffentlichkeit bei der Ermittlung der Sanierungsmaßnahmen spielt. Würde die UH-RL wie das US-Recht einen auch mit Blick auf die Leistungen natürlicher Ressourcen vollständigen Ausgleich anstreben, so wären bereits dadurch die räumlichen Variationsmöglichkeiten eingeschränkt, da Kompensationsmaßnahmen in weiterer Entfernung vom Schadensort nicht mehr der eigentlich geschädigten Bevölkerung zugute kommen.[282]

Jedoch findet sich das Ziel einer ökonomischen gleichwertigen Kompensation für die durch den Umweltschaden betroffene Öffentlichkeit weder in den Erwägungsgründen der Richtlinie noch in den vorbereitenden Arbeiten, etwa in Grün- oder Weißbuch. Das Weißbuch benennt als Motivation für die Einführung einer Umwelthaftung die Durchsetzung des Verursacher-, Vorbeuge- und Vorsorgeprinzips als zentralen Umweltprinzipien des Gemeinschaftsrechts, sowie die Internalisierung von Umweltkosten.[283] Weiterhin soll die Umsetzung des Umweltrechts der Gemeinschaft verbessert werden, dies gelte insbesondere bezüglich der FFH- und VSch-RL, wo aufgrund der Habitatrichtlinie bereits mitgliedstaatliche Schadensbeseitigungspflichten bestünden.[284] FFH- und VSch-RL aber sind ausschließlich auf die Sicherung der Artenvielfalt innerhalb der Europäischen Gemeinschaft gerichtet, menschliche Nutzungen oder indirekte positive Wirkungen der geschützten Ressourcen sind für die Auswahl der Schutzgüter unerheblich.[285] Daher ist bei der Wahl des Sanierungsortes allenfalls eine ergänzende Berücksichtigung der Belange der betroffenen Bevölkerung denkbar. Andernfalls bestünde die Gefahr einer Relativierung des Biodiversitätsschutzes. Zudem wären sonst bei der Sanierung Aspekte ausschlaggebend, denen für die Bestimmung des Schutzguts Biodiversität keine Bedeutung zukam, etwa der Erholungswert eines Natura 2000-Gebietes oder dessen Beitrag zur Erneuerung von Trinkwasserressourcen.[286]

5. Ausgleichssanierung

Ausgleichssanierung schließlich ist

> „jede Tätigkeit zum Ausgleich zwischenzeitlicher Verluste (...), die vom Zeitpunkt des Eintretens des Schadens bis zu dem Zeitpunkt entstehen, in dem die primäre Sanierung ihre Wirkung vollständig entfaltet hat".[287]

Auch der Begriff der „zwischenzeitlichen Verluste" wird definiert. Hierbei handelt es sich um Verluste,

---

[282] Siehe oben Kapitel 3 C. III. 3.

[283] KOM (2000) 66 endg., S. 12.

[284] Weißbuch, KOM (2000) 66 endg., S. 12 ff.; vgl. auch den 2. Erwägungsgrund zur UH-RL.

[285] Siehe oben Kapitel 3 D. I. 2. b) aa).

[286] Anders stellt sich dies möglicherweise hinsichtlich des Schutzgutes Gewässer dar. Denn die Umweltqualitätsziele der WRRL dienen nicht nur der Erhaltung der aquatischen und wasserabhängigen Ökosysteme. Vielmehr soll entsprechend dem multifunktionalen Ansatz der Richtlinie die Reduzierung der Gewässerverschmutzung und Verbesserung der Gewässerqualität auch zugunsten der verschiedenen Gewässernutzungen erfolgen (vgl. Art. 1 WRRL).

[287] Anhang II Nr. 1 S. 1 c) UH-RL.

„die darauf zurückzuführen sind, dass die geschädigten natürlichen Ressourcen und/oder Funktionen ihre ökologischen Aufgaben nicht erfüllen oder ihre Funktionen für andere natürliche Ressourcen oder für die Öffentlichkeit nicht erfüllen können, solange die Maßnahmen der primären bzw. der ergänzenden Sanierung ihre Wirkung nicht entfaltet haben. Ein finanzieller Ausgleich für Teile der Öffentlichkeit fällt nicht darunter."[288]

a) Grundgedanke

Zwar ist der Gedanke der Berücksichtigung der Entwicklungszeiten von Biotopen beim Ausgleich von Beeinträchtigungen dem europäischen Umweltrecht nicht völlig fremd,[289] dennoch folgt die Richtlinie in diesem Punkt klar dem ausdifferenzierten Konzept der OPA Regulations.[290] Dieser Ansatz wurde im Laufe des Rechtsetzungsverfahrens zum Teil heftig kritisiert. Er sei nicht auf die Wiederherstellung der Umwelt gerichtet, sondern trage die Züge eines Bußsystems bzw. Strafschadenersatzes in sich, was mit der eigentlichen Zielsetzung der Richtlinie nichts mehr zu tun habe.[291] Diese Kritik geht fehl, da die Ausgleichssanierung auf den Ausgleich realer, wenn auch vorübergehender Verluste gerichtet ist und somit gerade keinen strafenden Charakter besitzt. Dennoch versammelt die Richtlinie zwei unterschiedliche Intentionen unter dem Oberbegriff der Sanierung. Während die primäre und ergänzende Sanierung auf die Erreichung definierter Zustände – des Ausgangszustands bzw. eines gleichartigen oder gleichwertigen Zustands – zielen, ist Bezugspunkt der Ausgleichssanierung das Ausmaß der Schutzgutsbeeinträchtigung im Zeitablauf zwischen Schadenseintritt und erfolgreich abgeschlossener Sanierung.[292] Zwischen der primären und ergänzenden Sanierung besteht ein Stufenverhältnis, während es sich bei der Ausgleichssanierung um eine anders geartete Form des Schadensausgleichs handelt.[293] Augrund der teilweise sehr langen Entwicklungszeiten von Biotopen ist ein Ausgleich zwischenzeitlicher Verluste dringend geboten. Zudem schafft dies einen Anreiz, bereits bei der Aus-

---

[288] Anhang II Nr. 1 S. 1 d) UH-RL.

[289] Vgl. zur deutschen Praxis der Eingriffsbilanzierung etwa: *Ellinghoven/Brandenfels*, NuR 2004, 564 (568 ff.); *LfU BW*, Eingriffsbewertung bei Abbauvorhaben, S. 27; *Köppel/Feickert/Spandau/Straßer*, Eingriffsregelung, S. 168 ff., 243.

[290] *Hager*, in: Hendler/Marburger/Reinhardt/Schröder (Hrsg.), Umwelthaftung, S. 211 (237). Es zeigt sich wiederum die deutliche textliche Anlehnung bzgl. der Definition der Maßnahme, 15 C.F.R. § 990.30:
„Compensatory restoration, which is any action taken to compensate for interim losses of natural resources and services that occur from the date of the incident until recovery".
Anhang II Nr. 1 S. 1 c):
„'Compensatory' remediation is any action taken to compensate for interim losses of natural resources and/or services that occur from the date of damage occurring until primary remediation has achieved its full effect."

[291] Begründung zu Änderungsantrag 64 im Bericht des Europäischen Parlaments vom 2.5.2003 über den Vorschlag zur UH-RL, Ausschuss für Recht und Binnenmarkt, PE316.215; A5-0145/2003 endg., S. 50.

[292] *Roller/Führ*, UH-RL und Biodiversität, S. 87.

[293] *Roller/Führ*, UH-RL und Biodiversität, S. 87; trotz der teilweisen Gleichbehandlung in Anhang II sind die beiden Maßnahmenkategorien daher zu unterscheiden.

wahl der primären Wiederherstellungsoptionen solche in Betracht zu ziehen, die zwar mit höheren Kosten verbunden sind, aber eine zeitnahe Rückkehr zum Ausgangsniveau ermöglichen.[294]

Was die Terminologie anbelangt, ist der Begriff der „Ausgleichssanierung" unglücklich gewählt. Denn auch die FFH-Richtlinie kennt den Begriff der „Ausgleichsmaßnahmen", er bezeichnet ganz allgemein den Ausgleich der negativen Folgen eines zuzulassenden Eingriffs.[295] Inhaltlich besteht offensichtlich keine Übereinstimmung, die UH-RL weckt hier falsche Assoziationen. Doch auch von der Terminologie des US-amerikanischen Vorbilds weicht die Richtlinie ab. Die Sanierung von Schäden an Gewässern, geschützten Arten und natürlichen Lebensräumen wird in der englischen Richtlinienfassung als „*remediation*" bezeichnet. Im US-amerikanischen Haftungsrecht steht dieser Terminus jedoch für Maßnahmen der Gefahrenabwehr, während die eigentliche Sanierung als „*restoration*" bezeichnet wird,[296] die abweichende Benennung in der UH-RL ist unnötig und stiftet allenfalls Verwirrung.

b) Art und Weise der Kompensation

Nach den OPA Regulations kann ein Ausgleich zwischenzeitlicher Nutzenverluste unmittelbar durch die Schaffung zusätzlicher Nutzungsmöglichkeiten erfolgen, etwa durch die Verbesserung des Zugangs zu öffentlichen Stränden für körperbehinderte Besucher oder die Einrichtung zusätzlicher Bootsanlegestellen.[297] Diese Art der Kompensation wird durch Anhang II Nr. 1.1.3 S. 2 UH-RL ausgeschlossen. Die Norm sieht vor, dass die Ausgleichssanierung

> „aus zusätzlichen Verbesserungen der geschützten Lebensräume und Arten oder der Gewässer entweder an dem geschädigten oder an einem anderen Ort"

besteht. Die für das Vorliegen eines Umweltschadens maßgebliche Verschlechterung aber bestimmt sich gemäß Art. 2 Nr. 1 a) und b) UH-RL ausschließlich anhand der Qualitätskriterien der WRRL bzw. der FFH- und VSch-RL. Spiegelbildlich sind diese Kriterien daher auch für die Beurteilung der Verbesserung der Schutzgüter heranzuziehen. Maßnahmen, die lediglich die Erreichbarkeit oder den Zugang zu natürlichen Ressourcen für die Öffentlichkeit verbessern, führen daher nicht zu einer „Verbesserung" der betroffenen Schutzgüter. Jedoch kann durch die gebotene Schaffung zusätzlicher Ressourcen bzw. zusätzlicher ökologischer Funktionen mittelbar auch zusätzlicher Nutzen für den Menschen geschaffen werden, etwa die Möglichkeit vermehrten Naturgenusses. Gemäß Anhang II Nr. 1.1.3 S. 3 UH-RL beinhaltet die Ausgleichssanierung schließlich keine finanzielle Entschädigung für Teile der Öffentlichkeit. Damit schließt der europäische Richtliniengeber einen monetären Ausgleich zwischenzeitlicher Verluste, wie ihn die CERCLA Regulations in Form des *compensable value* vorsehen, explizit aus.[298]

---

[294] *Brans*, Liability, S. 213.

[295] Art. 6 Abs. 4 FFH-RL; vgl. *Europäische Kommission*, Gebietsmanagement, S. 48 ff.; *Ramsauer*, NuR 2000, 601 (607).

[296] Vgl. CERCLA, 42 U.S.C. § 9601 (24); NRDA-OPA, 15 C.F.R. § 990.30; *Boyd*, Insurance US, S. 11.

[297] Vgl. die Darstellung zum US-Recht, Kapitel 3 C. III. 3.

[298] Siehe oben Kapitel 3 B. III.

Anhang II Nr. 1.2.2 S. 2 UH-RL, der einen Vorrang der gleichartigen Sanierung vorschreibt, findet auch auf die Ausgleichssanierung Anwendung. Was die bei der Sanierung zu berücksichtigenden Belange angeht, bezieht die Definition der zwischenzeitlichen Verluste in Anhang II Nr. 1 Abs. 1 d) UH-RL explizit die Funktionen für die Öffentlichkeit ein. Jedoch wurde bereits vorstehend festgestellt, dass diesen bei der Sanierung von Biodiversitätsschäden allenfalls eine untergeordnete Bedeutung zukommt.[299]

III. Bestimmung des erforderlichen Sanierungsumfangs

Das sog. „Scaling" dient der Ermittlung des für die jeweilige Sanierungsoption notwendigen Umfangs der Wiederherstellungsmaßnahmen. Bei der hierzu erforderlichen Bewertung sind generell naturschutzfachliche sowie ökonomische bzw. sonstige Bewertungsansätze zu unterscheiden. Der Einsatz ökonomischer Methoden in Umweltschadensfällen ist in Europa allerdings bislang weitestgehend unbekannt.[300] Die Regelungen zur Bestimmung des Sanierungsumfangs in Anhang II Nr. 1.2.2 und Nr. 1.2.3 UH-RL entsprechen konzeptionell denen der OPA Regulations in § 990.53 (c)-(d). Die Umwelthaftungsrichtlinie übernimmt im Grundsatz das dreifach gestufte Bewertungskonzept der OPA Regulations. Vorrangig ist nach Anhang II Nr. 1.2.1 UH-RL die Anwendung von Konzepten, die auf der Gleichwertigkeit von Ressourcen oder Funktionen beruhen, also des *resource-to-resource* oder *service-to-service approach*.[301] Erweist sich deren Anwendung als unmöglich, so kann nach Anhang II Nr. 1.2.3 UH-RL auf andere Bewertungsansätze zurückgegriffen werden. An letzter Stelle steht hierbei der *value-to-cost approach*, der eine Schätzung des eingetretenen Umweltschadens ermöglicht. Im Folgenden gilt es, die Reichweite der Anwendung naturschutzfachlicher und ökonomischer Bewertungsverfahren zu untersuchen. Eine ausführliche Analyse der einzelnen Methoden erfolgt in Kapitel 3 E.

1. Wertverständnis

Ebenso wie die OPA Regulations zielt die UH-RL darauf ab, geschädigte Ressourcen und Funktionen wiederherzustellen oder diese durch gleichwertige Umweltgüter zu ersetzen. Das Verständnis von „Gleichwertigkeit" und der zur Bestimmung des Wertes natürlicher Ressourcen maßgeblichen wertbildenden Faktoren unterscheidet sich jedoch deutlich. Nach den OPA Regulations ist der Wert (value) eines Naturgutes bzw. seiner ökologischen Leistungen letztlich ökonomisch zu begreifen.[302] Der Richtlinienvorschlag der Kommission folgte zunächst

---

[299] Siehe oben Kapitel 3 D. I. 2. b) und II. 4.
[300] *Brans/Uillhoorn*, Background Paper, S. 13.
[301] Anhang II Nr. 1.2.1 S. 1 UH-RL, dazu sogleich.
[302] 15 C.F.R. § 990.30:
„Value means the maximum amount of goods, services, or money an individual is willing to give up to obtain a specific good or service, or the minimum amount of goods, services, or money an individual is willing to accept to forgo a specific good or service. The total value of a natural resource or service includes the value individuals derive from direct use of the natural resource, for example, swimming, boating, hunting, or

dieser ökonomischen Kompensationslogik. Art. 2 Abs. 1 Nr. 19 des Vorschlags enthielt eine dem US-Recht entsprechende Definition des Wertes natürlicher Ressourcen als

> „Höchstmenge an Waren, Diensten oder Geld, die eine Einzelperson zu geben bereit ist, um eine spezifische Ware oder einen spezifischen Dienst zu erhalten, bzw. die Mindestmenge an Waren, Diensten oder Geld, die eine Einzelperson anzunehmen bereit ist, um im Gegenzug eine spezifische Ware oder einen spezifischen Dienst zu liefern.
>
> Der Gesamtwert eines Lebensraums oder einer Art umfasst den Wert, den Einzelpersonen aus der direkten Nutzung der natürlichen Ressource – z.B. durch Schwimmen, Boot fahren oder Vogelbeobachtung – gewinnen sowie den Wert, den Einzelpersonen dem Lebensraum oder der Art unabhängig von der direkten Nutzung zumessen.“

Der Wert war demnach anhand der individuellen Zahlungsbereitschaft (willingness to pay) bzw. der Kompensationsforderung (willingness to accept) zu bestimmen.[303] Freizeitnutzungen wurden explizit als wertbildende Faktoren einbezogen. Die Definition wurde im Rechtsetzungsverfahren jedoch als „sehr kontrovers, verwirrend und für die Anwendung dieser Richtlinie potentiell nicht sehr hilfreich“[304] bezeichnet und schließlich aus dem Richtlinientext gestrichen,[305] ohne dass wie es scheint allen Beteiligten das dahinterliegende Kompensationsverständnis hinreichend klar war.

Es wurde bereits festgestellt, dass die UH-RL nicht auf einen im ökonomischen Sinne vollständigen Ausgleich des Wohlfahrtsverlusts der betroffenen Bevölkerungsteile abzielt und menschliche Nutzungen – jedenfalls was das Schutzgut Biodiversität anbelangt – allenfalls eine untergeordnete Rolle spielen. Daher ist bei der Bestimmung des notwendigen Sanierungsumfangs vorrangig auf die naturschutzfachliche Gleichwertigkeit von Ressourcen und Funktionen bzw. Leistungen abzustellen.[306] Die naturschutzfachliche Wertigkeit wiederum ist mit Blick auf die Maßstäbe und Zielsetzungen der FFH- und VSch-RL zu beurteilen. Kann eine Wertgleichheit durch den Einsatz naturschutzfachlicher Methoden nicht hergestellt werden, so erlaubt Anhang II Nr. 1.2.3 UH-RL unter anderem den Einsatz ökonomischer Bewertungsmethoden und somit die Ermittlung des Sanierungsumfangs durch Herstellung einer ökonomischen Wertgleichheit. Problematisch ist hierbei, dass ökonomische Methoden keine Aussagen über die ökologischen Konsequenzen der verschiedenen Wiederherstellungsalternativen ermöglichen.[307] Ihr

---

bird watching, as well as the value individuals derive from knowing a natural resource will be available for future generations.“
(siehe oben Kapitel 3 C. V. 1).

303 Vgl. *Rutherford/Knetsch/Brown*, 22 Harv. Envtl. L. Rev. (1998), 51 (61).

304 Bericht des Europäischen Parlaments vom 2.5.2003, Stellungnahme des Ausschusses für Umweltfragen, Volksgesundheit und Verbraucherpolitik vom 24.1.2003, Änderungsantrag 23, PE316.215 (A5-0145/2003 endg.), S. 103 f.

305 Vgl. die Begründung des Rates im Gemeinsamen Standpunkt EG Nr. 58/2003 vom 18.9.2003, ABl. EG 2003 Nr. C-277 E/10 ff. (E/28).

306 Vgl. zu diesem funktionellen Wertbegriff (functional value) *Brown*, Land Econ. (1984), 231 (232, Fn. 3).

307 *Kokott/Klaphake/Marr*, Ökologische Schäden und ihre Bewertung, S. 375.

Einsatz steht indessen nicht im Widerspruch zum Sanierungsverständnis der Richtlinie, denn die eingesetzten Bewertungsmethoden sind von den zu bewertenden Funktionen bzw. Leistungen der Ressourcen, d.h. den für die Bewertung relevanten Wertfaktoren eines Gutes, zu unterscheiden.[308]

2. Service-to-Service Approach

Nach Anhang II Nr. 1.2.2 S. 1 UH-RL ist bei der Festlegung des notwendigen Umfangs der ergänzenden Sanierung und der Ausgleichssanierung

„zunächst die Anwendung von Konzepten zu prüfen, die auf der Gleichwertigkeit von Ressourcen oder Funktionen beruhen."

Wie ein Blick auf den englischen Richtlinientext zeigt, ist hiermit die Anwendung des *service-to-service approach* gemeint:

„When determining the scale of complementary or compensatory remedial measures, the use of resource-to-resource or service-to-service equivalence approaches shall be considered first."[309]

Der Richtlinienentwurf sprach diesbezüglich in Anhang II Nr. 3.1.6 von der „Anwendung eines Scaling-Konzepts, das eine maßstäbliche Gegenüberstellung der Ressourcen oder Funktionen gestattet". Nach dem Richtlinienentwurf war die Anwendung dieses Ansatzes auf die Feststellung des Umfangs von Sanierungsmaßnahmen beschränkt, durch die Ressourcen oder Leistungen

„derselben Art und Qualität *und von vergleichbarem Wert* wie die verlorengegangenen Ressourcen und/oder Funktionen verfügbar gemacht werden."[310]

Für einen vollständigen Ausgleich waren sodann Sanierungsmaßnahmen festzulegen, die quantitativ dem entstandenen Verlust an Ressourcen und Funktionen zu entsprechen hatten.[311] Die Regelung war nahezu wörtlich aus den OPA Regulations übernommen worden.[312]

Sie wurde im Laufe des Rechtsetzungsverfahrens jedoch dahingehend geändert, dass nunmehr Maßnahmen zu prüfen sind, durch die

---

[308] Zur Anwendbarkeit ökonomischer Bewertungsverfahren s.u., Kapitel 3 E.

[309] Anhang II Nr. 1.2.2 S. 1.

[310] KOM (2002) 17 endg., Anhang II Nr. 3.1.6 S. 1 (Hervorhebung durch Verf.).

[311] KOM (2002) 17 endg., Anhang II Nr. 3.1.6 S. 2.

[312] 15 C.F.R. § 990.53 (d) (2):
„When determining the scale of restoration actions that provide natural resources and/or services of the same type and quality, and of comparable value as those lost, trustees must consider the use of a resource-to-resource or service-to-service scaling approach. Under this approach, trustees determine the scale of restoration actions that will provide natural resources and/or services equal in quantity to those lost."
KOM (2002) 17 endg., Anhang II Nr. 3.1.6, englische Fassung:
„When determining the scale of restorative actions that provide natural resources and/or services of the same type and quality, and of comparable value as those lost, the competent authority shall consider the use of a resource-to-resource or service-to-service scaling approach. Under this approach, the competent authority determines the scale of restorative actions that will provide natural resources and/or services equal in quantity to those lost."

„Ressourcen und/oder Funktionen in gleicher Art, Qualität *und Menge* wie die geschädigten Ressourcen und/oder Funktionen hergestellt werden."[313]

Durch die Neufassung, verbunden mit der Streichung der dem US-amerikanischen Verständnis entsprechenden Wertdefinition, entfällt die Beschränkung der Anwendung des *service-to-service approach* auf ökonomisch gleichwertige Sanierungsalternativen. Der Anwendungsbereich naturschutzfachlicher Bewertungsverfahren wird im Vergleich zu den OPA Regulations erweitert. Wie die Erfahrungen in den USA zeigen, ist die praktische Anwendbarkeit naturschutzfachlicher Verfahren weiterhin nicht auf die Bewertung von Ressourcen gleicher ökologischer Qualität begrenzt. Sind die zu bewertenden Ressourcen nicht von gleicher Qualität, so kann dies über die Verwendung einer entsprechenden Metrik ausgeglichen werden.

Sowohl nach den OPA Regulations als auch nach der UH-RL sind die für die Frage der Gleichartigkeit bzw. Gleichwertigkeit der Kompensationsmaßnahmen maßgeblichen Funktionen der Ersatzressourcen einzelfallbezogen zu bestimmen. Nach den OPA Regulations sind grundsätzlich alle im konkreten Fall betroffenen Ressourcen und Leistungen in die Bewertung einzubeziehen. Entsprechend der Charakteristika der betroffenen Umweltgüter können primär ökologische Funktionen im Vordergrund stehen, etwa im Falle der Schädigung eines abgelegenen Feuchtgebiets, oder aber menschliche Nutzungen, z.B. wenn ein beliebter Badestrand durch einen Ölunfall betroffen ist.[314] Demgegenüber liegt nach der UH-RL bei einer Beeinträchtigung geschützter Arten oder natürlicher Lebensräume der Fokus auf den Funktionen im Rahmen des ökologischen Netzes Natura 2000 bzw. der Erhaltung geschützter Arten.[315] Bei Ressourcen, die Bestandteil des Netzes Natura 2000 sind, kann zur Feststellung der wertbildenden Faktoren auf die gebietsspezifischen Erhaltungsziele zurückgegriffen werden. Weiterhin geben die allgemeinen Kriterien zur Bestimmung eines günstigen Erhaltungszustands in Art. 2 Nr. 4 UH-RL sowie die in Anhang III FFH-RL genannten Auswahlkriterien Aufschluss über die Qualität der in Frage stehenden Ressourcen.[316] Soweit der Umweltschaden einen aquatischen Lebensraum betrifft, sind zusätzlich die Anforderungen der WRRL zu beachten und u.U. weitere Gewässerfunktionen und -leistungen in die Bewertung einzubeziehen.[317]

3. Einsatz anderer Bewertungsmethoden

Erweist sich die Anwendung naturschutzfachlicher Bewertungsmethoden als unmöglich, so werden an ihrer Stelle andere Verfahren angewandt.[318] Hierzu bestimmt Anhang II Nr. 1.2.3 S. 2 UH-RL:

---

[313] Anhang II Nr. 1.2.2 S. 2 UH-RL, englische Fassung:
„Under these approaches, actions that provide natural resources and/or services of the same type, quality and quantity as those damaged shall be considered first."

[314] Vgl. *King*, Ecosystem Services, S. 6 ff.

[315] Siehe oben Kapitel 3 D. I. 2.

[316] *Lewin/Führ/Roller*, UVG-E, S. 53.

[317] Zur qualitativen Bewertung der Sanierungsalternativen bei Gewässerschäden kann u.a. auf die Qualitätskriterien des Anhangs V WRRL zurückgegriffen werden.

[318] Anhang II Nr. 1.2.3 S. 1 UH-RL.

„Die zuständige Behörde kann die Methode, z.B. Feststellung des Geldwertes, vorschreiben, um den Umfang der erforderlichen ergänzenden Sanierungsmaßnahmen und Ausgleichssanierungsmaßnahmen festzustellen."

Im Gegensatz zum Kommissionsentwurf, wonach im Falle der Unmöglichkeit der Anwendung naturschutzfachlicher Verfahren „Bewertungsmethoden *zur* Feststellung des Geldwertes des Schadens" einzusetzen waren,[319] erfolgt damit keine Beschränkung auf ökonomische Methoden. Es können sowohl, wie in den USA, ökonomische Methoden angewandt werden, die auf eine explizite Bestimmung des Geldwertes verzichten[320] als auch Bewertungsansätze, welche die Wertgleichheit nicht ökonomisch bestimmen. Insgesamt ergibt sich ein sehr weiter Spielraum der zuständigen Behörde hinsichtlich der Auswahl der einzusetzenden Bewertungsmethoden. Eine weitere Konkretisierung der Richtlinienvorgaben seitens der Kommission wäre daher wünschenswert, etwa durch allgemeine Leitlinien für die Ermittlung geeigneter Verfahren. Als Vorbild könnte § 990.27 NRDA-OPA dienen, der Kriterien zur Methodenwahl vorsieht.[321]

Anhang II Nr. 1.2.3 S. 3 UH-RL nennt schließlich als letzte Möglichkeit der Bewertung den *value-to-cost approach*, der zum Einsatz kommt, wenn die Anwendung der anderen Ansätze unmöglich oder unverhältnismäßig wäre:

„Ist eine Bewertung des Verlustes an Ressourcen und/oder Funktionen möglich, eine Bewertung des Ersatzes der natürlichen Ressourcen und/oder Funktionen jedoch innerhalb eines angemessenen Zeitrahmens unmöglich oder mit unangemessenen Kosten verbunden, so kann die zuständige Behörde Sanierungsmaßnahmen anordnen, deren Kosten dem geschätzten Geldwert des entstandenen Verlustes an natürlichen Ressourcen und/oder Funktionen entsprechen."

Der Normtext wurde weitgehend wörtlich aus den OPA Regulations übernommen und blieb im Laufe des Rechtsetzungsverfahrens inhaltlich unverändert.[322] Der Ansatz erlaubt eine Ermittlung des Wertes der geschädigten Ressourcen mittels vereinfachter Bewertungsverfahren und die Anordnung von Sanierungsmaßnahmen, die dem so „geschätzten" Geldwert entsprechen. Im Umkehrschluss ergibt

---

[319] Anhang II Nr. 3.1.7 des Richtlinienentwurfs, KOM (2002) 17 endg. (Hervorhebung durch Verf.).

[320] Z.B. Choice Experimente, siehe dazu unten Kapitel 3 E. I. 2. b) bb).

[321] 15 C.F.R. § 990.27, siehe dazu oben Kapitel.3 C. V. 3.; zum Erlass von Leitlinien vgl. allg. etwa *Schroeder*, in: Streinz (Hrsg.), EUV/EGV, Art. 249 EGV Rn. 33.

[322] 15 C.F.R. § 990.53 (d) (3) (ii), S. 1:
„If, in the judgement of the trustees, valuation of the lost services is practicable, but valuation of the replacement natural resources and/or services cannot be performed within a reasonable time frame or at a reasonable cost, (...) trustees may estimate the dollar value of the lost services and select the scale of the restoration action that has a cost equivalent to the lost value."
Anhang II Nr. 1.2.3 S. 3 UH-RL, engl. Fassung:
„If valuation of the lost resources and/or services is practicable, but valuation of the replacement natural resources and/or services cannot be performed within a reasonable time-frame or at a reasonable cost, then the competent authority may choose remedial measures whose cost is equivalent to the estimated monetary value of the lost natural resources and/or services."
(vgl. auch KOM (2002) 17 endg., Anhang II Nr. 3.1.8).

sich hieraus, dass durch die gemäß Anhang II Nr. 1.2.3 S. 2 UH-RL vorrangigen Wertgleichungsverfahren entsprechend dem *value-to-value approach* eine einzelfallbezogene konkrete Schadensermittlung vorgenommen werden muss.

Der *value-to-cost approach* wird in den USA vor allem zur Bewertung kleinerer Schäden eingesetzt, bei denen die Durchführung eigener Primärstudien zu kostspielig wäre. Gleiches gilt für die UH-RL, da nur bei kleineren Schadensfällen die Durchführung einer aufwendigeren Sanierungsuntersuchung unverhältnismäßig wäre. Im Rahmen dieses Ansatzes kann mit Werten gearbeitet werden, die auf der Basis standardisierter bzw. abstrakter Bewertungsansätze ermittelt wurden, wie sie etwa die in den USA angewandten Typ-A-Modelle darstellen.[323]

4. Diskontierung

Ebenso wie die OPA Regulations sieht Anhang II Nr. 1.2.3 S. 4 UH-RL eine Diskontierung zukünftiger Leistungen auf ihren Gegenwartswert vor. Danach sollen die Maßnahmen der ergänzenden Sanierung und Ausgleichssanierung so beschaffen sein,

> „dass durch sie zusätzliche Ressourcen und/oder Funktionen geschaffen werden, die den zeitlichen Präferenzen und dem zeitlichen Ablauf der Sanierungsmaßnahmen entsprechen. Je länger es beispielsweise dauert, bis der Ausgangszustand wieder erreicht ist, desto mehr Ausgleichssanierungsmaßnahmen werden (unter ansonsten gleichen Bedingungen) getroffen."

Eine bestimmte Diskontrate wird jedoch nicht vorgegeben, diese muss durch die Fachwissenschaften entwickelt werden.[324] Was schließlich die Berücksichtigung von Risiken anbelangt[325] enthält die Richtlinie, anders als das US-amerikanische Vorbild, keine expliziten Vorgaben, jedoch sollten diese bei der Bemessung von Sanierungsmaßnahmen einfließen.

IV. Auswahl der Sanierungsoption(en)

Nachdem die im konkreten Fall zur Verfügung stehenden Sanierungsalternativen ermittelt wurden und der jeweils erforderliche Sanierungsumfang festgestellt wurde, ist die am besten geeignete Sanierungsoption auszuwählen. Anhang II Nr. 1.3.1 UH-RL gibt hierfür Kriterien vor, beispielsweise die Kosten, Auswirkungen, Erfolgsaussichten und die voraussichtliche Dauer der Sanierung. Anhang II Nr. 1.3.3 UH-RL gestattet der zuständigen Behörde, von weiteren Maßnahmen abzusehen, wenn diese unverhältnismäßig wären. Diese Vorgaben sind im Folgenden zu analysieren. Schließlich fragt sich, ob eine Zusammenfassung der Geldmittel aus verschiedenen Schadensfällen (Pooling), wie sie nach den OPA

---

[323] Hierbei handelt es sich um ein Computermodell zur Bewertung von Schäden an Küsten und marinen Lebensräumen sowie ein Modell zur Bewertung von Schädigungen der Great Lakes; siehe dazu Kapitel 3 E. I. 3.

[324] Vgl. etwa *Klaphake/Lepinat*, UVP-Report 2003, 230 (235).

[325] Etwa das Risiko, dass ein Teil der als Ersatz gepflanzten Bäume nicht anwächst oder durch Wildfraß zerstört wird.

Regulations unter gewissen Voraussetzungen statthaft ist, auch nach Anhang II Nr. 1 UH-RL zulässig ist.

1. Kriterien zur Bewertung der Sanierungsoptionen

Bereits aus allgemeinen Grundsätzen des europäischen Gemeinschaftsrechts ergibt sich, dass etwa der Vorrang der Primärsanierung gegenüber der ergänzenden Sanierung nicht schrankenlos sein kann. Vielmehr ist bei der Auswahl der Sanierungsmaßnahmen stets der Grundsatz der Verhältnismäßigkeit als ungeschriebener Grundsatz des Gemeinschaftsrechts zu beachten.[326] Aufgrund der Schwierigkeit der monetären Bewertung natürlicher Ressourcen sieht § 990.54 NRDA-OPA einen Katalog von Kriterien zur Bewertung der in Frage kommenden Sanierungsoptionen vor.[327] Dieser soll das Risiko der Auswahl unverhältnismäßiger Maßnahmen verringern und so die Durchführung einer Kosten-Nutzen-Analyse hinfällig machen, wie sie die CERCLA Regulations vorsehen.[328] Dieser Ansatz der OPA Regulations wurde in Anhang II Nr. 1.3.1 UH-RL übernommen. Danach sollen die angemessenen Sanierungsoptionen

„unter Nutzung der besten verfügbaren Technik anhand folgender Kriterien bewertet werden:

- Auswirkung jeder Option auf die öffentliche Gesundheit und Sicherheit;
- Kosten für die Durchführung der Option;
- Erfolgsaussichten jeder Option;
- inwieweit durch jede Option künftiger Schaden verhütet wird und zusätzlicher Schaden als Folge der Durchführung der Option vermieden wird;
- inwieweit jede Option einen Nutzen für jede einzelne Komponente der natürlichen Ressource und/oder der Funktion darstellt;
- inwieweit jede Option die einschlägigen sozialen, wirtschaftlichen und kulturellen Belange und andere ortsspezifische Faktoren berücksichtigt;
- wie lange es dauert, bis die Sanierung des Umweltschadens durchgeführt ist;
- inwieweit es mit der jeweiligen Option gelingt, den Ort des Umweltschadens zu sanieren;
- geografischer Zusammenhang mit dem geschädigten Ort."

Die genannten Bewertungskriterien entstammen großteils unmittelbar § 990.54 NRDA-OPA. Lediglich die im sechsten, siebten und neunten Spiegelstrich genannten Faktoren (soziale, wirtschaftliche und kulturelle Belange, Zeitdauer und geografischer Zusammenhang mit dem geschädigten Ort) wurden hinzugefügt. Im Gegensatz zu den OPA Regulations betont die UH-RL im fünften Spiegelstrich außerdem die Bedeutung der vorrangigen Sanierung des Ortes des Umweltschadens. Die verschiedenen Sanierungsoptionen sind unter Nutzung „der besten verfügbaren Technik" zu bewerten, weswegen bzgl. Kriterien wie etwa Erfolgsaussichten, Sanierungsdauer etc. eine naturschutzfachliche Bewertung im Rahmen der Sanierungsplanung zu fordern ist. Weder das US-Recht noch die Richtlinie geben

---

[326] Vgl. zum Verhältnismäßigkeitsgrundsatz EuGH, Rs. 138/78 (Stölting), Slg. 1979, 713; EuGH Rs. 382/87 (Buet), Slg. 1989, 1235: Der Grundsatz ist nunmehr in Art. 5 Abs. 3 EGV enthalten; vgl. *Calliess*, in: Calliess/Ruffert, EUV/EGV, Art. 5 EGV Rn. 50.

[327] Siehe oben Kapitel 3 C. V. 1.; vgl. *Brans/Uilhoorn*, Background Paper, S. 17.

[328] 43 C.F.R. § 11.82 (d) (2).

eine bestimmte Gewichtung oder Rangfolge der verschiedenen Faktoren vor, da diese nur einzelfallabhängig bestimmt werden kann.

Probleme wirft der sechste Spiegelstrich auf, der eine Berücksichtigung der „einschlägigen sozialen, wirtschaftlichen und kulturellen Belange und anderen ortsspezifischen Faktoren" vorsieht. Mit Blick auf die durch FFH- und VSch-RL zugelassenen Ausnahmegründe ist hier eine einschränkende Auslegung geboten. Die Norm lehnt sich an Art. 2 VSch-RL und Art. 2 Abs. 3 FFH-RL an, die ebenfalls eine Berücksichtigung der genannten Belange gebieten.[329] Jedoch ist die Rechtsprechung des EuGH diesbezüglich restriktiv, die genannten Gründe dürfen nicht dazu herangezogen werden, die Ausweisung von Schutzgebieten zu relativieren.[330] Auch erlaubt Art. 6 Abs. 4 UAbs. 1 S. 1 FFH-RL die Zulassung von Eingriffen bei negativem Ergebnis der Verträglichkeitsprüfung nur aus „zwingenden Gründen des überwiegenden öffentlichen Interesses".[331] Sind prioritäre Arten und Lebensräume betroffen, so gelten gemäß Art. 6 Abs. 4 UAbs. 2 FFH-RL als Gründe des öffentlichen Interesses zudem zunächst nur solche, die im Zusammenhang mit der Gesundheit des Menschen, der öffentlichen Sicherheit oder maßgeblichen günstigen Auswirkungen des Projekts auf die Umwelt stehen.[332] Eine vergleichbare Beschränkung enthalten die artenschutzrechtlichen Ausnahmetatbestände von FFH- und VSch-RL.[333] Der Vergleich zeigt, dass grundsätzlich nur überragende Gemeinwohlbelange zu einer Relativierung des Schutzes des europäischen ökologischen Netzes Natura 2000 oder geschützter Arten führen können. Gleiches muss im Rahmen der UH-RL für die Auswahl der zu realisierenden Sanierungsoption gelten, da auch hier letztlich die Erreichung der Schutzziele von FFH- und VSch-RL in Frage steht.

---

[329] Art. 2 VSch-RL:
„Die Mitgliedstaaten treffen die erforderlichen Maßnahmen, um die Bestände aller unter Artikel 1 fallenden Vogelarten auf einem Stand zu halten (...), der insbesondere den ökologischen, wissenschaftlichen und kulturellen Erfordernissen entspricht, wobei den wirtschaftlichen und freizeitbedingten Erfordernissen Rechnung getragen wird."
Art. 2 Abs. 3 FFH-RL:
„Die aufgrund dieser Richtlinie getroffenen Maßnahmen tragen den Anforderungen von Wirtschaft, Gesellschaft und Kultur sowie den regionalen und örtlichen Besonderheiten Rechnung."

[330] EuGH, Rs. C-57/89 (Leybucht), Slg. 1991, I-883 (931); EuGH, Rs. C-355/90 (Santoña), Slg. 1993, I-4221 (4277); EuGH, Rs. C-44/95 (Lappel Bank), Slg. 1996, I-3805 (3852).

[331] *Europäische Kommission*, Gebietsmanagement, S.48 f.

[332] *Berg*, NuR 2003, 197 ff.; *Gellermann*, in: Rengeling (Hrsg.), Europäisches Umweltrecht, Band II, 1., § 78, Rn. 33 ff.

[333] Während Art. 16 Abs. 1 c) FFH-RL Ausnahmen nur aufgrund zwingender Gründe des überwiegenden öffentlichen Interesses einschließlich solcher wirtschaftlicher und sozialer Art erlaubt, sieht Art. 9 Abs. 1 VSch-RL keine entsprechende Ausnahme vor; vgl. dazu *Gellermann*, NuR 2003, 385 (391 f.).

2. Verzicht auf vollständige Wiederherstellung des Ausgangszustands

Die behördliche Auswahl der zu realisierenden Sanierungsalternative wird weiterhin durch Anhang II Nr. 1.3.2 UH-RL bestimmt. Danach ist die Auswahl von Optionen möglich, durch welche die beeinträchtigten Arten und Lebensräume nicht vollständig oder nur langsamer in ihren Ausgangszustand zurückversetzt werden, soweit dieser Umstand durch verstärkte Maßnahmen der ergänzenden Sanierung oder Ausgleichssanierung ausgeglichen wird. Als Beispiel nennt Nr. 1.3.2 den Fall, dass an anderer Stelle mit geringerem Kostenaufwand gleichwertige natürliche Ressourcen geschaffen werden können. Die Regelung führt nicht zu einer Relativierung des in Anhang II Nr. 1 S. 2 und Nr. 1.2.2 UH-RL verankerten Vorrangs der Primärsanierung. Keinesfalls kann die zuständige Behörde nach Belieben auf kostengünstigere Maßnahmen ausweichen. Andernfalls wäre die differenzierte Stufenfolge der Sanierungsmaßnahmen in Anhang II Nr. 1 UH-RL hinfällig. Zudem bleibt die Auswahl der durchzuführenden Sanierungsoption an die in Nr. 1.3.1 UH-RL genannten Kriterien gebunden; diese aber benennen die Kosten der Maßnahmen nur als einen von mehreren bei der Auswahlentscheidung zur berücksichtigenden Faktoren.

Anhang II Nr. 1.3.2 UH-RL kommt somit lediglich klarstellende Funktion dahingehend zu, dass ein Verzicht auf die Rückführung der geschädigten Ressourcen in den Ausgangszustand bei Unverhältnismäßigkeit einer vollständigen Primärsanierung nur dann zulässig ist, wenn die am ursprünglichen Standort verbleibenden Verluste durch zusätzliche Sanierungsmaßnahmen ausgeglichen werden. Die zusätzlichen Maßnahmen sind gemäß Anhang II Nr. 1.3.2 S. 4 UH-RL im Einklang mit Anhang II Nr. 1.2.2 zu bestimmen, vorrangig sind also gleichartige Kompensationsmaßnahmen.

3. Absehen von weiteren Sanierungsmaßnahmen

Nach Anhang II Nr. 1.3.3 UH-RL ist die zuständige Behörde befugt zu entscheiden, dass keine weiteren Sanierungsmaßnahmen ergriffen werden, wenn

> „a) mit den bereits ergriffenen Sanierungsmaßnahmen sichergestellt wird, dass kein erhebliches Risiko einer Beeinträchtigung der menschlichen Gesundheit, des Gewässers oder geschützter Arten und natürlicher Lebensräume mehr besteht, und
>
> b) die Kosten der Sanierungsmaßnahmen, die zu ergreifen wären, um den Ausgangszustand oder ein vergleichbares Niveau herzustellen, in keinem angemessenen Verhältnis zu dem Nutzen stehen, der für die Umwelt erreicht werden soll."

In Anbetracht dieser Regelung wird die Auffassung vertreten, dass zur Bestimmung der Verhältnismäßigkeit nun doch in jedem Falle eine monetäre Bewertung notwendig sei. Um ein Urteil darüber treffen zu können, ob der Sanierungskostenaufwand noch in einem angemessenen Verhältnis zum eingetretenen ökologischen Schaden stehe, sei es erforderlich, den Aufwand sowie den ökologischen Verlust zunächst auf einen gemeinsamen Kostennenner zu bringen.[334] Um aber den vollständigen Wert der geschädigten Ressourcen und Leistungen zu erfassen, wäre eine Bewertung aller relevanten Nutzungs- und Nichtnutzungswerte (etwa des

---

[334] *Sangenstedt, in:* Oldiges (Hrsg.), Umwelthaftung vor der Neugestaltung, S. 107 (115).

Existenz- und Vermächtniswerts) erforderlich. Letztere lassen sich nur durch Anwendung kostenintensiver, zeitaufwendiger und in ihrer konkreten Anwendung z.T. umstrittener direkter Bewertungsmethoden erfassen.[335] Der in Anhang II Nr. 1 UH-RL gewählte Wiederherstellungsansatz soll aber – entsprechend dem Vorbild der OPA Regulations – die schwierige Monetarisierung von Naturgütern gerade vermeiden.[336]

Zur Feststellung der Verhältnismäßigkeit ist in jedem Einzelfall eine umfassende Abwägung der betroffenen Interessen vorzunehmen.[337] Der durch die Sanierung erzielte Umweltnutzen ist der mit der Wiederherstellung verbundenen Belastung des Sanierungsverantwortlichen gegenüberzustellen. Die Kriterien des Anhangs II Nr. 1.3.1 UH-RL erlauben eine umfassende Bewertung jeder Sanierungsoption. Auf dieser Basis ist eine Verhältnismäßigkeitsprüfung möglich, ohne dass hierzu der weitere Schritt der Monetarisierung aller betroffenen Güter bzw. Leistungen erforderlich wäre. Auch in anderen Bereichen, etwa bei der Beurteilung von Grundrechtseingriffen, wird die Verhältnismäßigkeit durch eine umfassende Güterabwägung ohne vorherige Monetarisierung der betroffenen Interessen bestimmt.

4. Pooling und Sanierung durch bestehende Programme

Bei geringfügigen oder nur vorübergehenden Beeinträchtigungen fällt die nach den OPA Regulations ermittelte Schadenssumme möglicherweise so niedrig aus, dass sie zur Finanzierung ökologisch sinnvoller Sanierungsmaßnahmen nicht ausreicht. In derartigen Fällen gestatten die OPA Regulations explizit eine Zusammenlegung von Schadenssummen oder auch eine Sanierung im Rahmen bestehender Programme.[338] Die Richtlinie enthält keine entsprechenden Vorgaben. Vielmehr sehen Art. 6 und 7 UH-RL, sofern die Beeinträchtigung als Umweltschaden i.S.d. Richtlinie zu qualifizieren ist,[339] eine strikte Bindung an die Anordnung konkreter Sanierungsmaßnahmen vor. Dies schließt von konkreten Maßnahmen losgelöste Kompensationszahlungen und somit ein Pooling der Sanierungs*mittel* aus, nicht aber eine Zusammenlegung verschiedener Maßnahmen oder eine Sanierung im Rahmen bestehender Programme.

Zu beachten ist allerdings, dass eine Sanierung unter diesen Bedingungen i.d.R. nicht zu einer Wiederherstellung der geschädigten Ressource selbst führen wird, also nicht als Primärsanierung einzustufen ist. Auch dürfte meist bezogen auf Art und Qualität der Ressourcen und Leistungen ein weniger enger Zusammenhang zum Umweltschaden bestehen, so dass allenfalls eine gleichwertige ergänzende

---

[335] Siehe unten Kapitel 3 E. I. 2. a). Allenfalls wenn bereits entsprechende Studien vorhanden sind, ist ein Verzicht auf die Durchführung von Primärstudien möglich (benefit transfer).

[336] Vgl. *Kokott/Klaphake/Marr*, Ökologische Schäden und ihre Bewertung, S. 396.

[337] Schlussanträge von Generalanwalt *Tesauro*, Rs. 382/87 (Buet), Slg. 1989, 1235 (1244 ff.); *Schwarze*, Europäisches Verwaltungsrecht, S. 661 ff.

[338] Siehe oben Kapitel 3 C. V. 2.

[339] Regeneriert sich eine geschädigte Ressource binnen kurzer Zeit selbst, so ist nach Anhang I UH-RL u.U. bereits die Erheblichkeit der Beeinträchtigung und somit das Vorliegen eines Umweltschadens zu verneinen.

Sanierung bzw. Ausgleichssanierung vorläge.[340] Soweit die Voraussetzungen des Anhangs II Nr. 1.2.3 S. 2 UH-RL erfüllt sind, kann der Umfang der notwendigen Sanierung gemäß dem *value-to-cost approach* bestimmt werden.[341] Stets muss aber ein erkennbarer Zusammenhang zu dem eingetretenen Umweltschaden bestehen; allgemeine Maßnahmen zur Verbesserung der Umweltqualität entsprechen nicht den Zielsetzungen der Haftungsrichtlinie.

V. Fazit

Zwar rezipiert die UH-RL Elemente der Definition der Rechtsgutsverletzung (injury) des US-amerikanischen Haftungsrechts, insgesamt aber legt sie einen eigenständigen Umweltschadensbegriff zugrunde. Die Richtlinie übernimmt in Art. 2 Nr. 13 die sehr weit gefasste Definition der Funktionen bzw. Leistungen natürlicher Ressourcen aus den OPA Regulations. Dennoch werden aufgrund Art. 2 Nr. 1 a) UH-RL nur Beeinträchtigungen der für das Vorliegen eines günstigen Erhaltungszustands der Arten und Lebensräume relevanten Funktionen als Umweltschaden erfasst. Belangen der durch den Umweltschaden betroffenen Bevölkerung kommt bei der Sanierung nach Anhang II Nr. 1 UH-RL ein weitaus geringeres Gewicht zu als im US-Recht. Die zur Sanierung von Biodiversitätsschäden zur Verfügung stehenden Maßnahmentypen sind ebenfalls an die OPA Regulations angelehnt, wurden jedoch im Laufe des Rechtsetzungsprozesses an die andersgearteten Ziele der europäischen Haftungsrichtlinie angepasst. Die Unterscheidung von primärer und ergänzender Sanierung betont im Gegensatz zum US-Recht die Bedeutung der Wiederherstellung der geschädigten Ressourcen und Funktionen am Schadensort, letztere ist vorrangig. Was die anzuwendenden Bewertungsmethoden anbelangt, so erfolgte bereits in der US-amerikanischen Umwelthaftung eine Entwicklung hin zum verstärkten Einsatz naturschutzfachlicher Verfahren, die durch den Übergang der OPA Regulations zum Konzept der *compensatory restoration* ermöglicht wurde. Der Anwendungsbereich naturschutzfachlicher Verfahren wird durch die UH-RL nochmals erweitert, da die Richtlinie nicht auf die im ökonomischen Sinne vollständige Kompensation der betroffenen Bevölkerung zielt und somit auf das Erfordernis der Wertgleichheit als Bedingung für die Anwendbarkeit dieser Methoden verzichten kann. Ebenso wie die OPA Regulations gibt die Richtlinie schließlich Kriterien zur Auswahl der angemessenen Sanierungsoptionen vor, die eine Kosten-Nutzen-Analyse hinfällig machen.

---

[340] Anhang II Nr. 1.2.2 UH-RL, Bereitstellung „anderer" natürlicher Ressourcen und Funktionen.

[341] Sind die Voraussetzungen des Anhangs II Nr. 1.2.3 S. 2 UH-RL nicht erfüllt, ist umgekehrt fraglich, ob es sich um einen nur geringfügigen Schaden handelt.

E. Naturschutzfachliche und ökonomische Bewertungsmethoden

Die allgemeinen Bewertungsansätze der OPA Regulations, der *service-to-service approach* sowie der *value-to-value* und *value-to-cost approach*, sind von den zur Verfügung stehenden Bewertungsmethoden zu unterscheiden. Ein in den USA sehr häufig eingesetztes naturschutzfachliches Bewertungsverfahren ist die sog. Habitat-Äquivalenz-Analyse (habitat equivalency analysis, HEA), weiterhin existieren verschiedene umweltökonomische Bewertungsmethoden.[342] Die verschiedenen in den USA angewandten bzw. diskutierten Methoden werden im Folgenden dargestellt. Sodann erfolgt – aus juristischer Perspektive – eine Bewertung ihrer Eignung für die Anwendung im Kontext der UH-RL.[343] Wie auch die OPA Regulations enthält die Richtlinie keine Vorgaben zu den konkret anzuwendenden Bewertungs*methoden* sondern schreibt lediglich eine Hierarchie der Bewertungs*ansätze* vor. Vorrangig ist der auf der Gleichwertigkeit von Ressourcen oder Funktionen basierende *service-to-service approach*, an zweiter Stelle steht die Anwendung sonstiger, u.a. ökonomischer Methoden.

I. Methoden und Anwendungserfahrungen in den USA

1. Habitat-Äquivalenz-Analyse

Der *service-to-service approach* der OPA Regulations erfordert einen Vergleich der betreffenden Ressourcen auf der Basis von Leistungen und Werten, wobei die Herstellung einer bloßen Funktionsgleichheit (functional equivalency) innerhalb des Naturhaushalts nicht genügt, vielmehr müssen auch die Leistungen der geschädigten Ressourcen für die Bevölkerung berücksichtigt werden.[344] Eine derartige auf Leistungen bezogene Bewertung wird durch das Verfahren der Habitat-Äquivalenz-Analyse erreicht, das zur Umsetzung des *service-to-service approach* entwickelt wurde.[345] Die Methode ermöglicht eine naturschutzfachliche „Verrechnung" der verloren gegangenen und neu einzubringenden Leistungen.[346] Es wird geschätzt, dass die HEA in den Vereinigten Staaten mittlerweile in 50-80% aller Umweltschadensfälle auf Bundesebene angewandt wird, sie wird vorwiegend zur Bewertung ökologischer Leistungen eingesetzt.[347]

Grundgedanke der HEA ist es, ökologische Schäden in Leistungsverlusten für den Menschen zu bemessen und diesen die durch Wiederherstellungsmaßnahmen

---

[342] Vgl. *MEP/eftec*, Valuation and Restoration, Annexes, S. 4 ff.; *Endres/Holm-Müller*, Bewertung von Umweltschäden, S. 32 ff.

[343] Auf die in der Bundesrepublik Deutschland eingesetzten naturschutzfachlichen Bewertungsverfahren wird in Kapitel 4 vor dem Hintergrund des deutschen Naturschutzrechts einzugehen sein.

[344] *King*, Ecosystem Services, S. 19.

[345] Vgl. Natural Resource Damage Assessments – Final Rule, 61 Fed. Reg. (1996), 440 (453).

[346] *Klaphake/Hartje/Meyerhoff*, PWP 2005, 23 (30).

[347] *Brans*, Env. L. Rev. 2005, 90 (103).

zu erwartenden Leistungsgewinne gegenüberzustellen.[348] Die HEA erfordert stets eine einzelfallbezogene Bewertung von Leistungen der Ökosysteme und ihres gebietsspezifischen Kontexts.[349] Angesichts der Komplexität ökologischer Dienstleistungen ist die Entwicklung einer die Komplexität reduzierenden Metrik bzw. eines Indikators notwendig, der die Bewertung des ökologischen Schadens mit den Wiederherstellungsmaßnahmen verknüpfbar macht und die signifikanten Differenzen der jeweiligen ökologischen Leistungen einfängt.[350] In der Praxis werden als Funktionsmetrik meist ein Maß oder wenige Maße verwandt, die Schlüsselfunktionen betroffener Biotope abbilden (z.B. Vegetationsdichte und Populationsdichte von Invertebraten[351]). Im Blackbird Mine-Fall, der Verunreinigungen des Panther Creek durch den dort stattfindenden Bergbau betraf, wurde als Indikator für die ökologische Gewässerqualität beispielsweise das Vorkommen natürlich laichender Chinook-Lachse eingesetzt.[352]

Voraussetzung für die Anwendung der HEA ist, dass die zu bewertenden Leistungen von gleicher Art und Qualität und von vergleichbarem Wert sind, so dass der Wert pro Einheit entgangener und wiederhergestellter natürlicher Ressourcen bzw. Leistungen gleich ist.[353] In der Literatur wird das Verfahren daher als „abgekürzte ökonomische Bewertung" interpretiert: während bei der monetären Bewertung stets die volle Wirkungskette „natürliche Ressource – ökologische Leistung – ökonomischer Wert" untersucht wird, könne dieser letzte Schritt hier unterbleiben, da aufgrund der Gleichartigkeit der jeweiligen ökologischen Leistungen auch die ökonomische Gleichwertigkeit gegeben sei.[354]

Die Leistungsfähigkeit eines Ökosystems (capacity) wird durch die biophysikalischen Merkmale eines Standorts bestimmt, etwa Boden, Vegetation und Wasserhaushalt. Hingegen ist die Möglichkeit (opportunity) des Ökosystems, die Leistungen tatsächlich zur Verfügung zu stellen, vom Landschaftszusammenhang (landscape context) abhängig.[355] Dieser hat zudem einen starken Einfluss auf die Wertschätzung der Leistungen durch den Menschen (value).[356] In welchem Ausmaß beispielsweise ein Feuchtgebiet zur Reduzierung von Nährstoffen in einem Gewässer beiträgt, hängt nicht nur von der Boden- und Vegetationsstruktur des Feuchtgebiets ab, sondern auch von der Lage des Gebietes im Gewässersystem

---

[348] *Klaphake/Lepinat*, UVP-Report 2003, 230 (231).

[349] *Desvousges/Lutz*, 42 Ariz. L. Rev. (2000), 411 (423).

[350] *Klaphake/Hartje/Meyerhoff*, Ökonomische Bewertung, S. 18.

[351] Wirbellosen.

[352] Vgl. dazu http://www.darrp.noaa.gov/northwest/black/index.html; Consent Decree, *State of Idaho et al.* v. *the M.A. Hanna Company et al.*, consolidated case no. 83-4179 (R) (D. Idaho, April 25, 1995); vgl. dazu *Klaphake/Lepinat*, UVP-report, 230 (232 ff.).

[353] *Penn/Tomasi*, 29 Env. Man. (2000), 692 (693).

[354] *Klaphake/Hartje/Meyerhoff*, PWP 2005, 23 (32 f.); vgl. *Desvousges/Lutz*, 42 Ariz. L. Rev. (2000), 411 (423); vgl. *Seevers*, 53 Wash. & Lee L. Rev. (1996), 1513 (1541); *Klaphake/Hartje/Meyerhoff* zeigen allerdings auf, dass diese Annahme problematisch ist.

[355] *King*, Ecosystem Services, S. 13 f.

[356] *King*, Ecosystem Services, S. 13 f.

und der Intensität des Nährstoffeintrags durch angrenzende Nutzungen.[357] Welcher Wert der Verbesserung der Wasserqualität zukommt, wird u.a. durch die Gewässernutzung flussabwärts bestimmt: Befinden sich dort Laichgründe von Fischen, für die die Wasserqualität eine große Rolle spielt, so wird der Wert höher sein als wenn sich ein stark schadstoffbelasteter Strom anschließt.[358] Können Funktionsverluste nicht durch Habitate gleichen Typs kompensiert werden, so kommen in der Praxis zum Teil Tauschraten zwischen unterschiedlichen Habitattypen zum Einsatz.[359]

2. Ökonomische Bewertungsverfahren

Ökonomische Bewertungsverfahren können im Rahmen des *value-to-value* oder *value-to-cost approach* eingesetzt werden. Die Schwierigkeit bei der Bewertung von Naturgütern anhand marktorientierter Verfahren besteht darin, dass diese als Allgemeingüter (sog. öffentliche Güter) keine ausschließlichen Nutzungsmöglichkeiten einräumen. Deshalb erfassen Marktpreise den Wert von Naturgütern nur unvollständig, bzw. es existiert erst gar kein Markt für diese Güter.[360] Auch werden i.d.R. nur Nutzungswerte wiedergegeben, nicht aber Nichtnutzungswerte wie etwa der Existenzwert einer Ressource.[361] Daher muss zur Bewertung auch auf andere, nicht marktpreisorientierte Methoden (nonmarket valuation methods) zurückgegriffen werden. Üblicherweise werden hierbei indirekte Methoden (revealed preference methods) und direkte Methoden (stated preference methods) unterschieden.[362] Nur mit letzteren können Nichtnutzungswerte (nonuse values) erfasst werden, während die indirekten Verfahren auf die Ermittlung von Nutzungswerten (use values) beschränkt sind.[363] Die Auswahl der anzuwendenden Bewertungsmethode(n) bestimmt sich folglich zunächst danach, welche Wertfaktoren geschädigter Naturgüter im Einzelfall erfasst werden sollen.

a) Indirekte Methoden

Indirekte Bewertungsmethoden basieren auf beobachtbarem menschlichem Verhalten. Es wird versucht, Surrogatmärkte für natürliche Ressourcen zu finden, auf denen Individuen ihre Präferenzen für natürliche Ressourcen implizit durch den Preis oder die Kosten anderer Güter und Leistungen äußern.[364] Beispiele sind die Reisekostenmethode (travel cost method), der sog. hedonische Preisansatz (he-

---

[357]   Beispielsweise treten Bodenerosion und das Ausschwemmen von Nährstoffen bei Ackerflächen in größerem Umfang auf als bei Grünland oder Wäldern.

[358]   *King*, Ecosystem Services, S. 14; *NOAA*, Guidance Scaling, S. 2-5.

[359]   *Klaphake/Lepinat*, UVP-report 2003, 230 (234).

[360]   *Rutherford/Knetsch/Brown*, 22 Harv. Envtl. L. Rev. (1998), 51 (57 f.); *Siebert*, Economics, S. 61; *Seibt*, Zivilrechtlicher Ausgleich, S. 199.

[361]   *MEP/eftec*, Valuation and Restoration, Annexes, S. 4; *Cross*, 42 Vand. L. Rev. (1989), 269 (308).

[362]   *Endres/Holm-Müller*, Bewertung von Umweltschäden, S. 33.

[363]   *Cross*, 42 Vand. L. Rev. (1989), 269 (310); *Endres/Holm-Müller*, Bewertung von Umweltschäden, S. 69.

[364]   *MEP/eftec*, Valuation and Restoration, Annexes, S. 4; *Cross*, 42 Vand. L. Rev. (1989), 269 (310).

donic pricing method) und der Vermeidungskostenansatz. Indirekte Methoden genießen generell eine höhere Akzeptanz, da sie auf tatsächlichem Verhalten und somit auf „harten" Daten beruhen.[365]

aa) Hedonischer Preisansatz

Der auch als „Marktpreisdifferenzmethode" bezeichnete hedonische Preisansatz versucht, die Zahlungsbereitschaft für die Umweltqualität durch die Untersuchung marktfähiger Güter, die an eine spezifische Umweltqualität gekoppelt sind, zu ermitteln.[366] Hierzu werden vor allem Grundstücks- und Gebäudepreise herangezogen, da diese nicht nur von Faktoren wie Größe, Alter und Qualität, sondern auch vom Grad der Lärmbelästigung durch Straßenverkehr, der Luftqualität und anderen Umweltqualitätskomponenten beeinflusst werden.[367] Das Verfahren findet daher eher bei allgemeinen Phänomenen wie der Luftverschmutzung Anwendung.[368]

bb) Vermeidungskostenansatz

Ein weiteres Verfahren zur Bewertung von Umweltqualität ist der Vermeidungskostenansatz. Die Methode ermittelt die Zahlungsbereitschaft für die Verhinderung oder Reduktion von Umweltbeeinträchtigungen, indem die Kosten privater Maßnahmen zur Vermeidung oder Schadensminderung als Bewertungsmaßstab herangezogen werden.[369] Die durch die Betroffenen getätigten Vermeidungsaufwendungen lassen darauf schließen, dass der Wert der betreffenden Güter als mindestens so hoch angesehen wird wie die aufgewendeten Verhinderungskosten.

cc) Reisekostenmethode und Random Utility Models

Die Reisekostenmethode basiert auf der Annahme, dass der Wert einer Ressource durch die Reisekosten reflektiert wird, die für ihren Besuch und die Nutzung aufgewendet werden. Die Methode nutzt Daten über Besucherzahlen, Anreisewege, Eintrittsgebühren und Transportkosten.[370] Auf dieser Grundlage werden Nachfragekurven (Beziehungen zwischen Aufwand und Besuchshäufigkeit) abgeschätzt, mit deren Hilfe man den Nettonutzen („Konsumentenrente") für jeden Besuch als Differenz zwischen tatsächlichen Kosten und (maximaler) Zahlungsbereitschaft für den Besuch[371] berechnen kann. Diese Kosten werden als Substitut der individuellen Zahlungsbereitschaft für die Leistungen der natürlichen Ressource ange-

---

[365] *Endres/Holm-Müller*, Bewertung von Umweltschäden, S. 68.
[366] *Pearson*, Global Environment, S. 127; *Augustyniak*, 45 Baylor L. Rev. (1993), 389 (397).
[367] *Endres/Holm-Müller*, Bewertung von Umweltschäden, S. 61, 67. Der hedonische Preisansatz wurde etwa im New Bedford Harbor-Fall angewandt, in dem die Kontamination eines Hafengebietes mit PCBs zu bewerten war, vgl. *Brans*, Liability, S. 105.
[368] *Rutherford/Knetsch/Brown*, 22 Harv. Envtl. L. Rev. (1998), 51 (65); *Augustyniak*, 45 Baylor L. Rev. (1993), 389 (397); *Cross*, 42 Vand. L. Rev. (1989), 269 (314).
[369] *Pearson*, Global Environment, S. 136.
[370] *Rutherford/Knetsch/Brown*, 22 Harv. Envtl. L. Rev. (1998), 51 (66)
[371] Diese wird aus den Kosten von Besuchern abgeleitet, die von weiter entfernten Regionen anreisen.

sehen.[372] Durch einen Vergleich der Konsumentenrenten vor und nach dem schädigenden Ereignis kann der eingetretene Schaden gemessen werden. In jüngster Zeit werden verstärkt sog. *random utility models* genutzt, die auf diskreten Datenmodellen basieren und die Berücksichtigung verschiedener Attribute der aufgesuchten Ressourcen ermöglichen.[373] Vor allem aber können diese dazu genutzt werden, den durch verschiedene Sanierungsszenarien geschaffenen Freizeitnutzen vergleichend zu bewerten.[374] Ergebnis einer derartigen Untersuchung kann beispielsweise sein, dass die Entscheidung, welches Gebiet etwa zum Angeln aufgesucht wird, in erster Linie von der Entfernung zum Nutzer abhängt. Weitere Charakteristika wie das Vorhandensein von Picknicktischen oder die Länge von Wanderwegen können den Nutzen beeinflussen. Das Verfahren ist in den USA etabliert und genießt generell hohe Akzeptanz.[375] Wie bei allen indirekten Methoden können allerdings nur für die Öffentlichkeit zugängliche und erreichbare Ressourcen und Funktionen bewertet werden, weiterhin werden nur Nutzungswerte erfasst. Typische Anwendungsfälle sind z.B. Gewässerverunreinigungen, die Auswirkungen auf die Nutzung durch Freizeitangler und Badegäste haben.[376]

b) Direkte Methoden

Anders als die auf beobachtbarem Verhalten beruhenden indirekten Bewertungsmethoden, fragen direkte Methoden (stated preference methods) unmittelbar die individuelle Wertschätzung der Betroffenen für bestimmte Umweltgüter ab.[377] Grundgedanke ist es, aufgrund des Fehlens realer Märkte hypothetische Märkte zu simulieren, um die Zahlungsbereitschaft zu ermitteln. Zur Verfügung stehen im Wesentlichen zwei umfragebasierte Verfahren, die kontingente Bewertung (contingent valuation, CV) und die *conjoint* oder *choice analysis*. Die direkten Methoden sind z.T. in ihrer Anwendung umstritten, jedoch stellen sie die einzigen verfügbaren Verfahren dar, mit denen auch Nichtnutzungswerte (nonuse values) erfasst werden können. Letztere stehen bei der Bewertung im konkreten Schadensfall häufig im Vordergrund.[378]

aa) Kontingente Bewertung (Contingent Valuation)

Unter dem Begriff der kontingenten Bewertung werden Verfahren zusammengefasst, bei denen Menschen direkt danach befragt werden, welchen Wert sie einem öffentlichen Gut zumessen.[379] Es wird entweder die individuelle Zahlungsbereit-

---

[372] *Rutherford/Knetsch/Brown*, 22 Harv. Envtl. L. Rev. (1998), 51 (66).

[373] Vgl. *Desvousges/Lutz*, 42 Ariz. L. Rev. (2000), 411 (422).

[374] *Desvousges/Lutz*, 42 Ariz. L. Rev. (2000), 411 (422).

[375] Siehe z.B. *Byrd/English/Lipton/Meade/Tomasi*, Chalk Point Oil Spill, Lost Recreational Use Report (2001); California v. BP America (American Trader), Case No. 64 63 39 (Cal. Super. Ct. 8. Dez. 1997) – hier wurden die mittels der Reisekostenmethode gewonnen Daten im Rahmen eines *benefit transfer* genutzt. Vgl. dazu *Cross*, 42 Vand. L. Rev. (1989), 269 (311); *Jones/Tomasi/Fluke*, 22 Harv. Envtl. L. Rev. (1996), 111 (126); *Desvousges/Lutz*, 42 Ariz. L. Rev. (2000), 411 (421).

[376] *Brans*, Liability, S. 104.

[377] *Endres/Holm-Müller*, Bewertung von Umweltschäden, S. 70 ff.

[378] Vgl. *Brans*, Liability, S. 105; *MEP/eftec*, Valuation and Restoration, Annexes, S. 53.

[379] *Weimann*, Monetarisierung, S. 12.

schaft (willingness to pay) für die Erhaltung einer bestimmten Umweltqualität oder aber (seltener) die Kompensationsforderung (willingness to accept) im Falle einer Umweltverschlechterung erfragt.[380] Mit Hilfe ökonometrischer Methoden kann sodann die durchschnittliche Zahlungsbereitschaft ermittelt werden. Die Schadenssumme ergibt sich durch Multiplikation dieses Durchschnittswertes mit der Zahl der betroffenen Individuen. Durch die kontingente Bewertung lassen sich auch Variationen der Wertschätzung in Abhängigkeit von den Charakteristika der betroffenen Ressourcen und dem sozioökonomischen Hintergrund der Befragten erklären.[381] Der Methode wird von Umweltökonomen eine hohe Zuverlässigkeit zuerkannt, vor allem wenn den Befragten vertraute Ressourcen zu bewerten sind.[382] So sprach sich etwa ein durch die NOAA eingesetztes Expertengremium für den Einsatz der kontingenten Bewertung unter Einhaltung gewisser Verfahrensstandards aus.[383]

Dennoch stößt das Verfahren vor allem bzgl. der Ermittlung nutzungsunabhängiger Werte bei (potenziell) als Verursacher betroffenen Unternehmen und in Teilen der Wissenschaft auf erhebliche Vorbehalte.[384] So war etwa im Fall des Unglücks des Tankers Exxon Valdez[385] die Ermittlung von Einnahmeverlusten in der Fischerei unter Zugrundelegung von Marktpreisen unstrittig. Demgegenüber führte die Anwendung der kontingenten Bewertung im Rahmen einer Klage von Ureinwohnern Alaskas nicht dazu, dass der nicht durch Marktwerte erfassbare Verlust des Wertes traditioneller Lebensformen anerkannt wurde. Anhand der Methode war ein Schaden von US-$ 80-100 Mio. für deren auf Fischfang basierende Subsistenzwirtschaft ermittelt worden. Die schließlich erzielte Vergleichssumme von ca. US-$ 20 Mio. entsprach hingegen genau dem unter Heranziehung von Marktdaten ermittelten Verlust.[386] Die meisten Fälle im Bereich der Schädi-

---

[380] Letzteres ist mit größeren methodischen Schwierigkeiten verbunden, weswegen zumeist nach der Zahlungsbereitschaft gefragt wird, *Rutherford/Knetsch/Brown*, 22 Harv. Envtl. L. Rev. (1998), 51 (67 ff.); vgl. allg. *Cross*, 24 U. Tol. L. Rev. (1993), 319 (328); *Thüsing*, VersR 2002, 926 (934).

[381] *MEP/eftec*, Valuation and Restoration, Annexes, S. 10; *Kokott/Klaphake/Marr*, Ökologische Schäden und ihre Bewertung, S. 41.

[382] *Rutherford/Knetsch/Brown*, 22 Harv. Envtl. L. Rev. (1998), 51 (66); *MEP/eftec*, Valuation and Restoration, Annexes, S. 10.

[383] Report of the NOAA Panel on Contingent Valuation, 58 Fed. Reg. (1993), 4601 f.; vgl. hierzu auch *Kiern*, 24 Mar. Law. (2000), 481 (544).

[384] Vgl. etwa *Cross*, 24 U. Tol. L. Rev. (1993), 319; Note, 105 Harv. L. Rev. (1992), 1981 (1982):
„CV (Contingent Valuation) measurements of non-use values are so speculative that the cost of using CV to assess damages to natural resources almost always outweighs the benefits."
a.A. etwa *Montesinos*, 26 Ecology L. Q. (1999), 48 (72-77).

[385] Vgl. dazu *NOAA*, Summary of Injuries to Natural Resources as a Result of the Exxon Valdez Oil Spill, 56 Fed. Reg. 14687 (1991).

[386] *Thompson*, 32 Envtl. L. (2002), 57 (71); vgl. weiterhin *Seevers*, 53 Wash & Lee L. Rev. (1996), 1513 (1534).

gung von Naturgütern enden durch außergerichtliche Einigung.[387] Auch in den wenigen Fällen, in denen sich Gerichte mit nicht-marktorientierten ökonomischen Bewertungsmethoden zu befassen hatten, führte deren Anwendung zu Schwierigkeiten. So wurde im Fall *United States v. Montrose Chemical Corp.*[388] eine aufwendige Primärstudie für mehr als US-$ 8 Mio. erstellt. Sie fand jedoch keine gerichtliche Anerkennung, da ihr, wie sich später herausstellte, zum Teil falsche Annahmen über den tatsächlichen Schadensumfang zugrunde lagen bzw. sich die Situation im Verlauf der Studie anders entwickelte als vorhergesagt. Der hohe Zeit- und Kostenaufwand von Primärstudien stellt ein generelles Problem der kontingenten Bewertung dar. Auch wurde beobachtet, dass befragte Personen inkonsistente Angaben machen. So wurde etwa einem Verlust von 500 Seeottern der gleiche Wert zugemessen wie einigen wenigen Tieren.[389] In neueren Studien wird jedoch versucht, diesen Effekt durch angepasste Fragetechniken zu vermeiden. Eine Schwierigkeit bei der Ermittlung von Nichtnutzungswerten besteht zudem in der Abgrenzung des relevanten Marktes, d.h. der Bestimmung des Teils der Bevölkerung, der die in Frage stehende Ressource wertschätzt.[390]

Die kontingente Bewertung ist eine der in den USA am meisten verbreiteten Methoden zur Bewertung von Umweltgütern. Dennoch wurden nur wenige der Studien zur Ermittlung von *natural resource damages* im Rahmen des CERCLA, CWA oder OPA durchgeführt.[391] Die oben genannten Beispielsfälle betreffen die Ermittlung des nach dem CERCLA zu leistenden *compensable value*, also der monetären Kompensation für die entstandenen zwischenzeitlichen Nutzenverluste. Eine Bewertung der geschädigten Ressource und Sanierungsmaßnahmen entsprechend dem *value-to-value approach* wird bisher kaum vorgenommen.[392]

bb) Choice Method

Der Begriff „*choice method*" steht in der ökonomischen Literatur für eine Reihe von umfragebasierten Ansätzen zur Bewertung öffentlicher Güter, mit denen es möglich ist, im Gegensatz zur kontingenten Bewertung nicht nur eine einzige

---

[387] *Klaphake/Hartje/Meyerhoff*, Ökonomische Bewertung, S. 15. Die mittels kontingenter Bewertung festgestellten Schadenssummen hatten in diesen Fällen häufig die Funktion der Festlegung einer Maximalforderung.

[388] No. CV-90-3122-AAH (JRx) (C.D. Cal. 1990); zitiert nach *Thompson,* 32 Envtl. L. (2002), 57 (78 ff.). Der Fall befasst sich mit den Folgen der Freisetzung von DDT und PCB in die Gewässer vor der Küste Südkaliforniens bis in die frühen 1970er Jahre, für die in erste Linie die Montrose Chemical Corporation verantwortlich war, vgl. dazu Montrose Settlements Restoration Program, http://www.darp.noaa.gov/southwest/montrose/.

[389] *Cross*, 24 U. Tol. L. Rev. (1993), 319 (329): Dieser Effekt wird als Embedding-Effect bezeichnet, bei dem abstrakt gesprochen einer Teilmenge des betroffenen Gutes der gleiche Wert zugemessen wird wie dem Gut insgesamt.

[390] Eine nutzungsunabhänige Wertschätzung kann auch bei räumlich sehr weit von der Ressource entfernt lebenden Bevölkerungsteilen bestehen. Das Ergebnis der Studie reagiert äußerst sensitiv auf die getroffene Marktabgrenzung, vgl. *Rutherford/Knetsch/Brown,* 22 Harv. Envtl. L. Rev. (1998), 51 (68)

[391] *Brans*, Liability, S. 105; *Boyd*, Insurance US, S. 23.

[392] *Penn*, NRDA-Regulations, S. 7.

Situation zu bewerten sondern eine Vielzahl von Varianten. Den Verfahren ist der Grundgedanke gemeinsam, dass jedes Gut durch seine Attribute charakterisiert werden kann. Zum Beispiel kann ein Wald durch Attribute wie Artenvielfalt, Altersstruktur des Bestandes und vorhandene Freizeiteinrichtungen beschrieben werden oder ein Fluss durch die chemische Wasserqualität und seine ökologische Qualität.[393] Die Bewertung erfolgt auf der Grundlage der Bildung von Rangfolgen durch Paarvergleiche oder indem die Befragten mehreren Alternativen Geldwerte zuordnen.[394]

Der Vorteil der Choice-Experimente besteht darin, dass sie eine vergleichende Bewertung verschiedener Sanierungsprojekte ermöglichen.[395] Soweit ersichtlich fand bis dato jedoch noch keine gerichtliche Überprüfung einer auf *choice modelling* basierenden Bewertung statt. Erste Erfahrungen liegen u. a. bei der Bewertung von Erholungsnutzungen vor, etwa um wertgleiche Kompensationsmaßnahmen für Angler zu dimensionieren.[396] Schließlich sind die Methoden, wie auch die kontingente Bewertung, relativ kosten- und zeitaufwendig, so dass sie nur bei größeren Schadensfällen Relevanz erlangen dürften.[397]

c) Verzicht auf Primärstudien (Benefit Transfer)

Vor allem bei kleineren Schadensfällen bietet sich der Einsatz vereinfachter Bewertungsverfahren an. Eine Möglichkeit ist der sog. *benefit tranfer*. Das Verfahren nutzt bestehende Daten zur Umweltbewertung, die auf den aktuellen Schadensfall übertragen werden und so die Durchführung eigener Primärstudien verzichtbar machen. Für die Übertragbarkeit der Ergebnisse müssen verschiedene Voraussetzungen erfüllt sein. So müssen die Charakteristika des geschädigten Umweltguts bzw. die entgangenen Leistungen den in der Primärstudie bewerteten ähnlich sein, ebenso die sozioökonomischen Eigenschaften der jeweils betroffenen Nutzer. Substitute, die bzgl. der ursprünglich bewerteten Leistungen und im Schadensfall bestehen, z.B. alternative Naherholungsflächen, sind in die Betrachtung einzubeziehen. Schließlich sollten die Ressourcen und Leistungen, die Gegenstand der Primärstudie waren, von vergleichbarer Qualität und Quantität sein wie im Schadensfall.[398] Der *benefit transfer* wird in der Praxis hauptsächlich zur Bewertung des Verlusts von Freizeitnutzungen eingesetzt.[399] Die Anwendung im Rahmen des *value-to-cost approach* stellt diesbezüglich einen akzeptablen Kompromiss zwischen der notwendigen Präzision der Bewertungsergebnisse und der Angemessenheit des Bewertungsaufwandes dar.[400]

---

[393] *Adamowicz/Louviere/Swait*, Stated Choice Methods, S. 6 ff.
[394] Vgl. dazu *MEP/eftec*, Valuation and Restoration, Annexes, S. 11.
[395] *Adamowicz/Louviere/Swait*, Stated Choice Methods, S. 29 f.; *Desvousges/Lutz*, 42 Ariz. L. Rev. (2000), 411 (422).
[396] *Breffle/Morey/Rowe/Waldman/Wytinck*, Recreational Fishing Damages from Fish Consumption Advisory in the Waters of Green Bay, Studie im Auftrag des U.S. Fish and Wildlife Service (1999).
[397] *Kokott/Klaphake/Marr*, Ökologische Schäden und ihre Bewertung, S. 49.
[398] *Brans*, Liability, S. 107.
[399] *Brans*, Liability, S. 106, 149.
[400] *Kokott/Klaphake/Marr*, Ökologische Schäden und ihre Bewertung, S. 56; *Penn*, NRDA-Regulations, S. 7.

Die Schwierigkeiten der Durchführung eines *benefit transfers* zeigt etwa der bereits angesprochene Fall *California v. BP America* (American Trader).[401] In diesem war umstritten, ob der Wert eines Strandtages (beach-user-day) in Florida im Sommer, den eine auf der Reisekostenmethode basierende Primärstudie mit US-$ 13,19 beziffert hatte, mit dem eines Strandtages in Südkalifornien im Winter vergleichbar ist. Im Fall *Idaho v. Southern Refrigerated Transport Inc.*[402] wurde die Berechnung des Schadens auf der Grundlage einer in anderem Zusammenhang erstellten, auf kontingenter Bewertung basierenden Studie abgelehnt, da die Ergebnisse mangels Vergleichbarkeit der Bewertungssituation nicht übertragbar seien.[403]

3. Standardisierte Bewertungsverfahren: Typ-A-Verfahren

Neben den Verfahren zur einzelfallbezogenen Schadensbewertung existieren in den USA verschiedene abstrakte Schadensbewertungsmodelle und Schadenstabellen, die bei kleineren Schadensfällen eingesetzt werden.[404] Hierzu gehört das sog. Typ-A-Modell (type A model), das auf der Grundlage von § 9651 (c) (2) (A) CERCLA entwickelt wurde[405] und unter bestimmten Voraussetzungen auch zur Bewertung von dem OPA unterfallenden Schäden eingesetzt werden kann.[406] Das Typ-A-Verfahren umfasst zwei verschiedene Computermodelle, ein Modell zur Bewertung der Schädigung von Küsten und marinen Lebensräumen und ein weiteres zur Bewertung von Schädigungen der Great Lakes.[407] Die Modelle sind sehr ausdifferenziert und bestehen aus mehreren Untermodellen und Datensätzen. Bei-

---

[401] Case No. 64 63 39 (Cal. Super. Ct. 1997)

[402] Case No. 88-1279, 1991 U.S. Dist. Lexis 1869 (D. Idaho). Der Fall befasst sich mit einem durch die Freisetzung von Fungiziden verursachten Fischsterben im Little Salmon River. Mittels eines *benefit transfer* sollte der Existenzwert der getöteten Fische bestimmt werden.

[403] Idaho v. Southern Refrigerated Transport Inc., Case No. 88-1279, 1991 U.S. Dist. Lexis 1869 (D. Idaho), S. 55 f. Das Gericht lehnte eine Übertragung ab, da die in Frage stehende Studie für ganz andere Zwecke gefertigt wurde und ein viel größeres Gebiet (das gesamte Einzugsgebiet des Columbia River) umfasste.

[404] Vgl. dazu *Brans*, Liability, S. 162 ff.; *Rutherford/Knetsch/Brown*, 22 Harv. Envtl. L. Rev. (1998), 51 ff.

[405] Gemäß § 9651 (c) (2) CERCLA sind zwei Arten von Bewertungsverfahren vorzusehen: ein vereinfachtes Verfahren, das nur ein Minimum an Feldstudien erfordert und eine Berechnung des Schadenersatzes aufgrund der Menge der freigesetzten toxischen Substanz und der Größe des kontaminierten Gebiets erlaubt (Typ-A-Verfahren/type A procedures), zum anderen ein Verfahren zur einzelfallbezogenen Bewertung (Typ-B-Verfahren/type B procedures). Die CERCLA Regulations enthalten Vorgaben zu beiden Verfahrensarten. Die Vereinbarkeit des Typ-A-Verfahrens mit dem CERCLA wurde in National Association of Manufacturers v. DOI, 134 F.3d 1095 ff. (D.C. Cir. 1998) bestätigt.

[406] Natural Resource Damage Assessments – Final Rule, 61 Fed. Reg. (1996), 440 (467). Die Voraussetzungen des § 990.27 NRDA-OPA müssen erfüllt sein.

[407] Natural Resource Damages Assessment Model for Coastal and Marine Environments (NRDAM/CME); Natural Resource Damage Assessment Model for Great Lakes Environments (NRDAM/GLE).

spielsweise wird ein physikalisches Untermodell eingesetzt, das Vorhersagen über die Ausbreitung und den Verbleib von Schadstoffen ermöglicht.[408] Eine Weiterentwicklung des ursprünglichen Typ-A-Verfahrens erlaubt es, nicht nur Schadenersatzzahlungen, sondern auch gleichwertige Wiederherstellungsmaßnahmen zu berechnen.[409] Zur Anwendung des Verfahrens im Einzelfall müssen nur wenige Daten ermittelt werden, etwa die Strömungs- und Windverhältnisse im Zeitpunkt der Freisetzung sowie Art und Menge der freigesetzten Substanz.[410] Voraussetzung der Anwendbarkeit ist, dass der Schaden in einem durch die Modelle abgedeckten Gebiet auftritt und die Bedingungen im Zeitpunkt der Freisetzung sich nicht wesentlich von den Modellannahmen unterscheiden.[411]

Abstrakte Bewertungsverfahren haben generell den Vorteil geringerer Schadensbewertungs- und Transaktionskosten und einer hohen Vorhersehbarkeit.[412] Jedoch wird stets nicht der im konkreten Einzelfall entstandene Schaden bewertet, sondern ein abstrakter Schadenswert ermittelt, auch wenn dieser aufgrund der Berücksichtigung einzelfallbezogener Daten eine relativ große Nähe zum tatsächlichen Schaden aufweist.[413]

4. Kombination verschiedener Bewertungsmethoden

Zur Bewertung von Schadensfällen nach dem CERCLA oder OPA werden in der Regel mehrere Teilstudien zur Ermittlung unterschiedlicher Wertfaktoren in Auftrag gegeben. Während der Ausgleich des Verlusts an ökologischen Leistungen (ecological services) meist mittels der HEA bestimmt wird, kommen bzgl. der direkten menschlichen Nutzungen zumeist ökonomische Bewertungsmethoden wie der Reisekostenansatz zur Anwendung.[414] Hierbei besteht allerdings die Gefahr einer Doppelbewertung, da durch die Wiederherstellung der ökologischen Leistungen zugleich menschliche Nutzungen zur Verfügung gestellt werden können. Wenn etwa die Bedingungen für rastende Zugvögel durch Anlage zusätzlicher Nahrungsflächen verbessert werden, so entstehen dadurch zugleich zusätzliche Möglichkeiten zur Vogelbeobachtung.[415] Zum Teil werden auch Typ-A-Modelle mit spezifischeren Bewertungsmethoden kombiniert.

---

[408] Natural Resource Damage Assessments – Type A Procedures, 61 Fed. Reg. 20560 ff. (1996), vgl. dazu *Brans*, Liability, S. 164.

[409] 61 Fed. Reg. 20560 (20565 f.). Es werden nur einige Alternativen erfasst, etwa das Ausbaggern und Wiederauffüllen von Sedimenten oder der Wiederbesatz von Fischen und Wildtieren.

[410] 43 C.F.R. § 11.41 (a); vgl. *Brans*, Liability, S. 164.

[411] 43 C.F.R. § 11.34; vgl. *Ward*, 18 Land Resources & Envtl. L. (1998), 99 (105).

[412] *Rutherford/Knetsch/Brown*, 22 Harv. Entl. L. (1998), 52.

[413] *Kokott/Klaphake/Marr*, Ökologische Schäden und ihre Bewertung, S. 87.

[414] Vgl. etwa Idaho v. Southern Refrigerated Transport Inc., Case No. 88-1279, 1991 U.S. Dist. Lexis 1869, S. 62 f. (D. Idaho, 24. Jan. 1991).

[415] *NOAA*, Guidance Scaling, S. 4-10.

II. Eignung zur Bewertung von Schadensfällen nach der Umwelthaftungsrichtlinie

Die UH-RL schreibt keine bestimmten anzuwendenden Bewertungsmethoden vor, jedoch finden sich in Anhang II Nr. 1.2.2 und 1.2.3 allgemeine Anforderungen an die Ermittlung des Sanierungsumfangs. Vorrangig sind naturschutzfachliche Verfahren, die auf der Gleichwertigkeit von Ressourcen und Funktionen beruhen. Auf einer zweiten Stufe können ökonomische und sonstige Verfahren zur Ermittlung wertgleicher Sanierungsmaßnahmen herangezogen werden. An letzter Stelle steht die Anordnung von Maßnahmen, deren Herstellungskosten dem geschätzten Wert der geschädigten Ressourcen und Funktionen entsprechen.[416] Es fragt sich, inwieweit die vorstehend dargestellten naturschutzfachlichen und ökonomischen Methoden zur Schadensbewertung den Erfordernissen der Richtlinie gerecht werden.[417] Die Eignung der jeweiligen Bewertungsmethode zur Anwendung im konkreten Schadensfall ist stets davon abhängig, welche Wertfaktoren zu erfassen sind.

Die HEA ist zur Schadensbewertung im Rahmen des europäischen Umwelthaftungsregimes im Grundsatz als geeignet zu erachten.[418] Sie kann als Bewertungsverfahren unter dem *service-to-service approach* eingesetzt werden. Stärken der HEA sind nach Auffassung von Experten die Vornahme einer funktional-ökosystemaren Betrachtung sowie die Betonung der zeitlichen Dimension von Funktionsverlusten und -gewinnen. Auch die einzelfallbezogene Ermittlung von Indikatoren und die Anpassung von Maßeinheiten wird als sinnvoll und bei vielen Schadenstypen notwendig erachtet.[419] Entsprechend der den OPA Regulations immanenten ökonomischen Kompensationslogik soll durch die Anwendung der HEA eine auch im ökonomischen Sinne gleichwertige Kompensation der betroffenen Bevölkerung erreicht werden.[420] Das Verfahren verzichtet jedoch auf eine Ermittlung ökonomischer Werte, vielmehr soll – so jedenfalls die theoretische Annahme – eine Gleichwertigkeit durch die Gleichartigkeit der betroffenen Ressourcen und Funktionen gewährleistet werden.[421] Die HEA kann somit unter Anhang II Nr. 1.2.2 UH-RL zur Anwendung gelangen, auch wenn nach diesem die ökonomische Wertigkeit nicht ausschlaggebend ist.

Die Richtlinie gestattet in Anhang II Nr. 1.2.3 S. 1 und 2 auch die Anwendung ökonomischer und sonstiger anderer Bewertungsverfahren. Der Vorteil der Zulassung dieser Methoden besteht darin, dass auf diese Weise eine Privilegierung besonders schwerwiegender Schädigungen verhindert wird, für die mittels naturschutzfachlicher Methoden kein gleichwertiger Ersatz bestimmt werden kann.[422] Was die direkten Bewertungsmethoden anbelangt, wird jedoch die Fähigkeit der

---

[416] Siehe oben Kapitel 3 D. III.

[417] Dieser Beurteilung sind im Rahmen einer juristischen Arbeit naturgemäß Grenzen gesetzt.

[418] *Klaphake/Lepinat*, UVP-Report 2003, 230 (235).

[419] *Klaphake/Lepinat*, UVP-Report 2003, 230 (235).

[420] Vgl. *King*, Ecosystem Services, S. 1.

[421] Siehe oben Kapitel 3 E. I. 1.

[422] Etwa, weil es sich um einzigartige Ressourcen handelt; vgl. *Spindler/Härtel*, UPR 2002, 241 (244).

Befragten zur Erfassung der tatsächlichen ökologischen Zusammenhänge eher skeptisch beurteilt.[423]

Von den indirekten ökonomischen Bewertungsmethoden ist in den USA vor allem die Reisekostenmethode zur Schadensbewertung im Rahmen der CERCLA- und OPA Regulations etabliert. Durch neuere Varianten dieser Methode (random utility models) können wertgleiche Wiederherstellungsmaßnahmen bestimmt werden, so dass das Verfahren grundsätzlich im Rahmen eines *value-to-value approach* nach Anhang II Nr. 1.2.3 S. 1 UH-RL eingesetzt werden könnte. Jedoch erlaubt die Methode nur die Bewertung direkter Nutzungen, sie wird nahezu ausschließlich für die Bestimmung des Freizeitnutzens von Ressourcen angewandt. Dieser wird durch Faktoren wie die Entfernung der Ressourcen vom Betroffenen, die Länge von Wanderwegen oder die Zahl der Bootsanlegeplätze bestimmt. Bei der Sanierung von Biodiversitätsschäden nach der UH-RL stehen demgegenüber die Habitatfunktion geschädigter Ressourcen und die Bedeutung für die Kohärenz des ökologischen Netzes Natura 2000 im Vordergrund.[424] Die Reisekostenmethode kann zur Bewertung von Biodiversitätsschäden im Rahmen der Richtlinie nur eingesetzt werden, soweit dennoch der Nutzen von Erholung, Naturbeobachtung etc. erfasst werden soll.

Die Methode der kontingenten Bewertung wird in den USA überwiegend zur Ermittlung des *compensable value*, d.h. zur unmittelbaren monetären Erfassung von Nutzungs- und Nichtnutzungswerten nach dem CERCLA, herangezogen.[425] Sollen bei der Bewertung von sehr unterschiedlichen Sanierungsalternativen die Präferenzen der Bevölkerung ermittelt werden, stellt die Choice-Analyse ein geeignetes Verfahren dar.

F. Ergebnis

Die Untersuchung zeigt, dass der Kommissionsentwurf zur Umwelthaftung zunächst Regelungen des US-Rechts weitgehend unverändert rezipierte. Im Laufe des Rechtsetzungsverfahrens erfolgten jedoch entscheidende Modifikationen. Die UH-RL bedient sich der Mechanismen des US-amerikanischen Haftungsrechts, ohne sich damit dessen Ziele vollständig zu eigen zu machen. Das den untersuchten Regelungen des US-Rechts zugrunde liegende ökonomisch geprägte Verständnis natürlicher Ressourcen fand letztlich keinen Eingang in die Richtlinie. Die Zielsetzungen der UH-RL werden vielmehr durch den europäischen Kontext und insbesondere die Anknüpfung an WRRL, FFH- und VSch-RL bestimmt. Dies hat konkrete Auswirkungen auf die bei der Ermittlung und Auswahl möglicher Sanierungsoptionen zu berücksichtigenden Funktionen und Leistungen der geschädigten Ressourcen. Funktionen geschädigter Ressourcen für die Bevölkerung,

---

[423] *MEP/eftec*, Valuation and Restoration, Annexes, S. 29; *Pearson*, Global Environment, S. 135.

[424] Siehe oben Kapitel 3 D. III. 1.

[425] Zum Konzept des *compensable value* siehe oben Kapitel 3 B. III. Er wird definiert als der Geldbetrag der erforderlich ist, um die entstandenen zwischenzeitlichen Verluste der Bevölkerung zu kompensieren.

etwa als Erholungsfläche, spielen bei der Sanierung von Biodiversitätsschäden nach der UH-RL, anders als nach den OPA Regulations, allenfalls eine untergeordnete Rolle. Der Fokus der Richtlinie liegt vielmehr auf der Wahrung eines günstigen Erhaltungszustands der geschützten Arten und natürlichen Lebensräume und auf der Erhaltung bzw. Wiederherstellung der hierzu erforderlichen Ressourcen und ökologischen Funktionen. Zur Bestimmung des Sanierungsumfang sind sowohl nach den OPA Regulations als auch nach der UH-RL vorrangig naturschutzfachliche Bewertungsmethoden einzusetzen.

Kapitel 4 Die Umsetzung der Umwelthaftungsrichtlinie im deutschen Recht

Im März 2005 legte das Bundesministerium für Umwelt, Naturschutz und Reaktorsicherheit den Referentenentwurf für ein Artikelgesetz zur Umsetzung der UH-RL vor.[1] Dieser basierte in weiten Teilen auf Rahmengesetzgebungskompetenzen des Bundes aus Art. 75 Abs. 1 Nr. 3 und 4 GG und gab wesentliche Gestaltungsspielräume an die Länder weiter. Im September 2006 wurde ein Regierungsentwurf beschlossen, der sich auf die im Zuge der Föderalismusreform neu geschaffenen Bundeskompetenzen im Bereich des Wasserhaushalts- und Naturschutzrechts stützte.[2] Das „Gesetz zur Umsetzung der Richtlinie des Europäischen Parlaments und des Rates über Umwelthaftung zur Vermeidung und Sanierung von Umweltschäden" wurde schließlich am 10. Mai 2007 verabschiedet.[3] Art. 1 enthält das sog. „Umweltschadensgesetz (USchadG), Art. 2 sieht Änderungen des Wasserhaushaltsgesetzes (WHG) vor, Art. 3 Änderungen des Bundesnaturschutzgesetzes (BNatSchG) und Art. 4 regelt das Inkrafttreten.

Kapitel 4 untersucht zunächst die Rahmenbedingungen der Umsetzung der UH-RL im deutschen Recht. Dies umfasst insbesondere eine Analyse der bestehenden öffentlich-rechtlichen Normen, die eine Verantwortlichkeit für die Beeinträchtigung von Naturgütern vorsehen (Abschnitt A). Sodann werden das USchadG und die im Zuge der Umsetzung im BNatSchG neu eingefügten Normen beleuchtet. Nach einem Überblick über die wesentlichen Regelungen des Umsetzungsgesetzes (Abschnitt B) befasst sich Abschnitt C mit der Definition des Umweltschadens am Schutzgut Biodiversität, Abschnitt D untersucht die Vorgaben zur Ermittlung und Bestimmung von Sanierungsmaßnahmen. Zur Umsetzung von Anhang II Nr. 1 UH-RL verweist das Gesetz unmittelbar auf die Richtlinie;[4] für die weitere Konkretisierung der Vorgaben wird ein Formulierungsvorschlag erarbeitet. Abschließend gilt es, die Sanierungsanforderungen der Richtlinie denen von FFH-Ausgleich und naturschutzrechtlicher Eingriffsregelung gegenüberzustellen, um die Besonderheiten einer Sanierung nach der UH-RL zu verdeutlichen.

---

[1] Referentenentwurf vom 4.3.2005, im Folgenden auch „RefE".

[2] Entwurf eines Gesetzes zur Umsetzung der Richtlinie des Europäischen Parlaments und des Rates über die Umwelthaftung zur Vermeidung und Sanierung von Umweltschäden, BT-Drs. 16/3806 vom 13.12.2006.

[3] BGBl. 2007 I, S. 666; zuletzt geändert durch Art. 7 des Gesetzes zur Ablösung des Abfallverbringungsgesetzes und zur Änderung anderer Rechtsvorschriften vom 19.7.2007, BGBl. 2007 I, S. 1462. Das Gesetz tritt am 14.11.2007 in Kraft.

[4] § 21a Abs. 4 BNatSchG. Der Referentenentwurf gab die Umsetzung des Anhangs II Nr. 1 UH-RL den Ländern auf.

Hierbei ist auf die im Rahmen der Eingriffsregelung eingesetzten Bewertungsverfahren einzugehen (Abschnitt E).

A. Rahmenbedingungen der Umsetzung

Das Ausmaß des Umsetzungsbedarfs sowie die Art und Weise der Umsetzung sind abhängig vom geltenden Umweltrecht. Weiterhin sind die allgemeinen Anforderungen des EG-Rechts an eine Richtlinienumsetzung sowie die Verteilung der Gesetzgebungskompetenzen zwischen Bund und Ländern maßgeblich. Schließlich sind die aus dem Rechtsstaatsprinzip des Art. 20 Abs. 3 GG folgenden Gebote der Rechtssicherheit, Bestimmtheit und Normenklarheit zu beachten.[5]

I. Verantwortlichkeit für die Beeinträchtigung von Naturgütern nach geltendem Recht

Als Basis für die Analyse der Umsetzung der UH-RL durch den Bundesgesetzgeber wird im Folgenden ein Überblick über bestehende öffentlich-rechtliche Tatbestände gegeben, die eine Verantwortlichkeit für die Beeinträchtigung von Naturgütern vorsehen. Während das Polizei- und Ordnungsrecht überwiegend auf Maßnahmen zur Gefahrenbeseitigung beschränkt ist, so etwa das BBodSchG, finden sich im Naturschutzrecht des Bundes und der Länder weiterreichende Pflichten zur Wiederherstellung geschädigter Naturgüter. Dennoch zeigt sich, dass die Richtlinie eine Regelungslücke schließt, da etwa Störfälle durch die bestehenden naturschutzrechtlichen Kompensationsregelungen nicht erfasst werden.

Analysiert wird das geltende Bundes- und Landesrecht, wobei die Regelungen des BNatSchG überwiegend Rahmenrecht darstellen. Durch die Überführung der Materie Naturschutz und Landschaftspflege in die konkurrierende Gesetzgebung ist der Bund nunmehr, ebenso wie etwa im Bereich Wasserhaushalt, zum Erlass einer bundesrechtlichen Vollregelungen ermächtigt.[6] Wasser- und Naturschutzrecht sollen als Buch II und III des Umweltgesetzbuchs geregelt werden.[7]

1. Naturschutzrecht

Beeinträchtigungen der Leistungs- und Funktionsfähigkeit des Naturhaushalts sowie des Landschaftsbilds sind im Rahmen der Vorhabenzulassung nach § 19 Abs. 2 BNatSchG auszugleichen. Die §§ 34 ff. BNatSchG erfassen Beeinträchti-

---

[5]   Vgl. BVerfGE 35, 382 (400); BVerfGE 83, 130 (145); *Schnapp*, in: v. Münch/Kunig, GG Bd. 2, Art. 20 Rn. 27 ff.; *Sommermann*, in: v. Mangoldt/Klein/Starck, GG Bd. 2, Art. 20 Rn. 287 ff.

[6]   Siehe unten Kapitel 4 A. II. 2.

[7]   Vgl. dazu *Kloepfer*, UPR 2007, 161 (169); *Bohne*, EurUP 2006, 276. Nach Fertigstellung des Manuskripts der vorliegenden Veröffentlichung wurde am 19.11.2007 der Referentenentwurf des BMU für das UGB 2009 vorgelegt.

gungen des Schutzgebietsnetzes Natura 2000 durch Pläne und Projekte.[8] Die Regelungen betreffen die rechtmäßige Inanspruchnahme von Natur und machen eine in die Zukunft gerichtete Bewertung der Eingriffswirkungen erforderlich.[9] Das Zusammenspiel der Normen zur Umsetzung der UH-RL mit den genannten Vorschriften ist zu untersuchen. Zudem sehen viele Landesnaturschutzgesetze eine Verantwortlichkeit für rechtswidrige Eingriffe sowie für die rechtswidrige Beeinträchtigung besonders geschützter Bestandteile von Natur und Landschaft vor.[10] Die meisten der Regelungen umfassen eine Befugnis der zuständigen Behörde zur Anordnung von Wiederherstellungs- und Kompensationsmaßnahmen. Demgegenüber enthält das Artenschutzrecht zwar zahlreiche Verbotstatbestände, Übertretungen werden jedoch ausschließlich mit Geldbußen sanktioniert.

a) Allgemeiner naturschutzrechtlicher Eingriffsausgleich

Im Folgenden wird zunächst die naturschutzrechtliche Eingriffsregelung der §§ 18 ff. BNatSchG dargestellt. Die landesrechtlichen Regelungen zur Erfassung rechtswidriger Eingriffe knüpfen hinsichtlich Tatbestand und Rechtsfolgen überwiegend an diese Vorschriften an, insbesondere wird das zentrale Merkmal des „Eingriffs" übereinstimmend definiert.[11]

aa) Eingriffsausgleich im Rahmen der Vorhabenzulassung

Die §§ 18 ff. BNatSchG, die auf die Bewältigung der Folgen eines nach dem einschlägigen Fachrecht zulässigen Eingriffs zielen, gehören zu den wichtigsten Bestimmungen des deutschen Naturschutzrechts.[12] Sie sollen dem zunehmenden Flächenverbrauch entgegenwirken und einen flächendeckenden Mindestschutz von Natur und Landschaft durch Erhaltung des Status quo gewährleisten.[13] Die Eingriffsfolgen werden nach der bundesrechtlichen Rahmenregelung nur aktiviert, wenn das Eingriffsvorhaben zulassungs- oder anzeigepflichtig ist.[14] Die Prüfung erfolgt sodann im sog. „Huckepackverfahren" als Teil des durch das Fachrecht bestimmten Zulassungsverfahrens.[15]

---

[8]   Bei den Bestimmungen des BNatSchG handelt es sich bislang überwiegend um Rahmenrecht (vgl. § 11 BNatSchG), soweit nicht anders gekennzeichnet soll mit den zitierten §§ des BNatSchG zugleich auf die entsprechenden landesrechtlichen Bestimmungen verwiesen werden.

[9]   *Roller/Führ*, UH-RL und Biodiversität, S. 21.

[10]   Vgl. etwa §§ 23 Abs. 4, 34 NatSchG BW; § 6 Abs. 6 LG NRW; § 13 Abs. 4 LNatSchG Rh-Pf; Art. 13a Abs. 3 BayNatSchG

[11]   Dazu sogleich unter bb).

[12]   *Lorz/Müller/Stöckel*, BNatSchG, § 18 Rn. 1; *Hoppe/Beckmann/Kauch*, § 15 Rn. 64; *Halama*, NuR 1998, 633.

[13]   Begründung zum Gesetzesentwurf der Fraktionen von SPD und BÜNDNIS 90/DIE GRÜNEN vom 20.6.2001, BT-Drs. 14/6378, S. 47; *Louis/Engelke*, BNatSchG, § 8 Rn. 2; *Gassner*, NuR 1999, 79 f.

[14]   § 20 Abs. 1 BNatSchG; *Gellermann*, in: Landmann/Rohmer, Umweltrecht, Bd. IV, Nr. 11 (BNatSchG) § 20 Rn. 4. Die Länder haben nach § 19 Abs. 4 BNatSchG weiterhin die Möglichkeit, auch erlaubnis- und anzeigefreie Vorhaben der Eingriffsregelung zu unterwerfen; vgl. *Anger*, NVwZ 2003, 319 (320).

[15]   § 20 Abs. 2 BNatSchG.

Zentrale Voraussetzung für die Anwendbarkeit der §§ 18 ff. BNatSchG ist das Vorliegen eines Eingriffs. Dieser wird definiert als

„Veränderung(en) der Gestalt oder Nutzung von Grundflächen oder des mit der belebten Bodenschicht in Verbindung stehenden Grundwasserspiegels, die die Leistungs- und Funktionsfähigkeit des Naturhaushalts oder das Landschaftsbild erheblich beeinträchtigen können."[16]

Obwohl es sich bei den §§ 18 ff. BNatSchG lediglich um rahmenrechtliche Vorschriften handelt, wird der Eingriffsbegriff, ebenso wie die Regelung der Ausgleichsmaßnahmen, abschließend bundeseinheitlich definiert.[17] Eine Gestaltänderung liegt vor, wenn geomorphologische Gegebenheiten[18] oder prägende Bestandteile der Oberflächenstruktur wie z.B. Baumgruppen und andere charakteristische Pflanzenbestände betroffen sind. Eine Nutzungsänderung tritt ein, wenn eine Fläche anders als bisher genutzt wird, wobei die jeweilige Verkehrsauffassung maßgeblich ist.[19] Auch Veränderungen des Grundwasserspiegels werden durch die Neufassung des BNatSchG (2002) erfasst.[20]

Die genannten Veränderungen müssen zu einer erheblichen Beeinträchtigung der Leistungs- und Funktionsfähigkeit des Naturhaushalts oder des Landschaftsbilds führen können.[21] Der Begriff des Naturhaushalts ist hierbei nach § 10 Abs. 1 Nr. 1 BNatSchG umfassend und bezieht sich auf die „Bestandteile Boden, Wasser, Luft, Klima, Tiere und Pflanzen sowie das Wirkungsgefüge zwischen ihnen".

Demgegenüber wird das Landschaftsbild primär als Gegenstand der visuellen Wahrnehmung bestimmt.[22] Das Erfordernis der Eignung zur Herbeiführung erheblicher Beeinträchtigungen dient lediglich dazu, Bagatellfälle auszuschließen.[23] In den meisten Landesgesetzen wird die Eingriffsdefinition durch Positiv- und Negativkataloge konkretisiert.[24]

Liegen die genannten Voraussetzungen vor, so ist der Verursacher des Eingriffs nach § 19 Abs. 1 BNatSchG primär verpflichtet, vermeidbare Beeinträchtigungen von Natur und Landschaft zu unterlassen. Unvermeidbare Beeinträchtigungen sind durch Maßnahmen des Naturschutzes und der Landschaftspflege vorrangig aus-

---

16   § 18 Abs. 1 BNatSchG.

17   BVerwG, NuR 2001, 150; BVerwGE 85, 348 (356) = BVerwG, NuR 1991, 124.

18   Geomorphologische Gegebenheiten sind z.B. Berge, Täler, Gewässer oder Dünen.

19   OVG Lüneburg, NuR 1995, 371 (373) (Modellflugbetrieb auf einer Weide). *Fischer-Hüftle*, in: Schumacher/Fischer-Hüftle, BNatSchG, § 18 Rn. 7; *Louis/Engelke*, BNatSchG, § 8 Rn. 8.

20   Gesetzesbegründung, BT-Drs.14/6378, S.48; *Anger*, NVwZ 2003, 319 f.

21   Gesetzesbegründung, BT-Drs.14/6378, S.48; *Anger*, NVwZ 2003, 319 f.; *Louis/Engelke*, BNatSchG, § 1 Rn. 11; *Fischer/Hüftle*, in: Schumacher/Fischer-Hüftle, BNatSchG, § 18 Rn. 10.

22   OVG Münster, NuR 1997, 410; *Louis/Engelke*, BNatSchG, § 8 Rn. 12.

23   *Lorz/Müller/Stöckel*, BNatSchG, § 18 Rn. 23. Eine erhebliche Beeinträchtigung ist jede nicht völlig unwesentliche Beeinträchtigung von Natur und Landschaft; vgl. OVG Koblenz, NuR 1987, 275 (276); VGH Mannheim, NVwZ 1992, 998; VGH Mannheim, NuR 1992, 188 (189) (Landschaftsbild).

24   Vgl. etwa § 20 NatSchG BW; § 4 Abs. 2 und 3 LG NRW; die Länder sind hierzu durch § 18 Abs. 3 und 4 S. 2 BNatSchG ausdrücklich ermächtigt.

zugleichen (Ausgleichsmaßnahmen) oder in sonstiger Weise zu kompensieren (Ersatzmaßnahmen).[25] Nach § 19 Abs. 2 S. 1 BNatSchG ist eine Beeinträchtigung ausgeglichen, wenn und sobald die beeinträchtigten Funktionen des Naturhaushalts bzw. das Landschaftsbild in gleichartiger Weise wiederhergestellt sind. Eine Kompensation in sonstiger Weise erfolgt durch Schaffung eines gleichwertigen Ersatzes für die beeinträchtigten Funktionen oder durch eine landschaftsgerechte Neugestaltung.[26] Kann eine Beeinträchtigung weder vermieden noch kompensiert werden, so sind die Belange des Naturschutzes und die für das Vorhaben sprechenden Belange nach § 19 Abs. 3 BNatSchG gegeneinander abzuwägen.[27] Ist der Eingriff hiernach zuzulassen, so können die Länder für nicht ausgleichbare oder in sonstiger Weise kompensierbare Beeinträchtigungen Ersatzzahlungen („Ausgleichsabgaben", „Ersatzgeld") vorsehen.[28]

bb) Rechtswidrige Eingriffe in Natur und Landschaft
Wird ein Eingriff ohne die erforderliche Genehmigung, d.h. rechtswidrig, vorgenommen, so sehen die Landesnaturschutzgesetze eine Möglichkeit zur Anordnung der Wiederherstellung des vorherigen Zustands vor. Während Niedersachsen hierzu weitgehend auf polizeirechtliche Befugnisse verweist,[29] orientieren sich die übrigen Bundesländer an den Vorschriften zum Ausgleich von Eingriffen im Zulassungsverfahren.[30] Durch diesen Normverweis werden die an sich *ex ante* anzuwendenden Bestimmungen der Eingriffsregelung bezüglich der Reichweite der naturalen Kompensation und/oder der Höhe der Ersatzzahlungen zu Normen, welche zu einer Verantwortlichkeit *ex post* i.S.e. Haftung führen.[31] Im Einzelnen weichen die Vorgaben der Bundesländer zum Teil erheblich voneinander ab.

Aufgrund der Anknüpfung an die Vorschriften zur Vorhabenzulassung setzt die Anordnung von Wiederherstellungsmaßnahmen nach vorherrschendem Verständ-

---

[25] Gesetzesbegründung zum BNatSchG 2002, BT-Drs. 14/6378, S. 29 und S. 49.

[25] *Anger*, NVwZ 2003, 319 (320); *Louis*, NuR 2002, 385 (388); *Sparwasser/Wöckel*, NVwZ 2004, 1189.

[26] BVerwG, NuR 1997, 87; *Durner*, NuR 2001, 601 ff.

[27] Vgl. *Gellermann*, NVwZ 2002, 1025 (1030).

[28] § 19 Abs. 4 BNatSchG; siehe etwa § 20 Abs. 5, 6 NatSchG BW; § 15 HeNatG; § 5 LG NRW; § 10 Abs. 4 LNatSchG Rh-Pf; vgl. *Gassner*, NuR 1985, 180 ff.; *Marticke*, NuR 1996, 387 ff.; *Sparwasser/Wöckel*, NVwZ 2004, 1187 (1191).

[29] § 63 S. 2 NdsNatSchG; vgl. *Kokott/Klaphake/Marr*, Ökologische Schäden und ihre Bewertung, S. 110.

[30] Vgl. etwa § 23 NatSchG BW:
„(1) Bedarf ein Eingriff nach anderen Vorschriften einer Gestattung (...), so ergehen die Entscheidungen der für die Gestattung zuständigen Behörden im Benehmen mit der Naturschutzbehörde (...).
(4) Wird ein Eingriff ohne die erforderliche Gestattung vorgenommen, so kann die zuständige Behörde die Fortsetzung des Eingriffs untersagen, die Wiederherstellung des früheren Zustandes anordnen oder andere Ausgleichsanordnungen treffen, wenn nicht auf andere Weise ein rechtmäßiger Zustand hergestellt werden kann."
Dazu VGH Mannheim, NuR 1993, 140 (Wiederherstellungspflicht des Grundstückseigentümers nach Schädigung eines Feuchtgebiets); § 6 Abs. 6 LG NRW; § 13 Abs. 4 LNatSchG Rh-Pf.

[31] *Kokott/Klaphake/Marr*, Ökologische Schäden und ihre Bewertung, S. 110.

nis stets das Vorliegen eines Eingriffs i.S. der §§ 18 ff. BNatSchG voraus. Rein qualitative Veränderungen, etwa durch Stoffeinträge, unterfallen nicht der Eingriffsdefinition, da sie nicht zu einer Veränderung der Gestalt oder Nutzung von Grundflächen führen.[32] Als Eingriff werden weiterhin nur ziel- und zweckgerichtete Handlungen erfasst, etwa die Errichtung illegaler baulicher Anlagen im Außenbereich[33] oder eine illegale Aufschüttung.[34] Isolierte Einzelhandlungen erreichen nur in Ausnahmefällen die Qualität eines Eingriffs.[35] Störfälle stellen daher keinen Eingriff im Sinne der landesrechtlichen Regelungen dar und sind folglich nicht ausgleichspflichtig.

Wird ein Eingriff ohne die erforderliche Genehmigung vorgenommen, so kann die zuständige Behörde dessen Fortsetzung untersagen und die Wiederherstellung des früheren Zustands anordnen. Aufgrund der Anforderungen des Verhältnismäßigkeitsgrundsatzes vor dem Hintergrund des Eigentumsgrundrechts ist vorrangig die Genehmigungsfähigkeit des Eingriffs zu prüfen.[36] Daneben können in allen Bundesländern außer Niedersachsen Ausgleichs- und Ersatzmaßnahmen oder Ersatzzahlungen angeordnet werden.[37] Ein Beispiel ist die Pflanzung junger Hochstammobstbäume als Ersatz für einen rechtswidrig beseitigten alten Baumbestand.[38]

b) Beeinträchtigung besonders geschützter Natur- und Landschaftsteile

Die Beeinträchtigung geschützter Natur- und Landschaftsteile ist unzulässig, soweit sie die für den jeweiligen Gebietstyp festgelegte Verbotsschwelle überschreitet. So gilt für Naturschutzgebiete und Nationalparke ein absolutes Veränderungsverbot, untersagt sind sämtliche Handlungen, die zu einer Zerstörung, Beschädigung oder Veränderung ihrer Bestandteile oder zu nachhaltigen Störungen führen können.[39] Tatbestandlich wird für diese beiden strengsten Schutzgebietskategorien bereits jede Veränderung des Status quo erfasst, unabhängig von der Frage einer tatsächlich eintretenden Schädigung.[40] Der Begriff der Veränderung ist wertfrei und stellt lediglich auf einen Vorher-Nachher-Vergleich ab; unerheblich ist, ob die

---

[32] *Kloepfer*, Umweltrecht, § 11 Rn. 84.

[33] Vgl. VGH Kassel, NuR 1986, 203 und 205.

[34] OVG Koblenz, DÖV 1987, 1021; vgl. allg. *Hoffmeister/Kokott*, Öffentlich-rechtlicher Ausgleich, S. 50 f.; *Gassner*, in: Gassner/Bendomir-Kahlo/Schmidt-Räntsch, BNatSchG, § 18 Rn. 5.

[35] Vgl. VG Stuttgart, NuR 1999, 176 (Fällen von Obstbäumen).

[36] *Lorz/Müller/Stöckel*, BNatSchG, § 19 Rn. 40.

[37] Etwa § 23 Abs. 4 NatSchG BW; § 6 Abs. 6 LG NRW; § 19 HeNatG; VGH Kassel, NVwZ 1986, 684; VGH Kassel, NuR 1997, 607; § 63 NdsNatSchG enthält keine entsprechende Ermächtigungsgrundlage.

[38] VGH Kassel, NuR 1997, 607: Auch wenn junge Hochstammobstbäume zunächst nicht die ökologischen Vorteile des Altbestands böten, seien sie doch in der Lage, diese für einen längeren Zeitraum zu gewährleisten.

[39] § 23 Abs. 2 S. 1 BNatSchG; § 24 Abs. 3 S. 1 BNatSchG; *Hoppe/Beckmann/Kauch*, § 15 Rn. 114; bei Nationalparken können bedingt durch Großräumigkeit und Besiedlung Ausnahmen geboten sein.

[40] Vgl. § 23 Abs. 2 S. 1 BNatSchG.

Veränderung zu Gunsten von Natur und Landschaft vorgenommen wird. Ausgenommen sind lediglich völlig bedeutungslose Veränderungen.[41] Demgegenüber sind etwa in Landschaftsschutzgebieten nur Handlungen verboten, die den Charakter eines Gebietes verändern oder dem besonderen Schutzzweck zuwiderlaufen.[42] Für die Aktualisierung der genannten Verbote bedarf es gemäß § 22 Abs. 2 BNatSchG der landesrechtlichen Einordnung eines Gebietes oder eines Gegenstandes in die genannten Kategorien, dies geschieht häufig durch Rechtsverordnung.[43] Befreiungen können aufgrund landesrechtlicher Regelungen erteilt werden,[44] des weiteren sehen die rahmenrechtlichen Regelungen des BNatSchG zu geschützten Landschaftsbestandteilen und Biotopen die Zulassung von Ausnahmen vor.[45] Bleibt ein Eingriff unterhalb der Verbotsschwelle der Schutzverordnung, so ist der Verantwortliche nach § 18 ff. BNatSchG ausgleichspflichtig, sofern der Tatbestand der Eingriffsregelung erfüllt ist.[46]

Die Folgen eines Zuwiderhandelns gegen Schutzbestimmungen bestimmen sich überwiegend nach Landesrecht. Die Rechtslage ist äußerst uneinheitlich, nur ein Teil der Landesnaturschutzgesetze enthält Regelungen, die die unmittelbare Anordnung von Wiederherstellungsmaßnahmen erlauben. Ein Beispiel ist § 34 NatSchG BW (Beeinträchtigung geschützter Flächen):[47]

„Wird ein Schutzgebiet, geschützter Gegenstand oder besonders geschütztes Biotop nach den §§ 26 bis 32 unter Verletzung der Schutzbestimmungen beeinträchtigt, so trifft die Naturschutzbehörde die Anordnungen entsprechend § 23 Abs. 4, wenn nicht auf andere Weise ein rechtmäßiger Zustand hergestellt werden kann."

§ 34 NatSchG BW enthält eine Rechtsfolgenverweisung auf die allgemeine Regelung für rechtswidrige Eingriffe, welche die Anordnung der Einstellung der Beeinträchtigung, der Wiederherstellung des ursprünglichen Zustands sowie von Ausgleichs- und Ersatzmaßnahmen ermöglicht. Andere Länder verweisen direkt auf die Rechtsfolgen für rechtmäßige Eingriffe.[48] Restitutions- oder Kompensations-

---

[41] § 23 Abs. 2 S. 1 BNatSchG; § 24 Abs. 3 S. 1 BNatSchG; VGH Mannheim, NVwZ 1994, 1132 ff.; VG Braunschweig, NuR 1984, 328 (Errichtung von Einfriedungen zur Besucherlenkung bedarf einer Ausnahmegenehmigung vom Veränderungsverbot); OLG Celle, NuR 1981, 35; *Hoppe/Beckmann/Kauch*, Umweltrecht, § 15 Rn. 114. Die Verbote des § 23 Abs. 2 BNatSchG erfassen nur „Handlungen", setzen also ein aktives Tun voraus, ein Unterlassen reicht nicht aus, vgl. *Louis/Engelke*, BNatSchG, § 13 Rn. 11.

[42] § 26 Abs. 2 BNatSchG; *Lorz/Müller/Stöckel*, BNatSchG, § 26 Rn. 10.

[43] *Lorz/Müller/Stöckel*, BNatSchG, § 22 Rn. 8; *Schmidt-Räntsch*, in: Gassner/Bendomir-Kahlo/Schmidt-Räntsch, BNatSchG, § 22 Rn. 16.

[44] Z.B. § 79 NatSchG BW; § 69 LG NRW; § 36a ThürNatG; vgl. dazu OVG Münster, NuR 1989, 230 f.; BVerwG, NVwZ 1993, 583 f.

[45] § 29 Abs. 2 S. 2 BNatSchG; § 30 Abs. 2 BNatSchG, zur Umsetzung vgl. etwa § 62 LG NRW; §§ 32, 33 NatSchG BW; BVerwG, NVwZ 1997, 173 ff.; VGH Mannheim, NVwZ-RR 2000, 772; *Sparwasser/Engel/Vosskuhle*, Umweltrecht, § 6 Rn. 210.

[46] Vgl. *Fischer-Hüftle*, in: Schumacher/Fischer-Hüftle, BNatSchG, § 18 Rn. 63-66; VGH Kassel, NuR 1985, 192 (193) (Aufforstung im Geltungsbereich einer Landschaftsschutzverordnung).

[47] Vgl. auch Art. 13a Abs. 3 BayNatSchG.

[48] Z.B. § 57 Abs. 3 i.V.m. § 15 Abs. 3 und 4 MVNatSchG; § 14 SchlHNatSchG.

maßnahmen können somit angeordnet werden, ohne dass hierfür die Voraussetzungen des allgemeinen Eingriffstatbestandes erfüllt sein müssen.[49] Weiterhin kann eine Nutzungsuntersagungs- oder Beseitigungsverfügung erlassen werden.[50] Demgegenüber werden dem Verursacher nach dem Naturschutzgesetz des Landes Berlin diesbezüglich lediglich die Kosten behördlicher Maßnahmen auferlegt.[51] Problematisch ist die Situation in Ländern ohne Verweisungsvorschriften, hier haftet der Verursacher für Verstöße gegen Schutzvorschriften nur, wenn diese zugleich als Eingriff unter die allgemeinen Regeln fallen.[52]

c) Europäisches Schutzgebietsnetz Natura 2000

Sollen Pläne oder Projekte zugelassen werden, die potentiell nachteilige Auswirkungen auf das Schutzgebietsnetz Natura 2000 haben, so ist eine FFH-Verträglichkeitsprüfung nach Maßgabe der Art. 6 Abs. 3 und 4 FFH-RL durchzuführen.[53] Der Bundesgesetzgeber hat sich mit den §§ 34 ff. BNatSchG dafür entschieden, die FFH-Verträglichkeitsprüfung als eigenständiges Rechtsinstitut umzusetzen.[54] Mittlerweile haben auch alle Länder Vorschriften zur Umsetzung der rahmenrechtlichen Regelungen erlassen.[55] Die Verträglichkeitsprüfung wird grundsätzlich als unselbständiger Bestandteil des Zulassungs- oder Planverfahrens durchgeführt.

Für die rechtswidrige Beeinträchtigung von Natura 2000-Gebieten sieht die UH-RL erstmals eine Verantwortlichkeit auf der Ebene des europäischen Rechts vor. In Deutschland finden bislang die landesrechtlichen Regelungen für die Beeinträchtigung besonders geschützter Bestandteile von Natur und Landschaft Anwendung, soweit die Flächen als Schutzgebiete ausgewiesen sind.[56]

---

[49] VG Schleswig, NuR 2004, 136 f. (Wiederherstellung eines Bruchwaldes); VGH Mannheim, NVwZ-RR 1993, 241 ff. (Wiederherstellung eines zerstörten Feuchtgebiets).

[50] VGH Mannheim, Urteil vom 21.4.1994, Az. 5 S 2107/93 (zit. nach Juris) (Einstellung der Nutzung einer Wiese als Pferdeweide); VGH Mannheim, NuR 1995, 462 ff. (Untersagung einer Schleppjagd).

[51] § 43b BerlNatSchG. Die Vorschrift sieht eine Kostentragungspflicht für behördliche Maßnahmen des Naturschutzes und der Landschaftspflege vor, die dazu dienen, rechtswidrige Beeinträchtigungen von Natur und Landschaft abzuwenden oder zu beseitigen.

[52] So etwa nach dem LG NRW; vgl. *Hoffmeister/Kokott*, Öffentlich-rechtlicher Ausgleich, S. 57 f.

[53] Siehe dazu Kapitel 2 A.

[54] *Durner*, NuR 2001, 601 (605).

[55] §§ 36-40 NatSchG BW; §§ 13b-c BayNatSchG; §§ 16, 22b BerlNatSchG; §§ 26a-g BbgNatSchG; §§ 26a-d BremNatSchG; §§ 14a, 21a HbgNatSchG; §§ 32-34 HeNatG; §§ 18, 28 MVNatSchG; §§ 34a-c NdsNatG; §§ 48a-e LG NRW; §§ 25-27 LNatSchG Rh-Pf; §§ 24-26 SNG; §§ 22a-c SächsNatSchG; §§ 44-46 NatSchG LSA; §§ 27-32 SchlHNatSchG; §§ 26a-c ThürNatG.

[56] Zur Ausweisungspflicht vgl. BVerwG NuR 2004, 524 (526 f.) (Hochmoselquerung), vorgehend OVG Koblenz, NuR 2003, 441 (443); *Lorz/Müller/Stöckel*, BNatSchG, § 33 Rn. 6. Nach § 32 Abs. 2 HeNatG dürfen Natura 2000-Gebiete nur dann als Schutzgebiete ausgewiesen werden, wenn ein den Anforderungen von FFH- und VSch-RL genügender Schutz nicht auf andere Weise (etwa durch Vertragsnaturschutz) gewährleistet werden kann.

Vor ihrer endgültigen Unterschutzstellung durch die Mitgliedstaaten unterfallen die Gebiete dem Verschlechterungsverbot des Art. 6 Abs. 2 FFH-RL, sobald sie als Gebiete von gemeinschaftlicher Bedeutung auf der Kommissionsliste veröffentlicht wurden oder als Konzertierungsgebiet einzustufen sind.[57] Diese Verbote werden durch § 33 Abs. 5 BNatSchG bzw. entsprechende landesrechtliche Regelungen umgesetzt.[58] Während das Landesnaturschutzgesetz Baden-Württemberg hinsichtlich der Gebiete von gemeinschaftlicher Bedeutung und der Europäischen Vogelschutzgebiete explizit auf die Vorschriften für ausgewiesene Schutzgebiete verweist und die zuständige Behörde bei rechtswidriger Beeinträchtigung zur Anordnung von Wiederherstellungsmaßnahmen ermächtigt, fehlen in anderen Bundesländern entsprechende Normen.[59] Soweit keine Sonderregelungen bestehen, kommt die Anordnung von Wiederherstellungsmaßnahmen bislang nur nach den allgemeinen Vorschriften für rechtswidrige Eingriffe in Natur und Landschaft in Betracht.

d) Artenschutzrecht

Artenschutzrechtliche Regelungen finden sich auf internationaler und europäischer Ebene u.a. im Washingtoner Artenschutzübereinkommen[60], der EG-Artenschutzverordnung[61] sowie der FFH- und VSch-RL[62]. Auf nationaler Ebene ist weiterhin die Bundesartenschutzverordnung (BArtSchV)[63] hervorzuheben. Für durch die genannten Bestimmungen geschützte Tier- und Pflanzenarten statuiert § 42 BNatSchG als bundesrechtliche Vollregelung weitreichende Schädigungs-, Störungs-, Besitz-, Verarbeitungs- und Vermarktungsverbote, wobei zwischen „besonders geschützten" und „streng geschützten" Arten differenziert wird.[64] Auch enthalten sämtliche Landesgesetze Vorschriften zum Schutz wild lebender Tiere und Pflanzen.[65] Jedoch zieht eine Verletzung dieser Normen keine speziellen behördlichen Anordnungsbefugnisse für Wiederherstellungs- oder Ausgleichsmaßnahmen nach sich, sofern die Lebensstätten nicht gleichzeitig – etwa als geschützte Biotope – unter die Bestimmungen zum Flächenschutz fallen oder die

---

[57] Art. 4 Abs. 5 FFH-RL, Art. 5 Abs. 4 FFH-RL. Konzertierungsgebiete sind Gebiete mit Vorkommen prioritärer Arten, deren Ausweisung zwischen der Kommission und einem Mitgliedstaat in Streit steht.

[58] Etwa § 37 NatSchG BW; § 33 HeNatG; § 48c LG NRW; vgl. *Sparwasser/Engel/Voßkuhle* § 6 Rn. 242. Zum Schutzstatus faktischer Vogelschutzgebiete und potentieller FFH-Gebiete siehe oben Kapitel 2 B. I. 2. a).

[59] § 37 S. 3 NatSchG BW.

[60] Convention on International Trade in Endangered Species of Wild Fauna and Flora (CITES), BGBl. II 1975, 773.

[61] Verordnung Nr. 338/97/EG, ABl. EG Nr. L 61 vom 3.3.1997, S. 1.

[62] Siehe oben Kapitel 2 B. III. 2. Die VSch-RL enthält in Art. 5 ff Vorgaben für die „europäischen Vogelarten", die artenschutzrechtlichen Ge- und Verbote der FFH-RL in Art. 12 ff. beziehen sich auf die Arten des Anhangs IV FFH-RL.

[63] Verordnung zum Schutz wild lebender Tier- und Pflanzenarten (BArtSchV) vom 14.10.1999, BGBl. I 1999, S. 1955.

[64] Vgl. die Definitionen in § 10 Abs. 2 Nr. 10 und 11 BNatSchG.

[65] Etwa §§ 41 ff. NatSchG BW; Art. 14 ff. BayNatSchG; §§ 35 ff. HeNatG; §§ 60 ff. LG NRW; §§ 28 ff. LNatSchG Rh-Pf; §§ 23 ff. SächsNatSchG.

Voraussetzungen eines Eingriffs i.S.v. § 18 BNatSchG erfüllt sind. Vielmehr werden Verbotshandlungen durchgängig mit Geldbußen geahndet.[66] Im Rahmen der Eingriffsregelung finden artenschutzrechtliche Bestimmungen über § 19 Abs. 3 S. 2 BNatSchG Berücksichtigung.[67]

2. *Wasserrechtliche Regelungen*

Nach § 1a WHG sind Gewässer als Bestandteile des Naturhaushalts und als Lebensraum für Tiere und Pflanzen zu sichern; sie sind ferner so zu bewirtschaften, dass vermeidbare Beeinträchtigungen ihrer ökologischen Funktionen unterbleiben. § 22 WHG normiert eine Schadenersatzpflicht für durch das Einleiten oder Einbringen von Stoffen oder durch Anlagen bedingte Veränderungen der physikalischen, chemischen oder biologischen Gewässerbeschaffenheit. Jedoch ist diese Haftungsnorm zivilrechtlicher Natur, der Schadenersatz bemisst sich nach den allgemeinen Vorschriften der §§ 249 ff. BGB.[68]

§ 4 Abs. 2 Nr. 2a WHG bzw. die entsprechenden landesrechtlichen Vorschriften ermöglichen es, die Erteilung einer Erlaubnis oder Bewilligung mit Auflagen zum Ausgleich von auf die Gewässerbenutzung zurückzuführenden Beeinträchtigungen des ökologischen und chemischen Zustands zu versehen.[69] Als Auflage kann auch die Schaffung eines ökologischen Ausgleichsraums für ein durch die Benutzung des Gewässers zerstörtes Biotop angeordnet werden.[70] Zwar kann diese Anordnung auch nachträglich ergehen, jedoch handelt es sich hierbei stets um Nebenbestimmungen zu einer Gestattung oder deren Modifikation.[71] Eine spezielle Ausgleichsregelung für den Gewässerausbau findet sich in § 31 Abs. 5 S. 1 WHG.[72]

Sanierungspflichten bei Beeinträchtigung von Gewässern, die hinsichtlich Art und Umfang denjenigen des Anhangs II UH-RL entsprechen, kennt das deutsche Recht nicht.[73] So umfassen die landesrechtlichen Regelungen zur Gewässeraufsicht, anders als die Rahmenvorschrift des § 21 WHG, zwar überwiegend eine

---

[66] §§ 65 ff. BNatSchG; § 80 Abs. 2 Nr. 4-10 NatSchG BW; § 70 Abs. 1 Nr. 10-12 LG NRW; § 51 Abs. 1 Nr. 3-10 LNatSchG Rh-Pf; vgl. *Hoffmeister/Kokott*, Öffentlich-rechtlicher Ausgleich, S. 61.

[67] Vgl. *Louis*, NuR 2004, 557 (558); *P. Fischer-Hüftle/A. Schumacher*, in: Schumacher/ Fischer-Hüftle, BNatSchG, § 19 Rn. 112 ff.

[68] *Czychowski/Reinhardt*, WHG, § 22 Rn. 29.

[69] Z.B. Anbringung einer Umgehungsrinne und Sicherstellung ausreichenden Restwasserabflusses an einer Stauanlage zur Erhaltung bzw. Wiederherstellung der Durchwanderbarkeit eines Baches; BayVGH, BayVBl. 2005, 339; BVerwG, ZfW 1988, 350. Weiterhin kann ein Unternehmer nach § 4 Abs. 2 Nr. 3 WHG zur Mitfinanzierung wasserwirtschaftlicher Gemeinschaftsmaßnahmen herangezogen werden, die schädlichen Auswirkungen mehrerer Benutzer entgegenwirken sollen.

[70] *Czychowksi/Reinhardt*, WHG, § 4 Rn. 97.

[71] § 5 Abs. 1 Nr. 1a WHG; § 15 Abs. 4 S. 3 WHG.

[72] *Czychowski/Reinhardt*, WHG, § 31 Rn. 52; *Kotulla*, WHG, § 31 Rn 25 ff.; streitig ist das Verhältnis der Norm zur naturschutzrechtlichen Eingriffsregelung.

[73] *Dolde*, in: Hendler/Marburger/Reinhardt/Schröder (Hrsg.), Umwelthaftung, S. 169 (195).

Ermächtigung zu gefahrenabwehrendem Einschreiten der Wasserbehörden[74] oder verweisen insoweit auf Befugnisse der Wasserbehörden nach dem allgemeinen Polizei- und Ordnungsrecht. Sanierungsmaßnahmen mit dem Ziel der Wiederherstellung des Ausgangszustands können jedoch nicht angeordnet werden.[75] Schließlich bestehen in einigen Landeswassergesetzen spezielle Anordnungsbefugnisse im Zusammenhang mit Anlagen zum Umgang mit wassergefährdenden Stoffen i.S.v. § 19g WHG, die auch Pflichten zur Gewässer- und Bodensanierung umfassen.[76]

3. Weitere Regelungen

Weder das Gefahrstoffrecht noch das BImSchG enthalten Regelungen, die einen Ausgleich von Beeinträchtigungen der Natur und Umwelt durch Wiederherstellungsmaßnahmen vorsehen.[77] Auch das BBodSchG beinhaltet lediglich Verpflichtungen zur Gefahrenabwehr, weitergehende Anforderungen nach Landesrecht werden durch die abschließenden Regelungen des BBodSchG verdrängt.[78] Nur das Bundeswaldgesetz (BWaldG) sieht Ausgleichspflichten vor. Nach § 11 S. 2 BWaldG i.V.m. den einschlägigen landesrechtlichen Vorschriften[79] sind Waldbesitzer verpflichtet, kahlgeschlagene Waldflächen oder verlichtete Waldbestände wieder aufzuforsten oder zu ergänzen, soweit die natürliche Wiederbestockung unvollständig bleibt. Schließlich findet sich in gemeindlichen Baumschutzsatzungen regelmäßig die Pflicht zur Vornahme von Ersatzpflanzungen.[80]

4. Umsetzungsbedarf

Vergleicht man den Bestand an geltendem deutschem Recht mit den Anforderungen der UH-RL, so zeigt sich, dass ein umfassender Umsetzungsbedarf bestand. Während in allen Bereichen des Umweltrechts Pflichten zur Vermeidung von Umweltbeeinträchtigungen sowie zur Gefahrenbeseitigung und entsprechende behördliche Befugnisse normiert sind, finden sich Sanierungspflichten, die denen der UH-RL entsprechen, nur sehr vereinzelt. Lediglich die Gefahrenbeseitigungspflichten des BBodSchG reichen weiter als die bezüglich des Schutzguts Boden

---

[74]   § 82 Abs. 1 S. 2 WG BW; Art. 68 Abs. 3 BayWG; § 64 Abs. 2 HbgWG; § 74 Abs. 1 und 2 HessWG; § 90 Abs. 2, 4 und 5 WG MV; § 169 NdsWG; § 93 Abs. 3 WG Rh-Pf; § 83 Abs. 3 SaarlWG; § 94 Abs. 2 SächsWG; § 171 WG LSA; § 110 Abs. 1 WG SchlH; § 84 ThürWG.

[75]   § 67 S. 2 BerlWG; der Sache nach § 154 BremWG und § 118 WG NRW; vgl. zu letzterem VG Düsseldorf - 6 K 8271/02 - Urteil vom 8.6.2004, (zitiert nach juris); OVG NRW, NWVBl. 1996, 27; *Breuer*, Wasserrecht, Rn. 79; *Czychowski*, DVBl. 1970, 379 ff.

[76]   Etwa § 21 BbgWG; § 23a BerlWG; vgl. *Hoffmeister/Kokott*, Öffentlich-rechtlicher Ausgleich, S. 87.

[77]   *Hoffmeister/Kokott*, Öffentlich-rechtlicher Ausgleich, S. 94 ff.; vgl. dazu *Duikers*, Umwelthaftung, S. 182 ff.

[78]   Allg. M.; vgl. etwa BVerwG, NVwZ 2000, 1179; *Versteyl*, in: Versteyl/Sondermann, BBodSchG, § 4 Rn. 2.

[79]   Z.B. Art. 15 BayWaldG; §§ 9 ff. LWaldG BW.

[80]   Vgl. dazu *Otto*, UPR 1992, 365 ff.

ausschließlich auf die Erfassung von Gesundheitsgefahren gerichteten Regelungen der Richtlinie.[81] Die Landesnaturschutzgesetze enthalten zwar überwiegend Normen zur Erfassung rechtswidriger Eingriffe in Natur und Landschaft, welche die Anordnung von Wiederherstellungsmaßnahmen ermöglichen. Sie setzen jedoch das Vorliegen eines Eingriffs i.S.v. § 18 BNatSchG voraus; Unfälle und stoffliche Einträge allgemein werden nicht erfasst. Zudem bleibt das Landesrecht hinter dem ausdifferenzierten System der Richtlinie zur Sanierung von Umweltschäden zurück. Neu ist etwa die systematische Berücksichtigung zwischenzeitlicher Verluste.[82] Die landesrechtlichen Regelungen zielen – ebenso wie die §§ 18 ff. BNatSchG – auf die Gewährleistung eines flächendeckenden Mindestschutzes. Demgegenüber ist der Geltungsbereich der UH-RL auf das vergleichsweise eng definierte Schutzgut Biodiversität und dessen Beeinträchtigung durch bestimmte berufliche Tätigkeiten beschränkt.

Soweit die Landesnaturschutzgesetze Regelungen zur Beeinträchtigung von Schutzgebieten vorsehen, finden diese unabhängig vom Vorliegen eines Eingriffs Anwendung und erfassen jeden Verstoß gegen Schutzbestimmungen. Die hierzu ergangene Rechtsprechung betrifft jedoch überwiegend zielgerichtete Veränderungen, v.a. im Widerspruch zu einer Schutzgebietsverordnung stehende Nutzungen. Was die Beeinträchtigung geschützter Arten anbelangt, greift die Richtlinie weiter als das deutsche Naturschutzrecht, das diesbezüglich bislang lediglich Bußgeldvorschriften vorsieht. Insgesamt lässt sich feststellen, dass zwar Überschneidungen zwischen dem geltenden Recht und dem Regelungsbereich der UH-RL bestehen; die Regelungen sind jedoch nicht deckungsgleich und verfolgen zum Teil unterschiedliche Schutzzwecke.

II. Gemeinschaftsrechtliche Vorgaben zur Richtlinienumsetzung

Aus Art. 249 Abs. 4 EGV sowie Art. 10 EGV ergibt sich die Verpflichtung der Mitgliedstaaten, Richtlinien in nationales Recht umzusetzen, soweit nicht das bestehende Recht bereits den Anforderungen der Richtlinie genügt. Zwar überlässt Art. 249 Abs. 3 EGV den mitgliedstaatlichen Stellen die Wahl der Form und Mittel, jedoch sind sie verpflichtet

> „innerhalb der ihnen (...) belassenen Entscheidungsfreiheit die Formen und Mittel zu wählen, die sich zur Gewährleistung der praktischen Wirksamkeit (effet utile) der Richtlinien unter Berücksichtigung des mit ihnen verfolgten Zwecks am besten eignen.“[83]

Eine Konkretisierung dieser Anforderungen ergibt sich aus dem Grundsatz der Parallelität, wonach Umsetzungsbestimmungen zur Änderung innerstaatlichen Rechts den selben rechtlichen Rang haben müssen wie die zu ändernden Normen,

---

[81] Vgl. *Spindler/Härtel*, UPR 2002, 241 (242).

[82] Vgl. dazu *Schweppe-Kraft*, NuL 1992, 410 ff.

[83] EuGH, Rs. 48/75, Slg. 1976, 497 (517) (Rn. 69/73 a.E.) (Royer); vgl. *Rengeling, in:* Rengeling (Hrsg.), Europäisches Umweltrecht, Bd. I, § 28 Rn. 12 ff.

da nur so Gewissheit für den Rechtsanwender geschaffen werden kann.[84] Der Grundsatz der Effektivität und Detailgenauigkeit erfordert bei Richtlinien, die inhaltlich ins Detail gehen und die Begründung von Rechten und Pflichten Einzelner vorsehen, ein hohes Maß an Präzision bei der Umsetzung.[85] Die Richtlinienbestimmungen müssen sich im nationalen Recht so genau und eindeutig wiederfinden, wie es notwendig ist, um dem Grundsatz der Rechtssicherheit in vollem Umfang zu genügen.[86] Schließlich ergibt sich aus dem Grundsatz der Rechtsförmlichkeit und Justitiabilität, dass die Umsetzung stets in rechtlich verbindlicher Form erfolgen muss, sofern die Begründung von Rechten und Pflichten des Einzelnen durch die Richtlinie intendiert ist, so dass dieser hiervon Kenntnis erlangen kann.[87] Insbesondere Effektivität und Detailgenauigkeit sind bei der Umsetzung der UH-RL zu beachten.

III. Gesetzgebungskompetenzen

Für die Umsetzung von EG-Richtlinien gilt die Kompetenzordnung des nationalen Rechts. Die Gesetzgebungszuständigkeiten ergeben sich insoweit aus Art. 70 ff. GG analog.[88] Im Zuge der Föderalismusreform erfolgte eine Neujustierung der Verteilung der Gesetzgebungskompetenzen zwischen Bund und Ländern, insbesondere wurde die Rahmengesetzgebung abgeschafft.[89] Nachfolgend werden daher zunächst die Kompetenzen des Bundes zur Umsetzung der UH-RL nach der bisherigen Rechtslage beleuchtet und sodann die Änderungen durch die Föderalismusreform dargestellt. Die Gesetzgebungskompetenz ergibt sich, soweit das Bodenrecht als Materie der konkurrierenden Gesetzgebung betroffen ist, aus Art. 74 Abs. 1 Nr. 18 GG. Demgegenüber war der Bundesgesetzgeber vor Änderung des Grundgesetzes gehindert, auf den Gebieten des Naturschutz- und Wasserhaushaltsrechts eine bundesrechtliche Vollregelung zu erlassen.

1. Bisherige Rechtslage

Hinsichtlich der Schutzgüter Gewässer und Biodiversität kam eine Rahmengesetzgebungskompetenz aufgrund Art. 75 Abs. 1 S. 1 Nr. 3 und 4 GG in Betracht.

---

84 EuGH Rs. 168/85, Slg. 1986, 2945 (2960 f.) (Journalisten).
85 Generalanwalt *van Gerven*, EuGH Rs. C-131/88, Slg. 1991, I-847 (851) (Grundwasser); EuGH Rs. C-131/88, Slg. 1991, I-825 (867); *Pernice*, EuR 1994, 325 (332 f.).
86 EuGH Rs. C-131/88, Slg. 1991, I-825 (878); *Pernice*, EuR 1994, 325 (332 f.).
87 EuGH Rs. C-339/87, Slg. 1990, I-851 (880 f.) (Vogelschutz); EuGH Rs. C-361/88, Slg. 1991, I-2567 (2601) (Schwefeldioxid/TA-Luft).
88 *Rengeling*, in: Rengeling (Hrsg.), Europäisches Umweltrecht, Bd. I, § 28 Rn. 42. Art. 70 ff. GG gelten nicht direkt, weil die umzusetzenden Richtlinien weiterhin Akte der Gemeinschaftsrechtsordnung bleiben; *Trüe*, EuR 1996, 179 (190). Nach Auffassung der Literatur sind die Kompetenznormen unter Berücksichtigung europarechtlicher Anforderungen auszulegen; vgl. *Kunig*, in: v. Münch/Kunig, GG, Art. 75 Rn. 42; *Traulsen*, NuR 2005, 619 (622 ff.); *Rehbinder/Wahl*, NVwZ 2002, 21 (24 ff.).
89 Gesetz zur Änderung des Grundgesetzes (Artikel 22, 23, 33, 52, 72, 73, 74, 74a, 75, 84, 87c, 91a, 91b, 93, 98, 104a, 104b, 105, 107, 109, 125a, 125b, 125c, 143c) vom 28.8.2006, BGBl. 2006 Teil I Nr. 41 v. 31.8.2006, S. 2034.

Da die Richtlinie die Beeinträchtigung der genannten Schutzgüter durch berufliche Tätigkeiten regelt, wurde andererseits diskutiert, die Umsetzung ausschließlich auf Art. 74 Abs. 1 Nr. 11 GG (Recht der Wirtschaft) zu stützen.[90] Gegen eine Kombination bzw. Addition verschiedener Kompetenzarten bestehen grundsätzlich keine Bedenken. Jedoch kann nicht unterstellt werden, dass das Grundgesetz dieselbe Sachkompetenz in zwei verschiedenen Bestimmungen mit unterschiedlichem Ausmaß regelt.[91] Maßgeblich für die Zuordnung einer Regelungsmaterie ist der Gesetzeszweck, wobei der primäre bzw. Hauptzweck im Sinne einer funktionalen Qualifikation entscheidet.[92] Ziel der Richtlinie ist nach dem 3. Erwägungsgrund die Schaffung eines gemeinsamen Ordnungsrahmens zur Vermeidung und Sanierung von Umweltschäden zu gesellschaftlich vertretbaren Kosten. Somit sollen nicht primär die Bedingungen wirtschaftlichen Handelns bestimmt werden, sondern dies ist vielmehr Mittel zum Zweck der Erreichung eines verbesserten Natur- und Umweltschutzes.[93] Was das Verhältnis der bisherigen Kompetenztitel „Recht der Wirtschaft" und „Naturschutz und Landschaftspflege" anbelangt, trat die sehr weite und unspezifische Bestimmung des Art. 74 Abs. 1 Nr. 11 GG hinter Art. 75 Abs. 1 S. 1 Nr. 3 GG zurück.[94] Art. 75 Abs. 1 S. 1 Nr. 3 GG stellte eine kompetenzielle Spezialregelung dar, die in ihrem Anwendungsbereich den Rückgriff auf Art. 74 Abs. 1 Nr. 11 GG ausschloss, auch wenn die auf seiner Grundlage getroffene Regelung von erheblicher Bedeutung für das Wirtschaftsleben war.[95] Dem Bund kam daher zur Umsetzung der gewässer- und biodiversitätsbezogenen Regelungen der Richtlinie lediglich eine Rahmengesetzgebungskompetenz aus Art. 75 Abs. 1 S. 1 Nr. 3 und 4 GG zu.

Nach der Rechtsprechung des BVerfG waren die Rahmengesetzgebungskompetenzen des Art. 75 GG[96] restriktiv auszulegen. Die Gesetzgebung des Bundes war in mehrfacher Weise begrenzt: (1.) durch den Rahmencharakter der Vorschriften, (2.) durch den grundsätzlichen Ausschluss von Detailregelungen und unmittelbar geltenden Vorschriften in Art. 75 Abs. 2 GG, sowie (3.) durch die Erforderlichkeit der bundesgesetzlichen Regelung nach Art. 72 Abs. 2 GG.[97] Hinsichtlich des Rahmencharakters allgemein schloss das BVerfG in der Entscheidung zur Juniorprofessur an seine bisherige Judikatur an,[98] betonte aber, dass ein Rahmengesetz

---

[90]   So *Behrens/Louis*, NuR 2005, 682 (687 ff.).

[91]   BVerwG, NuR 2004, 167 (168). *Kloepfer/Rehbinder/Schmidt-Aßmann/Kunig,* Umweltgesetzbuch, Allgemeiner Teil, UBA, Berichte 7/90, S. 11; *Rehbinder/Wahl*, NVwZ 2002, 21 (22).

[92]   BVerfGE 8, 143 (149 ff.); 58, 137 (145); 77, 308 (329); *Rozek*, in: Mangoldt/Klein/Starck, GG Bd. 2, Art. 70 Rn. 55 ff.

[93]   Vgl. *Traulsen*, NuR 2005, 619 (621); a.A. *Behrens/Louis*, NuR 2005, 682 (687 ff.): Die Wirtschaft als Gefahrenquelle gebe dem Umsetzungsgesetz sein Gepräge.

[94]   *Kunig*, in: v. Münch/Kunig, GG, Art. 74 Rn. 43.

[95]   BVerwG, NuR 2004, 167 (168) zur Regelung der Öffnungszeiten gastronomischer Betriebe in einem Nationalpark; vgl. zu Art. 75 Abs. 1 S. 1 Nr. 4 GG auch BVerfGE 15, 1 (15).

[96]   Art. 75 GG wurde durch Art. 1 Nr. 8 des Gesetz zur Änderung des Grundgesetzes v. 28.8.2006 aufgehoben.

[97]   BVerfG, NJW 2004, 2803 (Juniorprofessur).

[98]   *Sachs*, EWiR 2004, 1087.

„der ergänzenden Gesetzgebung der Länder substanzielle Freiräume lassen (muss), damit diese politisch selbstverantwortlich Recht setzen können."[99]
Weiterhin zielte der mit dem Änderungsgesetz 1994[100] neu eingefügte Art. 75 Abs. 2 GG, wonach Rahmenvorschriften nur in Ausnahmefällen in Einzelheiten gehende oder unmittelbar geltende Vorschriften enthalten dürfen, auf eine „Sicherung des Rahmencharakters" und diente somit der Beschränkung der Befugnisse des Bundesgesetzgebers.[101] Das BVerfG wandte diese Bestimmung sehr strikt an, demnach lag ein Ausnahmefall i.S.d. Norm nur vor,

> „wenn die Rahmenvorschriften ohne die in Einzelheiten gehenden oder unmittelbar geltenden Regelungen verständiger weise nicht erlassen werden könnten, diese also schlechthin unerlässlich sind."[102]

Materiell sei das Vorliegen eines Ausnahmefalls anhand quantitativer und qualitativer Kriterien zu bestimmen, in quantitativer Hinsicht dürften detaillierte Vollregelungen – bezogen auf das zu beurteilende Gesetz als Ganzes – nicht dominieren. Diese Auffassung wurde durch das Sondervotum scharf kritisiert, maßgeblich müsse in quantitativer Hinsicht die insgesamt zu regelnde Gesetzesmaterie sein.[103]
Auch die Anforderungen des nach der Föderalismusreform für bestimmte Materien fortgeltenden Art. 72 Abs. 2 GG an die konkurrierende Gesetzgebung und die Rahmengesetzgebung wurden durch das ÄndG 1994 verschärft. Die bis dahin bestehende Bedürfnisklausel, die das BVerfG als grundsätzlich nicht justitiabel angesehen hatte,[104] wurde durch das Merkmal der Erforderlichkeit ersetzt. Erstmals nahm das BVerfG hierzu in der sog. „Altenpflegeentscheidung" Stellung.[105] Das Rechtsgut bundeseinheitlicher Lebensverhältnisse ist danach nur dann bedroht, wenn

> „sich die Lebensverhältnisse (...) in erheblicher, das bundesstaatliche Sozialgefüge beeinträchtigender Weise auseinanderentwickelt haben oder sich eine derartige Entwicklung konkret abzeichnet."[106]

Das Tatbestandsmerkmal der Wahrung der Rechtseinheit soll nur dann erfüllt sein, wenn sich unmittelbar aus der Rechtslage eine Bedrohung von Rechtssicherheit und Freizügigkeit im Bundesstaat ergibt. Schließlich berechtigt die „Wahrung der Wirtschaftseinheit" den Bundesgesetzgeber dann im gesamtstaatlichen Interesse zur Gesetzgebung, wenn es um die Erhaltung der Funktionsfähigkeit des Wirtschaftsraums der Bundesrepublik durch einheitliche Rechtsetzung geht, wenn also Landesregelungen oder das Untätigbleiben der Länder erhebliche Nachteile für die

---

[99] BVerfG, NJW 2004, 2803.
[100] 42. ÄndG vom 27.1.1994, BGBl. I, 3146.
[101] *Kunig*, in: v. Münch/Kunig, GG, Art. 75 Rn. 41 unter Hinweis auf die Überschrift der Norm im Bericht der Gemeinsamen Verfassungskommission, BT-Drs. 12/6000, 36.
[102] BVerfG, NJW 2004, 2803 und 2804 f.
[103] Abweichende Meinung der Richterinnen Osterloh und Lübbe-Wolff und des Richters Gerhardt, NJW 2004, 2811 (2812 f.).
[104] St. Rspr. seit BVerfGE 2, 213 (224 f.), vgl. *Kunig*, in: v. Münch/Kunig, GG, Art. 72 Rn. 22.
[105] BVerfG, NJW 2003, 41 = BVerfGE 106, 62.
[106] BVerfG, NJW 2003, 41 (52); BVerfG, NJW 2005, 493 ff. (Studiengebühren).

Gesamtwirtschaft mit sich brächten.[107] Bezüglich dieser Anforderungen kommt dem Bundesgesetzgeber kein Beurteilungs-, sondern lediglich ein Prognosespielraum im Hinblick auf die Einschätzung künftiger Entwicklungen zu.[108] Die Erforderlichkeit bezieht sich nicht nur auf das gesetzgeberische Tätigwerden als solches, sondern auch auf die Reichweite der zu erlassenden Regelungen.

Nach der zitierten Rechtsprechung des BVerfG waren die Befugnisse des Bundesgesetzgebers zur Umsetzung der UH-RL durch die Erforderlichkeitsklausel des Art. 72 Abs. 2 GG sowie durch die hinsichtlich der Rahmengesetzgebung zu beachtenden Einschränkungen äußerst begrenzt. Trotz der skizzierten Beschränkungen kam zur Umsetzung der UH-RL eine Änderungskompetenz des Bundes aufgrund Art. 125a Abs. 2 S. 1 GG in Betracht. Nach dieser Norm gilt Bundesrecht, das aufgrund Art. 72 Abs. 2 GG in der bis zur Novelle im Jahr 1994 geltenden Fassung erlassen wurde, als Bundesrecht fort. Nach der Rechtsprechung des BVerfG ergibt sich aus der Konzeption des Art. 125a Abs. 2 S. 1 und 2 GG, dass der Bund weiterhin zur Änderung einzelner Vorschriften eines unter Art. 125a Abs. 2 S. 1 GG fallenden Gesetzes befugt ist, eine grundlegende Neukonzeption bleibt dem Bundesgesetzgeber jedoch verwehrt.[109] Auch auf Art. 125a GG konnte sich der Bundesgesetzgeber somit nicht berufen, da die Umsetzung der UH-RL die Schaffung eines neuartigen, bislang allenfalls in Ansätzen in den Landesnaturschutzgesetzen bestehenden Haftungsregimes erforderte.

2. Gesetzgebungskompetenzen nach der Föderalismusreform

Nachdem die Kommission von Bundestag und Bundesrat zur Modernisierung der bundesstaatlichen Ordnung im Dezember 2004 zunächst gescheitert war, wurde im Rahmen der Koalitionsverhandlungen zwischen CDU/CSU und SPD im November 2005 eine Vereinbarung über eine Neuordnung der Verteilung der Gesetzgebungskompetenzen zwischen Bund und Ländern erzielt.[110] Ein entsprechender Gesetzesvorschlag wurde im März 2006 in Bundestag und Bundesrat eingebracht,[111] das Gesetz zur Änderung des Grundgesetzes trat am 1. September 2006 in Kraft.

Durch die Reform wurde die Rahmengesetzgebung abgeschafft, die bisher dieser Kompetenzart zugewiesenen Materien wurden zwischen Bund und Ländern aufgeteilt und mehrheitlich der konkurrierenden Gesetzgebung zugewiesen. Ebenso wie etwa Raumordnung, Hochschulzulassung und Hochschulabschlüsse sowie das Jagdwesen wurden die vormals in Art. 75 Abs. 1 Nr. 3 GG normierten Kompetenzen für Naturschutz, Landschaftspflege und Wasserhaushalt in die konkurrierende Gesetzgebungskompetenz des Bundes überführt. Letztere finden sich nun-

---

[107]   BVerfG, NJW 2003, 41(52 f.); BVerfG, NJW 2005, 493 (495).

[108]   BVerfG NJW 2003, 41 (51 f.); *Traulsen*, NuR 2005, 619 (620); *Kunig*, in: von Münch/ Kunig, GG, Art. 72 Rn. 24.

[109]   BVerfG, NJW 2004, 2363 (2364) (Ladenschlussgesetz); *Kirn*, in: v. Münch/Kunig (Hrsg.), GG, Art. 125a Rn. 5.

[110]   Koalitionsvertrag zwischen CDU, CSU und SPD „Gemeinsam für Deutschland – mit Mut und Menschlichkeit", vom 11.11.2005, Anlage 2, abrufbar unter: http://www.bundesregierung.de/Anlage920135/ Koalitionsvertrag.pdf.

[111]   BR-Drs. 178/06, BT-Drs. 16/813, jeweils vom 7.3.2006.

mehr im neuen Art. 74 Abs. 1 Nr. 29 GG (Naturschutz und Landschaftspflege) bzw. Nr. 32 (Wasserhaushalt). Die Erforderlichkeitsklausel des Art. 72 Abs. 2 GG findet nur noch auf 11 Bereiche Anwendung, die übrigen 22 Bereiche der konkurrierenden Gesetzgebung – darunter fast alle umweltspezifischen Materien mit Ausnahme der Abfallwirtschaft – sind von diesen Anforderungen ausgenommen.[112] Der Verzicht auf die Voraussetzungen des Art. 72 Abs. 2 GG gilt u.a. für alle Bereiche, in denen den Ländern Abweichungsrechte eingeräumt wurden. So bleiben Naturschutz und Landschaftspflege, Bodenschutz und Wasserhaushalt von der Erforderlichkeitsklausel ausgespart.[113]

Die Abweichungsrechte der Länder sind in Art. 72 Abs. 3 S. 1 GG n.F. normiert. Danach können die Länder, wenn der Bund von seiner Gesetzgebungszuständigkeit Gebrauch gemacht hat, für die in dieser Norm genannten Bereiche abweichende gesetzliche Regelungen treffen. Die Abweichungsrechte betreffen das Jagdwesen, den Naturschutz und die Landschaftspflege, die Bodenverteilung, die Raumordnung, den Wasserhaushalt sowie die Hochschulzulassung und die Hochschulabschlüsse. Nur bestimmte Teilbereiche der jeweiligen Materien sind „abweichungsfest". So werden hinsichtlich des Naturschutzes und der Landschaftspflege die Grundsätze des Naturschutzes, sowie das Recht des Artenschutzes und des Meeresnaturschutzes von der Abweichungsbefugnis der Länder ausgenommen; hinsichtlich des Wasserhaushalts die stoff- und anlagenbezogenen Regelungen. Im Bereich der Abweichungsgesetzgebung kommt es zu einer Durchbrechung der Regel „Bundesrecht bricht Landesrecht" (Art. 31 GG). Vielmehr geht auf den Gebieten des Art. 72 Abs. 3 S. 1 GG n.F. gemäß Art. 72 Abs. 3 S. 3 GG n.F. im Verhältnis von Bundes- und Landesrecht das jeweils spätere Gesetz vor. Um aber ein im Vorfeld befürchtetes „Gesetzgebungs-Ping-Pong" zu vermeiden, sieht Art. 72 Abs. 3 S. 2 GG n.F. vor, dass Bundesgesetze auf den von den Abweichungsrechten betroffenen Gebieten frühestens sechs Monate nach ihrer Verkündung in Kraf treten, soweit nicht mit Zustimmung von zwei Dritteln der Stimmen des Bundesrats anderes bestimmt ist.[114] Durch die Überführung verschiedener Materien des Umweltrechts in die konkurrierende Gesetzgebung wird die Schaffung des seit langem geplanten Umweltgesetzbuchs (UGB) ermöglicht.[115] Andererseits besteht durch die Abweichungsrechte der Länder die Gefahr eines Aufweichens von Schutzstandards, zudem wird eine hierdurch bedingte weitere Zersplitterung des Umweltrechts befürchtet.[116]

Was die Umsetzung der UH-RL anbelangt, konnte der Bundesgesetzgeber nunmehr gestützt auf Art. 74 Abs. 1 Nr. 29 und Nr. 32 GG n.F. eine bundesrechtliche Vollregelung schaffen, da er nach der Föderalismusreform auch in den Be-

---

[112] Die Erforderlichkeitsklausel gilt nach Art. 72 Abs. 2 GG n.F. nur noch für die Gesetzgebung des Bundes auf den Gebieten des Art. 74 Abs. 1 Nr. 4, 7, 11, 13, 15, 19a, 20, 22, 24 (ohne das Recht der Luftreinhaltung und der Lärmbekämpfung), 25 und 26.

[113] Vgl. dazu etwa *Frenz*, NVwZ 2006, 742 ff.; *Louis*, ZUR 2006, 340 (341).

[114] Vgl. dazu *Louis*, ZUR 2006, 340 (343); *Kloepfer*, ZUR 2006, 338 (339) bezeichnet die Gefahr eines „Ping-Pong" zwischen Bundes- und Landesgesetzgeber als „eher theoretisch".

[115] Vgl. dazu *Frenz*, NVwZ 2006, 742.

[116] Vgl. etwa *SRU*, Umweltschutz in der Föderalismusreform, S. 19 ff.; *Ekardt/Weyland*, NVwZ 2006, 737 (739); anders *Louis*, ZUR 2006; 340 ff.

reichen Naturschutz und Wasserhaushalt nicht mehr auf den Erlass von Rahmen-regelungen beschränkt ist. Mit Ausnahme der ergänzend auf das Recht der Wirtschaft gestützten Regelungen zum Schutzgut Boden[117] findet zudem die Erforderlichkeitsklausel des Art. 72 Abs. 2 GG n.F. keine Anwendung. Eine Abweichung seitens der Länder außerhalb der abweichungsfesten Bereiche ist grundsätzlich nur möglich, soweit das Bundesgesetz über zwingende europarechtliche Anforderungen hinausgeht. In einem nächsten Schritt steht der Bundesgesetzgeber nunmehr vor der Aufgabe, die Regelungen des USchadG in ein Umweltgesetzbuch zu integrieren.

B. Das Gesetz zur Umsetzung der Umwelthaftungsrichtlinie im Überblick

Das im Mai 2007 erlassene Artikelgesetz sieht eine Umsetzung der UH-RL mittels der Schaffung eines Stammgesetzes, des sog. „Umweltschadensgesetzes" (Art. 1), und der Integration wesentlicher Haftungselemente in WHG, BNatSchG und BBodSchG als medienspezifischen Gesetzen vor (Art. 2 und 3). Durch das Umweltschadensgesetz wird ein Rahmen geschaffen, der für alle von der UH-RL erfassten Umweltschäden gilt und die für diese Schäden geltenden allgemeinen Vorschriften einheitlich regelt. Es ist im Rahmen der Umsetzungskonzeption als allgemeiner Teil zu verstehen, der durch die fachrechtlichen medien- und schutzgutsbezogenen Maßstäbe als besonderem Teil gesteuert wird.[118] Nach § 1 findet das Umweltschadensgesetz nur Anwendung, soweit Rechtsvorschriften des Bundes oder der Länder die Vermeidung und Sanierung von Umweltschäden nicht näher bestimmen oder in ihren Anforderungen diesem Gesetz nicht entsprechen; Rechtsvorschriften mit weitergehenden Anforderungen bleiben unberührt.[119]

I. Begründung der Umwelthaftung

§ 3 Abs. 1 regelt den sachlichen Anwendungsbereich der Umwelthaftung entsprechend Art. 3 Abs. 1 UH-RL: Das USchadG findet zum einen Anwendung auf Umweltschäden, die durch besonders gefährliche berufliche Tätigkeiten verursacht werden, zum anderen auf schuldhaft verursachte Schädigungen des Schutzguts Biodiversität durch sonstige berufliche Tätigkeiten. Entsprechend der Konzeption des USchadG als Stammgesetz bestimmt sich der Umweltschaden gemäß § 2 Nr. 1 USchadG nach Maßgabe des einschlägigen Fachrechts. Im BNatSchG wird hierzu § 21a neu eingefügt, der den Umweltschaden am Schutzgut „Arten und natürliche Lebensräume" näher bestimmt. Während der als Rahmengesetz konzipierte Referentenentwurf die Regelungen zur Ermittlung der Erheblichkeit

---

[117] Vgl. die Gesetzesbegründung, BT-Drs. 16/3806, S. 14 f. Zur Materie „Bodenrecht" (Art. 74 Abs. 1 Nr. 18 GG) gehören danach nur Regelungen, die unmittelbar die rechtliche Beziehung des Menschen zu Grund und Boden betreffen.

[118] Vgl. die Gesetzesbegründung BT-Drs. 16/3806, S. 13.

[119] Diese Regelung ist § 4 UVPG nachgebildet.

von Beeinträchtigungen den Ländern zuwies,[120] verweist das Gesetz diesbezüglich nunmehr in § 21a Abs. 5 BNatSchG unmittelbar auf die in Anhang I UH-RL genannten Kriterien. Auch das WHG wird durch den neuen § 22a WHG um eine entsprechende Definition des Umweltschadens ergänzt.[121] Lediglich für das Schutzgut Boden erfolgt die Definition unmittelbar in § 2 Nr. 1 c) USchadG. Der Umweltschaden wird dort als eine Beeinträchtigung der Bodenfunktionen i.S.v. § 2 Abs. 2 BBodSchG bestimmt, die zu einer Gefahr für die menschliche Gesundheit führt.

§ 3 Abs. 3 und Abs. 5 USchadG nehmen die folgenden Beeinträchtigungen bzw. Tätigkeiten vom Anwendungsbereich aus: Schäden durch höhere Gewalt, Bürgerkrieg und unabwendbare Naturereignisse, Tätigkeiten, die bestimmten in Anlage 2 und 3 aufgeführten internationalen Übereinkommen unterfallen sowie Tätigkeiten, deren Hauptzweck die Verteidigung, die internationale Sicherheit oder der Schutz vor Naturkatastrophen ist. Der zeitliche Geltungsbereich wird durch § 13 USchadG bestimmt. Ebenso wie die Richtlinie sieht das USchadG keine Rückwirkung vor, es werden nur nach dem 30. April 2007 (Ablauf der Umsetzungsfrist) entstandene Schädigungen erfasst.

Anlage 1 USchadG bestimmt die von der Gefährdungshaftung nach § 3 Abs. 1 Nr. 1 USchadG erfassten Tätigkeiten durch Verweis auf die nationale Umsetzungsgesetzgebung zu den in Anhang III UH-RL genannten EG-Richtlinien und -Verordnungen. Das Verschuldenserfordernis der UH-RL für Schädigungen durch sonstige, nicht in Anhang III UH-RL aufgeführte berufliche Tätigkeiten übernimmt das USchadG entgegen der in der Literatur geäußerten Kritik[122] in § 3 Abs. 1 Nr. 2 unverändert. Wie auch nach der Richtlinie ist die Verschuldenshaftung auf Schädigungen des Schutzguts Biodiversität beschränkt. Weiterhin nimmt der Gesetzgeber im USchadG eine Anpassung der Terminologie vor. Zur Vermeidung von Missverständnissen wird statt des Begriffs des „Betreibers", der nach deutschem Verständnis vorwiegend anlagenbezogen zu verstehen wäre, der des „Verantwortlichen" gewählt.[123] Beweiserleichterungen, etwa entsprechend § 6 UmweltHG, sind nicht vorgesehen.[124]

---

[120] RefE zu § 21a Abs. 5 BNatSchG, vgl. dazu die Begründung zum RefE, S. 35; nunmehr § 21a Abs. 5 BNatSchG.

[121] Vgl. Art. 2 des Artikelgesetzes: Änderung des WHG durch Einfügung eines § 22a WHG (dort Abs. 1).

[122] Einerseits wird das Verschuldenserfordernis als nur schwer vereinbar mit der bislang im deutschen Recht, insbesondere dem Naturschutz- und Polizeirecht, bestehenden Störerverantwortlichkeit erachtet; vgl. *Führ/Lewin/Roller*, NuR 2006, 67 (71 f.), die eine Berücksichtigung des Verschuldens erst auf der Ebene der Kostenerstattung vorschlagen. Andererseits wird in der Literatur eine Ausweitung der Verschuldenshaftung als Auffangtatbestand auf die übrigen Schutzgüter gefordert, vgl. *Hager*, in: Hendler/Marburger/Reinhardt/Schröder (Hrsg.), Umwelthaftung, S. 211 (229); *Palme/Schumacher A./Schumacher J./Schlee*, EurUP 2004, 204 (208).

[123] § 2 Nr. 3 USchadG, vgl. *Traulsen*, NuR 2005, 619 (620). § 2 USchadG setzt einen Großteil der Definitionen des Art. 2 UH-RL um.

[124] § 6 Abs. 1 UmweltHG sieht eine Ursachenvermutung vor, wenn die Anlage nach den Gegebenheiten des Einzelfalls geeignet ist, den Schaden zu verursachen. Diese greift jedoch nicht, wenn die Anlage bestimmungsgemäß betrieben wurde.

II. Rechtsfolgen

Die Pflichten des Verantwortlichen im Falle eines drohenden oder bereits eingetretenen Umweltschadens zur Information, Gefahrenabwehr und Sanierung sind in
§§ 4-6 USchadG normiert. Sie werden nach dem Vorbild der Richtlinie als selbständige Verpflichtungen umgesetzt, die keiner Aktualisierung durch eine vorherige behördliche Anordnung bedürfen. Die allgemeinen Befugnisse der zuständigen Behörde zur Durchsetzung der Vermeidungs- und Sanierungspflichten finden
sich in § 7 USchadG. § 8 USchadG enthält die verfahrensrechtlichen Grundlagen
zur Bestimmung von Sanierungsmaßnahmen und setzt so Art. 7 UH-RL um. Was
die Sanierung anbelangt unterscheidet das USchadG begrifflich zwischen „Schadensbegrenzungsmaßnahmen" und der eigentlichen Sanierung des Umweltschadens.[125] Letztere wird in § 2 Nr. 8 USchadG als Sanierung „nach Maßgabe der
fachrechtlichen Vorschriften" bestimmt. Die Definition verweist auf die Vorschriften des WGH, BNatSchG und BBodSchG sowie die zu ihrer Ausführung
erlassenen Verordnungen.[126] Während das BBodSchG in §§ 4 ff. Sanierungsbestimmungen enthält, überließ der als Bundesrahmenrecht angelegte Referentenentwurf die Bestimmung von Sanierungsmaßnahmen nach Anhang II Nr. 1 UH-
RL für Gewässer- und Biodiversitätsschäden dem Landesrecht.[127] Demgegenüber
verweist das USchadG diesbezüglich nunmehr unmittelbar auf die Richtlinie.[128]

III. Weitere Regelungen

Nach § 9 Abs. 1 S. 1 USchadG trägt der Verantwortliche die Kosten der Vermei-
dungs- und Sanierungsmaßnahmen. Für die Ausführung des USchadG durch Lan-
desbehörden erlassen die Länder nach § 9 Abs. 1 S. 2 USchadG die notwendigen
Kostenregelungen. Damit wird die Einführung einer Kostenbefreiung entsprechend Art. 8 Abs. 4 UH-RL bei Schäden durch bestimmungsgemäßen Normalbetrieb und im Falle der Verwirklichung von Entwicklungsrisiken in das gesetzgeberische Ermessen der Länder gestellt.

Weiterhin finden sich im USchadG Regelungen zur Antrags- und Klagebefugnis von Umweltverbänden und Privaten zur Durchsetzung der Sanierungspflichten.[129] Für Vereinigungen, die gemäß § 3 Abs. 1 des Umwelt-Rechtsbehelfs-
gesetzes vom 7. Dezember 2006 (UmwRG)[130] anerkannt sind oder als anerkannt

---

[125] Die Schadensbegrenzungsmaßnahmen werden durch § 2 Nr. 7 USchadG in Umsetzung
des Art. 6 Abs. 1 a) UH-RL bestimmt.

[126] § 2 Nr. 10 USchadG.

[127] Vgl. RefE-§ 22a WHG und RefE-§ 21a BNatSchG.

[128] § 21a Abs. 4 BNatSchG.

[129] § 10 USchadG macht hierbei aus Gründen der Effektivität der Gefahrenabwehr von der
Option des Art. 12 Abs. 5 UH-RL Gebrauch, die durch die Richtlinie eingeräumten
Rechte zur Öffentlichkeitsbeteiligung auf Fälle der unmittelbaren Gefahr eines Um-
weltschadens nicht anzuwenden; vgl. die Gesetzesbegründung BT-Drs. 16/3806, S. 27.

[130] Das Gesetz setzt die Richtlinie 2003/35/EG um (Richtlinie des Europäischen Parlaments und des Rates vom 26.5.2003 über die Beteiligung der Öffentlichkeit bei der
Ausarbeitung bestimmter umweltbezogener Pläne und Programme und zur Änderung

gelten, gilt gemäß § 11 Abs. 2 USchadG hinsichtlich der Rechtsbehelfe § 2 Umwelt-Rechtsbehelfsgesetz entsprechend.[131] Für Schädigungen von Arten und natürlichen Lebensräumen und die unmittelbare Gefahr solcher Schäden gilt das Umweltschadensgesetz gemäß § 3 Abs. 2 im Rahmen der Vorgaben des Seerechtsübereinkommens der Vereinten Nationen[132] auch im Bereich der ausschließlichen Wirtschaftszone (AWZ) und des Festlandsockels.[133] Gleiches gilt gemäß § 21a Abs. 6 BNatSchG für dessen fachrechtliche Konkretisierung.[134]

C. Die Bestimmung des Biodiversitätsschadens

§ 2 Nr. 1 USchadG verweist zur Definition des Umweltschadens am Schutzgut Biodiversität auf das Bundesnaturschutzgesetz als einschlägigem Fachrecht. Dies trägt der Anknüpfung der Umwelthaftungsrichtlinie an die Vorgaben von FFH- und VSch-RL Rechnung, die ebenfalls im Bundes- und Landesnaturschutzrecht umgesetzt sind. Überdies wird so die Erweiterung des naturschutzrechtlichen Eingriffs- und Kompensationsinstrumentariums im Rahmen der Umwelthaftung verdeutlicht.[135] Im Folgenden ist nun zunächst die Umsetzung des Umweltschadensbegriffs in § 21a BNatSchG vor dem Hintergrund der Ergebnisse aus Kapitel 2 dieser Arbeit zu analysieren. Besonderes Augenmerk gilt hierbei abermals der Bestimmung des Schutzguts.

I. Schutzgut Biodiversität

1. Arten und natürliche Lebensräume (§ 21a Abs. 2 und 3 BNatSchG)

Die Definition des Schutzguts Biodiversität in § 21a Abs. 2 und 3 BNatSchG stellt eine weitgehend wörtliche Übernahme von Art. 2 Nr. 3 a) und b) UH-RL dar. Da das BNatSchG jedoch bereits die Kategorien der „besonders geschützten" und

---

der Richtlinien 85/337/EWG und 96/61/EG in Bezug auf die Öffentlichkeitsbeteiligung und den Zugang zu Gerichten, ABl. EG Nr. L 156, S. 17).

[131] Problematisch ist die in § 2 Abs. 1 Nr. 1 UmwRG enthaltene Beschränkung der Rechtsbehelfe von Vereinigungen auf die Verletzung von Rechtsvorschriften, die Rechte Einzelner begründen, da das USchadG gerade nicht den Schutz subjektiver Rechte zum Gegenstand hat.

[132] Seerechtsübereinkommen der Vereinten Nationen (SRÜ) vom 10.12.1982, BGBl. 1994 II, S. 1799.

[133] Für Gewässerschäden ist der Geltungsbereich der UH-RL durch die Bezugnahme auf die Wasserrahmenrichtlinie auf Küstengewässer beschränkt, vgl. Art. 1, Art. 2 Nr. 7 WRRL.

[134] Die ausschließliche Wirtschaftszone gehört, anders als das Küstenmeer, nicht zum Hoheitsgebiet des Küstenstaates, sondern unterliegt einem Rechtsregime eigener Art, das durch Art. 56 ff. SRÜ bestimmt wird. Dem jeweiligen Küstenstaat kommen in seiner AWZ funktional beschränkte Hoheitsrechte zu.

[135] *Roller/Führ*, UH-RL und Biodiversität, S. 43.

„streng geschützten" Arten kennt,[136] spricht die Norm, um die Einführung einer weiteren Kategorie geschützter Arten zu vermeiden, zur Bezeichnung des Schutzguts lediglich von „Arten" und „natürlichen Lebensräumen". Arten sind nach der Definition des § 21a Abs. 2 BNatSchG alle Arten, die in

> „1. Artikel 4 Absatz 2 oder Anhang I der Richtlinie 79/409/EWG oder
> 2. den Anhängen II und IV der Richtlinie 92/43/EWG aufgeführt sind."

Lebensräume sind nach § 21a Abs. 3 BNatSchG die

> „1. Lebensräume der Arten, die in Artikel 4 Absatz 2 oder Anhang I der Richtlinie 79/409/EWG oder, in Anhang II der Richtlinie 92/43/EWG aufgeführt sind,
> 2. in Anhang I der Richtlinie 92/43/EWG aufgeführten natürlichen Lebensräume sowie
> 3. die Fortpflanzungs- und Ruhestätten der in Anhang IV der Richtlinie 92/43/EWG aufgeführten Arten."

Statt einer wörtlichen Übertragung des Richtlinientexts wäre auch ein Rückgriff auf die Definitionen des § 10 BNatSchG denkbar gewesen, ohne dass dies zu einer inhaltlichen Änderung geführt hätte.[137]

Durch § 21a Abs. 2 und 3 BNatSchG normiert der Bundesgesetzgeber einen weiten, schutzgebietsunabhängigen Geltungsbereichs der Umwelthaftung. Dies zeigt neben der Gesetzesbegründung[138] zunächst ein Blick auf die Entstehungsgeschichte – Auslöser zur Abgabe der nicht-förmlichen Stellungnahme der Kommission in dieser Sache[139] war eine Anfrage Deutschlands. Vor allem aber sieht § 21a Abs. 1 S. 2 zusätzliche Ausnahmetatbestände vor, die Beeinträchtigungen von Arten und Lebensräumen außerhalb des Schutzgebietsnetzes Natura 2000 erfassen: Soweit eine FFH-Verträglichkeitsprüfung oder artenschutzrechtliche Prüfung nicht erforderlich ist, werden nachteilige Auswirkungen von Tätigkeiten freigestellt, die nach der Eingriffsregelung oder den §§ 30 und 33 BauGB genehmigt wurden oder zulässig sind. Legt man einen engen Anwendungsbereich der Richtlinie zugrunde, stellt § 21a BNatSchG eine nach Art. 16 Abs. 1 UH-RL zulässige nationale Schutzerweiterung dar.[140] Nach der von der EU-Kommission vertretenen Rechtsauffassung werden die Arten und Lebensraumtypen der FFH- und VSch-

---

[136] Vgl. die Legaldefinition in § 10 Abs. 2 Nr. 10 und 11 BNatSchG.

[137] Die in Anhang II, IV oder V FFH-RL aufgelisteten Arten werden in § 10 Abs. 2 Nr. 7 BNatSchG als „Arten von gemeinschaftlichem Interesse" bezeichnet. § 10 Abs. 2 Nr. 9 BNatSchG definiert die „europäischen Vogelarten" als alle in Europa natürlich vorkommenden Vogelarten im Sinne des Art. 1 VSch-RL. Lebensräume nach Anhang I FFH-RL werden in der Terminologie des BNatSchG als „Biotope von gemeinschaftlichem Interesse" bezeichnet, § 10 Abs. 1 Nr. 3 BNatSchG.

[138] Vgl. die Gesetzesbegründung BT-Drs. 16/3806, S. 30: Die Definition knüpft an die listenmäßige Erfassung von Arten und Lebensräumen nach der Vogelschutz- und FFH-Richtlinie an. Zur Diskussion über die Reichweite des Schutzguts nach der Richtlinie siehe oben Kapitel 2 B. I. 1.

[139] „Non-paper" der Dienststellen der Kommission vom 2.5.2005; siehe Kapitel 2 B. I. 1. b).

[140] Da die Richtlinie auf die Umweltkompetenz des Art. 175 Abs. 1 EGV gestützt ist, ergibt sich die Befugnis zur Ergreifung verstärkter Schutzmaßnahmen bereits primärrechtlich aus Art. 176 EGV.

RL in ihrem gesamten Verbreitungsgebiet erfasst, eine Beschränkung des Geltungsbereichs bzgl. der Lebensraumtypen und nicht artenschutzrechtlich geschützten Arten auf Natura 2000-Gebiete wäre europarechtswidrig.

2. Optionale Einbeziehung weiterer Arten und Lebensräume

Trotz des schutzgebietsunabhängigen Ansatzes erfasst § 21a BNatSchG nur die in FFH- und VSch-RL aufgeführten Arten und Lebensraumtypen. Die UH-RL räumt den Mitgliedstaaten jedoch die Möglichkeit ein, zusätzlich weitere, ausschließlich nach nationalem Recht geschützte Arten und Lebensraumtypen in den Anwendungsbereich der Umwelthaftung einzubeziehen. Neben den in den Anhängen von FFH- und VSch-RL aufgelisteten Arten und Lebensräumen umfasst das Schutzgut Biodiversität nach Art. 2 Nr. 3 c) UH-RL, wenn ein Mitgliedstaat dies vorsieht, auch

> „Lebensräume oder Arten, die nicht in diesen Anhängen aufgelistet sind, aber von dem betreffenden Mitgliedstaat für gleichartige Zwecke wie in diesen beiden Richtlinien ausgewiesen werden."

Der Referentenentwurf stellte die Nutzung dieser Option den Ländern anheim,[141] nunmehr schweigt § 21a BNatSchG zu dieser Frage. Dennoch empfiehlt sich eine Schutzerweiterung.[142]

a) Nationale Schutzgebiete und gesetzlich geschützte Biotope

Eine Ergänzung des Schutzbereichs der UH-RL ist notwendig, da die Anhänge von FFH- und VSch-RL wichtige, in der Bundesrepublik in ihrem Bestand stark gefährdete Arten und Lebensräume nicht erfassen.[143] Der Gefährdungsstatus von Tier- und Pflanzenarten sowie Biotoptypen und Pflanzengesellschaften wird auf Bundes- und Länderebene durch die Roten Listen dargestellt. Im Zuge der Novelle des BNatSchG im Jahr 2002 wurde der gesetzliche Biotopschutz nach § 30 BNatSchG um weitere von Vernichtung bedrohte, besonders gefährdete oder besonders schutzbedürftige Biotoptypen ergänzt.[144] Von den gesetzlich geschützten Biotopen wird etwa ein Viertel nicht durch die Lebensraumtypen der FFH-RL umfasst.[145] Insgesamt werden rund ein Drittel der als „von vollständiger Vernichtung bedroht" eingestuften Biotoptypen und nur knapp die Hälfte der „stark gefährdeten" Biotoptypen durch die FFH-Richtlinie abgedeckt.[146]

---

[141] E-§ 21a Abs. 7 BNatSchG:
„Die Länder können weitere Arten und Lebensräume in den Schutz nach Absatz 1 einbeziehen, soweit diese für gleichartige Zwecke unter Schutz gestellt sind wie die in Absatz 2 aufgeführten Arten und die in Absatz 3 aufgeführten Lebensräume."

[142] Zu den mit einer Schutzerweiterung durch die Landesgesetzgeber verbundenen kompetenzrechtlichen Fragen siehe unten Kapitel 4 D. II. 1.

[143] Generell kritisch zum engen Umweltbegriff der UH-RL: *SRU*, Umweltgutachten 2002, Tz. 286.

[144] *Riecken*, NuL 2002, 397 (398); *Kratsch*, in: Schumacher/Fischer-Hüftle, BNatSchG, § 30 Rn. 2.

[145] *Riecken*, NuL 2002, 397 (399 f.). Andererseits sind ca. 30% der FFH-Lebensraumtypen nicht vom gesetzlichen Biotopschutz erfasst.

[146] *Ssymank/Hauke/Rückriem/Schröder*, Natura 2000, S. 403 ff.

Rote Listen können als fachwissenschaftliche Grundlage und Datenquelle für weitere Maßnahmen dienen, sie begründen aber selbst keinen besonderen Schutzstatus der erfassten Arten und Biotope.[147] Es bietet sich daher die Anknüpfung an eine Unterschutzstellung im Rahmen des Flächenschutzes an. Allerdings sind nicht alle in § 22 BNatSchG genannten Schutzgebietskategorien auf die Erhaltung der biologischen Vielfalt gerichtet, so dienen etwa Naturparke in erster Linie Erholungszwecken. Der Schutz seltener und störanfälliger Arten und Biotope soll im deutschen Naturschutzrecht insbesondere durch die Ausweisung von Naturschutzgebieten und Nationalparken erreicht werden, diese stellen innerhalb des Flächenschutzes die strengste Form der Unterschutzstellung dar.[148] Bei Nationalparken tritt der sog. Prozessschutzgedanke hinzu, d.h. die Ermöglichung des von menschlichen Eingriffen ungestörten Ablaufs von Naturvorgängen.[149] Auch die Kernzonen von Biosphärenreservaten erfüllen i.d.R. die Voraussetzungen eines Naturschutzgebiets.[150] Diese Schutzkategorie dient sowohl der Erhaltung von Kulturlandschaften als auch der darin historisch gewachsenen Arten- und Biotopvielfalt.[151] Schließlich unterstellt § 30 BNatSchG alle Flächen, die bestimmten schutzbedürftigen Biotoptypen entsprechen, einem unmittelbaren gesetzlichen Schutz, sie unterliegen einem weitgehenden Veränderungsverbot.[152] Zur Ergänzung des Schutzbereichs der Umwelthaftung empfiehlt es sich daher, zusätzlich die nur aufgrund nationalen Rechts in Naturschutzgebieten, Nationalparken oder der Kernzone von Biosphärenreservaten geschützten Arten und Lebensräume sowie die gesetzlich geschützten Biotope einzubeziehen.

b) Artenschutzrechtlich geschützte Arten

Des Weiteren sollte eine Ergänzung des Anwendungsbereichs der Umwelthaftung hinsichtlich der artenschutzrechtlich geschützten Arten geprüft werden.[153] Hierzu könnte die Bundesartenschutzverordnung herangezogen werden. Durch die auf der Grundlage von § 52 Abs. 1 und 2 BNatSchG erlassenen Regelungen der

---

147 *Lorz/Müller/Stöckel*, BNatSchG, § 52 Rn. 8; *SRU*, Sondergutachten 2002, Tz. 72 ff.

148 *J. Schumacher/A. Schumacher/P. Fischer-Hüftle*, in: Schumacher/Fischer-Hüftle, BNatSchG, § 23 Rn. 1.

149 *Kloepfer*, Umweltrecht, § 11 Rn. 129; *Maaß/Schütte*, in: Koch, Umweltrecht, § 7 Rn. 94; vgl. hierzu *SRU*, Sondergutachten Naturschutz 2002, Tz. 36.

150 Vgl. *J. Schumacher/A. Schumacher*, in: Schumacher/Fischer-Hüftle, BNatSchG, § 25 Rn. 26.

151 *Lorz/Müller/Stöckel*, BNatSchG, § 25 Rn. 3. Die Landesgesetzgeber sind nicht in jedem Fall verpflichtet, diese Schutzgebietskategorie ins Landesrecht zu übernehmen, Biosphärenreservate sind etwa in Art. 3a BayNatSchG und § 23 HeNatG vorgesehen, nicht hingegen im LG NRW.

152 Vgl. etwa VG Schleswig, NuR 1990, 139; VGH Mannheim, NuR 1995, 462; VGH München, NuR 1996, 409; *Kloepfer*, Umweltrecht, § 11 Rn. 151; *Sparwasser/Engel/ Vosskuhle*, § 6 Rn. 210. Die Länder können den in § 30 Abs. 1 S. 1 BNatSchG genannten Biotopen weitere Biotope gleichstellen, § 30 Abs. 1 S. 2 BNatSchG.

153 Was eine entsprechende Regelung durch die Landesgesetzgeber anbelangt, stellt sich allerdings die Frage, ob die Regelungen von USchadG und BNatSchG, soweit sie artenschutzrechtlich geschützte Arten betreffen, nicht der abweichungsfesten Materie „Artenschutzrecht" zuzurechnen sind.

BArtSchV werden bestimmte, nicht bereits aufgrund europarechtlicher Vorgaben geschützte Arten unter Schutz gestellt. Nach § 52 Abs. 1 BNatSchG können Arten, die nicht unter § 10 Abs. 2 Nr. 10 a) oder b) BNatSchG fallen – also weder durch die EG-ArtenschutzVO noch durch Anhang IV FFH-RL erfasst werden – unter besonderen Schutz gestellt werden, soweit es sich um heimische Arten handelt, die im Inland durch den menschlichen Zugriff in ihrem Bestand gefährdet sind. Ferner können Arten unter Schutz gestellt werden, die mit Arten nach Anhang IV FFH-RL oder der VSch-RL verwechselt werden können. § 52 Abs. 2 BNatSchG ermöglicht es, bereits besonders geschützte heimische Arten unter strengen Schutz zu stellen, wenn sie im Inland vom Aussterben bedroht sind.[154] Mit ihrer Unterschutzstellung unterliegen die Arten den artenschutzrechtlichen Zugriffsverboten nach Maßgabe der §§ 42 ff. BNatSchG. Die auf der Grundlage der §§ 52 Abs. 1 und 2 BNatSchG unter besonderen oder strengen Schutz gestellten Arten sind in Anlage 1 zur BArtSchV aufgeführt. Bezüglich der ausschließlich wegen Verwechslungsgefahr geschützten Arten, die nicht selbst in ihrem Bestand gefährdet sind, könnte von einer Einbeziehung abgesehen werden. Problematisch ist allerdings, dass diese in Anlage 1 der BArtSchV nicht besonders kenntlich gemacht sind.

II. Umweltschaden am Schutzgut Biodiversität

1. Definition des Umweltschadens

§ 21a Abs. 1 S. 1 BNatSchG definiert den Umweltschaden wie folgt:

> „Eine Schädigung von Arten und natürlichen Lebensräumen im Sinne des Umweltschadensgesetzes ist jeder Schaden, der erhebliche nachteilige Auswirkungen auf die Erreichung oder Beibehaltung des günstigen Erhaltungszustands dieser Lebensräume oder Arten hat."

Diese Begriffsbestimmung stellt eine fast wörtliche Übertragung des Art. 2 Nr. 1 a) Abs. 1 UH-RL dar. Die Richtlinie konkretisiert den Umweltschadensbegriff in Art. 2 Nr. 2, Nr. 4 und Nr. 13 durch eine Definition des Schadens bzw. der Schädigung, des Erhaltungszustands sowie der Funktionen natürlicher Ressourcen. Zudem gibt Anhang I UH-RL Kriterien zur Bestimmung der Erheblichkeit von Beeinträchtigungen vor. Diese Merkmale wurden in den vorangehenden Kapiteln eingehend analysiert. Der Begriff des „Schadens" wird in § 2 Nr. 2 USchadG legaldefiniert. Während aber nach dem Referentenentwurf die Länder Regeln zur Ermittlung der Erheblichkeit treffen sollten,[155] verweist das Gesetz nunmehr in § 21a Abs. 5 BNatSchG diesbezüglich weitgehend auf die Richtlinie. Die Definitionen des Erhaltungszustands und der Funktionen natürlicher Ressourcen werden nicht übernommen. Es fragt sich daher, ob weiterer Umsetzungs- bzw. Konkretisierungsbedarf besteht.

---

[154] § 10 Abs. 2 Nr. 10 c) und Nr. 11 c) BNatSchG; vgl. allg. *Gellermann*, in: Rengeling (Hrsg.), Europäisches Umweltrecht, Bd. II, 1, § 78 Rn. 79 ff.; *Kloepfer*, Umweltrecht, § 11 Rn. 219; *Louis*, NuR 2004, 557 (558).

[155] Vgl. RefE-§ 21a Abs. 5.

a) Schaden oder Schädigung gemäß § 2 Nr. 2 USchadG

Der „Schaden" bzw. die „Schädigung" wird in § 2 Nr. 2 USchadG entsprechend der UH-RL als

> „eine direkt oder indirekt eintretende feststellbare nachteilige Veränderung einer natürlichen Ressource (Arten und natürliche Lebensräume, Gewässer und Boden) oder Beeinträchtigung der Funktion einer natürlichen Ressource"

definiert. Die Verwendung des Begriffs „Schaden" ist hierbei missverständlich, da § 2 Nr. 2 USchadG nicht den zu kompensierenden Schaden sondern eine Schutzgutsverletzung beschreibt, die nicht zwangsläufig bereits eine Ausgleichspflicht auslöst. Der zu kompensierende Umweltschaden wird erst durch § 21a Abs. 1 S. 1 BNatSchG[156] bestimmt und setzt weitere qualifizierende Merkmale voraus, insbesondere die Erheblichkeit der Beeinträchtigung.[157]

b) Funktionen natürlicher Ressourcen

Der Begriff der „Funktionen" wird in Art. 2 Nr. 13 UH-RL legaldefiniert, er beschreibt

> „Funktionen, die eine natürliche Ressource zum Nutzen einer anderen natürlichen Ressource oder der Öffentlichkeit erfüllt".

Dem Wortlaut nach werden explizit auch Funktionen natürlicher Ressourcen zum Nutzen der Öffentlichkeit erfasst. Auch das BNatSchG kennt den Begriff der Leistungs- und Funktionsfähigkeit des Naturhaushalts; ihre dauerhafte Sicherung ist nach § 1 Nr. 1 BNatSchG ein Ziel des Naturschutzes. Anders als nach der UH-RL bestimmt sich der Begriff jedoch ausschließlich in Bezug auf die ökologische Funktionsfähigkeit des natürlichen Systems.[158] Eine vorrangige Orientierung am Nutzen für den Menschen verkennt, dass nur deren langfristige Sicherung dem Ziel der Erhaltung der Umwelt für nachfolgende Generationen gerecht werden kann.[159] Die Sicherung der Vielfalt, Eigenart und Schönheit sowie des Erholungswerts von Natur und Landschaft wird in § 1 Nr. 4 BNatSchG als eigenständiges Ziel benannt. Daher scheint zunächst eine Definition des Begriffs der „Funktionen" erforderlich, um den gegenüber dem nationalen Recht eigenständigen europarechtlichen Gehalt zu verdeutlichen.

Die Definition des Begriffs „Funktionen" bzw. „Leistungen"[160] wurde aus dem US-amerikanischen Umwelthaftungsrecht übernommen. Dort kommt der Begriffsbestimmung die Aufgabe zu, das stark ökonomisch geprägte Leistungsverständnis dieser Regelungen zu verdeutlichen. Leistungen werden im US-Recht als Funktionen natürlicher Ressourcen zum Nutzen anderer Ressourcen oder der Öf-

---

[156] Bzw. § 22a Abs 1 WHG und § 2 Abs. 1 c) USchadG (Schädigung des Bodens).

[157] So auch die Gesetzesbegründung BT-Drs. 16/3806, S. 30.

[158] *Lorz/Müller/Stöckel*, BNatSchG, § 1 Rn. 5; *Marzik/Wilrich*, BNatSchG, § 1 Rn. 27. Als Beispiele werden die Produktions-, Regulations-, Träger- oder Informationsleistungen bzw. -funktionen von Ökosystemen genannt; *Louis/Engelke*, BNatSchG, § 1 Rn. 11.

[159] *Louis/Engelke*, BNatSchG, § 1 Rn. 11.

[160] Der englische Richtlinientext spricht von Leistungen (services), die als Funktionen (functions) einer Ressource zugunsten anderer Ressourcen oder der Öffentlichkeit bestimmt werden; vgl. Kapitel 3 D. I. 2. b).

fentlichkeit verstanden. Die Betonung liegt auf dem Nutzen, der im Falle einer Schädigung beeinträchtigt wird und dessen Verlust durch geeignete Maßnahmen auszugleichen ist.[161] Die rechtsvergleichende Untersuchung in Kapitel 3 dieser Arbeit ergab jedoch, dass das mit dem ökonomischen Verständnis von Leistungen übereinstimmende US-amerikanische Konzept trotz der nahezu wörtlichen Rezeption der Definition keinen Eingang in die Richtlinie fand. Vielmehr steht im Rahmen des europäischen Umwelthaftungsregimes die ökologische Funktionsfähigkeit der Schutzgüter im Vordergrund. Was das Schutzgut Biodiversität anbelangt, ist aufgrund der Anknüpfung an FFH- und VSch-RL primär auf die Habitatfunktion und die funktionalen Beziehungen zwischen geschützten Arten und natürlichen Lebensräumen abzustellen.[162]

Zudem wird durch die pauschale Definition des Art. 2 Nr. 13 UH-RL gerade keine schutzgutsbezogene Bestimmung der für das Vorliegen eines Umweltschadens relevanten Funktionen erreicht. Diese ergeben sich vielmehr aus der Definition des Umweltschadens in Art. 2 Nr. 1 a) und b) UH-RL selbst, der als erhebliche nachteilige Einwirkung auf den günstigen Erhaltungszustand geschützter Arten und natürlicher Lebensräume bzw. auf den ökologischen, chemischen und/oder mengenmäßigen Zustand oder das ökologische Potenzial von Gewässern beschrieben wird. Die Richtlinie verweist somit zur Bestimmung der relevanten Funktionen auf die Qualitätskriterien der WRRL bzw. die Faktoren, die für einen günstigen Erhaltungszustand der durch FFH- und VSch-RL geschützten Arten und natürlichen Lebensräume maßgeblich sind. Ob und inwieweit die Schädigung von Funktionen einer Ressource zugunsten der Öffentlichkeit für das Vorliegen eines Umweltschadens Relevanz besitzt, hängt daher von ihrer Gewichtung in FFH- und VSch-RL bzw. WRRL ab. Was die Sanierung anbelangt, ist die Berücksichtigung der Belange der betroffenen Bevölkerung durch Anhang II Nr. 1 UH-RL nochmals eigenständig normiert, etwa in Nr. 1.1.2 hinsichtlich der Auswahl des Ortes für Maßnahmen der ergänzenden Sanierung. Die Definition des Art. 2 Nr. 13 UH-RL ist daher auch mit Blick auf die Sanierung entbehrlich.[163] Der aus den OPA Regulations[164] übernommenen Begriffsbestimmung kommt somit im Kontext der Haftungsrichtlinie keine eigenständige Bedeutung zu.

c) Erhaltungszustand

In Kapitel 2 wurde festgestellt, dass der Erhaltungszustand der Arten und natürlichen Lebensräume zentraler Bezugspunkt für die Feststellung des Umweltschadens ist. Er wird durch gebietsspezifische Erhaltungsziele bzw. den Schutzzweck konkretisiert. Hinsichtlich der Natura 2000-Gebiete ist nach der Rechtsprechung des EuGH bereits jede Beeinträchtigung der Erhaltungsziele erheblich, eine Vereitelung der Zielerreichung oder Zerstörung essentieller Gebietsbestandteile muss nicht vorliegen.[165] Die in Art. 2 Nr. 4 UH-RL genannten Kriterien zur Bestim-

---

[161] Siehe oben Kapitel 3 C. I. und II. 2. b).
[162] Vgl. Kapitel 3 D. I. b).
[163] Siehe oben Kapitel 3 D. II. 4. c).
[164] Siehe oben Kapitel 3 B. II. 3.
[165] Kapitel 2 B. III. 1. Nach der Terminologie des BNatSchG werden die „Erhaltungsziele", d.h. das Ziel der Wiederherstellung des günstigen Erhaltungszustands der jeweils zu schützenden Arten und Lebensräume (vgl. § 10 Abs. 1 Nr. 9 BNatSchG) durch den

mung des günstigen Erhaltungszustands stimmen mit denen der FFH-RL überein. Der Erhaltungszustand ist in erster Linie gebietsbezogen zu beurteilen, da die Kohärenz des ökologischen Netzes Natura 2000 vom Beitrag eines jeden Gebiets abhängt. Im Zuge der Umsetzung der FFH-RL verzichtete der Bundesgesetzgeber auf eine Übernahme der detaillierten Richtlinienvorgaben, der Begriff des (günstigen) Erhaltungszustands wird vielmehr, etwa im Rahmen der Definition der „Erhaltungsziele" nach § 10 Abs. 1 Nr. 9 BNatSchG, vorausgesetzt. Einschlägige Kommentierungen verweisen unmittelbar auf die FFH-RL und das Gebot richtlinienkonformer Auslegung.[166]

In seiner Entscheidung vom 10. Mai 2007 in der Rs. C-508/04 (Kommission/Österreich) stellte der EuGH nunmehr jedoch fest, dass die in Art. 1 e) und i) FFH-RL definierten Begriffe „Erhaltungszustand eines natürlichen Lebensraums" und. „Erhaltungszustand einer Art" in den Rechtsordnungen der Mitgliedstaaten umzusetzen sind. Andernfalls sei nicht gewährleistet, dass alle Elemente der fraglichen Definitionen bei der Umsetzung der Richtlinie tatsächlich berücksichtigt werden, obwohl diese Elemente für die Reichweite des Schutzes der betroffenen Lebensräume und Arten entscheidend sind.[167] Die Legaldefinition sollte im Katalog des § 10 Abs. 1 BNatSchG verortet werden.

d) Erheblichkeit nach Anhang I UH-RL

Die Analyse in Kapitel 2 ergab, dass zur Bestimmung der Erheblichkeitsschwelle bei Beeinträchtigungen des Netzes Natura 2000 auf Rechtsprechung und Literatur zur FFH-Verträglichkeitsprüfung zurückgegriffen werden kann, soweit die Vorgaben des Anhangs I UH-RL nicht entgegenstehen.[168] Bei Schädigung geschützter Arten ist die Erheblichkeit von Beeinträchtigungen nach der UH-RL populationsbezogen zu bestimmen. Zu berücksichtigen ist hierbei die Bedeutung der betroffenen Population für den Erhaltungszustand der Art auf örtlicher, regionaler und gemeinschaftsweiter Ebene.[169] Hinsichtlich der nicht dem Artenschutzrecht unterfallenden Arten sowie der Lebensraumtypen des Anhangs II FFH-RL außerhalb des Natura 2000-Netzes ist die Bestimmung der Erheblichkeitsschwelle als Frage normativer Wertung unmittelbar anhand der Vorgaben der UH-RL vorzunehmen.[170]

Nach § 21a Abs. 5 BNatSchG, der die Regelung des Art. 2 Nr. 1 a) UAbs. 1 S. 2 UH-RL umsetzt, ist die Erheblichkeit von Auswirkungen auf den günstigen Erhaltungszustand mit Bezug auf den Ausgangszustand unter Berücksichtigung

---

„Schutzzweck" konkretisiert, § 33 Abs. 3 S. 1 BNatSchG. Inhaltlich ergeben sich trotz der terminologischen Unterschiede keine Differenzen.

[166] Vgl. etwa *W. Herter/D. Kratsch/J. Schumacher*, in: Schumacher/Fischer-Hüftle, BNatSchG, § 10 Rn. 18 ff.; *Lorz/Müller/Stöckel*, BNatSchG, § 10 Rn. 12. Als problematisch erweist sich in der Praxis eher die fehlende oder unzureichende Bestimmtheit und Dokumentation von Erhaltungszielen für gemeldete Natura 2000-Gebiete, vgl. *Peters*, NRPO 2005, Heft 1, 59 (63).

[167] EuGH, Rs. C-508/04 (Kommission/Österreich), NuR 2007, 403 (408), Rn. 59 ff.

[168] Siehe oben Kapitel 2 B. III. 1.

[169] Siehe oben Kapitel 2 B. III. 2.

[170] Siehe oben Kapitel 2 B. III. 4.

der Kriterien des Anhangs I UH-RL zu ermitteln.[171] Durch die Verweisung wird Anhang I UH-RL unmittebarer Bestandteil des § 21a BNatSchG als verweisender Norm.[172] Diese Form der Richtlinienumsetzung ist gemeinschaftsrechtskonform. § 21a Abs. 5 BNatSchG verweist präzise auf eine Richtlinienvorschrift (und nicht pauschal auf die UH-RL als solche); Anhang I UH-RL ist seinerseits hinreichend bestimmt. Auch wird die Fundstelle im Amtsblatt EG genannt.[173]

Neben Kriterien zur Bestimmung der Erheblichkeit nennt Anhang I S. 4 UH-RL Tatbestände, die nicht als Umweltschaden qualifiziert werden müssen. Diese werden in § 21a Abs. 5 2. Hs. BNatSchG umgesetzt. Danach liegt eine erhebliche Schädigung etwa bei nachteiligen Abweichungen „in der Regel" nicht vor, wenn diese geringer sind als die natürliche Fluktuation, wenn sie auf natürliche Ursachen zurückzuführen sind oder wenn sie auf eine Einwirkung zurückgehen, die der früheren Bewirtschaftungsweise des Eigentümers oder Betreibers entspricht.[174] Die Norm stellt klar, dass die genannten Tatbestände das Vorliegen einer erheblichen Beeinträchtigung nicht per se ausschließen, vielmehr wird lediglich eine gesetzliche Vermutung aufgestellt.

Die Frage der Festlegung von Erheblichkeitsschwellen bzw. von Kriterien zur Bestimmung der Erheblichkeit ist in erster Linie naturschutzfachlicher Art. Eine Konkretisierung der Richtlinienvorgaben kann daher durch Setzung fachlicher Standards erfolgen, sei es durch Leitlinien der Kommission, sei es auf nationaler Ebene. Was die Ermittlung der Erheblichkeit von Beeinträchtigungen im Rahmen der FFH-Verträglichkeitsprüfung anbelangt, liegt mit der Studie von Lambrecht/Trautner/Kaule/Gassner ein Vorschlag zur Standardisierung bzw. Konventionsbildung vor.[175] Der Vorschlag betrifft die direkte Flächeninanspruchnahme hinsichtlich der Lebensräume des Anhangs I FFH-RL und der Habitate geschützter Tierarten in Gebieten von gemeinschaftlicher Bedeutung und begreift das Merkmal als Bagatellgrenze.[176] Forschungsbedarf besteht demgegenüber bezüglich anderer Arten von Beeinträchtigungen, etwa stofflichen Belastungen.[177]

2. Ausnahme: Genehmigte Beeinträchtigungen

Wie auch die Richtlinie nimmt § 21a BNatSchG genehmigte Beeinträchtigungen des Schutzguts Biodiversität von der Verantwortlichkeit aus. Nach § 21a Abs. 1 S. 2 BNatSchG stellen die

---

[171] Siehe oben Kapitel 2 B. III. 3.

[172] Vgl. *Schneider*, Gesetzgebung, Rn. 161.

[173] Vgl. dazu *Ruffert* in: Calliess/Ruffert, EUV/EGV, Art. 249 EGV, Rn. 55

[174] Dazu siehe oben Kapitel 2 B. III. 3. Bedenken bestehen u.a. gegenüber der Möglichkeit, negative Abweichungen als nicht erheblich einzustufen, die geringer sind als die natürliche Fluktuation, stellt doch die Feststellung von Schädigungen innerhalb der Bandbreite möglicher natürlicher Fluktuation eher ein Beweisproblem dar; vgl. im Kontext des US-Rechts *Mazzotta/Opaluch/Grigalunas*, 34 Nat. Res. J. (1994), 153 (163).

[175] *Lambrecht/Trautner/Kaule/Gassner*, Ermittlung von erheblichen Beeinträchtigungen im Rahmen der FFH-Verträglichkeitsuntersuchung, BfN 2004. Vgl. auch *SRU*, Umweltgutachten 2004, S. 140; *Burmeister*, NuR 2004, 296 ff. zur Empfehlung der Länderarbeitsgemeinschaft Naturschutz, Landschaftspflege und Erholung (LANA).

[176] *Lambrecht/Trautner/Kaule/Gassner*, Erheblichkeit, S. 112.

[177] *Roller/Führ*, UH-RL und Biodiversität, S.70.

„zuvor ermittelten nachteiligen Auswirkungen von Tätigkeiten eines Verantwortlichen, die von der zuständigen Behörde nach den §§ 34, 34a, 35 oder entsprechendem Landesrecht, nach 43 Abs. 8 oder § 62 Abs. 1 oder, wenn eine solche Prüfung nicht erforderlich ist, nach

1. § 19 oder entsprechendem Landesrecht oder

2. auf Grund der Aufstellung eines Bebauungsplans nach §§ 30 und 33 des Baugesetzbuchs

genehmigt wurden oder zulässig sind",

keine Schädigung i.S. von § 21a Abs. 1 S. 1 BNatSchG und somit keinen Umweltschaden dar. Die Regelung dient der Umsetzung von Art. 2 Nr. 1 a) UAbs. 2 UH-RL und verweist zunächst auf die nationalen Normen zur Umsetzung der dort in Bezug genommenen Ausnahmetatbestände von FFH- und VSch-RL. Weiterhin sieht die Norm entsprechend Art. 2 Nr. 1 a) UAbs. 2 a.E. UH-RL Ausnahmen aufgrund gleichwertiger nationaler Schutzvorschriften vor.

a) Ausnahmen aufgrund europäischen Habitat- und Artenschutzrechts

aa) FFH-Verträglichkeitsprüfung

Durch die §§ 34, 34a und 35 BNatSchG sind die Regelungen zur FFH-Verträglichkeitsprüfung im nationalen Recht verankert. § 34 BNatSchG regelt die projektbezogene Verträglichkeitsprüfung. § 34a BNatSchG erstreckt diese klarstellend auf die Freisetzung gentechnisch veränderter Organismen sowie die Nutzung bereits in Verkehr gebrachter GVO. Gemäß § 35 BNatSchG fallen auch bestimmte Pläne in den Anwendungsbereich der FFH-Verträglichkeitsprüfung.

Nach der bisherigen Regelung des § 10 Abs. 1 Nr. 11 a) BNatSchG werden als „Projekte" alle anzeige- oder genehmigungspflichtigen Vorhaben und Maßnahmen innerhalb eines Natura 2000-Gebiets erfasst. Eingriffe i.S.v. § 18 BNatSchG sowie nach BImSchG genehmigungsbedürftige Anlagen und erlaubnispflichtige Gewässerbenutzungen außerhalb der Schutzgebiete unterfallen nach § 10 Abs. 1 Nr. 11 b) und c) BNatSchG ebenfalls dem Projektbegriff. Voraussetzung ist in allen Fällen, dass die Vorhaben einzeln oder im Zusammenhang mit anderen Projekten oder Plänen geeignet sind, ein Natura 2000-Gebiet erheblich zu beeinträchtigen und nicht unmittelbar mit der Verwaltung des Gebiets im Zusammenhang stehen.[178] Der Projektbegriff des § 10 Nr. 11 b) und c) wird vom EuGH als zu eng erachtet. Der Gerichtshof stellte in seinem Urteil von Januar 2006 in der Rechtssache C-98/03 diesbezüglich eine unzureichende Umsetzung des Art. 6 Abs. 3 FFH-RL fest, da die Norm nicht alle Projekte erfasse, die potentiell zu einer erheblichen Beeinträchtigung führen können.[179] Das Urteil macht eine Anpassung der betrof-

---

[178] *W. Herter/D. Kratsch/J. Schumacher*, in: Schumacher/Fischer-Hüftle, BNatSchG, § 10 Rn. 23; *Fishan*, ZUR 2001, 252; vgl. zum Projektbegriff auch EuGH Rs. C-127/02, NuR 2004, 788 (Herzmuschelfischerei), mit Anmerkung *Gellermann*, NuR 2004, 769 ff.

[179] EuGH, Urteil vom 10.1.2006, Rs. C-98/93 (Kommission/Deutschland), NuR 2006, 166 ff. unter Hinweis auf EuGH Rs. C-6/04 (Kommission/Vereinigtes Königreich), Slg. 2005, I-09017 Rn. 54. § 10 Nr. 11 BNatSchG nehme bestimmte Kategorien von Projekten, etwa nach BImSchG nicht genehmigungsbedürftige Anlagen, anhand von Kriterien

fenen Normen des BNatSchG an die europarechtlichen Vorgaben erforderlich, dies geschieht durch die sog. „kleine Novelle" des BNatSchG.[180] Vor dem Hintergrund der UH-RL liegt die Durchführung einer FFH-Verträglichkeitsprüfung nunmehr auch im Interesse des Projektbetreibers, da mögliche Beeinträchtigungen nur so von der Umwelthaftung freigestellt werden können.

bb) Artenschutzrechtliche Ausnahmetatbestände

Ferner stellen nach § 21a Abs. 1 S. 2 BNatSchG Beeinträchtigungen keinen Umweltschaden dar, die aufgrund der artenschutzrechtlichen Ausnahmetatbestände der § 43 Abs. 8 und § 62 BNatSchG zugelassen wurden. § 43 Abs. 8 BNatSchG setzt die in Art. 16 Abs. 1 FFH-RL und Art. 9 Abs. 1 und 2 VSch-RL vorgesehenen Ausnahmegründe um und ermächtigt die nach Landesrecht zuständige Behörde zum Erlass von Einzelfallausnahmen.[181] § 62 Abs. 1 BNatSchG ermöglicht die Erteilung einer Befreiung. Diese steht unter dem Vorbehalt, dass die Artenschutzregelungen von FFH- und VSch-RL nicht entgegenstehen.[182] § 43 Abs. 4 BNatSchG wird in § 21a Abs. 1 S. 2 BNatSchG demgegenüber nicht genannt. Die Norm sieht verschiedene Legalausnahmen von den artenschutzrechtlichen Verboten des § 42 Abs. 1 BNatSchG vor. Diese betreffen Beeinträchtigungen durch eine der guten fachlichen Praxis entsprechende land-, forst- und fischereiwirtschaftliche Bodennutzung, die Ausführung eines nach § 19 BNatSchG zugelassenen Eingriffs, die Durchführung einer Umweltverträglichkeitsprüfung sowie Maßnahmen, welche nach § 30 BNatSchG zugelassen wurden. Voraussetzung ist, dass die Beeinträchtigung von Tieren (einschließlich ihrer Nist-, Brut-, Wohn- oder Zufluchtsstätten) und Pflanzen der besonders geschützten Arten nicht absichtlich erfolgt.

Der EuGH begreift § 43 Abs. 4 BNatSchG in seinem Urteil in der Rechtssache C-98/03 als unzureichende Umsetzung des Art. 16 Abs. 1 FFH-RL.[183] Die Norm mache die Zulassung der Ausnahmen nicht von der Erfüllung der Voraussetzungen des Art. 16 FFH-RL abhängig, sondern setze lediglich voraus, dass keine absichtliche Beeinträchtigung von Exemplaren geschützter Arten erfolge. Nach der Interpretation des EuGH wäre § 43 Abs. 4 BNatSchG – in modifizierter, euro-

---

aus, die nicht geeignet seien zu gewährleisten, dass die Möglichkeit einer erheblichen Beeinträchtigung der Schutzgebiete durch das fragliche Projekt ausgeschlossen ist.

[180] Vgl. Art. 1 Nr. 2 des Gesetzesentwurfs der Bundesregierung eines Ersten Gesetzes zur Änderung des Bundesnaturschutzgesetzes, BT-Drs. 16/5100 vom 25.4.2007. Nach Fertigstellung des Manuskripts erfolgte im Rahmen der kleinen Novelle eine Streichung des § 10 Abs. 1 Nr. 11 BNatSchG und Integration des Projektbegriffs in § 34 Abs. 1 BNatSchG, vgl. BT-Drs. 16/6780 vom 24.10. 2007. Als sog. „große" Novelle wird die ebenfalls bereits in Arbeit befindliche Ausgestaltung des BNatSchG als ein Buch des zu schaffenden Umweltgesetzbuchs bezeichnet.

[181] Nach § 43 Abs. 8 S. 4 BNatSchG können derartige Ausnahmen auch allgemein durch Rechtsverordnung erfolgen, soweit es sich nicht um streng geschützte Tier- und Pflanzenarten handelt; vgl. *Kratsch*, in: Schumacher/Fischer-Hüftle, BNatSchG, § 43 Rn. 38.

[182] Vgl. dazu eingehend *Gellermann*, NuR 2003, 385 (392 ff.). Die unmittelbar geltende Vorschrift des § 62 BNatSchG betrifft, anders als zuvor § 31 BNatSchG a.F., nur noch das Artenschutzrecht; *Lorz/Müller/Stöckel*, BNatSchG, § 62 Rn. 2.

[183] EuGH Rs. C-98/03 (Kommission/Deutschland), NuR 2006, 166 ff.

parechtskonformer Form – in den Katalog des § 21a Abs. 1 S. 2 BNatSchG aufzunehmen. Jedoch privilegiert die Norm nur Beeinträchtigungen, die mangels Absicht bereits nicht den Verboten der Art. 12 ff. FFH-RL unterfallen, sondern nur nach nationalem Recht gemäß § 42 BNatSchG untersagt sind. Ausnahme ist das in Art. 12 Abs. 1 d) FFH-RL enthaltene Verbot der Beeinträchtigung der Fortpflanzungs- und Ruhestätten geschützter Arten, das auch nicht absichtliche Beeinträchtigungen umfasst.[184] Im Rahmen der „kleinen Novelle" ist eine Streichung von § 43 Abs. 4 BNatSchG vorgesehen.[185]

b) Gleichwertige nationale Naturschutzvorschriften

Der Begriff des Umweltschadens beschränkt sich gemäß der Gesetzesbegründung zum USchadG in Bezug auf Habitate (und die Arten des Anhang II FFH-RL) nicht auf die nach der FFH-RL auszuweisenden Natura 2000-Gebiete, bei denen vor der Zulassung von Plänen und Projekten eine Verträglichkeitsprüfung stattzufinden hat. Durch die Anknüpfung des Schutzguts Biodiversität an die listenmäßige Erfassung von Arten und Lebensräumen geht das USchadG über den nach FFH- und VSch-RL zu gewährleistenden Schutz hinaus. Daher ist es laut der Gesetzesbegründung erforderlich, im Zuge der Umsetzung auch solche Ausnahmen für Auswirkungen vorzusehen, die aufgrund gleichwertiger nationaler Naturschutzvorschriften ausdrücklich genehmigt wurden.[186] Grundlage für diese Ausnahme ist Art. 2 Nr. 1 a) UAbs. 2 UH-RL. Danach stellen erhebliche nachteilige Auswirkungen aufgrund von Tätigkeiten, die von den zuständigen Behörden gemäß Art. 6 Abs. 3 und 4 oder Art. 16 FFH-RL oder Art. 9 VSch-RL

> „oder im Falle von nicht unter das Gemeinschaftsrecht fallenden Lebensräumen und Arten gemäß gleichwertigen nationaler Naturschutzvorschriften ausdrücklich genehmigt wurden,"

keinen Umweltschaden i.S. der Richtlinie dar.

aa) Eingriffsregelung und Aufstellung von Bebauungsplänen

§ 21a Abs. 1 S. 2 BNatSchG nimmt zuvor ermittelte nachteilige Auswirkungen von Tätigkeiten, die keiner FFH-Verträglichkeitsprüfung oder Prüfung nach § 43 Abs. 8 bzw. § 62 Abs. 2 BNatSchG bedürfen und aufgrund § 19 BNatSchG oder entsprechendem Landesrecht oder aufgrund der Aufstellung eines Bebauungsplans genehmigt wurden oder zulässig sind, vom Tatbestand des Umweltschadens aus. Ob es sich bei den benannten Normen um i.S.v. Art. 2 Nr. 1 a) UAbs. 2 UH-RL „gleichwertige" nationale Schutzvorschriften handelt, kann zunächst nicht ohne weiteres beantwortet werden. Denn die UH-RL enthält bzgl. der über den durch FFH- und VSch-RL vermittelten Schutz hinaus erfassten Arten und Lebensraumtypen in Art. 2 Nr. 1 a) zwar ein Verbot der erheblichen Beeinträchtigung.[187] Je-

---

[184] EuGH Rs. C-98/03 (Kommission/Deutschland), NuR 2006, 166 (168) unter Verweis auf EuGH Rs. C-6/04 (Kommission/Vereinigtes Königreich), Slg. 2005, I-09017 Rn. 73 ff.

[185] Vgl. Art. 1 Nr. 8 a) des Gesetzesentwurfs der Bundesregierung, BT-Drs. 16/5100.

[186] Gesetzesbegründung BT-Drs. 16/3806, S. 30; vgl. zum Anwendungsbereich der UH-RL bzgl. des Schutzguts Biodiversität Kapitel 2 B.

[187] Siehe oben Kapitel 2 B. I. 1. c).

doch bleibt offen, welche Gründe die Zulassung von Ausnahmen von diesem – je nach Verständnis durch die UH-RL oder aufgrund einer nationalen Schutzverstärkung – zusätzlich etablierten Schutzregime rechtfertigen können.

Unter welchen Voraussetzungen Beeinträchtigungen eines Schutzguts hingenommen werden, ist eine Frage normativer Wertung. Diese kann sehr unterschiedlich ausfallen, so können gemäß Art. 6 Abs. 4 und Art. 16 FFH-RL Ausnahmen nur aus zwingenden Gründen des überwiegenden öffentlichen Interesses einschließlich solcher wirtschaftlicher und sozialer Art gerechtfertigt werden.[188] Demgegenüber findet im Rahmen der naturschutzrechtlichen Eingriffsregelung eine Abwägung aller maßgeblichen öffentlichen und privaten Belange erst statt, wenn die Beeinträchtigung weder ausgeglichen noch in sonstiger Weise kompensiert werden kann.[189] Der Begriff der „Gleichwertigkeit" nationaler Schutzvorschriften ist daher interpretationsbedürftig.

Mit Blick auf das strenge Schutzregime von Art. 6 Abs. 3 und 4 FFH-RL könnte die Auffassung vertreten werden, dass gleichwertige nationale Schutzvorschriften nur solche sind, die Ausnahmen an das Vorliegen zwingender Gründe des überwiegenden öffentlichen Interesses knüpfen. Eine Zulassung von Ausnahmen für den Fall der Beeinträchtigung von Arten und Lebensraumtypen der Anhänge I und II FFH-RL außerhalb des Schutzgebietsnetzes Natura 2000 nach Maßgabe der § 19 BNatSchG sowie §§ 30 und 33 BauGB wäre somit unzulässig.

Der 6. Erwägungsgrund der Richtlinie bezieht die Zulassung von Ausnahmen aufgrund gleichwertiger nationaler Schutzvorschriften zunächst auf Arten und Lebensräume, die aufgrund nationaler Naturschutzvorschriften geschützt sind. Bezüglich dieser nicht unter das Gemeinschaftsrecht fallenden nationalen Arten und Lebensräume bestehen in den Mitgliedsstaaten sehr unterschiedliche Schutzregime, Art. 2 Abs. 3 c) UH-RL verlangt diesbezüglich lediglich, dass sie vom betreffenden Mitgliedstaat „für gleichartige Zwecke" wie in FFH- und VSch-RL ausgewiesen sind, sprich aus Gründen des Biodiversitätsschutzes. Dennoch soll nach dem 6. Erwägungsgrund die Möglichkeit bestehen, „besondere Situationen zu berücksichtigen, in denen aufgrund von gemeinschaftlichen oder gleichwertigen nationalen Rechtsvorschriften bestimmte Abweichungen vom erforderlichen Umweltschutzniveau möglich sind." Da nicht davon ausgegangen werden kann, dass der Richtliniengeber die Mitgliedstaaten davon abhalten wollte, weniger streng geschützte nationale Arten in die UH-RL einzubeziehen, kann das Erfordernis eines „gleichwertigen" Schutzniveaus nicht als das eines identischen Schutzes interpretiert werden.

Zudem bezieht der 6. Erwägungsgrund die Gleichwertigkeit auf „das erforderliche Umweltschutzniveau", es sind somit die jeweiligen Erhaltungsziele zu berücksichtigen. Hierbei aber kann nicht außer Acht gelassen werden, dass FFH- und VSch-RL für die in Frage stehenden Arten und Lebensräume jenseits des Schutzgebietesnetzes und des Anwendungsbereichs des europäischen Artenschutzrechts keine spezifischen Schutzvorgaben enthalten. Die vorliegend in Fra-

---

[188] BVerwG, UPR 2002, 448 (450); BVerwGE 110, 302 (310); vgl. *Hösch*, NuR 2004, 348 (352); *Kloepfer*, Umweltrecht, § 11 Rn. 183.
[189] BVerwG, UPR 1991, 105 (109 f.); OVG Münster, NuR 1994, 453; *Kloepfer*, Umweltrecht, § 11 Rn. 100.

ge stehenden Ausnahmetatbestände können somit nur am allgemeinen Ziel der europäischen Habitatrichtlinie, einen gemeinschaftsweit günstigen Erhaltungszustand der Arten und Lebensräumtypen zu erreichen, gemessen werden.

Schließlich sind Ausnahmen gemäß Art. 2 Abs. 1 a) UAbs. 2 UH-RL nur auf der Grundlage nationaler „Naturschutzvorschriften" möglich. Zwar regeln die §§ 30, 33 BauGB die allgemeine Zulässigkeit von Vorhaben im Geltungsbereich eines Bebauungsplans bzw. während der Planaufstellung. Jedoch sollen Naturschutzbelange bereits bei der Aufstellung von Bebauungsplänen Berücksichtigung finden; sind danach Eingriffe in Natur und Landschaft zu erwarten, so sind bzgl. der Kompensation die Vorschriften des BauGB maßgeblich.[190] Nach § 1a Abs. 2 Nr. 2 BauGB ist über Vermeidung und Ausgleich von Eingriffen im Rahmen der Abwägung nach § 1 Abs. 6 BauGB zu entscheiden.[191] Für die aufgrund von §§ 30 und 33 BauGB zulässigen Vorhaben wurde somit bereits über die notwendigen Kompensationsmaßnahmen entschieden; die §§ 18 bis 20 BNatSchG finden daher gemäß § 21 Abs. 2 BNatSchG keine Anwendung.[192] Insgesamt stellen § 19 BNatSchG sowie §§ 30, 33 BauGB somit grundsätzlich gleichwertige nationale Schutzvorschriften i.S.d. Art. 2 Nr. 1 a) UAbs. 2 UH-RL dar.

bb) Vorhaben im unbeplanten Innenbereich

Vorhaben im unbeplanten Innenbereich (§ 34 BauGB) werden durch § 21 Abs. 2 BNatSchG ebenfalls von der Anwendung der Eingriffsregelung ausgenommen. Ist allerdings ein Umweltschaden zu besorgen, sieht der neu eingefügte § 21 Abs. 4 BNatSchG eine Sonderregelung vor. Danach hat die für die Zulassungsentscheidung zuständige Behörde auf Antrag des Vorhabenträgers im Benehmen mit der für Naturschutz und Landschaftspflege zuständigen Behörde die Entscheidung nach § 19 BNatSchG zu treffen. Hiermit soll dem Vorhabenträger ein Wahlrecht eingeräumt werden, ob die naturschutzrechtliche Eingriffsregelung zur Anwendung kommen soll oder ob er gegebenenfalls ein Haftungsrisiko nach § 21a BNatSchG in Kauf nehmen will.[193]

---

[190]   § 21 Abs. 1 BNatSchG.

[191]   Vgl. *Fischer-Hüftle*, in: Schumacher/Fischer-Hüftle, BNatSchG, § 21 Rn. 13; *Krautzberger*, in: Battis/Krautzberger/Löhr, BauGB, § 1a, Rn. 23; *Sparwasser/Engel/Voßkuhle*, Umweltrecht, § 6 Rn. 163 ff.

[192]   Aufgrund der baurechtlichen Sonderregelungen findet die unmittelbar vorhabenbezogene Eingriffsregelung nach dem BNatSchG nur im Außenbereich Anwendung; *SRU*, Sondergutachten Naturschutz 2002, S. 130, Tz. 327.

[193]   Vgl. die Gesetzesbegründung BT-Drs. 16/3806, S. 30. § 21 Abs. 4 BNatSchG:
„Wird bei Entscheidungen über Vorhaben nach § 34 des Baugesetzbuchs das Benehmen nach Absatz 3 nicht erteilt, weil Anhaltspunke dafür bestehen, dass das Vorhaben eine Schädigung im Sinne des § 21a Abs. 1 Satz 1 verursachen kann, ist dies auch dem Vorhabenträger mitzuteilen. Auf Antrag des Vorhabenträgers hat die für die Erteilung der Zulassungsentscheidung zuständige Behörde im Benehmen mit der für Naturschutz und Landschaftspflege zuständigen Behörde die Entscheidung nach § 19 oder entsprechendem Landesrecht zu treffen, soweit sie der Vermeidung, dem Ausgleich oder dem Ersatz von Schädigungen nach § 21a Abs. 1 Satz 1 dienen; in diesen Fällen gilt § 21a Abs. 1 Satz 2. Im Übrigen bleibt Absatz 1 Satz 1 unberührt".

cc) Befreiung von Bestimmungen des Biotop- und Gebietsschutzes

Die vorliegend befürwortete zusätzliche Einbeziehung gesetzlich geschützter Biotope in den Schutzbereich der Umwelthaftung aufgrund der durch Art. 2 Nr. 3 c) UH-RL eröffneten Option einer nationalen Schutzerweiterung[194] macht ebenfalls eine Ergänzung der Ausnahmetatbestände erforderlich. § 30 Abs. 2 BNatSchG gestattet den Ländern, Ausnahmen von den Verboten des gesetzlichen Biotopschutzes zuzulassen. Dies setzt voraus, dass die Beeinträchtigung ausgeglichen, also durch Schaffung gleichartiger Biotope kompensiert werden kann oder Maßnahmen aus überwiegenden Gründen des Gemeinwohls erforderlich sind.[195] Zudem ist eine Ausnahme für den Fall möglich, dass die landwirtschaftliche Nutzung wieder aufgenommen werden soll, nachdem während der Laufzeit eines Vertrages über eine freiwillige Nutzungsbeschränkung[196] ein gesetzlich geschütztes Biotop i.S.v. § 30 Abs. 1 BNatSchG entstanden ist. Die entsprechenden Normen stellen gleichwertige nationale Schutzvorschriften im Sinne von Art. 2 Nr. 1 a) UAbs. 2 UH-RL dar und wären daher in den Katalog des § 21a Abs. 1 S. 2 BNatSchG aufzunehmen. Gleiches gilt bei einer Schutzerweiterung durch pauschale Einbeziehung von Naturschutzgebieten, Nationalparken und Biosphärenreservaten hinsichtlich der landesrechtlichen Regelungen zur Befreiung von Schutzvorschriften, beispielsweise § 79 NatSchG BW.[197]

D. Ermittlung und Bestimmung von Sanierungsmaßnahmen

Die Pflichten des Verantwortlichen zur Vermeidung und Sanierung von Umweltschäden sowie die korrespondierenden behördlichen Befugnisse regelt das Artikelgesetz zur Umsetzung der UH-RL medienübergreifend in §§ 4-7 USchadG. § 8 USchadG sieht die verfahrensrechtlichen Grundlagen zur Bestimmung der erforderlichen Sanierungsmaßnahmen vor. Diese Vorgaben gilt es nachfolgend zu betrachten. Was die Umsetzung des Anhangs II Nr. 1 UH-RL anbelangt, der die Ermittlung und Bestimmung von Sanierungsmaßnahmen bei Gewässer- und Biodiversitätsschäden präzisiert, enthielt der Referentenentwurf in § 21a Abs. 6 BNatSchG einen Regelungsauftrag an die Länder. Nunmehr verweist der neue § 21a Abs. 4 BNatSchG unmittelbar auf Anhang II der Richtlinie. Gerade vor dem Hintergrund der auf die naturschutzrechtliche Eingriffsregelung ausgerichteten

---

[194] Siehe oben Kapitel 4 C. I. 2. a).

[195] Im Unterschied zur Eingriffsregelung führen mögliche Ersatzmaßnahmen oder -zahlungen im Falle der Undurchführbarkeit von Ausgleichsmaßnahmen nicht zur Zulässigkeit der Beeinträchtigung, es sei denn, überwiegende Gemeinwohlgründe liegen vor. *Kratsch*, in: Schumacher/Fischer-Hüftle, BNatSchG, § 30 Rn. 36; vgl. ferner VGH Mannheim, NuR 1999, 385.

[196] Z.B. nach Maßnahmen des Vertragsnaturschutzes oder der Beteiligung an Flächenstilllegungsprogrammen.

[197] Vgl. weiterhin § 69 LG NRW; § 36a ThürNatG; siehe dazu OVG Münster, NuR 1989, 230 f.; BVerwG, NVwZ 1993, 583 f.; *Fischer-Hüftle*, in: Schumacher/Fischer-Hüftle, BNatSchG, § 62 Rn. 3.

Praxis besteht im deutschen Recht jedoch weiterer Konkretisierungsbedarf. Daher wird für die Umsetzung der Vorgaben des Anhangs II Nr. 1 UH-RL im Folgenden ein eigener Formulierungsvorschlag erarbeitet.

I. Allgemeine Vorgaben des Umweltschadensgesetzes

1. Pflichten des Verantwortlichen

Die §§ 4-6 USchadG dienen der Umsetzung der auf die Vermeidungs- und Sanierungstätigkeit bezogenen Pflichten des Verantwortlichen aus Art. 5 Abs. 1 und Abs. 2 bzw. Art. 6 Abs. 1 UH-RL. Der Gesetzgeber wählte hier eine den Regelungen des BBodSchG vergleichbare Struktur und stellt zunächst die Pflichten des Verantwortlichen voran, bevor in § 7 USchadG die behördlichen Befugnisse normiert werden. Demgegenüber trifft die Richtlinie eine Unterscheidung nach Vermeidungstätigkeit (Art. 5) und Sanierungstätigkeit (Art. 6 und 7). Inhaltlich überträgt das USchadG die genannten Normen jedoch eins zu eins ins deutsche Recht. Die Pflichten des Verantwortlichen sind wie in der Richtlinie als selbständige Pflichten ausgestaltet, d.h. sie bedürfen keiner Konkretisierung durch eine vorherige behördliche Anordnung. Die in § 4 USchadG normierte Informationspflicht konkretisiert die allgemeine Mitwirkungspflicht der Beteiligten im Verwaltungsverfahren und stellt eine Rechtsvorschrift i.S.d. § 26 Abs. 2 VwVfG dar. § 5 USchadG regelt die Vermeidungspflicht, § 6 USchadG verpflichtet den Verantwortlichen, bei Eintreten eines Umweltschadens die erforderlichen Schadensbegrenzungs- und Sanierungsmaßnahmen zu ergreifen. Letztere bestimmen sich gemäß § 8 USchadG nach Maßgabe der fachrechtlichen Vorschriften.[198] Die Sanierungsverpflichtung des Verantwortlichen findet sich zudem in § 21a Abs. 4 BNatSchG verankert.

2. Allgemeine behördliche Aufgaben und Befugnisse

§ 7 USchadG weist der zuständigen Behörde die zur Erfüllung ihrer Aufgaben im Vollzug des USchadG erforderlichen Befugnisse zu.[199] Die Norm dient der Umsetzung der Art. 5 Abs. 3 und 4 UH-RL und Art. 6 Abs. 2 und 3 UH-RL. § 7 USchadG lautet wie folgt:

„(1) Die zuständige Behörde überwacht, dass die erforderlichen Vermeidungs-, Schadensbegrenzungs- und Sanierungsmaßnahmen vom Verantwortlichen ergriffen werden.

(2) Im Hinblick auf die Pflichten aus den §§ 4 bis 6 kann die zuständige Behörde dem Verantwortlichen aufgeben,
1. alle erforderlichen Informationen und Daten über eine unmittelbare Gefahr von Umweltschäden, über den Verdacht einer solchen unmittelbaren Gefahr oder einen eingetretenen Schaden sowie eine eigene Bewertung vorzulegen,

---

[198] Eine Legaldefinition der „Vermeidungsmaßnahmen" findet sich in § 2 Nr. 6 USchadG; die Begriffe der Schadensbegrenzungs- und Sanierungsmaßnahmen werden in § 2 Nr. 7 und 8 USchadG näher bestimmt.

[199] Vgl. die Gesetzesbegründung BT-Drs. 16/3806, S. 24.

2. die erforderlichen Vermeidungsmaßnahmen zu treffen,

3. die erforderlichen Schadensbegrenzungs- und Sanierungsmaßnahmen zu ergreifen.

§ 7 Abs. 1 USchadG verpflichtet die zuständige Behörde, das Ergreifen der erforderlichen Maßnahmen durch den Verantwortlichen zu überwachen, sprich die Pflichterfüllung durch den Verantwortlichen sicherzustellen, da ihr diesbezüglich kein Ermessen zukommt.[200]

Die der zuständigen Behörde in Art. 5 Abs. 1 und Art. 6 Abs. 2 UH-RL eingeräumten Anordnungsbefugnisse bzgl. der Vorlage von Informationen und Daten sowie des Ergreifens von Maßnahmen durch den Verantwortlichen werden in § 7 Abs. 2 USchadG zusammengefasst. Auf diese Weise werden unnötige Wiederholungen vermieden. Die in § 7 Abs. 2 Nr. 1 USchadG vorgesehene Befugnis der Behörde, eine eigene Bewertung des Verantwortlichen zu verlangen, stellt eine Umsetzung des Art. 11 Abs. 2 S. 2 UH-RL dar. Durch eine Beschränkung auf die „erforderlichen" Maßnahmen wird die Wahrung des Grundsatzes der Verhältnismäßigkeit sichergestellt.

Problematisch war die inzwischen weggefallene Bestimmung des § 7 Abs. 2 USchadG-RefE. Diese regelte die Durchführung von Vermeidungs-, Schadensbegrenzungs- und Sanierungsmaßnahmen durch die zuständige Behörde und ermächtigte diese, die erforderlichen Maßnahmen selbst vorzunehmen.[201] Die Begründung zum Referentenentwurf führte hierzu aus, die Behörde könne unabhängig von ihren Befugnissen gegenüber dem Verantwortlichen nach Ermessen selbst die erforderlichen Maßnahmen vornehmen und sich hierzu, nach den allgemeinen verwaltungsrechtlichen Grundsätzen, auch Dritter bedienen.[202] Die Norm sollte Art. 5 Abs. 3 d) und Art. 6 Abs. 2 e) UH-RL umsetzen. Allerdings begrenzt die Richtlinie die behördliche Befugnis zum Ergreifen eigener Sanierungsmaßnahmen in Art. 6 Abs. 3 S. 2 auf den Fall, dass der Verantwortliche nicht herangezogen werden kann oder seinen Pflichten nicht nachkommt und der Behörde keine weiteren Mittel bleiben.[203] Diese doppelte Beschränkung fehlte in § 7 Abs. 2 USchadG-RefE. Durch die Regelung des Art. 6 Abs. 3 S. 2 UH-RL soll nach der Intention des Richtliniengebers eine Stärkung des Verursacherprinzips erreicht werden. Die originäre Verantwortung für die Sanierung von Umweltschäden soll beim verantwortlichen Betreiber verbleiben. Da die Richtlinie somit eine bewusste Beschränkung der behördlichen Eigensanierung vorsieht, stand § 7 Abs. 2 USchadG-RefE insoweit nicht im Einklang mit den Anforderungen der UH-RL.

Nunmehr gilt statt dessen allgemeines Verwaltungsvollstreckungsrecht. Die sich aus den bestehenden vollstreckungsrechtlichen Regelungen ergebenden Befugnisse gewährleisten die Umsetzung von Art. 11 Abs. 3, Art. 5 Abs. 4 S. 1 (für die Gefahrenabwehr) sowie Art. 6 Abs. 3 S. 1 UH-RL (für Sanierungspflichten).[204]

---

[200] Gesetzesbegründung BT-Drs. 16/3806, S. 24; vgl. dazu Kapitel 2 C. I. 1.

[201] § 7 Abs. 2 USchadG-RefE:
„Die zuständige Behörde kann die erforderlichen Vermeidungs-, Schadensbegrenzungs- und Sanierungsmaßnahmen selbst vornehmen."

[202] Vgl. die Begründung zum Referentenentwurf, S. 23.

[203] Siehe oben Kapitel 2 C. I. 2.

[204] Vgl. die Gesetzesbegründung BT-Drs. 16/3806, S. 24 f.

3. Verfahren

§ 8 USchadG setzt die Vorgaben des Art. 7 UH-RL um und legt die Grundzüge des Verfahrens zur Bestimmung von Sanierungsmaßnahmen fest. Die Maßnahmen werden im Zusammenwirken zwischen Verantwortlichem und zuständiger Behörde festgelegt. § 8 USchadG lautet wie folgt:

„(1) Der Verantwortliche ist verpflichtet, die gemäß den fachrechtlichen Vorschriften notwendigen Sanierungsmaßnahmen zu ermitteln und der zuständigen Behörde zur Zustimmung vorzulegen, soweit die zuständige Behörde nicht selbst bereits die erforderlichen Sanierungsmaßnahmen ergriffen hat.

(2) Die zuständige Behörde entscheidet nach Maßgabe der fachrechtlichen Vorschriften über Art und Umfang der durchzuführenden Sanierungsmaßnahmen.

(3) Können bei mehreren Umweltschadensfällen die notwendigen Sanierungsmaßnahmen nicht gleichzeitig ergriffen werden, kann die zuständige Behörde unter Berücksichtigung von Art, Ausmaß und Schwere der einzelnen Umweltschadensfälle, der Möglichkeiten einer natürlichen Wiederherstellung sowie der Risiken für die menschliche Gesundheit die Reihenfolge der Sanierungsmaßnahmen festlegen.

(4) Die zuständige Behörde unterrichtet die nach § 10 antragsberechtigten Betroffenen und Vereinigungen über die vorgesehenen Sanierungsmaßnahmen und gibt ihnen Gelegenheit, sich zu äußern; die Unterrichtung kann durch öffentliche Bekanntmachung erfolgen. Die rechtzeitig eingehenden Stellungnahmen sind bei der Entscheidung zu berücksichtigen."

Durch § 8 Abs. 1 USchadG wird die Ermittlung der erforderlichen Sanierungsmaßnahmen dem Verantwortlichen auferlegt. Damit modifiziert die Norm, ebenso wie § 7 Abs. 2 Nr. 1 a.E. USchadG, wonach die Behörde eine eigene Bewertung des eingetretenen Schadens durch den Verantwortlichen verlangen kann, als spezialgesetzliche Mitwirkungspflicht i.S.v. § 26 Abs. 2 S. 3 VwVfG das Prinzip der Amtsermittlung.[205] Im deutschen Recht findet sich eine konzeptionell vergleichbare Regelung in § 13 BBodSchG. Diese ermöglicht es der zuständigen Behörde, den Pflichtigen bei sog. „komplexen Altlastensanierungen" mit der Durchführung einer Sanierungsuntersuchung zu beauftragen und zur Vorlage eines Sanierungsplans zu verpflichten.[206] Hierdurch wird neben der Beschleunigung des Verfahrens eine finanzielle und organisatorische Entlastung der öffentlichen Hand angestrebt.[207] Die Verpflichtung des Verantwortlichen zur Ermittlung der notwendigen Sanierungsmaßnahmen soll gemäß § 8 Abs. 1 USchadG entfallen, soweit die zuständige Behörde bereits selbst die erforderlichen Maßnahmen ergriffen hat, weil in diesem Fall ein solches Verfahren überflüssig wäre. Damit entspricht § 8 Abs. 1 USchadG dem in der Richtlinie vorgegebenen Regel-Ausnahme-Verhältnis.

Die Entscheidung über Art und Umfang der durchzuführenden Maßnahmen obliegt gemäß § 8 Abs. 2 USchadG ausschließlich der zuständigen Behörde. Sie erfolgt „nach Maßgabe der fachrechtlichen Vorschriften", also den Vorgaben von BNatSchG, WHG (einschließlich des durch diese in Bezug genommenen An-

---

[205] Vgl. *Dolde*, in: Hendler/Marburger/Reinhardt/Schröder (Hrsg.), Umwelthaftung, S. 169 (200).

[206] Vgl. *Schink*, EurUP 2005, 67 (73).

[207] *Landel/Vogg/Wüterich*, BBodSchG, § 13 Rn. 3.

hang II Nr. 1 UH-RL) und BBodSchG sowie den zu ihrer Ausführung erlassenen Rechtsverordnungen.[208] Grundlage für die Entscheidung sind neben einer eigenen Bewertung der zuständigen Behörde die seitens des Verantwortlichen übermittelten Unterlagen und weitere für die Entscheidung relevanten Informationen, insbesondere Stellungnahmen Betroffener und der nach Art. 12 und 13 UH-RL antrags- und klageberechtigten Vereinigungen. Die Gesetzesbegründung stellt klar, dass die zuständige Behörde nicht an die Vorschläge des Sanierungsverantwortlichen gebunden ist. Sie kann diesen zustimmen, sie mit Auflagen versehen oder eine andere Entscheidung auf der Grundlage der ihr zur Verfügung stehenden Informationen treffen.[209]

§ 8 Abs. 3 USchadG regelt das Zusammentreffen mehrerer Umweltschadensfälle. Für den Fall, dass diese nicht gleichzeitig saniert werden können, ist die zuständige Behörde befugt zu entscheiden, welcher Schaden zuerst saniert werden soll. Die Bestimmung entspricht inhaltlich Art. 7 Abs. 3 UH-RL und greift auch die dort genannten Entscheidungskriterien auf.

Die Beteiligung der nach § 10 USchadG antragsberechtigten Betroffenen und Vereinigungen bei der Bestimmung von Sanierungsmaßnahmen regelt § 8 Abs. 4 USchadG. Besondere verfahrensrechtliche Vorgaben hinsichtlich der Form einer Unterrichtung aber auch der Frist für eine Stellungnahme sind nicht vorgesehen. Vielmehr soll die zuständige Behörde im Einzelfall je nach Art und Umfang des Umweltschadens ein geeignetes Verfahren und ausreichende Fristen selbst festlegen.[210] Bereits aus § 24 Abs. 2 VwVfG ergibt sich hierbei eine Pflicht der Behörde, alle für den Einzelfall bedeutsamen Umstände zu berücksichtigen.

II. Gestaltungsmöglichkeiten zur näheren Bestimmung der Sanierung nach Anhang II Nr. 1 UH-RL

1. Einführung

Ebenso wie hinsichtlich des Umweltschadensbegriffs verweist das USchadG zur Bestimmung der Sanierungsmaßnahmen auf das für das jeweilige Schutzgut einschlägige Fachrecht.[211] Diese Verankerung der Sanierungsbestimmungen im jeweiligen Fachrecht ist sachdienlich, da sie eine Berücksichtigung schutzgutspezifischer Besonderheiten ermöglicht. Allerdings nehmen die in WHG und BNatSchG zur Umsetzung der UH-RL neu eingefügten Bestimmungen keine Konkretisierung der Sanierungsvorgaben des Anhangs II Nr. 1 UH-RL vor, sondern verweisen diesbezüglich auf die Richtlinie.[212] Durch die Verweisung werden

---

[208] § 2 Nr. 8 und Nr. 10 USchadG. Hinsichtlich des Bodenschutzrechts wird auf die bestehenden, über die Anforderungen der UH-RL hinausgehenden Sanierungsvorschriften des BBodSchG verwiesen.

[209] Gesetzesbegründung BT-Drs. 16/3806, S. 25.

[210] Gesetzesbegründung BT-Drs. 16/3806, S. 25.

[211] § 2 Nr. 8 USchadG.

[212] § 21a Abs. 4 BNatSchG:
„Hat ein Verantwortlicher nach dem USchadG eine Schädigung geschützter Arten und natürlicher Lebensräume verursacht, so trifft er die erforderlichen Sanierungsmaßnahmen gemäß Anhang II Nr. 1 der Richtlinie 2004/35/EG (...)."

die Richtlinienvorgaben Teil der verweisenden Norm.[213] Laut Gesetzesbegründung[214] wird ein weitergehender Konkretisierungsbedarf derzeit nicht gesehen.

Zwar ist Anhang II Nr. 1 UH-RL selbst hinreichend präzise, jedoch sind die in der Richtlinie verwendeten Rechtsbegriffe dem deutschen Recht z.T. fremd bzw. entsprechen nur scheinbar denen der naturschutzrechtlichen Eingriffsregelung. Es besteht daher die Gefahr einer nicht unerheblichen Rechtsunsicherheit bei der Anwendung der Sanierungsbestimmungen. Daher wird nachfolgend eine weitere Konkretisierung der Richtlinienvorgaben versucht. Grundlage des Formulierungsvorschlags sind die Ergebnisse der rechtsvergleichenden Untersuchung in Kapitel 3 dieser Arbeit. Entsprechende Regelungen könnten etwa seitens der Länder als Teil einer Rechtsverordnung erlassen werden.

Die Regelungen des Artikelgesetzes zur Umsetzung der Umwelthaftungsrichtlinie beruhen u.a. auf den durch die Föderalismusreform geschaffenen konkurrierenden Gesetzgebungskompetenzen des Bundes in den Bereichen Naturschutz und Landschaftspflege sowie Wasserhaushalt. Sie besitzen daher, anders als der Gesetzesvorschlag in der Fassung des ursprünglichen Referentenentwurfs, unmittelbare Geltung. Jedenfalls im Rahmen der Abweichungsgesetzgebung nach Art. 72 Abs. 3 GG n.F. sind die Länder jedoch zu weitergehenden Regelungen befugt. Voraussetzung für das Vorliegen einer echten „Abweichung" ist aber zunächst ein abschließender Charakter der betroffenen Bundesregelung.[215] Eine Abweichung „nach unten" seitens der Länder widerspräche demgegenüber dem Grundsatz der Bundestreue soweit der Bund europäische Vorgaben wie vorliegend „Eins-zu-Eins" im Bundesrecht umgesetzt hat.[216] Soweit den Ländern eine Gesetzgebungskompetenz zukommt, ergibt sich auch aus der einfachgesetzlichen Regelung des § 1 S. 1 USchadG ein Anwendungsvorrang weitergehenden Landesrechts. Nach dieser Norm findet das USchadG nur Anwendung, soweit Vorschriften des Bundes oder der Länder die Sanierung von Umweltschäden nicht näher bestimmen oder den Anforderungen des Gesetzes nicht entsprechen.

Der Referentenentwurf wies die Bestimmung von Sanierungsmaßnahmen im Sinne von Anhang II Nr. 1 UH-RL dem Landesrecht zu; vgl. § 21a Abs. 6 BNatSchG-RefE.

[213] Vgl. zur Zulässigkeit von Verweisungen zur Umsetzung von EG-Richtlinien *Ruffert* in: Calliess/Ruffert, EUV/EGV, Art. 249 Rn. 55. Gerade im Umweltrecht bedient sich der Gesetzgeber häufig dieser Technik, so verweist etwa § 5 Abs. 1 Nr. 4 GenTVfV hinsichtlich der durch den Antragssteller vorzulegenden gentechnikrechtlichen Risikoprüfung unmittelbar auf die Bestimmungen des Anhangs II der Freisetzungsrichtlinie (RL 2001/18/EG).

[214] Gesetzesbegründung BT-Drs. 16/3806, S. 31.

[215] *Ipsen*, NJW 2006, 2801 (2804) begreift jedes gesetzgeberische Tätigwerden der Länder als „Abweichung". *Schulze-Fielitz*, NVwZ 2007, 249 (254, 257) sieht demgegenüber Abgrenzungsprobleme. Es stelle sich die Frage: „Wann wiederholt ein Landesgesetz nur den Regelungsgehalt des Bundesgesetzes deklaratorisch, wann konkretisiert oder detailliert es ihn, wann ergänzt es ihn nur, wann und inwieweit weicht es ab?"

[216] *Schulze-Fielitz*, NVwZ 2007, 249 (254).

2. Maßnahmenkategorien

Zunächst gilt es, die für die Sanierung zur Verfügung stehenden Arten von Sanierungsmaßnahmen sowie deren Ziele und zugrundeliegende Prinzipien festzulegen.

a) Ziel der Sanierung

Für die Sanierung von Biodiversitätsschäden sieht Anhang II Nr. 1 UH-RL drei Arten von Maßnahmen vor, die primäre Sanierung, die ergänzende Sanierung und die Ausgleichssanierung. Ziel der Sanierung ist die Rückführung geschädigter Ressourcen in ihren Ausgangszustand bzw. einen diesem gleichkommenden Zustand, weiterhin sind alle Risiken für die menschliche Gesundheit zu beseitigen. Während die primäre Sanierung auf die Wiederherstellung der geschädigten Ressourcen gerichtet ist, dient die ergänzende Sanierung der Schaffung gleichartiger bzw. gleichwertiger Ersatzressourcen. Durch Maßnahmen der Ausgleichssanierung sollen zwischenzeitliche Verluste an Ressourcen und Funktionen ausgeglichen werden.[217]

Wie bereits festgestellt, ist die Bezeichnung „Ausgleichssanierung" sowohl mit Blick auf die FFH-RL, die ebenfalls „Ausgleichsmaßnahmen" vorsieht, als auch mit Blick auf das deutsche Naturschutzrecht unglücklich. Denn die „Ausgleichsmaßnahmen" des § 19 Abs. 2 BNatSchG stimmen nicht mit der nach der UH-RL vorgesehenen Ausgleichssanierung überein, sondern wären in den Kategorien der Richtlinie aufgrund Funktion und Zweckrichtung als gleichartige ergänzende Sanierung einzuordnen. Zur Vermeidung von Missverständnissen schlagen Roller/Führ die Bezeichnung „Sanierung zum Ausgleich zwischenzeitlicher Verluste" vor, die nachfolgend übernommen wird.[218]

Die Grundzüge des Sanierungsverfahrens werden durch § 8 USchadG normiert. Die Sanierungspflicht des Verantwortlichen als solche ergibt sich bereits aus § 6 Nr. 2 USchadG sowie § 21a Abs. 4 BNatSchG[219]. Zur weiteren Bestimmung von Ziel und Grundprinzipien der Sanierung wird die folgende Formulierung vorgeschlagen:

Sanierung § 1: Sanierung von Umweltschäden an bestimmten Arten und natürlichen Lebensräumen

(1) Eine Sanierung von Umweltschäden an Arten oder natürlichen Lebensräumen wird durch Maßnahmen der primären Sanierung, der ergänzenden Sanierung und der Sanierung zum Ausgleich zwischenzeitlicher Verluste erreicht.

(2) Bei der Sanierung von Umweltschäden an Arten oder natürlichen Lebensräumen sind zudem alle erheblichen Risiken einer Beeinträchtigung der menschlichen Gesundheit zu beseitigen.

Im BNatSchG sowie den Landesnaturschutzgesetzen finden sich bereits Vorgaben zum Ausgleich von Beeinträchtigungen natürlicher Ressourcen im Rahmen der

---

[217] Anhang II Nr. 1 Abs. 1 a)-d) UH-RL.

[218] *Roller/Führ*, UH-RL und Biodiversität, S. 86.

[219] § 21a Abs. 4 BNatSchG:
„Hat ein Verantwortlicher nach dem Umweltschadensgesetz eine Schädigung geschützter Arten oder natürlicher Lebensräume verursacht, so trifft er die erforderlichen Sanierungsmaßnahmen gemäß Anhang II Nr. 1 der Richtlinie (...)."

Eingriffsregelung und FFH-Verträglichkeitsprüfung. Zur Verdeutlichung der Erweiterung dieses Kompensationsinstrumentariums durch die Umwelthaftung bietet es sich an, das Sanierungsziel sowie die verschiedenen für die Sanierung von Biodiversitätsschäden zur Verfügung stehenden Maßnahmentypen unmittelbar im BNatSchG bzw. dem jeweiligen Landesnaturschutzgesetz zu normieren. Demgegenüber könnten die weiteren detaillierten Vorgaben des Anhangs II Nr. 1 UH-RL, die nachfolgend zu behandeln sind, als Teil ausführender Regelungen, sprich einer Rechtsverordnung, umgesetzt werden, für die jedoch zunächst eine entsprechende gesetzliche Ermächtigung zu schaffen wäre. In dieser könnten dann auch die Bestimmungen des Anhangs I UH-RL und die dort genannten Daten und Kriterien zur Feststellung der Erheblichkeit von Beeinträchtigungen einbezogen werden.[220]

b) Begriffe

Bezugspunkt für die Feststellung des Umweltschadens und die Ermittlung des notwendigen Sanierungsumfangs ist der Ausgangszustand der geschädigten Ressourcen und Funktionen, der in Art. 2 Nr. 14 UH-RL legaldefiniert wird. Wie in Kapitel 3 festgestellt wurde, ist der Ausgangszustand der hypothetische Zustand, der ohne das schädigende Ereignis bestehen würde.[221] Im Definitionenkatalog des § 2 USchadG findet sich bislang keine Bestimmung des Begriffs „Ausgangszustand". Da die Definition in erster Linie für die Sanierung Relevanz besitzt, kann sie in die Normen zur Umsetzung des Anhangs II Nr. 1 UH-RL aufgenommen werden.

Die übrigen für die Anwendung der Sanierungsvorgaben relevanten Begriffe sind in Anhang II Nr. 1 Abs. 1 a)-d) UH-RL definiert. In Kapitel 3 zeigte sich, dass die in Anhang II Nr. 1 S. 1 d) UH-RL bei der Definition des Begriffs „zwischenzeitliche Verluste" angeführten Funktionen natürlicher Ressourcen für die Öffentlichkeit bei Biodiversitätsschäden allenfalls eine untergeordnete Rolle spielen. In erster Linie sind die Funktionen geschädigter Ressourcen für die Erhaltung des Netzes Natura 2000 sowie geschützte Arten wiederherzustellen.[222] Zur Umsetzung der Vorgaben wird eine Zusammenfassung der wesentlichen Definitionen in einer Norm vorgeschlagen, die etwa wie folgt lauten könnte:

Sanierung § 2: Begriffsbestimmungen

(1) Ausgangszustand: der im Zeitpunkt des Schadenseintritts bestehende Zustand der natürlichen Ressourcen und Funktionen, der bestanden hätte, wenn der Umweltschaden nicht eingetreten wäre;

(2) primäre Sanierung: jede Sanierungsmaßnahme, die die geschädigten natürlichen Ressourcen und/oder beeinträchtigten Funktionen ganz oder annähernd in den Ausgangszustand zurückversetzt;

---

[220] Siehe dazu oben Kapitel 4 C. II. 1. c). Auf einen Formulierungsvorschlag zur Umsetzung des Anhangs I UH-RL wurde verzichtet, da eine weitere Konkretisierung der Vorgaben durch die Fachwissenschaften für notwendig erachtet wird.

[221] Kapitel 3 D. II. 2.

[222] Siehe oben Kapitel 3 D. II. 5; etwa die Habitat- oder Vernetzungsfunktion natürlicher Ressourcen.

(3) ergänzende Sanierung: jede Sanierungsmaßnahme, mit der der Umstand ausgeglichen werden soll, dass die primäre Sanierung nicht zu einer vollständigen Wiederherstellung der geschädigten Ressourcen und/oder Funktionen führt;

(4) Sanierung zum Ausgleich zwischenzeitlicher Verluste: jede Sanierungsmaßnahme zum Ausgleich zwischenzeitlicher Verluste natürlicher Ressourcen und/oder Funktionen, die vom Zeitpunkt des Eintretens eines Schadens bis zu dem Zeitpunkt entstehen, in dem die primäre bzw. ergänzende Sanierung zur Herstellung des Ausgangszustands oder eines diesem gleichkommenden Zustands geführt hat.

(5) zwischenzeitliche Verluste: die Verluste, die darauf zurückzuführen sind, dass die geschädigten natürlichen Ressourcen und/oder Funktionen ihre ökologischen Aufgaben nicht erfüllen oder ihre Funktionen für andere natürliche Ressourcen, insbesondere für Arten und natürliche Lebensräume, nicht erfüllen können, solange die Maßnahmen der primären bzw. ergänzenden Sanierung nicht zur Herstellung des Ausgangszustands oder eines diesem gleichkommenden Zustands geführt haben.

c) Primäre Sanierung

Anhang II Nr. 1 UH-RL sieht eine Hierarchie der Sanierungsmaßnahmen vor, vorrangig ist die Wiederherstellung der geschädigten Ressourcen und Funktionen, also die primäre Sanierung. Erweist sich die Rückführung der geschädigten Ressourcen in den Ausgangszustand als unmöglich, so kann stattdessen gemäß Anhang II Nr. 1 Abs. 2 UH-RL eine ergänzende Sanierung durchgeführt werden, also die Schaffung gleichartiger oder gleichwertiger Ersatzressourcen. Weiterhin wird der Vorrang der Primärsanierung durch den Verhältnismäßigkeitsgrundsatz begrenzt.[223] Roller/Führ sind der Auffassung, dass diesbezüglich der bloße Verweis auf eine anzustellende Verhältnismäßigkeitsprüfung nicht genüge, da sich der Gesetzgeber in diesem Fall seiner Aufgabe entziehe, selbst die wesentlichen Maßstäbe zur Beurteilung einer angemessenen Zuordnung von Aufwand und Ertrag bzw. von Mittel und Zielerfüllung zu bestimmen. Maßstab zur Bestimmung der Verhältnismäßigkeit der primären Sanierung sollen nach Roller/Führ die Kosten einer gleichartigen ergänzenden Sanierung sein. Ein unverhältnismäßiger Kostenaufwand bzgl. der primären Sanierung ist danach (nur dann) anzunehmen, wenn die erforderlichen Kosten erheblich über den Kosten einer gleichartigen ergänzenden Sanierung liegen würden.[224]

Dieser Ansatz lässt jedoch außer acht, dass der europäische Richtliniengeber in Anhang II Nr. 1.3.1 UH-RL bereits differenzierte Kriterien zur Projektbewertung benennt, die bei der Richtlinienumsetzung unmittelbar übernommen werden können. Anhang II Nr. 1.3.1 führt neben den Kosten der Sanierung etwa die Erfolgsaussichten, den ökologischen Nutzen oder die Sanierungsdauer an. Die damit benannten Belange sind auch im Rahmen einer Verhältnismäßigkeitsprüfung zu berücksichtigen. Das ausschließliche Abstellen auf die Kosten der gleichartigen ergänzenden Sanierung als Maßstab der Verhältnismäßigkeitsprüfung würde eine unzulässige Verkürzung darstellen. Es widerspräche dem Zweck der Richtlinie, wenn bereits dann auf Maßnahmen der ergänzenden Sanierung zurückgegriffen werden könnte, wenn sich diese – unabhängig von den sonstigen für die Wieder-

---

[223] Siehe oben Kapitel 3 D. II. 3.
[224] *Roller/Führ*, UH-RL und Biodiversität, S. 89, 92.

herstellung der geschädigten Ressourcen streitenden Belangen – als gegenüber einer möglichen Primärsanierung kostengünstigere Alternative erweisen.

Die Hierarchie der Maßnahmen sollte in den Umsetzungsbestimmungen zum Ausdruck kommen. Weiterhin sollte das Spektrum der gemäß Anhang II Nr. 1.2.1 UH-RL zur Verfügung stehenden Arten der Primärsanierung deutlich werden: Möglich ist eine Sanierung durch natürliche Regeneration der geschädigten Ressourcen und Funktionen oder aber das Ergreifen aktiver Maßnahmen, die zu einer beschleunigten Rückführung in den Ausgangszustand führen. Schließlich ist auf die Notwendigkeit eines Ausgleichs zwischenzeitlicher Verluste hinzuweisen. Eine entsprechende Regelung könnte wie folgt lauten:

> Sanierung § 3: Primäre Sanierung
>
> (1) Zu prüfen sind Maßnahmen, mit denen die natürlichen Ressourcen und Funktionen direkt in einen Zustand versetzt werden, der sie beschleunigt in ihren Ausgangszustand zurückführt, oder aber eine natürliche Wiederherstellung.
>
> (2) Soweit sich die Rückführung der geschädigten Ressourcen und/oder Funktionen in ihren Ausgangszustand als unmöglich erweist oder unverhältnismäßig wäre, wird eine ergänzende Sanierung durchgeführt. Zusätzlich ist eine Sanierung zum Ausgleich zwischenzeitlicher Verluste durchzuführen.

d) Ergänzende Sanierung

Anhang II Nr. 1.1.2 S. 2 UH-RL bestimmt als Ziel der ergänzenden Sanierung die Schaffung eines Zustands, der dem Ausgangszustand der geschädigten Ressourcen und Funktionen gleichkommt. Soweit Maßnahmen an einem anderen Ort als dem geschädigten durchgeführt werden, sollen diese nach Nr. 1.1.2 S. 3 UH-RL zudem – soweit möglich und sinnvoll – in geografischem Zusammenhang mit dem geschädigten Ort stehen, wobei die Interessen der betroffenen Bevölkerung zu berücksichtigen sind.[225]

Auch innerhalb der Kategorie der ergänzenden Sanierung besteht eine Stufenfolge, diese ergibt sich aus Anhang II Nr. 1.2.2 S. 2 UH-RL. Vorrangig ist die Schaffung von Ressourcen oder Funktionen von gleicher Art und Qualität, also eine gleichartige ergänzende Sanierung. Erweist sich diese als unmöglich oder unverhältnismäßig, so können stattdessen ökologisch gleichwertige Ersatzressourcen geschaffen werden.[226] Hierbei sollte durch eine entsprechende Formulierung deutlich gemacht werden, dass die Gleichwertigkeit von Maßnahmen im Rahmen der Sanierung von Biodiversitätsschäden vorrangig anhand des Ziels der Erreichung oder Beibehaltung eines günstigen Erhaltungszustands der geschützten Arten und natürlichen Lebensräume zu bemessen ist. Denn auch die naturschutzrechtliche Eingriffsregelung kennt in § 19 Abs. 2 S. 3 BNatSchG die den Ersatz von Funktionen des Naturhaushalts in „gleichwertiger" Weise, stellt jedoch aufgrund der unterschiedlichen Zielsetzung inhaltlich andere Anforderungen an die Kompensation.[227]

---

[225] Siehe oben Kapitel 3 D. II. 4. c).

[226] Siehe oben Kapitel 3 D. II. 4. a).

[227] Vgl. zur Gleichwertigkeit von Maßnahmen Kapitel 3 D. II. 4. und 5 sowie sogleich Kapitel 4 E. II. 1. b).

Die Verhältnismäßigkeit der Maßnahmen bestimmt sich wiederum anhand der in Anhang II Nr. 1.3.1 UH-RL bzw. der entsprechenden Umsetzungsnorm genannten Kriterien. Nach Roller/Führ soll zur Bestimmung der Verhältnismäßigkeit von Maßnahmen der gleichartigen ergänzenden Sanierung ausschließlich auf das Sanierungserfordernis, also die naturschutzfachliche Wertigkeit der betroffenen Schutzgüter, und das Ausmaß der Beeinträchtigung abgestellt werden.[228] Dies begegnet den bereits hinsichtlich der primären Sanierung dargelegten Einwänden. Auf eine Übernahme des Anhangs II Nr. 1.2.2 S. 3 UH-RL, wonach eine Qualitätsminderung durch eine quantitative Steigerung der Sanierungsmaßnahmen ausgeglichen werden kann, sollte verzichtet werden. Es besteht die Gefahr, dass hierdurch der Vorrang der gleichartigen ergänzenden Sanierung aufgeweicht würde.

Es wird die folgende Formulierung vorgeschlagen:

Sanierung § 4: Ergänzende Sanierung

(1) Die ergänzende Sanierung ist darauf gerichtet, gegebenenfalls an einem anderen Ort, einen Zustand der natürlichen Ressourcen und/oder deren Funktionen herzustellen, der einer Rückführung des geschädigten Ortes in seinen Ausgangszustand gleichkommt. Dieser andere Ort soll mit dem geschädigten Ort geografisch im Zusammenhang stehen, wobei die Interessen der betroffenen Bevölkerung zu berücksichtigen sind.

(2) Im Rahmen der ergänzenden Sanierung werden vorrangig Maßnahmen geprüft, durch die natürliche Ressourcen und/oder Funktionen in gleicher Art und Qualität wie die geschädigten Ressourcen und/oder Funktionen hergestellt werden. Erweist sich dies als unmöglich oder wäre die Herstellung gleichartiger Ressourcen und/oder Funktionen unverhältnismäßig, so werden im Hinblick auf das Ziel der Erreichung oder Beibehaltung eines günstigen Erhaltungszustands der Arten und natürlichen Lebensräume gleichwertige natürliche Ressourcen und/oder Funktionen bereitgestellt.

e) Sanierung zum Ausgleich zwischenzeitlicher Verluste

Ziel der Ausgleichssanierung ist es, zwischenzeitliche Verluste von Ressourcen und Funktionen zu kompensieren, die durch die langen Entwicklungszeiten von Biotopen entstehen können. Wie auch bei der ergänzenden Sanierung gilt für den Ausgleich zwischenzeitlicher Verluste nach Anhang II Nr. 1.2.2 UH-RL ein Vorrang der gleichartigen Sanierung. Erweist sich diese als unmöglich oder unverhältnismäßig, können zum Ausgleich auch ökologisch lediglich gleichwertige Ressourcen und Funktionen geschaffen werden.

In Anhang II Nr. 1.1.3 S. 3 UH-RL findet sich der Hinweis, dass die Sanierung zwischenzeitlicher Verluste keine finanzielle Entschädigung für Teile der Öffentlichkeit beinhalte. Dieser Klarstellung bedarf es jedoch nur vor dem Hintergrund des US-Rechts, das eine monetäre Kompensation zwischenzeitlicher Verluste als *compensable value* kennt.[229] Demgegenüber ist die Sanierung nach der Richtlinie auf Maßnahmen der Naturalkompensation beschränkt, weshalb auf die Übernahme der Bestimmung verzichtet werden kann. Eine entsprechende Regelung könnte wie folgt lauten:

---

[228] *Roller/Führ*, UH-RL und Biodiversität, S. 89.
[229] Siehe oben Kapitel 3 B. II. 3.

Sanierung § 5: Sanierung zum Ausgleich zwischenzeitlicher Verluste

(1) Die Sanierung zum Ausgleich zwischenzeitlicher Verluste besteht aus zusätzlichen Verbesserungen der natürlichen Lebensräume und Arten entweder an dem geschädigten oder an einem anderen Ort.

(2) § 4 Absatz 2 findet entsprechende Anwendung.

Der Verweis auf § 4 Abs. 2 des Formulierungsvorschlags stellt klar, dass auch im Rahmen der Sanierung zum Ausgleich zwischenzeitlicher Verluste die gleichartige Sanierung vorrangig ist.

3. Bestimmung des Sanierungsumfangs

Anhang II Nr. 1.2.2 und Nr. 1.2.3 UH-RL geben eine Hierarchie der anzuwendenden Bewertungsansätze wird vor: Vorrangig ist die naturschutzfachliche Bewertung und Bilanzierung, erst an zweiter Stelle steht der Einsatz ökonomischer und sonstiger Bewertungsmethoden. Ökonomische Methoden ermitteln eine Gleichheit auf der Ebene der Wertschätzung durch die Bevölkerung.[230] Aufgrund der fehlenden Erfahrung mit dem Einsatz ökonomischer Methoden zur Ermittlung von Wiederherstellungsmaßnahmen ist fraglich, inwieweit diese in Deutschland eine Anwendungsrelevanz erlangen werden. Da die UH-RL diese Möglichkeit jedoch explizit eröffnet, andererseits aber gleichzeitig den Vorrang naturschutzfachlicher Verfahren und somit der Ermittlung der Gleichwertigkeit auf der Ebene der ökologischen Funktionsfähigkeit festschreibt, sollten diesbezüglich normative Vorgaben erfolgen. Auch die durch Anhang II Nr. 1.2.3 S. 3 UH-RL explizit eröffnete Möglichkeit einer Bewertung nach dem *value-to-cost approach* sollte geregelt werden.

Der Vorschlag von Roller/Führ verzichtet auf eine Übernahme der entsprechenden Richtlinienvorgaben. Es solle keine gesetzliche Festschreibung der zu verwendenden fachwissenschaftlichen Bilanzierungs- und Bewertungsmethoden erfolgen, um die Aufnahmefähigkeit für Erkenntnisfortschritte in Wissenschaft und Praxis zu erhalten.[231] Jedoch enthalten Anhang II Nr. 1.2.2 und Nr. 1.2.3 UH-RL gerade keine Festlegung auf bestimmte Methoden.

Der weiterhin in Anhang II Nr. 1.2.2 UH-RL geregelte Vorrang der gleichartigen Sanierung wurde bereits in den §§ 4 und 5 der vorgeschlagenen Sanierungsbestimmungen verankert. Anhang II Nr. 1.2.3 S. 4 und S. 5 UH-RL sehen schließlich vor, dass Maßnahmen der ergänzenden Sanierung und der Sanierung zwischenzeitlicher Verluste so beschaffen sein sollten, dass durch sie zusätzliche Ressourcen und Funktionen geschaffen werden, die den zeitlichen Präferenzen und dem zeitlichen Ablauf der Sanierung entsprechen. Die hierdurch aufgeworfene Frage der Diskontierung sollte der Klärung durch die Fachwissenschaften überlassen werden.[232]

Entsprechend der vorstehenden Erörterungen wird die folgende Formulierung vorgeschlagen:

---

[230] Siehe oben Kapitel 3 E. I. 2.
[231] *Roller/Führ*, UH-RL und Biodiversität, S. 87; *Duikers*, Umwelthaftung, S. 227.
[232] Siehe oben Kapitel 3 D. III. 4.

Sanierung § 6: Festlegung des Sanierungsumfangs

(1) Bei der Festlegung des Umfangs der ergänzenden Sanierungsmaßnahmen und der Maßnahmen der Sanierung zum Ausgleich zwischenzeitlicher Verluste ist zunächst die Anwendung von Bewertungs- und Bilanzierungsmethoden zu prüfen, die auf der ökologischen Gleichwertigkeit von Ressourcen oder Funktionen beruhen.

(2) Erweist sich die Anwendung der in Absatz 1 genannten Konzepte als unmöglich, können andere Bewertungsmethoden angewandt werden.

(3) Ist eine Bewertung des Verlustes an Ressourcen und/oder Funktionen möglich, eine Bewertung des Ersatzes der natürlichen Ressourcen und/oder Funktionen jedoch innerhalb eines angemessenen Zeitrahmens unmöglich oder mit unangemessenen Kosten verbunden, so kann die zuständige Behörde Sanierungsmaßnahmen anordnen, deren Kosten dem geschätzten Geldwert des entstandenen Verlustes an natürlichen Ressourcen und/oder Funktionen entsprechen.

(4) Die zuständige Behörde kann die Methode zur Ermittlung des Umfangs der erforderlichen Sanierungsmaßnahmen vorschreiben.[233]

4. Auswahl geeigneter Sanierungsoptionen

Anhang II Nr. 1.3.1 UH-RL gibt Kriterien vor, anhand derer die zuvor unter Beachtung der Präferenz der Richtlinie für eine gleichartige Wiederherstellung ermittelten Sanierungsoptionen zu beurteilen sind, etwa die Erfolgsaussichten der verschiedenen Optionen oder die voraussichtliche Sanierungsdauer. Dies soll die Berücksichtigung wichtiger Belange bei der Auswahl der durchzuführenden Maßnahmen sicherstellen und die Wahl unverhältnismäßiger Sanierungsalternativen verhindern. Die genannten Kriterien lenken das Auswahlermessen der zuständigen Behörde. Gemäß Anhang II Nr. 1.3.1 UH-RL ist die Bewertung unter Nutzung der besten verfügbaren Technik vorzunehmen, was in der Regel eine fachliche Bewertung voraussetzt. Die in Anhang II Nr. 1.3.1 UH-RL genannten Kriterien sind für eine unmittelbare Übernahme durch die Umsetzungsgesetzgebung geeignet.[234] Was die Berücksichtigung der einschlägigen sozialen, wirtschaftlichen und kulturellen Belange und sonstiger ortsspezifischer Faktoren anbelangt, wurde in Kapitel 3 D. IV. 1. festgestellt, dass aufgrund systematischer Erwägungen eine Beschränkung auf zwingende Gründe des überwiegenden öffentlichen Interesses geboten ist. Aus dem Normtext sollte deutlich werden, dass die aufgeführten Bewertungskriterien nicht abschließend sind. Eine entsprechende Regelung könnte wie folgt lauten:

Sanierung § 7: Wahl der Sanierungsoptionen

Zur Ermittlung angemessener Sanierungsmaßnahmen sind die nach Maßgabe der §§ 2-6 ermittelten Sanierungsoptionen unter Nutzung der besten verfügbaren Techniken insbesondere anhand folgender Kriterien zu bewerten:

- Auswirkung jeder Option auf die öffentliche Gesundheit und die öffentliche Sicherheit;
- Kosten für die Durchführung der Option;
- Erfolgsaussichten jeder Option;

---

[233] Absatz 4 stellt eine Umsetzung von Anhang II Nr. 1.2.3 S. 2 UH-RL dar.
[234] Vgl. *Roller/Führ*, UH-RL und Biodiversität, S. 90.

- inwieweit durch jede Option künftiger Schaden verhütet wird und zusätzlicher Schaden als Folge der Durchführung der Option vermieden wird;
- inwieweit jede Option einen Nutzen für jede einzelne Komponente der natürlichen Ressource und/oder der Funktion darstellt;
- inwieweit jede Option zwingende Gründe des überwiegenden öffentlichen Interesses und andere ortsspezifische Faktoren berücksichtigt;
- wie lange es dauert, bis die Sanierung des Umweltschadens durchgeführt ist;
- inwieweit es mit der jeweiligen Option gelingt, den Ort des Umweltschadens zu sanieren;
- geografischer Zusammenhang mit dem geschädigten Ort.

Gemäß Anhang II Nr. 1.3.2 UH-RL können bei der Bewertung der verschiedenen Sanierungsoptionen auch primäre Sanierungsmaßnahmen ausgewählt werden, mit denen die geschädigte Ressource nicht vollständig oder nur langsamer in den Ausgangszustand zurückversetzt wird, sofern verstärkt Maßnahmen der ergänzenden Sanierung und Ausgleichssanierung getroffen werden. In Kapitel 3 zeigte sich, dass der Regelung lediglich klarstellende Funktion zukommt. Bei Unverhältnismäßigkeit einer vollständigen Primärsanierung oder der beschleunigten Rückführung in den Ausgangszustand kann ein Ausgleich durch verstärkte Maßnahmen der ergänzenden Sanierung durchgeführt werden. Dies ergibt sich jedoch bereits aus den vorangehenden Sanierungsbestimmungen. Auf eine Übernahme des Anhangs II Nr. 1.3.2 UH-RL sollte daher verzichtet werden. Auch hier bestünde die Gefahr, einem vorschnellen Ausweichen auf Maßnahmen der ergänzenden Sanierung und dem Verzicht auf die Wiederherstellung des geschädigten Standorts Vorschub zu leisten.

Schließlich kann die zuständige Behörde nach Anhang II Nr. l.3.3 UH-RL von der Ergreifung weiterer Sanierungsmaßnahmen absehen, wenn alle Gesundheitsrisiken und das Risiko weiterer Umweltschäden beseitigt wurden und die Ergreifung weiterer Maßnahmen unverhältnismäßig wäre. Auch diese Regelung kann weitgehend übernommen werden. Obwohl vorliegend eine Regelung der Sanierung von Biodiversitätsschäden in Frage steht, ist an dieser Stelle eine Bezugnahme auf das Schutzgut Gewässer erforderlich. Denn nach den Vorgaben der Richtlinie kann von weiteren Maßnahmen nur abgesehen werden, wenn sichergestellt ist, dass auch keine weiteren Gewässerschäden drohen. Es wird daher die folgende Formulierung vorgeschlagen:

Sanierung § 8: Absehen von weiteren Sanierungsmaßnahmen

Die zuständige Behörde kann entscheiden, dass keine weiteren Sanierungsmaßnahmen ergriffen werden, wenn

a) mit den bereits ergriffenen Sanierungsmaßnahmen sichergestellt wird, dass kein erhebliches Risiko einer Beeinträchtigung der menschlichen Gesundheit, von Gewässern oder von Arten und natürlichen Lebensräumen mehr besteht, und

b) die Kosten der zur Herstellung des Ausgangszustands oder eines vergleichbaren Zustands erforderlichen Sanierungsmaßnahmen in keinem angemessenen Verhältnis zu dem Nutzen stehen, der für die Umwelt erreicht werden soll.

E. Anwendung der Sanierungsvorgaben

I. Verhältnis des Umweltschadensrechts zu anderen Rechtsvorschriften

§ 1 USchadG bestimmt das Verhältnis zu anderen Rechtsvorschriften wie folgt:

> „Dieses Gesetz findet Anwendung, soweit Rechtsvorschriften des Bundes oder der Länder die Vermeidung und Sanierung von Umweltschäden nicht näher bestimmen oder in ihren Anforderungen diesem Gesetz nicht entsprechen. Rechtsvorschriften mit weitergehenden Anforderungen bleiben unberührt."

Laut Gesetzesbegründung zu § 1 setzt das USchadG zum einen nur einen Rahmen, der einer Konkretisierung und Ergänzung durch die fachrechtlichen Vorschriften bedarf. Zum anderen soll das Gesetz lediglich einen Mindeststandard vorgeben, der die Umsetzung der UH-RL gewährleisten soll.[235] Rechtsvorschriften mit weitergehenden Anforderungen sind zum einen solche, die sachlich einen anderen „weitergehenden" Anwendungsbereich haben, zum anderen solche, die inhaltlich strengere Anforderungen an die Verantwortlichkeit für Umweltschäden stellen. Als Beispiele werden das BBodSchG, die naturschutzrechtliche Eingriffsregelung sowie die allgemeinen polizeirechtlichen Normen genannt, die nicht nur berufliche Tätigkeiten und Gefahren für Umweltgüter erfassen.[236] Dem Wortlaut nach („dieses Gesetz") betrifft die Subsidiaritätsklausel des § 1 USchadG nur die Bestimmungen des USchadG selbst. Nach Systematik sowie Sinn und Zweck der Regelung werden jedoch auch die in WHG und BNatSchG neu eingefügten Normen erfasst. So nimmt etwa § 21a BNatSchG eine Ausgestaltung des in § 2 Nr. 1 USchadG allgemein angelegten Umweltschadensbegriffs vor, der aber seinerseits nach § 1 USchadG gegenüber weiterreichenden Regelungen zurücktritt.

II. Sanierungsanforderungen im Vergleich zum bestehenden Naturschutzrecht

Zwar unterscheiden sich die naturschutzrechtliche Eingriffsregelung[237], FFH-Ausgleich[238] und Umwelthaftung grundlegend in ihrer Perspektive: Bei Eingriffsregelung und FFH-Verträglichkeitsprüfung werden Kompensationsmaßnahmen *ex ante* im Rahmen eines Zulassungsverfahrens festgelegt, während für die Sanierung von Umweltschäden nach der UH-RL eine Ex-post-Betrachtung erforderlich ist. Gemeinsam ist den genannten Instrumenten aber das Ziel der Vermeidung und Kompensation von Beeinträchtigungen des Naturhaushalts bzw. seiner Bestandteile. Die Kompensationssystematik der Eingriffsregelung ist in der Praxis fest verankert. Umso wichtiger scheint es daher, Unterschiede in den Sanierungsanforderungen herauszuarbeiten.

---

[235] Gesetzesbegründung BT-Drs. 16/3806, S. 19.
[236] Gesetzesbegründung BT-Drs. 16/3806, S. 20.
[237] Siehe Kapitel 4 A. I. 1. a).
[238] Siehe Kapitel 4 A. I. 1. c).

1. Naturschutzrechtliche Eingriffsregelung

Nach der naturschutzrechtlichen Eingriffsregelung ist der Vorhabenträger zur Kompensation nicht vermeidbarer projekt- und vorhabenbedingter Beeinträchtigungen durch Maßnahmen des Naturschutzes und der Landschaftspflege verpflichtet. Auch die Umwelthaftungsrichtlinie sieht Kompensationspflichten des Verursachers für Beeinträchtigungen bestimmter Naturgüter vor. Jedoch unterscheiden sich sowohl die erfassten Schutzgüter als auch die Anforderungen an mögliche Kompensationsmaßnahmen zum Teil deutlich.

a) Sanierungserfordernisse der Eingriffsregelung

Die naturschutzrechtliche Eingriffsregelung strebt die Erhaltung der Leistungs- und Funktionsfähigkeit des Naturhaushalts insgesamt und des Landschaftsbildes im Sinne der Gewährleistung eines flächendeckenden Mindestschutzes an. Sie ist daher nicht auf bestimmte besonders zu schützende Biotope, Schutzgebiete oder Arten beschränkt. Liegen die tatbestandsmäßigen Voraussetzungen eines Eingriffs vor,[239] so greift das Rechtsfolgenprogramm des § 19 BNatSchG, der die Grundprinzipien des naturschutzrechtlichen Eingriffsausgleichs normiert.[240] § 19 Abs. 1 und 2 BNatSchG sehen eine Stufenfolge von Vermeidung, Ausgleich und Ersatz vor. Sind Beeinträchtigungen nicht zeitnah durch Ausgleichs- oder Ersatzmaßnahmen kompensierbar, ist der Eingriff nach § 19 Abs. 3 BNatSchG grundsätzlich unzulässig, es sei denn die Gründe für den Eingriff überwiegen bei einer Abwägung die Belange von Natur und Landschaft. Für diesen Fall können die Länder gemäß § 19 Abs. 4 BNatSchG die Zahlung eines Ersatzgelds vorsehen.

Für Ausgleichs- und Ersatzmaßnahmen bestehen unterschiedliche Anforderungen hinsichtlich des räumlichen und funktionalen Zusammenhangs. Die nach § 19 Abs. 2 S. 1 BNatSchG vorrangigen Ausgleichsmaßnahmen sind darauf gerichtet, die beeinträchtigten Funktionen des Naturhaushalts wiederherzustellen sowie das Landschaftsbild wiederherzustellen oder landschaftsgerecht neu zu gestalten.[241] Sie müssen daher einen engen funktionalen Zusammenhang mit den vorhabenbedingten Beeinträchtigungen aufweisen. Erforderlich ist, dass die beeinträchtigten Funktionen des Naturhaushalts bzw. das Landschaftsbild gleichartig wiederhergestellt werden.[242] Weiterhin sind die Maßnahmen grundsätzlich in engem räumlichem Zusammenhang zum Eingriff vorzunehmen. Insgesamt muss nach der Rechtsprechung des BVerwG in dem betroffenen Landschaftsraum ein Zustand geschaffen werden, der in gleicher Art, mit gleichen Funktionen und ohne Preisgabe wesentlicher Faktoren des optischen Beziehungsgefüges den vor dem Eingriff vorhandenen Zustand in weitest möglicher Annäherung fortführt.[243] Schließ-

---

239   Siehe oben Kapitel 4 A. I. 1. a).

240   Siehe oben Kapitel 4 A. I. 1. a).

241   § 19 Abs. 2 S. 2 BNatSchG.

242   OVG Berlin, NVwZ 1983, 416 (417); *Sparwasser/Wöckel*, NVwZ 2004, 1189 (1191); *Kloepfer*, Umweltrecht, § 11 Rn. 94.

243   BVerwGE 85, 348 (360) = BVerwG NuR 1991, 124 (127); so auch VGH Mannheim, NuR 1995, 358 (359); vgl. *Durner*, NuR 2002, 601 (603); *Kuschnerus*, NVwZ 1996, 235 (239); *Lorz/Müller/Stöckel*, BNatSchG, § 19 Rn. 13; *Sparwasser/Wöckel*, NVwZ 2004, 1189 (1191).

lich ist der Erholungswert der Landschaft zu berücksichtigen, da das Landschaftsbild sowohl rein ästhetisch-optisch als auch funktional-räumlich im Sinne der Erhaltung der Kulturlandschaft und ihrer Erholungsfunktion geschützt wird.[244] Die Pflicht zum Ausgleich findet dort ihre Grenze, wo ihre Erfüllung unmöglich oder unverhältnismäßig ist.[245]

Demgegenüber sollen Beeinträchtigungen durch Ersatzmaßnahmen nach § 19 Abs. 2 S. 3 BNatSchG in sonstiger Weise kompensiert, d.h. die beeinträchtigten Funktionen des Naturhaushalts in gleichwertiger Weise ersetzt und das Landschaftsbild landschaftsgerecht neu gestaltet werden. Daher genügt für Ersatzmaßnahmen ein gelockerter funktionaler Zusammenhang, auch müssen die Maßnahmen nicht im selben Landschaftsraum erfolgen. Der Ersatz muss aber auf den betroffenen Naturraum einschließlich seines Naturhaushalts zurückwirken und der dort wohnenden Bevölkerung zugute kommen.[246] Jedenfalls dann, wenn der Bereich, in dem Ersatzmaßnahmen durchgeführt werden sollen, durch bioökologische Wechselbeziehungen mit dem Eingriffsort verbunden ist, ist dem Erfordernis eines räumlichen Bezugs auch bei größeren Entfernungen genügt.[247]

Nach § 19 Abs. 3 S. 1 BNatSchG hat der Eingriffsausgleich „in angemessener Frist" zu erfolgen. Kann ein Ausgleich innerhalb eines überschaubaren Zeitraums nach dem Eingriff aufgrund der langen Entwicklungszeiten von Biotopen nicht erfolgen, so wird die Ausgleichbarkeit durch die Rechtsprechung i.d.R. verneint.[248] Zum Teil werden Entwicklungszeiten bei der Ermittlung des erforderlichen Sanierungsumfangs in Form von standardisierten Abschlägen auf die Wertigkeit der geplanten Biotope berücksichtigt.[249] Für die Durchführung von Kompensationsmaßnahmen kommen schließlich nur solche Flächen in Betracht, die aufwertungsbedürftig und -fähig sind.[250]

---

[244] VG Freiburg, NuR 2004, 259 ff.

[245] *Sparwasser/Engel/Voßkuhle*, Umweltrecht, § 6 Rn. 144.

[246] Vgl. *SRU*, Sondergutachten Naturschutz 2002, S. 129, Tz. 324; *Sparwasser/Engel/Voßkuhle*, Umweltrecht, § 6 Rn. 146. Welcher Raum noch von den genannten Vorschriften erfasst wird lässt sich nicht metrisch festlegen, sondern hängt von den jeweiligen ökologischen Gegebenheiten ab.

[247] BVerwG, NuR 1997, 87 (88); BVerwG, NuR 2004, 795 (803); BVerwG, NuR 2005, 177; vgl. weiterhin *Durner*, NuR 2001, 601 (604).

[248] Vgl. VGH Mannheim, NuR 1984, 102 (105); VG Karlsruhe, NuR 1990, 332. Beispielsweise sind etwa bei Streuobstwiesen mit sehr alten Baumbeständen bis zur Erreichung eines dem Ausgangszustand vergleichbaren Zustands Entwicklungszeiten von bis zu 100 Jahren erforderlich.

[249] Vgl. *Ellinghoven/Brandenfels*, NuR 2004, 564 (568); *Sparwasser/Wöckel*, UPR 2004, 246 (251); diesbzgl. kritisch *Kuschnerus*, NVwZ 1996, 235 (239): Angesichts der Dynamik des Naturhaushalts mit seinem Wirkungsgefüge reiche es aus, wenn die Ausgleichsmaßnahmen Rahmenbedingungen für die Entwicklung gleichartiger Verhältnisse wie vor der als Eingriff zu wertenden Veränderung schaffen. So auch OVG Münster, NVwZ-RR 1995, 10 (13).

[250] Diese Voraussetzung ist erfüllt, wenn die Flächen in einen Zustand versetzt werden können, der im Vergleich zum früheren ökologisch höherwertig ist; BVerwG, NuR 1997, 87.

Für nicht ausgleichbare oder in sonstiger Weise kompensierbare Beeinträchtigungen können die Länder nach § 19 Abs. 4 BNatSchG einen Ersatz in Geld (Ersatzzahlung) vorsehen. Die Zulassung des Vorhabens setzt in diesem Fall jedoch zunächst voraus, dass sich im Rahmen der Abwägung ein Vorrang der für den Eingriff streitenden Belange ergibt.[251] Die Zahlungen sind für Zwecke des Naturschutzes und der Landschaftspflege zu verwenden, ihre Höhe hat sich am konkreten Einzelfall zu orientieren.[252] Die finanzierten Maßnahmen müssen bereits aufgrund verfassungsrechtlicher Anforderungen wenigstens ansatzweise aus der verursachten Beeinträchtigung ableitbar sein.[253]

b) Vergleichende Betrachtung

Durch das Instrument der Umwelthaftung soll u.a. dem zunehmenden Verlust an biologischer Vielfalt entgegengewirkt werden. Als Schutzgut werden daher (neben Gewässern und Boden) nur bestimmte Lebensraumtypen und Arten sowie deren Habitate erfasst, während die Eingriffsregelung alle Funktionen des Naturhaushalts einschließt. Das Rechtsfolgenprogramm des Anhangs II Nr. 1 UH-RL sieht aufgrund der Funktion der Richtlinie als Haftungsinstrument vorrangig die Wiederherstellung des Ausgangszustands der geschädigten Ressourcen und Funktionen am Schadensort durch Maßnahmen der primären Sanierung vor. Demgegenüber findet sich eine Wiederherstellungspflicht im Rahmen der naturschutzrechtlichen Eingriffsregelung nur im Landesrecht für den Fall rechtswidriger Eingriffe. Soweit eine Wiederherstellung nicht möglich ist, sind Beeinträchtigungen nach der UH-RL durch Maßnahmen der ergänzenden Sanierung zu kompensieren.

Bei der Kompensation von Beeinträchtigungen durch Maßnahmen der ergänzenden Sanierung und Ausgleichssanierung ist wie auch im Rahmen der Eingriffsregelung die Herstellung gleichartiger Ressourcen und Funktionen vorrangig.[254] Allerdings darf dies nicht darüber hinwegtäuschen, dass die UH-RL eine eigenständige Begriffsbestimmung vornimmt: Zur Beurteilung der Gleichartigkeit von Kompensationsmaßnahmen im Rahmen der Umwelthaftung ist auf das Ziel der Erhaltung geschützter Arten und natürlicher Lebensräume sowie der Wahrung der Kohärenz des Netzes Natura 2000 abzustellen. Gegenstand der Kompensation ist die Beeinträchtigung geschützter Arten und natürlicher Lebensräume nach FFH- und VSch-RL; sonstigen Funktionen der geschädigten Ressourcen kommt allenfalls eine untergeordnete Bedeutung zu. Im Hinblick auf den räumlichen Zusammenhang von Schadensort und Kompensationsfläche bestimmt Anhang II Nr. 1.1.2 UH-RL, dass dieser gewahrt werden soll, „soweit dies möglich und

---

[251] Vgl. *Lorz/Müller/Stöckel*, BNatSchG, § 19 Rn. 41.

[252] VGH Kassel, NuR 1993, 334; *Sparwasser/Wöckel*, NVwZ 2004, 1187 (1193 ff.). In einigen Ländern, etwa Baden-Württemberg, bestehen spezielle Naturschutzfonds, vgl. § 21 Abs. 5 NatSchG BW.

[253] Vgl. *P. Fischer-Hüftle/A. Schumacher*, in: Schumacher/Fischer-Hüftle, BNatSchG, § 19 Rn. 137; *Marticke*, NuR 1996, 387; *Sparwasser/Wöckel*, NVwZ 2004, 1189 (1193 f.). Eine Loslösung der Mittelverwendung vom konkreten Eingriff stünde im Widerspruch zum Prinzip des Steuerstaates, wonach der allgemeine Finanzbedarf zur Erfüllung öffentlicher Aufgaben, namentlich auch des Umweltschutzes, allein durch Steuern gedeckt werden darf.

[254] Siehe oben Kapitel 3 D. II. 4. a).

sinnvoll ist". Wie eng der räumlich-funktionale Zusammenhang sein muss, um Kompensationsmaßnahmen noch als gleichartig i.S.d. Richtlinie einstufen zu können, ist primär eine naturschutzfachliche Frage.

Im Rahmen der Eingriffsregelung wird die Berücksichtigung der Entwicklungszeiten von Biotopen unter dem Stichwort „time lag" diskutiert und z.T. bei der Bemessung der Ausgleichs- und Ersatzmaßnahmen eingerechnet. Demgegenüber sind zwischenzeitliche Verluste natürlicher Ressourcen und Funktionen nach der UH-RL zwingend zu kompensieren. Anhang II Nr. 1 sieht diesbezüglich mit der Ausgleichssanierung eine eigene Maßnahmenkategorie vor.

Anders als die Eingriffsregelung enthält Anhang II Nr. 1 UH-RL schließlich Vorgaben zu den anzuwendenden Bewertungs- und Bilanzierungsansätzen.[255] Auch bei der Anwendung ökonomischer und sonstiger Methoden hat der Ausgleich nach der UH-RL stets *in natura* zu erfolgen, sie werden lediglich herangezogen, um den erforderlichen Umfang der seitens des Verantwortlichen durchzuführenden Sanierungsmaßnahmen zu ermitteln. Anders als die Eingriffsregelung, die etwa für den Fall, dass geeignete Flächen nicht zur Verfügung stehen, die Anordnung einer Ersatzzahlung ermöglicht, kennt die UH-RL somit keine monetäre Kompensation. Soweit geeignete Flächen für eine gleichartige Kompensation nicht verfügbar sind, kann sich allerdings auch nach Anhang II Nr. 1 der Richtlinie ein stark gelockerter funktionaler Zusammenhang ergeben.

2. FFH-Ausgleich

Zwar ist das Instrument der Umwelthaftung – jedenfalls auch – auf eine Ergänzung und haftungsrechtliche Flankierung des FFH-Regimes angelegt. Dennoch unterscheiden sich die Sanierungsanforderungen im Falle eines Biodiversitätsschadens von denen für Kohärenzsicherungsmaßnahmen im Rahmen der Vorhabenzulassung nach Durchführung einer FFH-Verträglichkeitsprüfung.

a) Sanierungsanforderungen nach § 34 BNatSchG

§ 34 BNatSchG setzt die Vorgaben des Art. 6 Abs. 3 und 4 FFH-RL im deutschen Recht rahmenrechtlich um. Soll ein Vorhaben trotz eines negativen Ergebnisses der Verträglichkeitsprüfung[256] aus zwingenden Gründen des überwiegenden öffentlichen Interesses ausnahmsweise zugelassen werden, so sind gemäß § 34 Abs. 5 S. 1 BNatSchG Ausgleichsmaßnahmen zur Sicherung der ökologischen Kohärenz des Netzes Natura 2000 vorzusehen. Die Ausgleichspflicht ist einer Abwägung nicht zugänglich, Ausnahmen sieht weder die FFH-RL noch § 34 BNatSchG vor.[257] Zu den inhaltlichen Anforderungen an die Durchführung des Ausgleichs existiert soweit ersichtlich auf europäischer Ebene bislang keine

---

[255] Zu den Bewertungsansätzen vgl. Kapitel 3 D. III.

[256] Zur FFH-Verträglichkeitsprüfung siehe Kapitel 2 A.

[257] *J. Schumacher/A. Schumacher*, in: Schumacher/Fischer-Hüftle, BNatSchG, § 34 Rn. 72; *Ramsauer*, NuR 2000, 601 (607). Kann der Verpflichtung, die auftretenden Beeinträchtigungen durch Sicherungsmaßnahmen auszugleichen, nicht nachgekommen werden, so ist die Zulassung einer Ausnahme nicht möglich und das Vorhaben ist zu untersagen, vgl. OVG Lüneburg, NuR 1999, 522 (524); *Schink*, DÖV 2002, 45 (56).

Rechtsprechung.[258] Nationale verwaltungsgerichtliche Rechtsprechung[259] ist ebenfalls nur in Ansätzen vorhanden. Herangezogen werden können jedoch zwei
(rechtlich unverbindliche) Leitfäden der Europäischen Kommission zum Natura
2000-Gebietsmanagement[260] und die einschlägige Literatur.

Die Landesnaturschutzgesetze verknüpfen das Kompensationserfordernis des
§ 34 Abs. 5 S. 1 BNatSchG zum Teil mit dem allgemeinen naturschutzrechtlichen
Eingriffsausgleich,[261] andere Bundesländer übernehmen die Formulierung des
BNatSchG.[262] Zwischenzeitlich hat sich die Ansicht durchgesetzt, dass die Anforderungen an den Ausgleich von Eingriffen in Natura 2000-Gebiete aufgrund §§ 34
ff. BNatSchG nicht mit denen der Eingriffsregelung identisch sind. Der FFH-
Ausgleich bezweckt den Schutz der Kohärenz des ökologischen Netzes Natura 2000, nicht aber den Ausgleich sonstiger Eingriffswirkungen.[263] Aufgrund der
unterschiedlichen Zielrichtung kann es notwendig sein, beide Kompensationsin-
strumente nebeneinander anzuwenden.[264]

Die vorzusehenden Maßnahmen sind nach Art. 6 Abs. 4 FFH-RL bzw. § 34
Abs. 5 S. 1 BNatSchG auf die Sicherung der Funktionsfähigkeit des ökologischen
Netzes Natura 2000 gerichtet.[265] Eingriffe in das FFH-relevante ökologische
Wechselbeziehungsgefüge sollen ausgeglichen werden.[266] Funktional sind die
Maßnahmen somit immer auf das Vernetzungsziel, sowie die Erhaltungsziele und
Schutzzwecke des betroffenen Gebiets auszurichten.[267] Sie müssen Funktionen
vorsehen, die mit den Funktionen vergleichbar sind, auf Grund derer die Auswahl
des ursprünglichen Gebiets begründet war, insbesondere was die angemessene
geografische Verteilung der in Frage stehenden Arten und Habitate betrifft.[268]

---

[258] Die zahlreichen Urteile des EuGH zur FFH- und VSch-RL betreffen überwiegend die
mitgliedstaatliche Pflicht zur Schutzgebietsausweisung und die grundsätzliche Anwendbarkeit des Verfahrens nach Art. 6 Abs. 3 und 4 FFH-RL; vgl. etwa EuGH, Rs.
C- 117/03 (Dragaggi), NuR 2005, 242 f.

[259] Vgl. *Hösch*, NuR 2004, 348 (354).

[260] *Europäische Kommission*, Natura 2000-Gebietsmanagement – Die Vorgaben des Art. 6
der Habitat-Richtlinie 92/43/EWG (2000); *Europäische Kommission*, Auslegungsleitfaden zu Artikel 6 Absatz 4 der ‚Habitat-Richtlinie' 92/43/EWG (2007).

[261] Vgl. Art. 49a Abs. 4 BayNatSchG, wonach „die festzulegenden Ausgleichs- und Ersatzmaßnahmen" dazu beitragen sollen, die Kohärenz des Netzes Natura 2000 sicherzustellen.

[262] Vgl. § 38 Abs. 5 NatSchG BW; § 48d Abs. 7 LG NRW.

[263] *Ramsauer*, NuR 2000, 601 (608).

[264] Vgl. den Gesetzesentwurf zur Änderung des BNatSchG, BT-Drs. 13/6442 S. 9 f. (zu
§ 19d Abs. 4 BNatSchG); explizit auch § 39 Abs. 2 NatSchG BW; BVerwG,
DVBl. 2004, 642 ff.

[265] BVerwG, NuR 2000, 448 (453).

[266] BVerwG NuR 2002, 739 (745).

[267] *Schink*, DÖV 2002, 45 (56); *Baumann et al.*, NuL 1999, 463 (470).

[268] *Europäische Kommission*, Leitfaden Art. 6 Abs. 4 FFH-RL, S. 14. In ihrem Leitfaden
von Januar 2007 leitet die Kommission auch entsprechende Kriterien für Kohärenzsicherungsmaßnahmen bei Vogelschutzgebieten ab, wobei zu berücksichtigen sei, dass
die VSch-RL weder biogeografische Regionen noch eine Auswahl auf Gemeinschafts-
ebene vorsieht. Voraussetzung ist danach, dass durch die Maßnahmen die Funktionen

Hingegen besteht im Unterschied zur Eingriffsregelung keine Möglichkeit, Ausgleichsdefizite durch funktional andere Maßnahmen oder durch Ersatzzahlungen zu kompensieren.[269] Auch wird durch den FFH-Ausgleich nur ein Teilausschnitt der Funktionsfähigkeit des Naturhaushalts erfasst. Das Landschaftsbild ist nicht Schutzgut der FFH- und VSch-RL und spielt daher bei der Bestimmung von Ausgleichsmaßnahmen keine Rolle.[270]

Die Maßnahmen zur Sicherung der globalen Kohärenz des Netzes Natura 2000 müssen die beeinträchtigten Arten und Lebensräume in vergleichbarer Dimension erfassen und sich auf die gleiche biogeografische Region im gleichen Mitgliedstaat beziehen. Hingegen ist die Entfernung zwischen dem ursprünglichen Gebiet und dem Standort für die Ausgleichsmaßnahmen nicht zwangsläufig ein Hindernis, solange sie die Funktionsfähigkeit des Gebiets, seine Rolle in Bezug auf die geografische Verteilung und die ursprünglichen Auswahlgründe nicht beeinträchtigt.[271] Anders als im Rahmen des allgemeinen Eingriffsausgleichs, der auf die Wahrung der ökologischen Gesamtbilanz abzielt, kommt als Ausgleichsmaßnahme ausnahmsweise auch die Ausweisung neuer, bislang nicht gemeldeter Flächen in Betracht. In der Regel wird hierzu aber die Durchführung von Maßnahmen zur qualitativen Verbesserung des Gebiets erforderlich sein.[272] Was die zeitliche Kontinuität der Maßnahmen anbelangt, muss grundsätzlich das Ergebnis der Ausgleichsmaßnahmen in dem Zeitpunkt zur Verfügung stehen, in dem die vorhabenbedingte Beeinträchtigung stattfindet. Soweit dies nicht vollständig erreichbar ist, soll die zuständige Behörde zusätzliche Kompensationsmaßnahmen zum Ausgleich zwischenzeitlicher Verluste erwägen.[273] Anderes gilt zudem, wenn nachgewiesen werden kann, dass eine Gleichzeitigkeit zur Wahrung des Beitrags eines Gebietes zum Netz Natura 2000 nicht erforderlich ist.[274]

b) Vergleichende Betrachtung

Wie in Kapitel 2 festgestellt wurde, ist die Schadensschwelle von UH-RL und FFH-Verträglichkeitsprüfung hinsichtlich des Schutzgebietsnetzes Natura 2000 im Grundsatz einheitlich zu bestimmen.[275] Auch sind die aufgrund der Vorgaben von FFH- und VSch-RL definierten Erhaltungsziele hinsichtlich der nach der UH-RL erforderlichen Kompensation maßgeblich für die Beurteilung der Gleichartigkeit

---

erfüllt werden, die ursprünglich zur Ausweisung des Gebietes geführt haben; die Maßnahmen entlang der in Frage stehenden Zugroute der Vögel die gleiche Funktion wie das betroffene Gebiet erfüllen und die Ausgleichsgebiete mit Sicherheit für die Vögel zugänglich sind, die sich gewöhnlich in dem durch das Projekt beeinträchtigten Gebiet aufhalten.

[269] *J. Schumacher/A. Schumacher*, in: Schumacher/Fischer-Hüftle, BNatSchG, § 34 Rn. 72; *Durner*, NuR 2001, 601 (607); *Halama*, NVwZ 2001, 506 (512).

[270] Vgl. *Durner*, NuR 2001, 601 (606); *Schink*, DÖV 2002, 45 (56).

[271] *Europäische Kommission*, Leitfaden Art. 6 Abs. 4 FFH-RL, S. 14.

[272] *Europäische Kommission*, Gebietsmanagement, S. 51; *Baumann et al.*, NuL 1999, 463 (470).

[273] *Europäische Kommission*, Leitfaden Art. 6 Abs. 4 FFH-RL, S. 13

[274] *Europäische Kommission*, Gebietsmanagement, S. 49 f.; VG Oldenburg, NuR 2000, 398 (und 405); *Jessel*, UPR 2004, 408 (411).

[275] Siehe oben Kapitel 2 B. III. 1.

von Sanierungsmaßnahmen. Unterschiede in den Kompensationsanforderungen von FFH-Ausgleich und UH-RL ergeben sich soweit Schädigungen von Natura 2000-Gebieten auszugleichen sind in erster Linie aus dem Ex post-Charakter der Umwelthaftung. Im Rahmen der FFH-Verträglichkeitsprüfung führt die Nicht-Ausgleichbarkeit einer Beeinträchtigung zur Versagung der Vorhabenzulassung. Demgegenüber ist nach Anhang II Nr. 1 UH-RL eine Kompensation durch qualitativ lediglich gleichwertige Maßnahmen möglich, mit der die Kohärenz des Schutzgebietsnetzes u.U. nicht vollständig wiederhergestellt werden kann. Bereits eingetretene Beeinträchtigungen sollen *ex post* so weit als möglich gemindert werden, notfalls auch durch nicht funktionsgleiche Kompensationsmaßnahmen.

Im Hinblick auf die Wahl des Sanierungsorts sieht die UH-RL eine Berücksichtigung der Belange der betroffenen Bevölkerung vor. Aufgrund der Definition des Biodiversitätsschadens als Beeinträchtigung des günstigen Erhaltungszustands geschützter Arten und natürlicher Lebensräume der FFH- und VSch-RL spielen diese jedoch allenfalls eine untergeordnete Rolle.[276] Zwischenzeitliche Verluste an Ressourcen und Funktionen, die im Rahmen des FFH-Ausgleichs so weit als möglich vermieden werden sollen, sind bei Kompensationsmaßnahmen gemäß den Vorgaben der UH-RL voll auszugleichen.

III. Flächenpool und Ökokonto

Schließlich fragt sich, ob bei der Sanierung von Biodiversitätsschäden eine Nutzung von Flächenpools und Ökokonten zulässig ist. Die genannten Instrumente kommen vor allem im Zusammenhang mit dem baurechtlichen Eingriffsausgleich zum Einsatz. In Flächenpools werden Flächen unabhängig von einem konkreten eingreifenden Vorhaben festgelegt, die im Bedarfsfall für Ausgleichs- und Ersatzmaßnahmen verwendet werden können. Die Bevorratung erfolgt, ohne dass auf den Flächen bereits Maßnahmen vorgenommen werden. Durch einen Flächenpool soll eine räumliche Konzentration von Kompensationsflächen erreicht und die rechtliche Verfügbarkeit von Flächen bereits im Vorfeld eines konkreten Kompensationsbedarfs gesichert werden.[277] Als Ökokonto bzw. Maßnahmenpool wird die gezielte Bevorratung von Maßnahmen zur naturschutzfachlichen Aufwertung von Flächen bezeichnet, die zunächst unabhängig von einem bestimmten Vorhaben durchgeführt werden und bei späteren Eingriffen in Natur und Landschaft als Kompensation angerechnet werden können. Mit Hilfe des Ökokontos können vorgezogen durchgeführte Maßnahmen dokumentiert und verwaltet werden, bis sie einem Eingriff zugeordnet werden. Rechtliche Grundlage im Bundesrecht ist zum einen § 19 Abs. 4 BNatSchG, wonach die Länder Vorgaben zur Anrechnung von Kompensationsmaßnahmen treffen können,[278] sowie mit Blick auf den baurechtlichen Eingriffsausgleich die §§ 1a, 135a und 200a BauGB, die eine zeitliche und räumliche Flexibilisierung der Kompensationsmaßnahmen er-

---

[276] Siehe oben Kapitel 3 D. II. 4. und 5.

[277] *Louis*, NuR 2004, 714 (716); *Wolf*, NuR 2001, 481 (489).

[278] Vgl. die Begründung zum Gesetzesentwurf der Bundesregierung, BT-Drs. 14/6378, S. 49; dazu *P. Fischer-Hüftle/A. Schumacher*, in: Schumacher/Fischer-Hüftle, BNatSchG, § 19 Rn. 129.

möglichen. In der Praxis ist die überwiegende Zahl der Flächenpools als kombinierter Flächen- und Maßnahmenpool angelegt.[279]

Die vorgezogene Durchführung von Ausgleichs- und Ersatzmaßnahmen unter Nutzung von Ökokonten kann im Rahmen der Vorhabenzulassung einen Beitrag zur Reduzierung des *time lag*, d.h. des Auftretens temporärer Verluste, leisten.[280] Allerdings kann sich hierbei, wie z.T. auch beim Rückgriff auf die im Rahmen eines Flächenpools verfügbaren Flächen, die Gewährleistung des gemäß §§ 18 ff. BNatSchG erforderlichen räumlichen und funktionalen Zusammenhangs sowie des Vorrangs von Ausgleichsmaßnahmen als problematisch erweisen.[281]

Grundsätzlich stehen die Vorgaben der UH-RL dem Rückgriff auf im Rahmen eines Flächenpools bevorratete Flächen nicht entgegen. Allerdings muss der in Anhang II Nr. 1 UH-RL kodifizierte Vorrang der Wiederherstellung der geschädigten Ressourcen und Funktionen durch Maßnahmen der primären Sanierung sowie die hinsichtlich der Kompensationsmaßnahmen festgelegte Stufenfolge beachtet werden. Auf die durch einen Flächenpool bereitgestellten Flächen kann daher nur bei entsprechender Eignung zurückgegriffen werden. Hier dürften in der Praxis ähnliche Schwierigkeiten zu erwarten sein wie im Rahmen der Eingriffsregelung. Demgegenüber scheint eine Anrechnung von bereits im Rahmen eines Maßnahmenpools durchgeführten Maßnahmen auf das umwelthaftungsrechtliche Sanierungserfordernis nicht mit den Grundgedanken der Richtlinie vereinbar. Nach der UH-RL sind die zur Wiederherstellung des Ausgangszustands der Arten und natürlichen Lebensräume oder eines gleichwertigen Zustands erforderlichen Restitutions- bzw. Kompensationsmaßnahmen aus der konkreten Beeinträchtigung abzuleiten. Das System des Ökokontos beruht hingegen auf dem Vorleistungsprinzip;[282] der Bezug zu einer konkreten Eingriffshandlung wird erst durch nachträgliche Zuweisung hergestellt. Zudem ist davon auszugehen, dass die im Rahmen eines Maßnahmenpools durchgeführten Maßnahmen überwiegend als nachrangige gleichwertige Kompensation einzustufen wären.

IV. Übertragbarkeit bestehender naturschutzfachlicher Bewertungsverfahren

Zur Ermittlung des erforderlichen Sanierungsumfangs sind gemäß Anhang II Nr. 1.2.2 UH-RL vorrangig Bewertungskonzepte zu prüfen, die auf der Gleichwertigkeit von Ressourcen und Funktionen beruhen, also naturschutzfachliche Verfahren.[283] An zweiter Stelle steht nach Anhang II Nr. 1.2.3 UH-RL der Einsatz ökonomischer und sonstiger Methoden. Es fragt sich daher, inwieweit die in

---

[279] *Bruns/Herberg/Köppel*, NuL 2005, 89 ff. Die Pools befinden sich zum größten Teil in kommunaler Trägerschaft.

[280] *Sparwasser/Wöckel*, UPR 2004, 246 (251).

[281] *Louis*, NuR 2004, 714 (716), *P. Fischer-Hüftle/A. Schumacher*, in: Schumacher/Fischer-Hüftle, BNatSchG, § 19 Rn. 129 ff.

[282] *P. Fischer-Hüftle/A. Schumacher*, in: Schumacher/Fischer-Hüftle, BNatSchG, § 19 Rn. 155.

[283] Die englische Fassung der Richtlinie spricht von „*resource-to-resource or service-to-service equivalence approaches*"; siehe oben Kapitel 3 D. III.

Deutschland zur Eingriffsbewertung eingesetzten naturschutzfachlichen Verfahren aus rechtlicher Sicht den Anforderungen des Anhangs II UH-RL gerecht werden. Demgegenüber befindet sich die Entwicklung von Methoden zur Bewertung der durch die FFH- und VSch-RL geschützten Arten und Lebensräume noch im Anfangsstadium.[284] Auch praktische Erfahrungen mit dem Einsatz ökonomischer Bewertungsmethoden zur Bewertung konkreter Sanierungsmaßnahmen liegen bislang nicht vor.[285]

1. *Bewertungs- und Bilanzierungsansätze der Eingriffsregelung*

Während die Habitat-Äquivalenz-Analyse in den USA zur Bewertung von Umweltschadensfällen eingesetzt wird, bei denen einzelne Ökosystemkomponenten verändert werden, sind im Kontext der naturschutzrechtlichen Eingriffsregelung vorwiegend Totalverluste von Lebensräumen durch die Überbauung von Flächen zu bilanzieren. Die im Rahmen der Eingriffsbewertung eingesetzten Verfahren sind zum Teil stark formalisiert, mangels bundeseinheitlicher Rahmenvorgaben besteht eine große Methodenvielfalt. Zu unterscheiden sind vier Grundtypen: die Festlegung von Kompensationsfaktoren, verbal-argumentative Verfahren, Biotopwertverfahren und der Wiederherstellungskostenansatz.[286] Anzumerken ist, dass die Frage, inwieweit bestehende Methodenansätze an die spezifischen Erfordernisse der Bewertung im Rahmen der Umwelthaftung angepasst werden können, nur durch die Fachwissenschaften zu beantworten ist; hier besteht weiterer Forschungsbedarf.[287]

a) Kompensations(flächen)faktoren

Eine Möglichkeit zur Ermittlung des Ausgleichsbedarf ist der Einsatz sog. „Kompensations(flächen)faktoren".[288] Bei diesem Verfahren wird der erforderliche Umfang des Ausgleichsbedarfs ermittelt, indem die durch den Eingriff beeinträchtigte Fläche mit einem Faktor (dem Kompensationsfaktor) multipliziert wird. Üblich ist eine feste Verhältniszahl von beeinträchtigter Fläche zu erforderlicher Kompensationsfläche (z.B. 1 : 1,5). Diese ist abhängig von der Bedeutung der betroffenen Fläche für die Funktionsfähigkeit des Naturhaushalts.[289] Es wird kritisiert, dass die in der Praxis eingesetzten Faktoren in der Regel nicht fachwissenschaftlich begründbar seien.[290]

---

[284] *Klaphake*, JEEPL 2004, 268 (273).

[285] Anders in den USA, siehe oben Kapitel 3 E. I. 2.

[286] *Bruns*, NRPO 2005, Heft 1, S. 48 (49).

[287] Vgl. zu den naturschutzfachlichen Fragen *Peters/Bruns et al.*, Die Erfassung, Bewertung und Sanierung von Biodiversitätsschäden nach der EG-Umwelthaftungs-Richtlinie (im Erscheinen).

[288] Zur Zulässigkeit der Verwendung von Kompensationsfaktoren im Rahmen der Eingriffsregelung vgl. BVerwG, DVBl. 2004, 642 (646 f.).

[289] Der bayerische Leitfaden „Bauen im Einklang mit Natur und Landschaft" gibt Spannen von Verhältniszahlen an, z.B. (1,0 - 3,0), *BayStMLU* 2003, S. 12. Bei Versiegelung einer Fläche mit geringer Bedeutung, etwa Ackerflächen, kann demnach ein Faktor von 0,3 ausreichend sein.

[290] *Kokott/Klaphake/Marr*, Ökologische Schäden und ihre Bewertung, S. 132.

b) Verbal-argumentative Verfahren

Verbal-argumentative Verfahren sind demgegenüber stark deskriptiv, aus den betroffenen Funktionen und Werten des Naturhaushalts wird der Kompensations-umfang einzelfallbezogen in qualitativen Dimensionen abgeleitet. Teilweise wird dieser Ansatz mit formalisierten Bewertungsmethoden verknüpft, die Übergänge sind fließend.[291]

c) Biotopwertverfahren

Den Biotopwertverfahren ist gemeinsam, dass sie den Naturhaushalt und seine Funktionen mit Hilfe von vordefinierten Biotoptypen abbilden. Die in den Län-dern eingesetzten Verfahren unterscheiden sich jedoch z.T. beträchtlich.[292] Wäh-rend reine Biotopwertverfahren allein auf den (Standard-) Biotopwert abstellen, berücksichtigen sog. „biotopwertorientierte" bzw. „biotopwertbasierte" Ansätze weitere Indikatoren zur Abbildung besonderer standortlicher oder tierökologischer Funktionen.[293] Die Ermittlung des Ausgleichsbedarfs bzw. der erzielten Aufwer-tung erfolgt nach dem Differenzwertverfahren: Die ermittelte Differenz der Bio-topwerte (vor und nach dem Eingriff bzw. vor und nach der Aufwertung) kenn-zeichnet den Wertverlust bzw. die erzielte Wertsteigerung eines Biotoptyps. Die Multiplikation dieser Differenzwerte mit der betroffenen Fläche ergibt dimensi-onslose Werteinheiten als Ausdruck der Wertminderung bzw. Wertsteigerung der jeweiligen Flächeneinheit.[294] In der Praxis kann der Verlust eines hochwertigen Biotops durch Schaffung eines entsprechend größeren geringerwertigen Biotops kompensiert werden. Die Eignung der Verfahren in Bezug auf die Anforderungen der Eingriffsregelung wird zum Teil kritisch beurteilt.[295]

d) Herstellungskostenansatz

Der Herstellungskostenansatz findet bislang überwiegend nur zur Ermittlung der naturschutzrechtlichen Ausgleichsabgabe Anwendung, die in einigen Ländern auf der Basis fiktiver (Wieder-) Herstellungskosten berechnet wird.[296] Als Bemes-

---

[291] *Kokott/Klaphake/Marr*, Ökologische Schäden und ihre Bewertung, S. 131; zur An-wendbarkeit im Rahmen der Eingriffsregelung BVerwG, NuR 2004, 795 (802): Es ge-nügt eine verbal-argumentative Darstellung, sofern sie rational nachvollziehbar ist und eine gerichtliche Kontrolle auf die Einhaltung der Grenzen der naturschutzfachlichen Einschätzungsprärogative der zuständigen Behörde erlaubt.

[292] *Bruns/Herberg/Köppel*, NuL 2005, 89 (93 f.).

[293] *Bruns*, NRPO 2005, Heft 1, 48 (51).

[294] *Bruns*, NRPO 2005, Heft 1, 48 (52). Die Verrechnung ordinaler Wertziffern mit kardi-nalen Flächengrößen wird als methodisch unsauber kritisiert, vgl. *P. Fischer-Hüftle/ A. Schumacher*, in: Schumacher/Fischer-Hüftle, BNatSchG, § 19 Rn. 151.

[295] Dem Verfahren kann bei Einhaltung fachlicher Mindestanforderungen, wie z.B. einzel-fallgerechter Anwendung, Integrierbarkeit qualitativer funktionaler Aspekte und regio-nalisierter Bewertungsrahmen, nicht pauschal eine mangelnde naturschutzfachliche Va-lidität unterstellt werden; *Bruns/Herberg/Köppel*, NuL 2005, 89 (94); vgl. weiterhin *Klaphake*, JEEPL 2005, 268 (273).

[296] Etwa Art. 6a Abs. 3 S. 3 BayNatSchG, § 15 Abs. 1 S. 3 HeNatG, § 5 Abs. 3 S. 2 LG NW. In anderen Ländern sind auch oder statt der Kosten der Ersatzvornahme die Dauer und Schwere des Eingriffs maßgeblich, vgl. Art. 6a Abs. 3 S. 4 BayNatSchG, § 21

sungseinheit für den benötigten Ersatzumfang sollen die Kosten der fiktiven, d.h. eigentlich notwendigen, aber etwa aufgrund fehlender Flächenverfügbarkeit nicht durchführbaren, Ausgleichsmaßnahmen dienen.[297] Zur Berechnung der Höhe der Ausgleichsabgabe ist auch eine Monetarisierung von Biotopwertpunkten möglich, dies sieht etwa die hessische Kompensationsverordnung vor.[298] Je Wertpunkt wird ein Betrag von 0,35 Euro festgesetzt, dieser wiederum entspricht den durchschnittlichen Aufwendungen für Ersatzmaßnahmen.[299]

2. Beurteilung

Es zeigt sich, dass die Bewertung und Bilanzierung mittels naturschutzfachlicher Verfahren nicht frei von Schwierigkeiten ist. Die Verfahren zum Einsatz von Kompensations(flächen)faktoren gelten als stark vereinfachte reine Bilanzierungsansätze.[300] Sie werden den Erfordernissen der Richtlinie daher nicht gerecht, die in Anhang II Nr. 1.2 UH-RL eine vergleichende Bewertung der konkret geschädigten Ressourcen und Funktionen und möglicher Kompensationsmaßnahmen fordert. Demgegenüber werden von den genannten Grundtypen der Biotopwertansatz sowie der Herstellungskostenansatz für die Schadensbeurteilung aufgrund des USchadG als grundsätzlich geeignet erachtet.

Während Biotopwertverfahren den naturschutzfachlichen Verfahren nach Anhang II Nr. 1.2.2 UH-RL unterfallen, kann der Herstellungskostenansatz als Methode nach Anhang II Nr. 1.2.3 S. 3 UH-RL angewandt werden. Hiernach kann die zuständige Behörde Kompensationsmaßnahmen anordnen, deren Kosten dem geschätzten Geldwert des entstandenen Verlusts an natürlichen Ressourcen und Funktionen entsprechen. Die Richtlinie enthält keine weiteren Vorgaben zur Bestimmung des Geldwerts, so dass dieser auch über die Herstellungskosten bestimmt werden kann. Voraussetzung ist, dass diese entsprechend der Anforderungen an die Genauigkeit der Schadensermittlung (Indikatorenauswahl) angepasst werden. Weiterhin entsprechen die vordefinierten Biotoptypen nicht den durch das Regime der UH-RL erfassten Lebensraumtypen und Habitaten geschützter Arten, so dass auch hier Anpassungen erforderlich sind. Um zu vermeiden, dass überwiegend nur preisgünstige Biotope hergestellt werden, ist die Weiterentwicklung zu einem „wertorientierten" Herstellungskostenansatz erforderlich.

Abs. 6 S. 2 NatSchG BW, § 5a Abs. 1 LPflG RhPf. Vgl. dazu *Kloepfer*, Umweltrecht, § 11 Rn. 105 ff.

[297] Vgl. *Köppel/Feickert/Spandau/Straßer*, Eingriffsregelung, S. 361 f.

[298] Verordnung über die Durchführung von Kompensationsmaßnahmen, Ökokonten, deren Handelbarkeit und die Festsetzung von Ausgleichsabgaben (Kompensationsverordnung) vom 1.9.2005, GVBl. I 2005, 624.

[299] Anlage 2 Nr. 3 und § 6 der Kompensationsverordnung.

[300] *Bruns*, NRPO 2005, Heft 1, 48 (50).

F. Fazit

Das im Mai 2007 vorgelegte Artikelgesetz setzt die UH-RL mittels einer bundesrechtlichen Vollregelung um. Dies wurde durch die Neuordnung der Gesetzgebungskompetenzen im Zuge der Föderalismusreform möglich; zuvor war der
Bund im Bereich des Naturschutz- und Wasserhaushaltsrechts auf Rahmengesetzgebungskompetenzen beschränkt. Durch das Umweltschadensgesetz als Stammgesetz wird ein Rahmen geschaffen, der für alle durch die Richtlinie erfassten
Umweltschäden gilt und allgemeine Vorschriften einheitlich regelt. Hingegen
werden die schutzgutspezifischen Regelungen im einschlägigen Fachrecht (WHG
und BNatSchG) verankert.

§ 21a BNatSchG bestimmt das Schutzgut Biodiversität und damit den räumli-
chen Anwendungsbereich des USchadG entsprechend der auch von der Europäischen Kommission vertretenen Rechtsauffassung schutzgebietsunabhängig durch
Anknüpfung an die in den Anhängen von FFH- und VSch-RL aufgeführten Arten
und Lebensraumtypen. Hierdurch wird eine Ergänzung der in Art. 2 Abs. 1 a)
UAbs. 2 UH-RL vorgesehenen Ausnahmetatbestände notwendig, da etwa die
FFH-Verträglichkeitsprüfung nur für Natura 2000-Flächen Anwendung findet.
Das Gesetz knüpft daher bezüglich der nicht artenschutzrechtlich geschützten oder
durch das Schutzgebietsnetz Natura 2000 erfassten Arten und Habitate an die
naturschutzrechtliche Eingriffsregelung (und die entsprechenden Tatbestände des
Baurechts) als gleichwertige nationale Schutzvorschrift an. Viele der national
bedeutsamen Arten und Lebensräume werden nicht durch FFH- und VSch-RL
erfasst. Daher sollten die in Naturschutzgebieten, Nationalparken sowie der Kernzone von Biosphärenreservaten ausschließlich nach nationalem Recht geschützten
Arten und Lebensräume sowie die gesetzlich geschützten Biotope gemäß der Option des Art. 2 Nr. 3 c) UH-RL ergänzend in die Umwelthaftung einbezogen werden.

Das Artikelgesetz setzt in §§ 6 ff. USchadG die allgemeinen Vorgaben der
Art. 6 und 7 UH-RL zur Sanierung von Umweltschäden um und verweist i.Ü.
unmittelbar auf Anhang II Nr. 1 UH-RL, womit dieser Bestandteil der Verwei-
sungsnorm des § 21a BNatSchG wird. Um die Ermittlung und Bestimmung von
Sanierungsmaßnahmen in der Praxis zu erleichtern, sollte eine weitere Konkretisierung der Vorgaben des Anhangs II Nr. 1 UH-RL erfolgen, sei es als Teil einer
Rechtsverordnung (für die zunächst eine gesetzliche Ermächtigung zu schaffen
wäre), sei es durch untergesetzliche Standards. Nach Umsetzung der Richtlinienvorgaben steht der Bundesgesetzgeber nun vor der Aufgabe, die Regelungen zur
öffentlich-rechtlichen Umwelthaftung in ein Umweltgesetzbuch zu überführen,
dessen Kernbereiche bereits bis zum Herbst 2009 fertiggestellt werden sollen.

Zusammenfassung der Untersuchung in Thesen

Haftungsrechtliche Erfassung von Umweltschäden

1. Es existiert keine einheitliche, universell akzeptierte Definition des Begriffs „Umwelt". Auch die Begriffe „Umweltschaden" und „ökologischer Schaden" werden in sehr unterschiedlicher Bedeutung verwendet. Umweltschaden ist nach einem weiten Verständnis jeder über den Umweltpfad verursachte Schaden. Zum Teil wird der Terminus aber auch zur Bezeichnung einer Verletzung von Umweltgütern verwendet, die keinem bestimmten Schädiger zugerechnet werden kann, etwa für Summations- und Distanzschäden. Entscheidend ist daher die jeweilige normative Prägung der Begriffe.

2. Umweltschäden wurden bislang durch das geltende europäische und nationale Haftungsrecht nur unzureichend erfasst, da dieses primär auf den Ausgleich der Beeinträchtigung von Individualrechtsgütern ausgerichtet ist. Schwierigkeiten bereiteten vor allem die Frage der Anspruchsberechtigung sowie die monetäre Bewertung der Umweltschäden. Sofern für natürliche Ressourcen ein Marktwert ermittelt werden kann, erfasst dieser den ökologischen Wert zumeist nur unvollständig.

3. Die Schwierigkeiten der haftungsrechtlichen Erfassung von Umweltschäden zeigen sich etwa im Vorschlag zur Abfallhaftungsrichtlinie (1989/1991) sowie der Lugano-Konvention (1993) des Europarats. Beide Instrumente sehen eine gesamtschuldnerische zivilrechtliche Gefährdungshaftung vor. Die Haftung umfasst jeweils sowohl Personen- und Sachschäden als auch Umweltschäden. Als Umweltschäden werden jedoch nur solche Schäden erfasst, die sich nicht einer der anderen Schadenskategorien zuordnen lassen. Die Schadenskompensation soll durch Wiederherstellungsmaßnahmen bzw. den Ersatz von Wiederherstellungskosten erfolgen. Die weitere Ausgestaltung entsprechender Rechtsbehelfe wird jedoch, ebenso wie die Frage der Aktivlegitimation, dem nationalen Recht der Mitgliedstaaten überlassen.

4. Im Gegensatz zu ihren Vorläufern liegt der UH-RL ein öffentlich-rechtlicher Regelungsansatz zugrunde. Gegenstand ist nicht die Beziehung zwischen Privaten, sondern diejenige zwischen Verantwortlichem und zuständiger Behörde. Letztere ist zur Anordnung von Vermeidungs- und Sanierungsmaßnahmen im Falle eines eingetretenen bzw. drohenden Umweltschadens befugt. Der Schutz des Allgemeinguts Umwelt wird der öffentlichen Hand als Sachwalter der Allgemeinheit übertragen, wodurch das im Rahmen der zivilrechtlichen Ansätze auftretende

Problem der Aktivlegitimation gelöst wird. Weiterhin kann auf eine Monetarisierung des Umweltschadens weitgehend verzichtet werden, da der Ausgleich durch ökologisch gleichwertige natürliche Ressourcen erfolgt. Trotz des öffentlich-rechtlichen Ansatzes ist die Verantwortlichkeit nach der UH-RL als Gefährdungshaftung ausgestaltet; hinsichtlich des Schutzguts Biodiversität besteht zudem eine Verschuldenshaftung.

5. Anders als etwa die Lugano-Konvention erfasst die UH-RL das Schutzgut „Umwelt" nicht in einem umfassenden Sinne, sondern beschränkt sich auf drei Kategorien von Umweltgütern: Gewässer, Boden sowie nach FFH- und VSch-RL geschützte Arten und natürliche Lebensräume (Biodiversität).

Biodiversitätsschaden und Sanierung

6. Das Schutzgut Biodiversität umfasst nach der Richtlinie lediglich die bereits aufgrund von FFH- und VSch-RL konkret geschützten bzw. zu schützenden Arten und natürlichen Lebensräume; Art. 2 Nr. 3 a) und b) UH-RL sind einschränkend auszulegen. Die Auffassung, wonach die UH-RL entsprechend ihrem Wortlaut alle durch Art. 4 Abs. 2 VSch-RL in Bezug genommenen oder in den Anhängen von FFH- und VSch-RL aufgelisteten Arten und natürlichen Lebensräume schutzgebietsunabhängig erfasst, ist vor allem aufgrund systematischer Erwägungen abzulehnen. FFH- und VSch-RL unterscheiden generell zwischen Bestimmungen des Artenschutzes und solchen des Flächenschutzes, nur die europäischen Vogelarten sowie die in Anhang IV FFH-RL genannten Arten und ihre Fortpflanzungs- und Ruhestätten werden durch das Artenschutzrecht in ihrem gesamten Verbreitungsgebiet unter Schutz gestellt. Zwar ist es den europäischen Rechtsetzungsorganen nicht verwehrt, durch die UH-RL über das bestehende Schutzniveau hinauszugehen. Jedoch führt eine weite Auslegung des Art. 2 Nr. 3 UH-RL zu Wertungswidersprüchen, da die Ausnahmetatbestände der FFH- und VSch-RL auf nicht artenschutzrechtlich geschützte Arten und Lebensräume außerhalb des Natura 2000-Netzes keine Anwendung finden und die UH-RL selbst keine zusätzlichen Ausnahmen vorsieht. Eine teleologische Interpretation ergibt, dass der europäische Normgeber bestrebt war, durch die UH-RL an bestehende europäische Schutzstandards anzuknüpfen. Das Schutzgut Biodiversität umfasst somit die in Anhang I und II FFH-RL aufgelisteten Arten und Lebensräume sowie die Lebensräume der europäischen Vogelarten des Anhangs I VSch-RL und die Vermehrungs-, Mauser- und Überwinterungsgebiete und Rastplätze der europäischen Zugvogelarten nur insoweit, als sie im Rahmen des europäischen ökologischen Netzes Natura 2000 geschützt sind. Die unter das Artenschutzrecht von FFH- und VSch-RL fallenden europäischen Vogelarten des Art. 4 Abs. 2 und Anhangs I VSch-RL und die Tier- und Pflanzenarten des Anhangs IV FFH-RL nebst ihrer Fortpflanzungs- und Ruhestätten sind demgegenüber in ihrem gesamten europäischen Verbreitungsgebiet vom Geltungsbereich der UH-RL erfasst. Der deutsche Gesetzgeber normiert in § 21a USchadG einen weiten, schutzgebietsunabhängigen Geltungsbereich des USchadG, vor dem Hintergrund der vorliegend vertretenen Auffassung

stellt dies eine bereits nach Art. 16 UH-RL zulässige nationale Schutzerweiterung dar.

7. Die in faktischen Vogelschutzgebieten und sog. „potentiellen" FFH-Gebieten vorkommenden Arten und Lebensräume genießen nach der Rechtsprechung des EuGH bereits einen besonderen gemeinschaftsrechtlichen Schutzstatus und werden daher durch das Haftungsregime der Richtlinie erfasst.

8. Zur Bestimmung der nach Art. 2 Nr. 1 a) UH-RL für das Vorliegen eines Umweltschadens erforderlichen Erheblichkeit der Beeinträchtigung kann, soweit das europäische ökologische Netz Natura 2000 betroffen ist, auf die Rechtsprechung des EuGH zur FFH-Verträglichkeitsprüfung zurückgegriffen werden. Demnach ist jede Beeinträchtigung der Erhaltungsziele erheblich, eine Vereitelung der Erhaltungsziele oder Zerstörung essentieller Gebietsbestandteile muss nicht vorliegen. Verallgemeinerungsfähige quantitative Vorgaben zur Bestimmung der Erheblichkeitsschwelle lassen sich der Rechtsprechung des EuGH nicht entnehmen. Hinsichtlich der artenschutzrechtlich geschützten Arten ist eine populationsbezogene Bestimmung der Erheblichkeitsschwelle geboten. Die artenschutzrechtlichen Verbote dienen dem Schutz von Individuen der geschützten Arten vor menschlichem Zugriff und sind nicht an die Erheblichkeit einer Beeinträchtigung geknüpft. Demgegenüber werden nach Art. 2 Nr. 1 a) UH-RL nur erhebliche nachteilige Auswirkungen auf den günstigen Erhaltungszustand der Arten als Umweltschaden erfasst. Hieraus und aus den in Anhang I UH-RL genannten Daten und Kriterien wird deutlich, dass im Kontext der UH-RL anders als im Artenschutzrecht nicht der Schutz von Individuen im Vordergrund steht.

9. Art. 2 Nr. 1 a) UAbs. 2 UH-RL nimmt Auswirkungen von Tätigkeiten, die gemäß Art. 6 Abs. 3 und 4 oder Art. 16 FFH-RL oder Art. 9 VSch-RL genehmigt wurden, vom Anwendungsbereich der UH-RL aus. Da die Norm nur „zuvor ermittelte nachteilige Auswirkungen" freistellt, kommt einer erteilten Genehmigung keine abschließende Wirkung hinsichtlich sonstiger, bei Vorhabenzulassung nicht berücksichtigter Beeinträchtigungen zu.

10. Hinsichtlich der Anordnung von Sanierungsmaßnahmen gegenüber dem Verantwortlichen kommt der zuständigen Behörde kein Entschließungsermessen zu; die Verpflichtung zum Einschreiten ergibt sich aus Art. 6 Abs. 3 S. 1 UH-RL. Art. 6 Abs. 2 UH-RL, wonach die zuständige Behörde jederzeit vom Betreiber verlangen „kann", die erforderlichen Sanierungsmaßnahmen zu ergreifen, dient nicht der Eröffnung eines behördlichen Ermessens, sondern der Festlegung der Befugnisse der zuständigen Behörde im Umgang mit dem Betreiber.

11. Art. 6 Abs. 3 S. 2 UH-RL stellt die Befugnis der zuständigen Behörde, selbst Sanierungsmaßnahmen zu ergreifen, unter den Vorbehalt, dass ihr keine weiteren Mittel bleiben. Die Durchführung eigener Maßnahmen steht grundsätzlich im Ermessen der zuständigen Behörde. Wird allerdings das ökologische Netz Natura 2000 geschädigt, so besteht bereits aufgrund Art. 6 Abs. 1 FFH-RL eine staatliche Sanierungspflicht.

Rechtsvergleichende Betrachtung der Sanierungsvorgaben

12. Die wichtigsten US-Bundesgesetze zur Gewährung von Schadenersatz für die Beeinträchtigung natürlicher Ressourcen sind der Comprehensive Environmental Response, Compensation and Liability Act (CERCLA) aus dem Jahr 1980 und der zehn Jahre später erlassene Oil Pollution Act (OPA). Aufgrund gemeinsamer Wurzeln weisen die Gesetze parallele Strukturen auf. Der haftungsrechtliche Schutz umfasst jeweils alle Naturgüter, die im Eigentum des Staates oder unter staatlicher Verwaltung stehen oder an denen ein *public trust* besteht. Der Umfang des zu leistenden Schadenersatzes bemisst sich anhand der Kosten der im Einzelfall angemessenen Wiederherstellungsmaßnahmen. Hierbei sind auch zwischenzeitliche Verluste auszugleichen, die aufgrund der langen Entwicklungszeiten von Biotopen entstehen. Die Geltendmachung der *natural resource damages* und ggf. deren gerichtliche Durchsetzung ist den hierzu bestimmten Treuhändern vorbehalten, die im Interesse der Allgemeinheit handeln. Detaillierte Regelungen zur Schadensevaluierung und Bestimmung der erforderlichen Kompensationsmaßnahmen durch die Treuhänder finden sich in den zu CERCLA und OPA erlassenen Verordnungen (CERCLA- bzw. OPA Regulations). Die materiellen Sanierungsvorgaben des Anhangs II Nr. 1 UH-RL beruhen auf dem Vorbild der OPA Regulations, zum Teil wurden Bestimmungen wörtlich übernommen.

13. Ziel einer Sanierung nach den OPA Regulations ist die Wiederherstellung der ökologischen Funktionsfähigkeit der geschädigten Ressourcen und der Ausgleich des Wohlfahrtsverlusts der Bevölkerung, *„to make the environment and public whole"*. Natürliche Ressourcen werden im amerikanischen Rechtskreis als die Einzelbestandteile der natürlichen Umwelt verstanden, die der menschlichen Gesellschaft ökonomische und soziale Leistungen zur Verfügung stellen. Der Wert eines Ökosystems bestimmt sich als Aggregat der Zahlungsbereitschaft aller Individuen für alle Leistungen, die mit den Funktionen eines Ökosystems verknüpft sind. Der Gesamtwert umfasst direkte und indirekte Nutzungswerte (use values) aber auch den Existenz- und Vermächtniswert natürlicher Ressourcen (nonuse value).

14. Die Sanierung nach den OPA Regulations erfolgt durch Maßnahmen der *primary restoration*, die der Wiederherstellung oder dem Ersatz der geschädigten Ressourcen und Funktionen dient, sowie der *compensatory restoration*, durch die zwischenzeitliche Verluste ausgeglichen werden sollen. Zur Ermittlung des Sanierungsumfangs stehen naturschutzfachliche und ökonomische Bewertungsmethoden zur Verfügung. Auch wenn die Bewertung entsprechend dem vorrangigen *service-to-service approach* mittels naturschutzfachlicher Methoden erfolgt, muss gewährleistet sein, dass durch die Sanierung ein im ökonomischen Sinne vollständiger Schadensausgleich erreicht wird.

15. Ebenso wie dem US-Recht liegt auch der UH-RL ein funktionsbezogenes Verständnis natürlicher Ressourcen zugrunde. Die Funktionen bzw. Leistungen einer natürlichen Ressource werden dementsprechend in Art. 2 Nr. 13 UH-RL als

die Funktionen zum Nutzen einer anderen natürlichen Ressource oder der Öffentlichkeit definiert. Trotz dieser weiten, unmittelbar aus den OPA Regulations übernommenen Definition sind für das Vorliegen eines Umweltschadens am Schutzgut Biodiversität primär die Funktionen geschädigter Ressourcen zugunsten des Natura 2000-Netzes oder geschützter Arten maßgeblich. Als Umweltschaden werden nach Art. 2 Nr. 1 a) UH-RL nur Beeinträchtigungen des günstigen Erhaltungszustands der Arten und Lebensräume erfasst. Dieser aber wird nach der mit Art. 1 e) und i) FFH-RL übereinstimmenden Definition des Art. 2 Nr. 4 UH-RL durch Faktoren wie das natürliche Verbreitungsgebiet, die für den langfristigen Fortbestand des Lebensraums notwendigen Strukturen oder die Populationsdynamik einer geschützten Art bestimmt. Allgemeine positive Wirkungen geschützter Flächen für den Naturhaushalt oder Leistungen zugunsten der umliegenden Bevölkerung finden bei der Feststellung des Erhaltungszustands keine Berücksichtigung.

16. Trotz der engen Anlehnung des Anhangs II Nr. 1 UH-RL an die OPA Regulations wurde das diesen zugrundeliegende ökonomische Kompensationsverständnis nicht übernommen. Die Interessen der betroffenen Bevölkerung spielen bei der Sanierung von Biodiversitätsschäden allenfalls eine untergeordnete Rolle, maßgeblich sind vielmehr die durch FFH- und VSch-RL verfolgten Schutzziele. Weder in den Erwägungsgründen der Richtlinie noch in Grün- oder Weißbuch findet sich das Ziel eines im ökonomischen Sinne vollständigen Ausgleichs der Wohlfahrtsverluste der betroffenen Bevölkerungsteile. Schließlich fand auch die im Richtlinienvorschlag enthaltene, einem ökonomischen Verständnis von Leistungen entsprechende Wertdefinition keinen Eingang in den endgültigen Normtext.

17. Anhang II Nr. 1 UH-RL unterscheidet Maßnahmen der primären Sanierung, der ergänzenden Sanierung sowie der Ausgleichssanierung. Während die primäre Sanierung der Wiederherstellung der geschädigten Ressource dient, ist die ergänzende Sanierung auf Kompensation durch Schaffung von Ersatzressourcen gerichtet; die Ausgleichssanierung soll, wie die *compensatory restoration* nach den OPA Regulations, zwischenzeitliche Verluste ausgleichen. Bezüglich der ergänzenden Sanierung und Ausgleichssanierung sind zunächst Maßnahmen zu prüfen, die Ressourcen und Funktionen gleicher Art, Qualität und Menge zur Verfügung stellen. Erweist sich diese gleichartige Sanierung als unmöglich, so kann auf Maßnahmen zurückgegriffen werden, durch die gleichwertige Funktionen hergestellt werden. Anders als nach den OPA Regulations bestimmt sich die Frage der Gleichwertigkeit von Ressourcen und Funktionen als Gleichwertigkeit allein im ökologischen Sinn. Hinsichtlich des erforderlichen räumlichen und funktionalen Zusammenhangs sind primär die Schutzziele von FFH- und VSch-RL maßgeblich.

18. Zur Ermittlung des erforderlichen Sanierungsumfangs werden in den USA neben der Habitat-Äquivalenz-Analyse als vorherrschendem naturschutzfachlichem Verfahren verschiedene ökonomische Bewertungsmethoden eingesetzt. Die Ermittlung von Nichtnutzungswerten kann nur mittels der z.T. in der konkreten Anwendung umstrittenen direkten Verfahren erfolgen, etwa der kontingenten Bewertung oder dem Choice Modelling. Aufgrund der hohen Kosten und langen

Bewertungszeiträume sind diese Verfahren allenfalls zum Einsatz bei großen Umweltschadensfällen geeignet. Demgegenüber werden die auf eine größere Akzeptanz stoßenden indirekten Verfahren, etwa die Reisekostenmethode oder der hedonische Preisansatz, in den USA überwiegend nur zur Bewertung von Freizeitnutzungen eingesetzt. Da Freizeitnutzungen im Kontext der UH-RL allenfalls eine untergeordnete Rolle spielen, sind die letztgenannten Verfahren nur sehr bedingt zur Bewertung von Biodiversitätsschäden nach der Richtlinie geeignet.

Umsetzung der Umwelthaftungsrichtlinie im deutschen Recht

19. Die UH-RL geht über das geltende deutsche Umweltrecht hinaus, es bestand folglich Umsetzungsbedarf. Zwar bestehen im Naturschutzrecht der Länder überwiegend Regelungen, welche die Anordnung von Wiederherstellungsmaßnahmen im Falle rechtswidriger Eingriffe in Natur und Landschaft vorsehen, z.T. finden sich auch entsprechende Tatbestände zur Erfassung der Beeinträchtigung besonders geschützter Bestandteile von Natur und Landschaft. Jedoch bleiben diese Regelungen hinter den Anforderungen der Richtlinie zurück, insbesondere was die Sanierung des Biodiversitätsschadens anbelangt. Das im Mai 2007 erlassene Artikelgesetz setzt die UH-RL mittels einer bundesrechtlichen Vollregelung um. Dies wurde durch die Streichung der Rahmengesetzgebung und Überführung der Gesetzgebungskompetenzen für Naturschutz und Landschaftspflege sowie Wasserhaushalt in die konkurrierende Gesetzgebung (Art. 74 Abs. 1 Nr. 29 und 32 GG) im Zuge der Föderalismusreform ermöglicht. Das USchadG sowie die in WHG und BNatSchG eingefügten Normen beschränken sich weitestgehend auf eine „Eins-zu-Eins"-Umsetzung der UH-RL.

20. Hinsichtlich des Schutzguts Biodiversität normiert § 21a BNatSchG einen weiten, schutzgebietsunabhängigen sachlichen Geltungsbereich des Umwelthaftungsregimes. Der deutsche Gesetzgeber folgt damit der Rechtsauffassung der Europäischen Kommission, nach der eine Beschränkung des Anwendungsbereichs auf Natura 2000-Schutzgebiete und artenschutzrechtlich geschützte Arten europarechtswidrig wäre. Nach der vorliegend vertretenen Ansicht liegt eine nach Art. 16 UH-RL explizit zulässige nationale Schutzerweiterung vor. Zur Ergänzung des Schutzbereichs der UH-RL sollte von der Option des Art. 2 Nr. 3 c) UH-RL Gebrauch gemacht und die in Naturschutzgebieten und Nationalparken geschützten, nicht in den Anhängen von FFH- und VSch-RL aufgelisteten Arten und Lebensräume in den Anwendungsbereich der Umwelthaftung einbezogen werden, ebenso die aufgrund § 30 BNatSchG gesetzlich geschützten Biotope. Die Schutzerweiterung ist notwendig, da zahlreiche in der Bundesrepublik akut gefährdete Arten und Lebensräume nicht in den Katalogen von FFH- und VSch-RL aufgeführt sind.

21. Die Sanierungsvorgaben des Anhangs II Nr. 1 UH-RL werden in § 21a Abs. 4 BNatSchG im Wege der Verweisung umgesetzt. Zur Vermeidung von Unsicherheiten in der Anwendung sollte eine weitergehende Konkretisierung, etwa seitens der Länder durch Rechtsverordnung, erfolgen.

22. Trotz der Umsetzung der Richtlinienvorgaben werden die landesrechtlichen Regelungen zur Erfassung rechtswidriger Eingriffe sowie rechtswidriger Beeinträchtigungen besonders geschützter Bestandteile von Natur und Landschaft nicht hinfällig. Sie bleiben als Rechtsvorschriften mit „weitergehenden" Anforderungen i.S.v. § 1 S. 2 USchadG anwendbar, soweit sie in ihrem sachlichen oder persönlichen Anwendungsbereich weiter greifen als das Umwelthaftungsregime.

23. Vergleicht man die Sanierungsanforderungen von UH-RL und naturschutzrechtlicher Eingriffsregelung, so stellt man deutliche Unterschiede fest. Der Ausgleich im Rahmen der naturschutzrechtlichen Eingriffsregelung ist auf die Erhaltung der Leistungs- und Funktionsfähigkeit des Naturhaushalts insgesamt sowie das Landschaftsbild ausgerichtet. Demgegenüber zielt die UH-RL in Bezug auf das Schutzgut Biodiversität allein auf die Wahrung oder Wiederherstellung eines günstigen Erhaltungszustands der durch FFH- und VSch-RL geschützten Arten und natürlichen Lebensräume. Nach beiden Instrumenten hat die Kompensation vorrangig durch Schaffung gleichartiger Ressourcen und Funktionen zu erfolgen, die für die Auswahl der Sanierungsmaßnahmen relevanten ökologischen Funktionen bestimmen sich entsprechend dem jeweiligen Schutzzweck. Ausgleichszahlungen, wie sie die Landesnaturschutzgesetze überwiegend vorsehen, sind nach der UH-RL nicht möglich.

Literaturverzeichnis

Adamowicz, Wiktor/Louviere, Jordan/Swait, Joffre: Introduction to Attribute-Based Stated Choice Methods, submitted to Resource Valuation Branch, NOAA, U.S. Department of Commerce, 1998.

Anger, Christoph: Die neue naturschutzrechtliche Eingriffsregelung gemäß § 18 ff. BNatSchG 2002, NVwZ 2003, 319-321.

Augustyniak, Christine M.: Economic Valuation of Services Provided by Natural Resources: Putting a Price on the "Priceless", 45 Baylor L. Rev. (1993), 389-403.

Babcock, Hope M.: Has the U.S. Supreme Court Finally Drained the Swamp of Takings Jurisprudence?: The Impact of Lukas v. South Carolina Coastal Council on Wetlands and Coastal Barrier Beaches, 19 Harv. Envtl. L. Rev. (1995), 1-67.

Bälz, Ulrich: Ersatz oder Ausgleich – Zum Standort der Gefährdungshaftung im Licht der neuesten Gesetzgebung, JZ 1992, 57-72.

Battis, Ulrich/Krautzberger, Michael/Löhr, Rolf-Peter: Baugesetzbuch, 9. Auflage, München 2005.

Baumann, Wilfried/Biedermann, Ulrike/Breuer, Wilhelm/Herbert, Matthias/Kallmann, Jutta/Rudolf, Ernst/Weihrich, Dietmar/Weyrath, Udo/Winkelbrandt, Arndt: Naturschutzfachliche Anforderungen an die Prüfung von Projekten und Plänen nach § 19c und § 19d BNatSchG (Verträglichkeit, Unzulässigkeit und Ausnahmen), NuL 1999, 463-472 (zit.: Baumann et al., NuL 1999, 463).

Bayerisches Staatsministerium für Landesentwicklung und Umweltfragen (BayStMLU): Bauen in Einklang mit Natur und Landschaft, 2. Aufl., München 2003.

Becker, Bernd: Einführung in die Richtlinie über Umwelthaftung zur Vermeidung und Sanierung von Umweltschäden, NVwZ 2005, 371-376.

Behrens, Alexander/Louis, Hans Walter: Die Zuständigkeit des Bundesgesetzgebers zur vollständigen Umsetzung der Umwelthaftungsrichtlinie insbesondere zur Regelung des Biodiversitätsschadens, NuR 2005, 682-691.

Berg, Gunhild: Die Stellungnahme der Europäischen Kommission nach Art. 6 Abs. 4 UAbs. 2 FFH-RL bzw. § 34 Abs. 4 S. 2 BNatSchG, Nur 2003, 197-205.

Bergkamp, Lucas: The Commission July 2001 Working Paper on Environmental Liability: Civil or Administrative Law to Prevent Environmental Harm, (September 2001), abrufbar unter: http://europa.eu.int/comm/environment/liability/wrkdoc_comments.pdf (zit.: Bergkamp, Comment Working Paper).

Ders.: The Proposed Environmental Liability Directive, EELR 2002, 294-314 und 327-341.

Bohne, Eberhard: Das Umweltgesetzbuch vor dem Hintergrund der Föderalismusreform, EurUP 2006, 276-293.

Bönsel, André/Hönig, Dietmar: Konsequenzen beim Schutzregimewechsel von der Vogelschutzrichtlinie zur Flora-Fauna-Habitat-Richtlinie (zugleich Anmerkung zu BVerwG, Urt. vom 1.4.2004 – 4 C 2.03, NuR 2004, 524, vorgehend OVG Koblenz, Urt. vom 9.1.2003 – 1 C 10187/01, NuR 2003, 441), NuR 2004, 710-713.

Boyd, James: A Market-Based Analysis of Financial Issues Associated with U.S. Natural Resource Damage Liability 2000. Abrufbar unter http://europa.eu.int/comm /environment/liability/insurance_us.pdf (zit.: Boyd, Insurance US).

Brans, Edward H.P.: Liability for Damage to Public Natural Resources, (Standing, Damage and Damage Assessment), The Hague 2001, (zit.: Brans, Liability).

Ders.: Liability for Damage to Public Natural Resources under the 2004 EC Environmental Liability Directive, Standing and Assessment of Damages, ELR 2005, 90-109.

Brans, Edward H.P./Uilhoorn, Mark: Liability for Damage to Natural Resources, Background Paper for EU White Paper on Environmental Liability (1997), abrufbar unter: http//:europa.eu.int/comm/liability/ecodamage.pdf (zit.: Brans/Uilhoorn, Background Paper).

Breen, Barry: CERCLA´s Natural Resource Damage Provisions: What Do We Know So Far?, ELR 1984, 10304.

Breffle, William S./Morey, Edward R./Rowe, Robert D./Waldman, Donald M./Wytinck, Sonya M.: Recreational Fishing Damages from Fish Consumption Advisory in the Waters of Green Bay, Studie im Auftrag des US. Fish and Wildlife Service, U.S. Department of the Interior, U.S. Department of Justice, Boulder, Colorado 1999, abrufbar unter: http://www.fws.gov/midwest/Fox RiverNRDA/documents/ recfish.pdf.

Breuer, Rüdiger: Öffentliches und privates Wasserrecht, 3. Aufl., München 2004 (zit.: *Breuer*, Wasserrecht).

Brickwedde, Fritz/Fuellhaas, Uwe/Stock, Reinhard/Wachendörfer, Volker/Wahmhoff, Werner (Hrsg.): Landnutzung im Wandel – Chance oder Risiko für den Naturschutz, Berlin 2005 (zitiert: „Brickwedde/Fuelhaas/Stock/Wachendörfer/Wahmhoff, Landnutzung im Wandel").

Brugger, Winfried: Einführung in das öffentliche Recht der USA, 2. Aufl., München 2001 (zit.: Brugger, Öffentliches Recht der USA).

Bruns, Elke: Methoden zur Schadensbewertung und Kompensationsermittlung in der naturschutzrechtlichen Eingriffsregelung, NRPO 2005, Heft 1, 48-58.

Dies./Herberg, Alfred/Köppel, Johann: Flächen- und Maßnahmenpools in Deutschland, Konzepte, Management und naturschutzfachliche Standards, NuL 2005, 89-95.

v. Bubnoff, Daniela: Der Schutz künftiger Generationen im deutschen Umweltrecht: Leitbilder, Grundsätze und Instrumente eines dauerhaften Umweltschutzes, Berlin 2001 (zit.: v. Bubnoff, Schutz künftiger Generationen).

Bulger, Faith A.: The Evolution of the "Grossly Disproportionate" Standard in Natural Resource Damage Assessments, 45 Baylor L. Rev. (1993), 459-471.

Burmeister, Joachim: Zur Prüfung der Erheblichkeit von Beeinträchtigungen der Natura-2000-Gebiete gemäß § 34 BNatSchG im Rahmen der FFH-Verträglichkeitsprüfung (LANA-Empfehlung), NuR 2004, 296-303.

Byrd, Heath/English, Eric/Lipton, Doug/Meade, Norman/Tomasi, Ted: Chalk Point Oil Spill: Lost Recreational Use Valuation Report, Prepared for the Chalk Point Trustee Council, abrufbar unter: http://www.darp.noaa.gov/northeast/chalk_ point/admin.html.

Calliess, Christian/Ruffert, Matthias (Hrsg.): Kommentar des Vertrages über die Europäische Union und des Vertrages zur Gründung der Europäischen Gemeinschaft – EUV/EGV – , 3. Aufl., München 2007 (zit.: Bearb., in: Calliess/Ruffert, EUV/EGV).

Caspar, Johannes: Die EU-Wasserrahmenrichtlinie: Neue Herausforderungen an einen europäischen Gewässerschutz, DÖV 2001, 529-538.

Clarke, Chris: Update Comparative Legal Study, Studie im Auftrag der Europäischen Kommission, Study Contract Nr. 201919/MAR/B3, London 2001, abrufbar unter: http://europa.eu.int/comm/environment/liability/ legalstudy_full.pdf (zit.: Clarke, Update Comparative Legal Study).

Ders.: The Proposed EC Liability Directive, Half-Way Through Co-Decision, 12 RECIEL (2003), 254-268.

Cross, Frank B.: Natural Resource Damage Valuation, 42 Vand. L. Rev. (1989), 269- 341.

Ders.: Restoring Restoration for Natural Resource Damages, 24 U. Tol. L. Rev. (1993), 319-344.

Czychowski, Manfred/Reinhardt, Michael: Wasserhaushaltsgesetz, Kommentar, 9. Aufl., München 2007 (zit.: Czychowski/Reinhardt, WHG).

Desvousges, William H./Lutz, Janet C.: Compensatory Restoration: Economic Principles and Practice, 42 Ariz. L. Rev. (2000), 411-432.

Dietrich, Björn/Au, Christian/Dreher, Jörg: Umweltrecht der Europäischen Gemeinschaften, Berlin 2003 (zit.: Dietrich/Au/Dreher, Europäisches Umweltrecht).

Dolde, Klaus-Peter: Zur Umsetzung der gemeinschaftsrechtlichen Umwelthaftung in deutsches Recht, in: Hendler, Reinhard/Marburger, Peter/Reinhardt, Michael/ Schröder, Meinhard (Hrsg.), Umwelthaftung nach neuem EG-Recht, Berlin 2005, S. 169-210.

Duikers, Jan: Die Umwelthaftungsrichtlinie der EG – Analyse der Richtlinie und ihrer Auswirkungen auf das deutsche Recht, Berlin 2006 (zit.: Duikers, Umwelthaftungsrichtlinie).

Durner, Wolfgang: Kompensation für Eingriffe in Natur und Landschaft nach deutschem und europäischem Recht, NuR 2001, 601-610.

Eggert, Thomas L./Chorostecki, Kathleen A.: Rusty Trustees and the Lost Pots of Gold: Natural Resource Damage Trustee Coordination Under the Oil Pollution Act, 45 Baylor L. Rev. (1993), 291-313.

Ekardt, Felix/Weyland, Raphael: Föderalismusreform und europäisches Verwaltungsrecht, NVwZ 2006, 737-742.

Ellinghoven, Gabriele/Brandenfels, Annette: Rechtliche Anforderungen an die Eingriffsbilanzierung und deren naturschutzfachliche Umsetzung am Beispiel von Abgrabungsvorhaben, NuR 2004, 564-572.

Enders, Rainald: Die Zivilrechtliche Verantwortlichkeit für Altlasten und Abfälle, Berlin 1999 (zit.: Enders, Altlasten und Abfälle).

Endres, Alfred/Holm-Müller, Karin: Die Bewertung von Umweltschäden, Theorie und Praxis sozioökonomischer Verfahren, Stuttgart 1998 (zit.: Endres/Müller, Bewertung von Umweltschäden).

Europäische Kommission: Natura 2000-Gebietsmanagement: Die Vorgaben des Artikels 6 der Habitat-Richtlinie 92/43/EWG, Amt für amtliche Veröffentlichungen der Europäischen Gemeinschaften, Luxemburg 2000 (zit.: Europäische Kommission, Gebietsmanagement).

Europäische Kommission: Auslegungsleitfaden zu Artikel 6 Absatz 4 der ,Habitat-Richtlinie' 92/43/EWG, Januar 2007, abrufbar unter: http://ec.europa.eu/environment/ nature/nature_conservation/eu_nature_legislation/specific_articles/art6/index_en.htm (zit.: Europäische Kommission, Leitfaden Art. 6 Abs. 4 FFH-RL).

Falke, Josef: Neueste Entwicklungen im Europäischen Umweltrecht, ZUR 2001, 237-238.

Faßbender, Kurt: Gemeinschaftsrechtliche Anforderungen an die normative Umsetzung der neuen EG-Wasserrahmenrichtlinie, NVwZ 2001, 241-249.

Findley, Roger W./Farber, Daniel A.: Cases and Materials on Environmental Law, 5. Aufl., St. Paul, Minnesota 1999 (zit.: Findley/Farber, Environmental Law).

Fisahn, Andreas: Defizite bei der Umsetzung der FFH-RL durch das BNatSchG, ZUR 2001, 252-256.

Fischer, Kristian/Fluck, Jürgen: Öffentlich-rechtliche Vermeidung und Sanierung von Umweltschäden statt privatrechtlicher Umwelthaftung?, RIW 2002, 814-822.

Fischer-Hüftle, Peter: Zur Beeinträchtigung von FFH- und Vogelschutzgebieten durch Einwirkungen von außerhalb, NuR 2004, 157-158.

Flores, Nicholas E./Thacher, Jennifer: Money, who needs it? Natural Resource Damage Assessment, 20 Con. Econ. P. (2002), 171-178.

Frenz, Walter: Föderalismusreform im Umweltschutz, NVwZ 2006, 742-747.

Friehe, Heinz-Josef: Der Konventionsentwurf des Europarates über die zivilrechtliche Haftung für Schäden, die aus umweltgefährlichen Aktivitäten herrühren, NuR 1992, 249-243.

Ders.: Der Ersatz ökologischer Schäden nach dem Konventionsentwurf des Europarates zur Umwelthaftung, NuR 1992, 453-459.

Führ, Martin/Lewin, Daniel/Roller, Gerhard: EG-Umwelthaftungs-Richtlinie und Biodiversität, NuR 2006, 67-75.

Gassner, Erich: Systematische Aspekte der naturschutzrechtlichen Ausgleichsabgabe, NuR 1985, 180-186.

Ders.: Der Ersatz ökologischen Schadens nach dem geltenden Recht, UPR 1987, 370-374.

Ders.: Aktuelle Fragen der naturschutzrechtlichen Eingriffsregelung, NuR 1999, 79-85.

Ders.: Die Zulassung von Eingriffen trotz artenschutzrechtlicher Verbote, NuR 2004, 560-564.

Ders./Bendomir-Kalho, Gabriele/Schmidt-Räntsch, Annette/Schmidt-Räntsch, Jürgen: Bundesnaturschutzgesetz, Kommentar, München 2003 (zit.: Bearb., in Gassner/Bendomir-Kalho/Schmidt-Räntsch, BNatSchG).

Gellermann, Martin: Natura 2000, Europäisches Habitatschutzrecht und seine Durchführung in der Bundesrepublik Deutschland, Berlin, Wien 1998 (zit.: Gellermann, Natura 2000).

Ders.: Mitgliedsstaatliche Erhaltungspflichten zugunsten faktischer bzw. potentieller Natura 2000-Gebiete, NdsVBl. 2000, 157-164.

Ders.: Das modernisierte Naturschutzrecht – Anmerkungen zur Novelle des Bundesnaturschutzgesetzes, NVwZ 2002, 1025-1033.

Ders.: Biotop- und Artenschutz, in: Rengeling, Hans-Werner (Hrsg.), Handbuch zum europäischen und deutschen Umweltrecht, Band II, Besonderes Umweltrecht, 1. Teilband, § 78, 2. Aufl., Köln, Berlin, Bonn, München 2003.

Ders.: Artenschutz in der Fachplanung und der kommunalen Bauleitplanung, NuR 2003, 385-394.

Ders.: Herzmuschelfischerei im Lichte des Art. 6 FFH-Richtlinie, NuR 2004, 769-773.

Ders.: Habitatschutz in der Perspektive des Europäischen Gerichtshofs – Anmerkung zu den Urteilen vom 13.1.2005 und 14.4.2005, NuR 2005, 433-438.

Ders./Schreiber, Matthias: Zur Erheblichkeit der Beeinträchtigung von Natura 2000-Gebieten und solchen, die es werden wollen, NuR 2003, 205-213.

Ginige, Tilak: Mining Waste: The Aznalcóllar Tailings Pond Failure, Teil I: EELR 2002, 76-88; Teil I, EELR 2002, 102-113.

Godt, Christine: Haftung für Ökologische Schäden, Berlin 1995 (zit.: Godt, Haftung für Ökologische Schäden).

Dies.: Das neue Weißbuch zur Umwelthaftung, ZUR 2001, S. 188 ff.

Grabitz, Eberhardt/Hilf, Meinhard: Das Recht der Europäischen Union, Band I, EUV/EGV München 2003 (zit.: Bearb., in: Grabitz/Hilf (Hrsg.), EUV/EGV Bd. I).

Hagenah, Evelyn: Ziel und Konzeption der künftigen EG-Richtlinie über Umwelthaftung, in: Oldiges, Martin (Hrsg.), Umwelthaftung vor der Neugestaltung – Erwartungen und Anforderungen aufgrund des künftigen Europäischen Umwelthaftungsrechts, Baden-Baden 2004, S. 15-28.

Hager, Günther: Umweltschäden, Ein Prüfstein für die Wandlungs- und Leistungsfähigkeit des Deliktsrechts, NJW 1986, 1961-1971.

Ders.: Der Vorschlag einer europäischen Richtlinie zur Umwelthaftung, JZ 2002, 901-911.

Ders.: Haftung für reine Umweltschäden, NuR 2003, 581-585.

Ders.: Die europäische Umwelthaftungsrichtlinie in rechtsvergleichender Sicht, in: Hendler, Reinhard/Marburger, Peter/Reinhardt, Michael/Schröder, Meinhard (Hrsg.), Umwelthaftung nach neuem EG-Recht, Berlin 2005, S. 211-241.

Halama, Günter: Fachrechtliche Zulässigkeitsprüfung und naturschutzrechtliche Eingriffsregelung, NuR 1998, 633-637.

Ders.: Die FFH-Richtlinie – unmittelbare Auswirkungen auf das Planungs- und Zulassungsrecht, NVwZ 2001, 506-513.

Hay, Peter: US-amerikanisches Recht, München 2000.

Hendler, Reinhard/Marburger, Peter/Reinhardt, Michael/Schröder, Meinhard (Hrsg.): Umwelthaftung nach neuem EG-Recht, Berlin 2005 (zit.: Verfasser, in: Hendler/Marburger/Reinhardt/Schröder (Hrsg.), Umwelthaftung).

Hirsch, Günter/Schmidt-Didczuhn, Andrea: Gentechnikgesetz, Kommentar, München 1991 (zit.: Hirsch/Schmidt-Didczuhn, GenTG).

Hösch, Ulrich: Die Rechtsprechung des Bundesverwaltungsgerichts zu Natura 2000-Gebieten, NuR 2004, 348-355.

Hoffmeister, Frank/Kokott, Juliane: Öffentlich-rechtlicher Ausgleich für Umweltschäden in Deutschland und in hoheitsfreien Räumen, Bestandsaufnahme, Rechtsvergleich und Vorschläge de lege ferenda, Hrsg.: Umweltbundesamt, Berichte 9/02, Berlin 2002 (zit.: Hoffmeister/Kokott, Öffentlich-rechtlicher Ausgleich).

Hoppe, Werner/Beckmann, Martin/Kauch, Petra: Umweltrecht, 2. Aufl., München 2000.

Iven, Klaus: Schutz natürlicher Lebensräume und Gemeinschaftsrecht, NuR 1996, 373-380.

Ipsen, Jörn: Die Kompetenzverteilung zwischen Bund und Ländern nach der Föderalismusnovelle, NJW 2006, 2801-2806.

Jenkins, Victoria: Communication From The Commission: A Sustainable Europe For A Better World, 14 Env. Law 2002, 261-264.

Jessel, Beate: Die Integration von Umweltbelangen in die Entscheidungsfindung in der Bauleitplanung, UPR 2004, 408-414.

Jones, Carol A./Tomasi, Theodore D./Fluke, Stephanie W.: Public and Private Claims in Natural Resource Damage Assessments, 20 Harv. Envtl. L. Rev. (1996), 111-162.

Kadner, Thomas: Der Ersatz ökologischer Schäden: Ansprüche von Umweltverbänden, Berlin 1995 (zit.: Kadner, Ersatz ökologischer Schäden).

Kiern, Lawrence I.: Liability, Compensation, and Financial Responsibility Under the Oil Pollution Act of 1990: A Review of the First Decade, 24 Mar. Law (2000), 481-590.

Kiethe, Kurth/Schwab, Michael: EG-rechtliche Tendenzen zur Haftung für Umweltschäden, EuZW 1993, 437-440.

King, Dennis M.: Comparing Ecosystem Services and Values, Maryland 1997, Studie im Auftrag des Department of Commerce, National Oceanic and Atmospheric Agency Damage Assessment and Restoration Program, abrufbar unter: http://www.darp.noaa.gov/library/pdf/kingpaper.pdf (zit.: King, Ecosystem Services).

Klaphake, Axel/Hartje, Volkmar/Meyerhoff, Jürgen: Die ökonomische Bewertung ökologischer Schäden in der Umwelthaftung, Working Paper on Management in Environmental Planning 005/2002, abrufbar unter: http//:www.tu-berlin.de/fb7/imup/fg-hartje/index.htm (zit.: Klaphake/Hartje/Meyerhoff, Ökonomische Bewertung).

Ders.: The Assessment and Restoration of Biodiversity Damages, Some remarks on environmental damages under the Directive 2004/35, JEEPL 2005, 268-276.

Ders./Lepinat, Julia: Zur Eignung der Habitat-Äquivalenz-Analyse für die Schadensbewertung im geplanten Umwelthaftungsregime der EU, UVP-Report 2003, 230-236.

Ders./Peters, Wolfgang (Hrsg.): Naturschutz in Recht und Praxis – Online-Zeitschrift für Naturschutzrecht, 2005, Heft 1, Themenheft: Die Bewertung von Biodiversitätsschäden im Rahmen der neuen EG-Umwelthaftungsrichtlinie, abrufbar unter: www.naturschutzrecht.net (zit.: Verfasser, NRPO 2005, Heft 1).

Ders./Hartje, Volker/Meyerhoff, Jürgen: Die Monetarisierung ökologischer Schäden in einer europäischen Haftungsregelung: Anmerkungen zur Schadensbewertung angesichts der Erfahrungen in den USA, PWP 2005, 23-39.

Klein, Ulrich: Europäisches Bodenschutzrecht, Auf dem Weg zu einer Bodenschutzrahmenrichtlinie, EurUP 2007, 2-12.

Kloepfer, Michael: Interdisziplinäre Aspekte des Umweltstaats, DVBl. 1994, 12-22.

Ders.: Umweltrecht, 3. Aufl., München 2004.

Ders.: Föderalismusreform und Umweltgesetzgebungskompetenzen – Erweitertes Thesenpapier zum 2. ZUR/VUR-Fachgespräch „Die Neuordnung der Umweltgesetzgebungskompetenzen", 19. Mai 2006 (Berlin), ZUR 2006, 338-340.

Ders.: Sinn und Gestalt des kommenden Umweltgesetzbuchs, UPR 2007, 161-170.

Kloepfer, Michael/Rehbinder, Eckard/Schmidt-Aßmann, Eberhard/Kunig, Philip: Umweltgesetzbuch – Allgemeiner Teil, Forschungsbericht im Auftrag des Umweltbundesamtes, Berlin 1991 (zit.: Kloepfer/Rehbinder/Schmidt-Aßmann/Kunig, UGB-ProfE).

Knopp, Lothar: EU-Umwelthaftung, EU-Umweltstrafrecht und EU-Emissionszertifikatehandel, EWS Beilage 3/2002, S. 1 ff.

Ders.: EG-Umwelthaftungsrichtlinie und deutsches Umweltschadensgesetz, UPR 2005, 361-367.

Koch, Hans-Joachim: Umweltrecht, 2. Aufl., Köln, Berlin, München 2007 (zit.: Bearb., in: Koch, Umweltrecht).

Köppel, Johann/Feickert, Uwe/Spandau, Lutz/Straßer, Helmut: Praxis der Eingriffsregelung, Schadenersatz an der Natur?, Stuttgart (Hohenheim) 1998 (zit.: Köppel/Feickert/ Spandau/Straßer, Eingriffsregelung).

Kokott, Juliane/Klaphake, Axel/Marr, Simon: Ökologische Schäden und ihre Bewertung in internationalen, europäischen und nationalen Haftungssystemen – eine juristische und ökonomische Analyse, Umweltbundesamt, Berichte 03/03, Berlin 2003 (zit.: Kokott/Klaphake/Marr, Ökologische Schäden und ihre Bewertung).

Kotulla, Michael: Wasserhaushaltsgesetz, Stuttgart 2003.

Krämer, Ludwig: Discussion on Directive 2004/35 Concerning Environmental Liability, JEEPL 2005, 250-256.

Kuschnerus, Ulrich: Die naturschutzrechtliche Eingriffsregelung, NVwZ 1996, 235-241.

Lambrecht, Heiner/Trautner, Jürgen/Kaule, Giselher/Gassner, Erich: Ermittlung von erheblichen Beeinträchtigungen im Rahmen der FFH-Verträglichkeitsuntersuchung, FuE-Vorhaben im Rahmen des Umweltforschungsplans des BMU, im Auftrag des BfN, FKZ 801 82 130, Hannover, Filderstadt, Stuttgart, Bonn 2004.

Landel, Christoph/Vogg, Reiner/Wüterich, Christoph: Bundes-Bodenschutzgesetz, Kommentar, Stuttgart, Berlin, Köln 2000.

Landesanstalt für Umweltschutz Baden-Württemberg (Hrsg.): Leitfaden für die Eingriffs-
und Ausgleichsbewertung bei Abbauvorhaben, Karlsruhe 1998.

v. Landmann, Robert/Rohmer, Gustav: Umweltrecht, Bd. IV, Sonstiges Umweltrecht (Bun-
des- und Europarecht), Kommentar, Hrsg. von Klaus Hansmann, München 2007 (zit.:
Bearb., in: Landmann/Rohmer, Umweltrecht, Bd. IV).

Landsberg, Gerd/ Lülling, Wilhelm: Umwelthaftungsrecht, Kommentar, Köln, Stuttgart
1991.

Ladeur, Karl-Heinz: Schadensersatzansprüche des Bundes für die durch den Sandoz-Unfall
entstandenen „ökologischen Schäden"?, NJW 1987, 1236-1241.

Larenz, Karl: Lehrbuch des Schuldrechts, Bd. 1, Allgemeiner Teil, 14. Aufl., München 1987 (zit.: Larenz, SchuldR I).

Ders./Canaris, Claus-Wilhelm: Lehrbuch des Schuldrechts, Bd. 2, 2. Halbband, Besonderer
Teil, 13. Aufl., München 1994 (zit.: Larenz/Canaris, SchuldR II/2).

v. Lersner, Heinrich: Gibt es Eigenrechte der Natur?, NVwZ 1988, 988-992.

Lewin, Daniel/Führ, Martin/Roller, Gerhard: Entwurf für ein „Umweltverantwortlichkeits-
gesetz" zur Umsetzung der EG-Umwelthaftungs-Richtlinie, Sofia-Diskussionsbeiträge
zur Institutionenanalyse, Nr. 05-3, Darmstadt 2005 (zit.: Lewin/Führ/Roller, UVG-
Entwurf).

Lorz, Alfred/Müller, Markus H./Stöckel, Heinz: Naturschutzrecht, 2. Aufl., München 2003.

Louis, Hans Walter: Anmerkung zu BVerwG, Urteil vom 11.1.2001 – 4 C 6.00, NuR 2001,
388-390.

Ders.: Das Gesetz zur Neuregelung des Rechts des Naturschutzes und der Landschaftspflege (BNatSchG NeuregG), NuR 2002, 385-391.

Ders.: Artenschutz in der Fachplanung, NuR 2004, 557-559.

Ders.: Rechtliche Grenzen der räumlichen, funktionalen und zeitlichen Entkoppelung von
Eingriff und Kompensation (Flächenpool und Ökokonto), NuR 2004, 714-719.

Ders.: Die Gesetzgebungszuständigkeit für Naturschutz und Landschaftspflege nach dem
Gesetzesentwurf zur Föderalismusreform, ZUR 2006, 340-344.

Ders./Engelke, Annegret: Naturschutzrecht in Deutschland, Bd. 2, Bundesnaturschutzgesetz, 1. Teil, §§ 1 bis 19f, 2. Aufl., Braunschweig 2000.

Ders./Schumacher, Jochen: Das Dragaggi-Urteil des EuGH in der Interpretation der Kommission als Hüterin der Europäischen Verträge – Eine Anmerkung zum Urteil des
EuGH vom 13.1.2005 – Rs. C-11//03 (NuR 2005, 242), NuR 2005, 770-771.

*MacAlister, Elliott and Partner (MEP)/Economics For The Environment Consultancy
Limited (eftec):* Study on the Valuation and Restoration of Damage to Natural Resources for the Purpose of Environmental Liability; Studie im Auftrag der Europäischen Kommission, B4-3040/2000/265781/MAR/B3; Mai 2001, abrufbar unter:
http://europa.eu.int/comm/environment/liability/index. htm, dazu Annexes A-D, wie
vorstehend (zit.. MEP/eftec, Valuation and Restoration bzw.: MEP/eftec, Valuation
and Restoration, Annexes).

v. Mangoldt, Hermann/Klein, Friedrich/Starck, Christian: Kommentar zum Grundgesetz,
Band 2, Artikel 20-82, München 2005.

Marticke, Hans-Ulrich: Zur Methodik der naturschutzrechtlichen Ausgleichsabgabe,
NuR 1996, 387-398.

Mayr, Elisabeth/Sanktjohanser, Lorenz: Die Reform des nationalen Artenschutzrechts mit
Blick auf das Urteil des EuGH v. 10.1.2006 in der Rs. C-98/03 (NuR 2006, 166).

Mazzotta, Maria J./Opaluch, James J./Grigalunas, Thomas A.: Natural Resource Damage
Assessment: The Role of Resource Restoration, 34 Nat. Res. J. (1994), 153-178.

McKenna & Co: Study of Civil Liability Systems for Remedying Environmental Damage, London 1995, Studie abrufbar unter: http://europa.eu.int/comm/environment/liability/ civiliability_finalreport.pdf.

Montesionos, Miriam: It May Be Silly, But It's An Answer: The Need To Accept Contingent Valuation Methodology In Natural Resource Damage Assessments, 26 Ecology L.Q. (1999), 48-79.

Müller, Markus: Das System des deutschen Artenschutzes und die Auswirkungen der Caretta-Entscheidung des EuGH auf den Absichtsbegriff des § 43 Abs. 4 BNatSchG, NuR 2005, 157-163.

v. Münch, Ingo/Kunig, Philip (Hrsg.): Grundgesetz-Kommentar, Bd. 3, Art. 70-146, 5. Aufl., München 2003.

Murray, Kevin R./McCardell, Steven J./Schofield, Jonathan R.: Natural Resource Damage Trustees: Whose side are they really on?, 5 Envtl. Law. (1999), 407-468.

National Oceanic and Atmospheric Administration (NOAA): Injury Assessment: Guidance Document for Natural Resource Damage Assessment Under the Oil Pollution Act of 1990, the Damage Assessment and Restoration Program, Silver Spring, Maryland 1996, (zit.: NOAA, Guidance Injury Assessment).

Dies.: Scaling Compensatory Restoration Actions, Guidance Document, National Oceanic and Atmospheric Administration, Damage Assessment and Restoration Program, Silver Spring, Maryland 1997, abrufbar unter: www.darp.noaa.gov/pdf/scaling.pdf; (zit.: NOAA, Guidance Scaling).

Nebelsieck, Rüdiger: Der Schutz „potentieller" FFH-Gebiete nach der Dragaggi-Entscheidung des EuGH vom 13.1.2005, NordÖR 2005, 235-239.

Nicklisch, Fritz: Umweltschutz und Haftungsrisiken, VersR 1991, 1093-1098.

Ders.: Abfallsteuerung durch Haftung nach dem EG-Richtlinienentwurf, Beilage 10 zu BB 1993, 55-58.

Niederstadt, Frank: Die Umsetzung der Flora-Fauna-Habitat-Richtlinie durch das Zweite Gesetz zur Änderung des Bundesnaturschutzgesetzes, NuR 1998, 515-526.

Note, „Ask a silly question...": Contingent Valuation of Natural Resource Damages, 105 Harvard Law Review (1992), S. 1981-2000.

Oldiges, Martin (Hrsg.): Umwelthaftung vor der Neugestaltung – Erwartungen und Anforderungen aufgrund des künftigen Europäischen Umwelthaftungsrechts, Baden-Baden 2004 (zit.: Verfasser, in: Oldiges (Hrsg.), Umwelthaftung vor der Neugestaltung).

Oppermann, Thomas: Europarecht, 3. Auf., München 2005.

Ossenbühl, Fritz: Staatshaftungsrecht, 5. Aufl., München 1998.

Otto, Franz: Ersatz für geschützte Bäume – rechtliche Probleme bei der Festlegung des Ausgleichs für ökologische Schäden, UPR 1992, 365-369.

Palandt: Bürgerliches Gesetzbuch, Kommentar, 66. Aufl., München 2007 (zit.: Bearb., in: Palandt, BGB).

Palme, Christoph/Schumacher, Anke/Schumacher, Jochen/Schlee, Matthias: Die europäische Umwelthaftungsrichtlinie, EurUP 2004, 204-211.

Pappel, Roland: Civil Liability for Damage Caused by Waste, Berlin 1995.

Pearson, Charles E.: Economics and the Global Environment, Cambridge University Press 2000 (zit.: Pearson, Global Environment).

Peck, James: Measuring Justice for Nature, Issues in Evaluating and Litigating Natural Resource Damages, 14 J. Land Use & Envtl. L. (1999) 275-306.

Penn, Tony: A Summary of the Natural Resource Damage Assessment Regulations under the United States Oil Pollution Act, National Oceanic and Atmospheric Administration, Silver Spring, Maryland, abrufbar unter: http://europa.eu.int/comm/environment/liability/tp_enveco.pdf (zit.: Penn, NRDA-Regulations).

Ders./Tomasi, Theodore: Environmental Assessment, Calculating Resource Restoration for an Oil Discharge in Lake Barre, Louisiana, USA, 29 Env. Man. (2002), 691-702.

Peters, Wolfgang: Systematisierung des Bewertungsproblems bei Biodiversitätsschäden und Anforderungen aus Sicht der Umweltplanung, NRPO 2005, Heft 1, 30-33.

Ders.: Bewertung von Beeinträchtigungen in der Verträglichkeitsprüfung nach der FFH-Richtlinie – Hinweise für die Umsetzung der Umwelthaftungsrichtlinie, NRPO 2005, Heft 1, 59-66.

Peters, Wolfgang/Bruns, Elke/Lambrecht, Heiner/Trautner, Jürgen/Wolf, Rainer/Klaphake, Axel/Hartje, Volkmar/Köppel, Johann: Die Erfassung, Bewertung und Sanierung von Biodiversitätsschäden nach der EG-Umwelhaftungs-Richtlinie (erscheint demnächst).

Pietzcker, Jost: Zur Entwicklung des öffentlich-rechtlichen Entschädigungsrechts – insbesondere am Beispiel der Entschädigung von Beschränkungen der landwirtschaftlichen Produktion, NVwZ 1991, 418-427.

Ramsauer, Ulrich: Die Ausnahmeregelungen des Art. 6 Abs. 4 der FFH-Richtlinie, NuR 2000, 601-611.

Rehbinder, Eckard: Ersatz ökologischer Schäden – Begriff, Anspruchsberechtigung und Umfang des Ersatzes unter Berücksichtigung rechtsvergleichender Erfahrungen, NuR 1988, 105-115.

Ders.: Das *deutsche* Umweltrecht auf dem Weg zur Nachhaltigkeit, NVwZ 2002, 657-666.

Ders./Wahl, Rainer: Kompetenzprobleme bei der Umsetzung von europäischen Richtlinien, NVwZ 2002, 21-28.

Rengeling, Hans-Werner (Hrsg.): Handbuch zum europäischen und deutschen Umweltrecht, Bd. I: Allgemeines Umweltrecht, Bd. II: Besonderes Umweltrecht, 2. Aufl., Köln, Berlin, Bonn, München 2003 (zit.: Bearb., in: Rengeling (Hrsg.), Europäisches Umweltrecht, Bd. I/Bd. II).

Ders.: Die Ausführung von Gemeinschaftsrecht, insbesondere die Umsetzung von Richtlinien, in : Rengeling (Hrsg.), Handbuch zum europäischen und deutschen Umweltrecht, Bd. I: Allgemeines Umweltrecht, 2. Aufl., Köln, Berlin, Bonn, München 2003, § 28.

Riecken, Uwe: Novellierung des Bundesnaturschutzgesetzes: Gesetzlich geschützte Biotope nach § 30 BNatSchG, NuL 2002, 397-406.

Rodgers, William H. Jr.: Environmental Law, 2. Aufl., St. Paul, Minnesota 1994.

Roller, Gerhard/Führ, Martin: EG-Umwelthaftungs-Richtlinie und Biodiversität, Bonn-Bad Godesberg 2005 (zit.: Roller/Führ, UH-RL und Biodiversität).

Romain, Alfred/Bader, Hans Anton: Wörterbuch der Rechts- und Wirtschaftssprache, Teil 1, Englisch-Deutsch, 4. Aufl., München 1989 (zit.: Romain, Wörterbuch).

Ruffert, Matthias: Zur Konzeption der Umwelthaftung im Europäischen Gemeinschaftsrecht, in: Hendler/Marburger/Reinhardt/Schröder (Hrsg.), Umwelthaftung nach neuem EG-Recht, Berlin 2005, S. 43-72.

Rutherford, Murray B./Knetsch, Jack L./Brown, Thomas C.: Assessing Environmental Losses: Judgments of Importance and Damage Schedules, 22 Harv. Envtl. L. Rev. (1998), 51-101.

Rütz, Nicole: Aktuelle Versicherungsfragen im Umwelthaftungsrecht unter besonderer Berücksichtigung der Richtlinie 2004/35/EG über Umwelthaftung zur Vermeidung und Sanierung von Umweltschäden, Berlin 2005 (zugl. Universität Cottbus, Diss. 2004).

Sachs, Michael: Kurzkommentar zu BVerfG, Urteil v. 27.7.2004 – 2 BvF 2/02, EWiR 2004, 1087-1088.

Sachverständigenrat für Umweltfragen (SRU): Umweltgutachten 2002 des Rates von Sachverständigen für Umweltfragen: Für eine neue Vorreiterrolle, 15.4.2002, BT-Drs. 14/8792 (zit.: SRU, Umweltgutachten 2002).

Ders.: Sondergutachten: Für eine Stärkung und Neuorientierung des Naturschutzes, 5.8.2002, BT-Drs. 14/9852 (zit.: SRU, Sondergutachten Naturschutz 2002).

Ders.: Umweltgutachten 2004 des Rates von Sachverständigen für Umweltfragen: Umweltpolitische Handlungsfähigkeit sichern, BT-Drs. 15/3600 (zit.: SRU, Umweltgutachten 2004).

Ders.: Der Umweltschutz in der Föderalismusreform, Stellungnahme Nr. 10, Berlin 2006 (zit.: SRU, Umweltschutz in der Föderalismusreform).

Salje, Peter: Umwelthaftungsgesetz, Kommentar, München 1993.

Sangenstedt, Christof: Europarechtliche Perspektiven der Umwelthaftung, in: Oldiges, Martin (Hrsg.), Umwelthaftung vor der Neugestaltung – Erwartungen und Anforderungen aufgrund des künftigen Europäischen Umwelthaftungsrechts, Baden-Baden 2004, S. 107-115.

Sasserath-Alberti, Natascha: Anforderungen des Gesamtverbands der Deutschen Versicherungswirtschaft an die Umsetzung der Europäischen Umwelthaftungsrichtlinie, NRPO 2005, Heft 1, 24-29.

Sautter, Andreas Konstantin: Beweiserleichterung und Auskunftsansprüche im Umwelthaftungsrecht, Berlin 1996 (zit.: Sautter, Beweiserleichterung).

Sax, Joseph L.: The Public Trust Doctrine in Natural Resource Law: Effective Judicial Intervention, 68 Mich. L. Rev. (1970), 471-566.

Schink, Alexander: Auswirkungen der Flora-Fauna-Habitat-Richtlinie (EG) auf die Bauleitplanung, GewArch 1998, 41-53.

Ders.: Die Verträglichkeitsprüfung nach der Fauna-Flora-Habitat-Richtlinie der EG, DÖV 2002, 45-56.

Ders.: Die EU-Richtlinie über Umwelthaftung – Auswirkungen auf das deutsche Umweltrecht, EurUP 2005, 67-75.

Schneider, Hans: Gesetzgebung, Heidelberg 2002.

Schulze-Fielitz, Helmut: Umweltschutz im Föderalismus – Europa, Bund und Länder, NVwZ 2007, 249-259.

Schröder, Meinhard: Umweltschutz als Gemeinschaftsziel und Grundsätze des Umweltschutzes in: Rengeling, Hans-Werner (Hrsg.), Handbuch zum europäischen und deutschen Umweltrecht, 2. Aufl., Köln, Berlin, Bonn, München 2003, Bd. I, § 9.

Schumacher, Jochen: Der Entwurf des Umweltschadensgesetzes, NRPO 2005, Heft 1, 13-23.

Schumacher, Jochen/Fischer-Hüftle, Peter: Bundesnaturschutzgesetz, Kommentar, Stuttgart 2003.

Ders./Palme, Christoph: Das Dragaggi-Urteil des EuGH und seine Auswirkungen auf das deutsche Habitatschutzrecht, EurUP 2005, 175-179.

Schütz, Peter: Die Umsetzung der FFH-Richtlinie – Neues aus Europa, UPR 2005, 137-139.

Schulte, Hans: Zivilrechtsdogmatische Probleme im Hinblick auf den Ersatz „ökologischer Schäden", JZ 1988, 278-286.

Schwarze, Jürgen: Europäisches Verwaltungsrecht, 2. Aufl., Baden-Baden 2005.

Schweppe-Kraft, Burkhard: Ausgleichszahlungen als Instrument der Ressourcenbewirtschaftung im Arten- und Biotopschutz, NuL 1992, 410-413.

Seibt, Christoph H.: Zivilrechtlicher Ausgleich ökologischer Schäden, Tübingen 1994 (zit.: Seibt, Zivilrechtlicher Ausgleich).

Seevers, James S. Jr.: Note: NOAA's New Natural Resource Damage Assessment Scheme: It's Not About Collecting Money, 53 Wash & Lee L. Rev. (1996), 1513-1569.

Siebert, Horst: Economics of the Environment, 4. Aufl., Berlin, Heidelberg 1995 (zit.: Siebert, Economics).

Sommermann, Karl-Peter: Die Bedeutung der Rechtsvergleichung für die Fortentwicklung des Staats- und Verwaltungsrechts in Europa, DÖV 1999, 1017-1029.

Sparwasser, Reinhard/Engel, Rüdiger/Vosskuhle, Andreas: Umweltrecht, Grundzüge des öffentlichen Umweltschutzrechts, 5. Aufl., Heidelberg 2003 (zit.: Sparwasser/Engel/Vosskuhle, Umweltrecht).

Ders./Wöckel, Holger: Zur Systematik der naturschutzrechtlichen Eingriffsregelung, NVwZ 2004, 1189-1195.

Dies.: Einzelmaßnahmen der Eingriffskompensation: Möglichkeiten und Grenzen der landesrechtlichen Umsetzung, UPR 2004, 246-252.

Spieth, Friedrich: Umwelthaftung contra Umweltordnungsrecht? – „Permit Defence" als Weichenstellung, in: Oldiges, Martin (Hrsg.), Umwelthaftung vor der Neugestaltung – Erwartungen und Anforderungen aufgrund des künftigen Europäischen Umwelthaftungsrechts, Baden-Baden 2004, S. 63-72.

Spindler, Gerald/Härtel, Ines: Der Richtlinienvorschlag für Umwelthaftung – Europarechtliche Vorgaben für die Sanierung von „Neu"-Lasten, UPR 2002, 241-249.

Ssymank, Axel/Hauke, Ulf/Rückriem, Christoph/Schröder, Eckard: Das europäische Schutzgebietssystem Natura 2000, BfN-Handbuch zur Umsetzung der Fauna-Flora-Habitat-Richtlinie (92/43/EWG) und der Vogelschutzrichtlinie (79/409/EWG), Bonn-Bad Godesberg 1998.

Starck, Christian: Rechtsvergleichung im öffentlichen Recht, JZ 1997, 1021-1030.

Staudinger, Julius von: Kommentar zum Bürgerlichen Gesetzbuch mit Einführungsgesetz und Nebengesetzen, Buch 3, Sachenrecht, Umwelthaftungsrecht, Neubearbeitung 2002 von Jürgen Kohler, Redaktor Karl-Heinz Gursky, Berlin 2002 (zit.: Bearb., in: Staudinger, BGB).

Stelkens, Paul/Bonk, Heinz Joachim/Sachs, Michael: Verwaltungsverfahrensgesetz, 6. Aufl., München 2001.

Streinz, Rudolf: EUV/EGV, (Kommentar) unter Mitarbeit von Christoph Ohler, München 2003.

Ders.: Europarecht, 7. Aufl., Heidelberg 2005.

Thompson, Dale B.: Valuing the Environment : Courts' Struggle with Natural Resource Damages, 32 Envtl. L. R. (2002), 57-89.

Thüsing, Gregor: Was ist ein Riesengrabfrosch wert?, VersR 2002, 927-934.

Traulsen, Christian: Bundeskompetenzen zur Umsetzung der europäischen Umweltrichtlinien am Beispiel der Umwelthaftungsrichtlinie 2004/35/EG, NuR 2005, 619-625.

Trautner, Jürgen: Methodisch-fachliche Fragen der Bewertung von Beeinträchtigungen geschützter Arten, Implikationen für die Umwelthaftung, NRPO 2005, Heft 1, 67-72.

Trüe, Christiane: Auswirkungen der Bundesstaatlichkeit Deutschlands auf die Umsetzung von EG-Richtlinien und ihren Vollzug, EuR 1996, 179-198.

Versteyl, Ludger-Anselm/Sondermann, Wolf Dieter: Bundesbodenschutzgesetz, Kommentar, 2. Aufl., München 2005 (zit.: Bearb., in: Versteyl/Sondermann, BBodSchG).

Ward, Kevin M.: Conference: Restoration of Injured Natural Resources Under CERCLA, 18 J. Land Resources & Envtl. L. (1998), 99-111.

Weichert, Jürgen: Die Umwelthaftungsrichtlinie aus Sicht der Versicherungswirtschaft, in: Oldiges, Martin (Hrsg.), Umwelthaftung vor der Neugestaltung – Erwartungen und Anforderungen aufgrund des künftigen Europäischen Umwelthaftungsrechts, Baden-Baden 2004, S. 83-97.

Weimann, Joachim: Monetarisierungsverfahren aus der Sicht der ökonomischen Theorie, Gutachten für das Projekt „Voraussetzungen einer nachhaltigen Land- und Forstwirtschaft" der Akademie für Technikfolgenabschätzung in Baden-Württemberg, Marburg 1997 (zit.: Weimann, Monetarisierung).

Wezel, Heike: Die Disposition über den ökologischen Schaden – Unter Berücksichtigung öffentlich-rechtlicher Aspekte, Berlin 2001 (zit.: Wezel, Disposition).

Wilkinson, Charles F.: The Headwaters of the Public Trust: Some Thoughts on the Source and Scope of the Traditional Doctrine, 19 Envtl. L. (1989), 425-472.

Wischott, Martin: Konkretisierungserfordernisse bei der Bewertung von Schäden an der Biodiversität – Grundlagen und Beispiele, NRPO 2005, Heft 1, 73-77.

Wolf, Rainer: Zur Flexibilisierung des Kompensationsinstrumentariums der naturschutzrechtlichen Eingriffsregelung, NuR 2001, 481-491.

Wolfrum, Rüdiger/Langenfeld, Christine: Umweltschutz durch internationales Haftungsrecht, Umweltbundesamt, Berichte 7/98, Berlin 1999 (zit.: Wolfrum/Langenfeld, Internationales Haftungsrecht).

Sachverzeichnis

A

Abfallhaftungsrichtlinie 15
Anwendungsbereich
– Ausnahmen 29
– schutzgebietsbezogener 44, 46
– schutzgebietsunabhängiger 45, 170
Ausgangszustand 117
Ausgleichsabgabe 207
Ausgleichsmaßnahme *Siehe auch*
Kohärenzsicherungsmaßnahmen
Ausgleichssanierung 122, 193
– Begriff 124

B

benefit tranfer 143
beruflichen Tätigkeiten 27
Betreiber 28
Bewertungsmethoden 194
– andere 128
value-to-cost approach 129
– naturschutzfachliche (service-to-
service approach) 127
– ökonomische 138
Biodiversität 43
– FFH- und Vogelschutzrichtlinie 39
– Übereinkommen über die
Biologische Vielfalt (CBD) 42
– Umwelthaftungsrichtlinie 43
Biotopwertverfahren 207
Boden 24

C

CERCLA Regulations
– Schadenersatz
„lesser of" rule 87
compensable value 89
Choice Method 142

Comprehensive Environmental
Response, Compensation and
Liability Act (CERCLA) 81
– CERCLA Regulations 86

E

Eingriffsregelung 180
– Ausgleichsmaßnahmen 198
– Bewertungsmethoden 206
– Eingriff 152
– Ersatzmaßnahmen 199
– Ersatzzahlung 200
– rechtswidriger Eingriff 153, 200
– time lag 205
ergänzende Sanierung 119
– funktionaler Zusammenhang 120
– gleichartige 120, 192
– gleichwertige 120, 192
– Interessen der betroffenen
Bevölkerung 122
– Verhältnismäßigkeit 193
Erhaltungszustand 56, 175
Erheblichkeit 176
– Anhang I UH-RL 64
– geschützte Arten 63
– Natura 2000-Gebiete 58
– natürliche Fluktuation 65
– sonstige Arten und Lebensräume 66

F

faktische Vogelschutzgebiete 51, 55
FFH-Verträglichkeitsprüfung 68, 156,
178
– Projektbegriff 178
Flächenpool 204
Funktionen natürlicher Ressourcen 112,
174
Funktionen natürlicher Ressourcen
(ecosystem functions) 95

G

Gefährdungshaftung 27
geschützte Arten und natürliche
   Lebensräume *Siehe* Schutzgut
   Biodiversität
Gesetzgebungskompetenzen
– Abweichungsrecht 165, 188
– Erforderlichkeitsklausel 163, 165
– Föderalismusreform 164
– konkurrierende 164
– Rahmengesetzgebung 162
gesetzlicher Biotopschutz 171
Gewässer 24
Grünbuch 18

H

Habitat-Äquivalenz-Analyse (HEA)
   136, 146
hedonischer Preisansatz 139
Herstellungskostenansatz 207

K

Kausalitätsnachweis 30
Kohärenzsicherungsmaßnahmen 202
Kompensations(flächen)faktoren 206
kontingente Bewertung 140
Kostentragung
– Entlastungsgründe 34
– genehmigte Tätigkeiten 68

L

Leistungen natürlicher Ressourcen
   (natural resource services) 95
Lugano-Konvention 17

N

nachhaltige Entwicklung 22
natural resource damage 11, 78
natürliche Fluktuation 97
naturschutzrechtliche Eingriffsregelung
   Siehe Eingriffsregelung
Nichtnutzungswert (nonuse value) 89
Nutzungswert (use value) 89

O

Oil Pollution Act (OPA) 83
– Ausgangszustand (baseline
   condition) 97
– Freizeitnutzungen 100
– Haftung 84
– kompensatorische Sanierung
   (compensatory restoration) 98
– landscape context 100
– natürliche Ressourcen 93
– OPA Regulations 86
– primäre Sanierung (primary
   restoration) 98
– Rechtsgutsverletzung (injury) 94
– service-to-service approach 103
– Treuhänder (trustees) 85
– Umfang des Schadenersatzes 85
– value-to-cost approach 106
– value-to-value approach 105
– Verhältnismäßigkeit 107
– Wert (ecosystem value) 102
Ökokonto 204
ökologischer Schaden 10

P

potentielle FFH-Gebiete 52, 55
primäre Sanierung 118
– Verhältnismäßigkeit 191
public trust doctrine 78
– Treuhänder (trustee) 79

R

Reisekostenmethode 139, 147
Rote Liste 171

S

Sanierungsmaßnahmen *Siehe auch*
   primäre Sanierung, ergänzende
   Sanierung, Ausgleichssanierung
– Aufgaben und Befugnisse 184
– Begriff 71, 116
– Ermessen 73, 74
– Ermittlung 75, 186
– Ersatzvornahme 73
– Gleichartigkeit 200
– reiner Flächenschaden 33
– Sanierungpflicht 184
– Verfahren 186
Sanierungsoption(en)
– Absehen von weiteren
   Sanierungsmaßnahmen 133
– Auswahlkriterien 131, 195
Sanierungsumfang *Siehe*
   Bewertungsmethoden
Sanierungsziel 189
Scaling *Siehe* Bewertungsmethoden
Schaden *Siehe* Schädigung
Schädigung 111, 174
Schutzgut Biodiversität 43, 169
– (geschützte) Arten 170

– nationale Arten und
   Lebensraumtypen 171
– natürliche Lebensräume 170
Subsidiarität 197

T
Typ-A-Verfahren 144

U
Umsetzungsbedarf 159
Umwelt 10, 17, 23
Umwelthaftung
– Begriff 14
– öffentlich-rechtliche
   Verantwortlichkeit 14, 21
– zivilrechtliche 12
Umwelthaftungsgesetz 12
Umweltschaden 11, 25, 41, 111, 173
– Funktionen einer natürlichen
   Ressource 113

– genehmigte Beeinträchtigungen 68,
   177
– gleichwertige nationale
   Naturschutzvorschriften 180
Umweltschadensgesetz 166
unbeplanter Innenbereich 182

V
Vermeidungskostenansatz 139
Vermeidungsmaßnahmen 31
Verschuldenshaftung 28
Verursacherprinzip 22

W
Weißbuch 19

Z
zwischenzeitliche Verluste 99, 122